U0209523

国家科学技术学术著作出版基金资助出版

流 域 遥 感

吴炳方　著

科学出版社

北　京

内 容 简 介

遥感在流域综合管理和流域科学研究中得到了广泛的应用，特别是在流域下垫面结构刻画、水循环参数获取、流域水文生态模型和资源及生态环境监测等方面发挥了重要作用。遥感数据产品正在成为公共产品或服务产品，在流域综合管理和流域科学研究中如何更好地利用好遥感数据产品成为当务之急。全书共八章，第一章阐述流域遥感定义、研究内容、科学范畴及方法；第二章至第八章分别介绍流域下垫面遥感、流域水循环遥感、流域水资源可消耗量遥感、流域耗水管理、流域生态遥感、流域灾害遥感以及流域水利工程遥感所涉及的理论、方法和数据产品。

本书具有基础性和前沿性的特点。可供流域综合管理和流域科学的科研人员、专业技术人员与管理人员参考。

图书在版编目（CIP）数据

流域遥感／吴炳方著. —北京：科学出版社，2019.11
ISBN 978-7-03-063187-9

Ⅰ.①流… Ⅱ.①吴… Ⅲ.①环境遥感–应用–流域环境–环境监测
Ⅳ.①X83

中国版本图书馆 CIP 数据核字（2019）第 247315 号

责任编辑：焦　健　韩　鹏　陈姣姣／责任校对：张小霞
责任印制：肖　兴／封面设计：北京图阅盛世

科 学 出 版 社 出版
北京东黄城根北街 16 号
邮政编码：100717
http://www.sciencep.com

北京汇瑞嘉合文化发展有限公司 印刷
科学出版社发行　各地新华书店经销
*
2019 年 11 月第 一 版　开本：787×1092　1/16
2019 年 11 月第一次印刷　印张：20
字数：427 000
定价：298.00 元
（如有印装质量问题，我社负责调换）

序　一

流域是地球表面相对独立的自然综合体，也是水资源管理的基本单元。在高强度人类活动扰动下，全球多数流域由自然流域演变为"自然-人类"二元流域，人类对自然资源的需求与自然生态系统供给短缺的矛盾日渐加剧，流域内水资源短缺、水污染、生态环境恶化、自然灾害等问题日益严重，流域上中下游之间、部门之间对水的竞争不断加剧，流域可持续发展受到严重挑战。精确把握流域水文循环、物质循环和能量循环的时空变化过程有助于解决上述问题，这要求及时、完整、连续和精准的信息支撑，发现问题的根源，追踪问题发展与变化的过程，寻求问题解决的途径，从而为流域综合治理和可持续发展提供支持。

近年来，对地观测技术发展日新月异，新型传感器不断涌现，传感器的类型、精度、功能不断提升；遥感数据的可获得性及空间分辨率、光谱分辨率、时间分辨率显著改善；在云计算与大数据的支撑下，遥感数据的分析方法和处理能力不断提升、遥感数据产品不断丰富与完善。如今，遥感不仅可为流域提供宏观数据与信息支撑，还能对流域细微的变化开展持续监测，推动流域遥感，从宏观尺度至微观尺度，从面向自然的监测向"自然-人类"二元对象监测演变。遥感数据与产品的极大丰富，推动了流域的可持续管理，但如何从纷繁复杂的遥感信息产品中，挖掘出有用的流域管理信息，成为突破流域管理的最后一公里瓶颈。

遥感只有与行业知识结合，聚焦流域切实关注的问题，才能打通数据-信息-决策支持的瓶颈。在流域水资源问题日益严重之际，水利出身的吴炳方教授，以流域水资源问题最突出的海河流域为起点，潜心研制了流域蒸散发遥感监测模型，系统发展了流域耗水管理方法，并利用遥感技术对流域土地覆被、生态系统、水循环要素等进行了综合与系统的研究。书籍是人类进步的阶梯，我欣喜地看到，吴教授在综合已有的研究成果之上，结合自身多年潜心研究的成果，完成了该书的撰写。该书从流域下垫面、流域水循环、流域水资源、流域耗水管理、流域生态、流域灾害等方面，从流域可持续管理的角度出发，阐述了流域管理的理念、学术思想与相关的方法，为流域可持续发展贡献了智慧与力量。我相信，该书的出版，将推动流域遥感方法的进一步完善，促进遥感与行业的进一步结合，遥感在推动流域的综合管理与流域科学发展的同时，反过来也将迎来新的发展机遇，促进流域遥感的跨越式发展。

在该书即将付梓之际，我谨向作者表示祝贺，向读者们推荐该书，衷心祝愿这本专著的出版能够进一步推动遥感技术与流域综合管理的融合，促进流域遥感学科的不断完善，为流域可持续发展贡献智慧与力量。

中国科学院院士

2019 年 10 月 23 日

序 二

　　我国是一个旱涝灾害频发的国家，人多水少、水资源时空分布严重不均，水安全事关我国经济社会稳定发展和人民健康福祉。在气候变化的大背景下，随着经济社会发展和人类活动加剧，我国的水环境恶化、地下水超采和水土流失等问题越来越突出。气候变暖加剧水文循环的过程，驱动降水量、蒸发量等水文要素的变化，暴雨洪涝和大范围干旱等极端天气灾害呈现增多趋强的趋势，显著改变了我国水资源的时空分布。人类活动加剧，导致流域下垫面要素、水系统结构的不断变化，进一步加剧了流域水资源与水环境危机，导致干旱缺水、河道断流、河床萎缩、土地荒漠化、地下水超采、湿地减少等一系列生态环境问题。

　　面对这些问题，国家先后开展建设节水型社会、实施最严格水资源管理制度、实施水污染防治行动计划、推行河长制和生态文明建设等一系列举措，其目的是通过优化水资源配置、强化节约用水管理、严格水资源保护，实现"水安全、水资源、水环境、水生态、水景观、水文化"的统筹协调与"水清岸绿、鱼虾洄游、环境优美"的景象。流域作为水资源和水环境综合管理的基本单元，是落实各项政策、实践流域综合治理的主战场。

　　流域的综合管理与治理离不开及时、精确的数据和信息的支持。随着对地观测技术的不断进步，遥感监测已经成为流域综合治理的重要手段。近年来，新型卫星传感器层出不穷，愈发精细与多样，时间、空间、光谱分辨率显著提升，在水循环过程探测、流域旱涝灾害研究、水环境、重大水利工程、下垫面要素、生态监测等领域的作用日益显著。

　　吴炳方教授初学水利工程，又学水资源与水环境，长期从事遥感应用，具有水利、环境和遥感的多学科融合的知识和学识，围绕流域综合管理与治理的一些关键问题，潜心研究多年，成功研制了陆表蒸散发遥感模型，创新性地提出了流域耗水管理方法。《流域遥感》一书是吴教授在前人研究的基础上，结合自身多年研究经历，对流域遥感的系统性总结，全面介绍了流域下垫面遥感监测，流域水循环遥感，流域水资源遥感估算，流域耗水管理，流域生态、灾害、水利工程遥感监测的系统性理论、方法与监测技术，介绍了大量遥感服务流域管理的案例和作者独到的见解。

　　在该书即将出版之际，谨向作者表示祝贺，同时将该书介绍给同行。希望该书的出版能够促进遥感为流域管理服务，促进流域综合管理和治理方法的不断革新。

中国工程院院士 张建云

2019 年 10 月 28 日

前 言

　　作为一种新的观测手段，遥感在流域综合管理和流域科学研究中的应用具有得天独厚的优势，扮演了举足轻重的角色，而且呈现出对遥感越来越依赖的趋势。

　　当前，遥感可用于探测地表水、土壤水与地下水、水质等水文要素，降水、土壤蒸发与植被蒸腾、水面蒸发等水循环要素，植被覆盖度、植被结构和生物多样性等生态要素，地形地貌、土壤、河流水系、土地利用/土地覆盖、不透水面等下垫面要素。由于遥感的时空连续性、尺度多样性等特点，它在扮演"数据获取者"角色的同时，实际上是"信息生产者"。因此，如何更好地利用遥感技术开展流域综合管理和流域科学研究成为科研工作者和行业人员的必修课，而目前国内外还没有一本系统的流域遥感方面的参考书。

　　随着技术的发展，遥感数据产品将逐渐成为公共产品或服务产品，公共产品随时可以下载，服务产品可以下订单购得，流域机构建立单独的遥感机构进行数据产品生产的时代即将过去，而转向如何更好地利用好遥感数据产品。因此，本书的目的是回答遥感能够为流域科学及流域综合管理做什么，流域遥感的技术方法有哪些，流域遥感的数据产品如何获取，如何使用遥感数据产品，以及如何基于现在的遥感数据产品表达出流域的变化。

　　全书共分为八章，第一章主要总结了流域遥感产生的背景；第二章至第八章围绕流域遥感的科学范畴，分别介绍了流域下垫面、水循环、水资源可消耗量、耗水管理、生态、灾害以及水利工程遥感所涉及的方法和数据产品。全书重点探讨流域遥感这一新兴交叉学科的内涵、特点、方法论、应用范畴及未来发展趋势。

　　中国科学院遥感与数字地球研究所的朱伟伟、闫娜娜、曾红伟、邢强、曾源、张磊、李晓松、赵旦、常胜、赵新峰、高文文、王浩、赵玉金、张喜望等，在本书相关章节的编写、资料收集、文本整理等方面付出了辛勤劳动，借此机会特向他们表示衷心的感谢。

　　由于笔者水平有限，书中存在不足之处在所难免，敬请有关专家学者与广大读者给予批评指正，以利于本书今后进一步修改与完善。

目　　录

第一章 引 言

在《中国水利百科全书》中，流域被定义为"地表水及地下水的分水线所包围的集水区或汇水区"，因为地表水及地下水的分水线一般不易确定，习惯上通常将流域定义为"地表水的集水区"。换言之，汇集地表水和地下水的区域称为流域，也就是分水线所包围的区域。

流域是自然界的基本单元。在自然系统中，流域是以水文过程为导向进行划分且具有明显物理边界线和综合性强的独特地理单元，也是水资源和水环境规划管理的基础空间单元，成为大气圈、岩石圈、陆地水圈、生物圈和人文圈相互作用的联结点。"无论你走到哪里，你都在某一流域内，世界是由许许多多不同大小的流域所构成的。"（魏晓华和孙阁，2009）

流域作为各种人类活动和自然过程共同作用的地理单元，受人类长期的生息运作，尤其对流域内水资源的开发利用，导致流域内资源结构性短缺与需求的矛盾逐渐加剧；如水资源短缺、水体污染、生态退化、灾害频发损失剧增等，流域上中下游之间、部门之间的利益冲突和矛盾不断尖锐等。

如何有效地解决这些问题，实现流域的可持续发展，流域的综合管理得到了大力的发展，它是以流域为管理单元，对流域内资源全面实行协调的、有计划的、可持续的管理，促进流域公共福利最大化。以流域为单元进行管理能够使自然、社会和经济要素有机地结合起来，有利于协调环境保护和社会经济发展目标，实现区域的可持续发展。

流域的综合管理需要科学理论与技术手段的支撑。流域科学研究的目的是通过抽象、概化的方法，通过流域尺度的综合、多学科交叉的体系，集中评估、理解流域内土地利用、地质、水文、生物和人口变化（NRC，1991），模拟和再现流域水文情势，理解基础水文过程机理及它们在流域尺度上的响应，优化配置自然资源和人类活动，为政府和其他机构水资源和水环境管理活动提供支撑。

遥感在流域综合管理和流域科学研究中得到了广泛的应用。特别是在流域下垫面结构刻画、气象水循环参数获取、流域水文生态模型和资源及生态环境监测等方面发挥了重要作用。经过半个多世纪的发展应用，遥感和流域管理与流域科学的结合日趋紧密，成为解决流域整体性、尺度多样性、空间变异性等问题的有效方法。遥感的发展推动了流域管理与流域科学的发展，反过来又为遥感的发展与应用提供了新的机遇，促进了流域遥感这门新兴学科的形成与发展。

本章围绕流域、流域科学与流域管理的发展及流域遥感学科产生的背景，总结归纳了流域遥感的概念、方法、科学范畴和未来发展趋势。

第一节 流 域

一、流域概念

流域是自然界的基本单元,是河流湖泊等水系的集水区域。它是水资源和水环境规划管理的基础空间单元,即以水为媒介,由水、土壤、气候和生物等自然要素和人口、社会、经济等社会经济要素相互关联、相互作用而共同构成的自然–社会–经济复合系统(程国栋和李新,2015)。

流域概念与要素的形成最早可追溯到 5000 年前美索不达米亚地区人民对河水的利用及对水流量、强度、变化规律的理解,第一次使人类跳出了对河流和水的直观朴素的概念,对流域开始有了一些朦胧的认识。随着人类对水的开发利用,早期流域的概念逐渐形成。公元前 3 世纪,管仲提出干流、支流、季节性河流与湖泊的概念,16~17 世纪欧洲对集水区的认识及集水面积的计算,都是人类早期对流域认识和探索(杜梅和马中,2005)。19 世纪早期和中期关于水资源开发利用科学的快速发展,出现了水文学、水动力学、水文地质学等,人们开始用科学的眼光看河流、看水资源,也开始把水资源作为重要资源进行开发和管理。与此同时,流域的概念不仅被经济集团推崇(如灌溉、运输等),而且被政治集团利用(杜梅和马中,2005;Snelder et al.,2005)。1851 年法国土地贵族和地方保守派君主把流域概念作为维护自身利益的砝码,提出整合主要流域的计划;1871 年拿破仑三世提出河流改造计划,对河流分段管理、水资源利用、经营方式都做了一些尝试;19世纪末期欧洲出现的以新兴资产阶级为代表的国家复兴思想中也把流域视为一个单元(王秉杰,2013)。

随着对流域的认识不断加深,可从水文学、生态学以及社会经济学角度论述流域的内涵(程国栋和李新,2015);在水文角度上,流域被视为一个"原子"单元,水、泥沙、其他沉积物和化学物质,都主要在流域内部循环,并通过水流汇集到流域出口处,强调流域是一个既与外界保持着物质、能量和信息交换,但同时又相对封闭、有着清晰边界的系统;全球陆地正是由从汇水区到子流域到小流域再到大江大河的一个个流域组成。在生态角度上,流域被认为是陆地生态系统的一个浑然天成的单元,突出流域的重要意义在于它是生态学理论研究和实际应用相结合最适宜的实验地(邓红兵等,1998),强调流域必须被看做一个完整的、异质性的生态单元,流域内不同层级、高地、沿岸带、水体间物质、能量和信息交换的研究,以及流域生态系统整体功能的分析和模拟必须以流域为单元来完成(蔡庆华等,1998;陈求稳和欧阳志云,2005)。在社会经济角度上,人类的经济活动往往沿主要河流展开,流域经济带成为规划经济活动的一个重要单元,由于流域内普遍存在着上下游用水矛盾以及由水而激发的其他矛盾,强调流域管理水资源、土地资源和其他资源以及探索社会可持续发展的一个理想单元(程国栋和李新,2015)。

流域按照水流归宿的不同,可分为外流流域和内流流域,水量直接或间接流入海洋的称为外流流域,如长江流域、黄河流域、尼罗河流域、密西西比河流域等;水量排入内陆湖泊或消失于沙漠中，不与海洋相通的称为内流流域，如塔里木河流域、黑河流域、乌裕尔河流域、阿勒河流域、伏尔加河流域、锡尔河流域、阿姆河流域等。根据地表水与地下水分水线在垂直投影面上的重合度差异，可分为闭合与不闭合流域。较大的流域或水量丰富的流域，由于河床切割深度大，与周围区域不存在水力联系，一般多为闭合流域。小流域或者干旱、半干旱地区水量小的流域，由于河床切割深度浅，与周围区域存在地下水力上的联系，一般为不闭合流域。在水文地质条件复杂的地区，如岩溶，即喀斯特地区，不闭合流域较为常见。在此种流域中，流域地面范围内的降水，可能以地下径流的方式补充相邻流域的径流，流域内的径流，也可能并非全部由本流域范围内的降水形成。实际上，现实中很少有严格的闭合流域。但对于流域面积较大、河床下切较深的流域，因其地下分水线与地表分水线不一致所引起的水量交换相对较小，一般可视为闭合流域。根据流域内主要河流各段在河道比例、水流特性、水量和侵蚀与堆积作用等要素，流域一般可分为上游、中游、下游和河口等地理单元。流域上游地区一般为高山地区，河流深切山地形成许多深谷，流速急、落差大，多急流瀑布；流域中游地区一般流经低山、丘陵地区，河流流速明显下降，平均比降下降，河流流经地区形成较为宽阔的谷地平原；流域下游一般为河流的入（海、湖）口至最后一个较大支流的入口之间的区域，流域河流越往下游走支流越少，流速缓慢、河面展宽，泥沙淤积，河流落差小，周围地形以冲积平原为主，洪水期河水经常漫过堤岸（王浩等，2001）。

一方面流域是一个相对封闭的系统，它和外部系统的交换界面较为清晰，这有利于厘清系统的边界，相对独立而又可控地开展研究；另一方面，流域是由水资源系统、生态系统与社会经济系统协同构成的、具有层次结构和整体功能的复杂系统（程国栋等，2011；Cheng et al.，2014），它具有陆地表层系统所有的复杂性，其综合研究几乎需要涉及地球系统科学的各个门类。它是水资源管理和生态保护的基本单位，也是解决环境问题并实现社会可持续发展的着眼点。美国内河航道委员会在1908年指出，每一条河流从源头到河口都是一个有机整体，水资源管理必须实施全流域综合管理。在过去100年里，"流域"概念已在全球水资源管理和研究中得到广泛应用（Wenger，1981；Allee et al.，1982；贺缠生，2012）。

二、流域管理

流域管理以水资源的自然流域特性和多功能属性为基础，其目标是水资源优化配置和效益最大化、资源开发与环境保护相协调，实现流域生态环境、生物多样性和人类经济社会可持续发展，主要包括水资源管理及优化配置（给排水、洪水、水权）和水生态环境保护（生物多样性、水质）两个方面。

随着科技进步、自然变迁、经济社会发展与人类认知能力的提高，流域管理走过了一个不断尝试与纠正错误的漫长过程，经历了从河流治理、流域综合管理到可持续管理的不同发展阶段。早期的流域管理主要针对水资源应用和旱涝灾害防治，其主要研究内容为流域水资源量及水文过程。在1960年以前，各国的流域管理工作是以水资源开发和洪水防治为主，进入20世纪60年代，各国开始重视水资源的管理，注重发展节水技术。

20 世纪 70 年代以后，随着水质恶化的环境问题日渐突出，人类活动改变流域地球化学行为及产生的水环境影响成为流域研究的又一重要内容（杨桂山等，2004）。致使人们更多地关注流域水文过程与社会经济过程的相互作用，对流域的概念认识进一步深化。认为流域不仅包括流域内的水文网络，还包括流域内的人口、环境、资源、经济、文化、政策和决策等要素，是地球表面具有明确边界、普遍具有因果关系的特殊区域，通过物质输移、能量流动、信息传递互相交织、互相制约组成的自然-社会-经济复合系统（邓红兵等，1998；尚宗波和高琼，2001）。

20 世纪 80 年代，根据这一认识人们提出了流域综合管理，即对河流水质、水量、环境、景观等多方面的指标进行统一管理，以满足社会对流域管理的多方面需求。以流域为单元，在政府、企业和公众等共同参与下，应用行政、市场、法律手段，对流域内资源全面实行协调的、有计划的、可持续的管理，促进流域公共福利最大化。该方式在战略和操作两个层面上将多部门利益联系起来，并将整个流域看成是一个独立完整的生态系统（Downs et al.，1991）。然而，综合管理方法主要体现在流域管理技术、组织和制度等方面，通过在整个流域进行有效的水土资源规划，达到保护、加强和适当修复整个流域环境的根本目的（Gardiner and Cole，1992）。

进入 20 世纪 90 年代，伴随可持续发展理论的深入，开始对传统的流域管理进行反思。总结流域治理、管理的发展历程，呈现了螺旋式上升的态势，经历了单一防洪-节水-治污向水质、水量、环境、生态综合管理的转变，从传统的以改造自然为目标转变为以人水和谐共处为目标（姜鲁光等，2006）。英国 Gardiner 于 1993 年提出以流域可持续发展为目标的流域综合管理，英国国家河流管理局（National Rivers Authority，NRA）于 1995 年发表了《泰晤士河流域 21 世纪日程与持续发展战略》，对水资源、水质、洪水、自然保护、休闲地、航运等进行了以可持续发展为目标的对策流域规划，我国也选择鄱阳湖流域的综合管理制定了《中国世纪议程》。由此可以看出，流域治理过程中，流域的社会经济发展水平与生态环境呈现出了"U"字形关系（Bruyn，2000）。在流域发展的早期，社会经济发展为粗犷型，常常伴随着生态环境的恶化，而到了流域经济初步发展阶段，生态环境的恶化就会成为制约社会经济进一步发展的主要因子（在"U"字形的底部），人们开始进行生态环境的治理，使流域的社会经济与生态环境共同发展，走上一条流域可持续发展的道路。

随着社会经济发展水平的提高，除了实现经济、社会和生态的综合发展目标，人们希望管理过程能与流域的自然行为保持一致。即在维持原有目标的基础上，能增加流域水文活力（Smits et al.，2000）。这一新的流域管理理念即为可持续流域管理，其目标是最大限度地利用自然动态过程。

流域综合管理的核心是对流域内的自然资源、生态环境及经济社会进行一体化管理，其终极目标是实现资源、环境和经济社会的可持续发展。然而，流域空间范围广、下垫面特征复杂、时空变异性大等特点，给实际管理过程造成了很大困难。以流域水资源管理为例，由于流域水资源空间分布范围广、赋存形态多样，在大气、生物和土壤岩石系统中的运动过程复杂，采用水文站点观测方法，人们只能获取局部水资源的变化信息，无法对处在循环过程其他环节的水资源变化进行有效监测和评价。在洪水灾害防治方面，传统的基于站点数据的洪水监测方法，也无法满足当前洪水过程动态跟踪、评估和预测需求。

流域综合管理的任务与责任已不再限于水质和水量的管理，而是在整体流域空间规则中更主动地发挥作用（Smits et al.，2000），不仅包括对自然系统的管理，还包括对人类与水有关活动的协调工作，从过去的关注分配变成关注消耗。流域的空间大小、气候特点、地形地貌、植被分布和土壤类型以及社会经济发展水平等决定了流域管理的复杂程度。水利工程及其他人类活动作用下的流域下垫面，具有自然和人工双重特性。目前全球大部分流域已被深深地烙上了人类活动的印记，基于自然流域特征假设的资源和环境的监测及管理方法已不再可靠，因此在水文模型中需要考虑自然和人类社会的耦合（王浩等，2006）。综合管理要求数据、信息和知识在管理者、科学家、工程技术人员和所有利益相关方之间自由流通，并适时反馈信息，评估事态发展或调整管理状态，同时也能为利益相关群体提供信息平台，为解决冲突提供有价值的途径（Brooks et al.，2000）。

要真正实现对流域的综合管理，需要精确把握流域水文循环、物质循环和能量循环的空间和时间过程，从而获取能满足实际管理需求的及时性、完整性、连续性和高精度的监测信息。其中，及时性对于处理紧急事件很重要，如防洪救灾；完整性是指信息要能覆盖整个流域，而不是零碎的，局部的；连续性是指提供的信息不能中断，不能有时有、有时没有，特别是在防洪过程中不能中断，水资源分析需要全年的或者是多年的信息；高精度即时提供的信息需是精确无误的。现有观测手段很难满足这些及时性、完整性、连续性和高精度的监测信息要求，或者成本太高难以为继。为此，需要借助卫星遥感对地观测空间宏观性、时间周期性以及空间连续性等特点，发展出服务于流域综合管理活动的遥感信息提取和应用方法。

三、流域科学

推动流域科学发展的因素，除了扩展对流域过程的认识外，最为关键的是公众和私人组织在设计和执行流域综合管理时，需要对流域过程机理有科学的认识（NRC，1997）。自1907年提出流域综合管理的概念以来①，流域科学的发展总是围绕着为流域综合管理服务而展开。

19世纪末、20世纪初，流域研究主要针对水土流失、山洪、滑坡、泥石流和洪涝灾害等问题展开，如1915年，美国林业局在犹他州布设了第一个流域性水土流失监测小区；1923年，苏联奥尔诺夫斯克州成立了世界上第一个土壤保持试验站——诺沃西里试验站，开展流域土壤侵蚀观测和定量化分析；1944年，美国通过《公共法》，规定对美国11条大河流域进行防洪、侵蚀及泥沙控制规划（宋长青等，2002）。至20世纪50年代，以流域为单元进行资源和环境综合研究及管理的重要性开始得到越来越多重视，纷纷开始将流域作为一个系统，对流域防洪、水资源供应、水环境治理和保护、河湖整治，以及航运、

① 据 Letter from Secretary of Theodore Roosevelt to James W. Stockett. Theodore Roosevelt Papers. Library of Congress Manuscript Division. https：//www.theodorerooseveltcenter.org/Research/Digital-Library/Record? libID = o231636. Theodore Roosevelt Digital Library. Dickinson State University.

旅游和发电等进行统一规划和管理（宋长青等，2002）。

但流域科学研究相对滞后，从流域系统研究思路的形成到系统实践，经历了半个多世纪的时间。20 世纪 80 年代，开始在流域尺度上认识自然系统，明确了以流域为单元的水资源合理开发利用方式。在流域尺度上明晰了地表水和地下水多次转化、循环利用过程和机理，解决了水资源量重复计算等科学问题。20 世纪 90 年代，开始在流域尺度协调自然系统与社会经济系统。以中国典型内陆河为例，系统阐述了以流域为单元的水环境空间特征及其演变（肖洪浪和李彩芝，2009）。

随着流域内人口、资源、环境与发展的矛盾日趋尖锐，国内外学者和政府管理者普遍认识到以流域为单元进行流域综合管理是实现流域可持续发展的有效途径。使得以流域资源可持续利用、生态环境建设和社会经济可持续发展为目标的流域综合管理研究在一些发达国家（如澳大利亚、英国、荷兰、美国等）广泛兴起。政府与科学家的共同关注大大促进了流域科学的发展，不仅流域水文、流域生态、流域经济、数字流域等分支领域得到了迅速拓展，形成了以中小尺度流域过程的定量化模拟和流域可持续发展为目标的流域综合管理的新学科重点（宋长青等，2002）。2007 年，美国地质调查局（United States Geocogical Survey，USGS）公布了流域科学的研究计划，将流域过程模拟与预测、环境流与河流恢复、沉积运移、地表水和地下水相互作用列为美国地质调查局流域科学优先领域，强调流域监测和数据集成等支撑体系的作用（USGS，2007；肖洪浪和李彩芝，2009）。

经过 20 多年的持续探索，流域科学的框架初见端倪。美国国家研究委员会（NRC）的系列咨询报告起到了推动作用，包括《水文科学的机遇》（NRC，1991）、《美国地质调查局的流域研究》（NRC，1997）、《美国流域的新策略》（NRC，1999）、《美国地质调查局的河流科学》（NRC，2007）和《水文科学的挑战和机遇》（NRC，2012）。

流域科学是以流域为研究对象，以揭示流域生态水文过程的客观规律为前提，采用现代管理科学理论和方法，应用先进工程技术手段优化配置和高效利用水资源，从而满足人类活动及生态系统的多种需求，促进社会、经济及环境的多赢与可持续发展。它是一门新型的交叉学科，涉及自然、生态和管理科学及工程技术，特别关注一些传统学科（如水文、工程、政策、管理体系）忽视的内容或领域。尽管流域科学还不是一个拥有一整套理论体系的独立学科，但它可把相关学科的思想、理论和方法聚集在一起，从而推进流域综合管理（贺缠生，2012；程国栋和李新，2015）。

流域科学与其他水资源学科如水文学、森林水文学、生态水文学等有许多相似之处，但又具有以下特征：①整体性。流域科学强调耦合自然和人类系统，合理、有效、持久地利用有限的水资源，满足社会经济发展和生态保护对水资源的各种需求（Brady，1996；NRC，1999，2004）。②空间化。采用遥感、GIS、GPS 和先进的监测技术，及时显示流域水资源的空间分布和变化。③定量化。应用统计分析和计算机模型，分析模拟不同气候和管理情景下水资源的动态变化及相应管理策略（Paola et al.，2006；Loucks，2006；Reynolds et al.，2007；Reid et al.，2009）。④网络化。充分利用现代通信和网络技术，实时监测、传送、分析水资源变化实况，并通过可视化技术如地图、动画等显示流域水资源的时空变化（He et al.，2005）。⑤机制化。流域科学强调建立切合流域实际情况的政策法令和管理机构，通过公众教育、人才培训、实施有公众参与的民主化水资源决策过程，促进流域持续发展（贺缠生，2012；程国栋和李新，2015）。

流域科学研究包括三个主题：描述维持河流水生态健康的环境流和河流恢复、沉积物运移和地形地貌学、地下水和地表水交互规律；根据关键物理和地形特征，调查和制作河流系统图；用于模拟物理–生态过程交互作用的预测模型研究（NRC，2004）。以流域为研究单元，应用地理学、生态学、水文学等理论与系统、综合集成的研究方法，研究流域内的人类活动、地理环境、水文环境等各子系统间的物质流、能量流、信息流的规律；在研究流域作为复合地域系统的形态–结构–功能的基础上，进一步从流域上中下游区域尺度对流域内各种人类活动，如资源开发、生态保护与环境治理、水利工程、水资源综合管理等进行研究，为流域中以"水"为核心的合理开发利用决策提供理论依据，从而为流域的社会经济发展、环境治理和居民福祉提高做出贡献。

第二节　遥感与流域遥感

为了支持流域科学发展和流域综合管理，需要建立涵盖河流径流、物理、化学、生物和沉积过程的流域综合观测系统，并将发展高效的探测手段作为监测系统中的最基本组成部分，如众源数据、传感器网络、无线传输和遥感技术等。无线传感器网络技术将用于增加监测频率，降低监测成本、提高监测信息流的质量；声学探测方法，如多普勒雷达技术被用于获取三维水流结构；地基、航空和卫星遥感技术则被用于获取河流温度、水质、生态系统功能指标、河岸植被类型和物理特征等，如用激光雷达（LiDAR）监测河道形态及其变化；已有的卫星遥感监测产品可用于描述地表植被覆盖和土地利用状况（NRC，2007）。

一、遥感

遥感通过探测电磁波谱、重力或电磁场扰动，在不直接接触物体的条件下对物体进行观测（Elachi and Van Zyl，2006）。遥感作为一种观测手段，与其他观测方法的相同点是为了获取有价值的数据产品，均需要对观测获取的信号/样品进行处理；不同点在于遥感不接触物体便能够实现对物体的观测，观测方法更加灵活；以像元为观测单元的信息获取方式是遥感观测与传统观测方法最大的不同点。长期以来，地学、生态学等学科通过在有限的、分散的点上要素观测推算宏观的、区域的要素变化状况，无形中增加了客观认识的不确定性，遥感观测通过全覆盖观测，获取细至厘米级、粗至千米级的长期、持续性的观测数据，极大地克服了以点带面的观测弊端（吴炳方和张淼，2017），使得在流域研究与流域综合管理上，可用的数据和信息在量和质上有了本质上的变化。

近半个世纪以来，国内外出现了大量通用型的遥感卫星，如陆地卫星、中巴地球资源卫星、环境系列卫星、高分系列卫星、哨兵系列卫星等，为流域管理提供了大量可用数据源。此外，还出现了许多专用型卫星。以流域水资源监测为例，1997 年发射升空的热带降雨测量任务卫星（tropical rainfall measuring mission，TRMM）和 2014 年发射的全球降水测量卫星（global precipitation measurement，GPM）可以探测降雨量（Kubota et al.，2010）；

新一代地球云、气溶胶和辐射观测卫星（EarthCARE）首次在太空使用 W 波段多普勒雷达观测云颗粒在垂直方向上的分布及运动，用以揭示云与气溶胶的形成过程，评估辐射变化对降雨的影响（Kimura et al.，2010）。搭载于国际地球观测系统（EOS-Aqua）上的高级微波扫描辐射计（AMSR-E）可用于监测全球尺度地表土壤湿度（Njoku et al.，2003）；2002年由美国国家航空航天局（National Aeronautics and Space Administration，NASA）和德国宇航中心联合发射的 GRACE 重力卫星测量的地球重力场变化数据可用于估算陆地水储量的变化（Rodell et al.，2009）；而耗资 15 亿美元拟于 2020 年发射的 SWOT 卫星，将具有全天时、全天候，高时空分辨率，多水文要素（流速、水位、水面宽）探测能力，以及未来日本将发射的全球变化观测任务系列卫星（GCOM）搭载的高性能微波辐射计，可进行全球降水量、水蒸气量、水温、陆域水分含量和积雪深度等高精度的详细测量，同时我国将发射的全球水循环观测卫星（WCOM）和 CASEarth 小卫星等，将在国际上首次通过利用对水要素敏感的三个主/被动微波的传感器联合的探测，实现对土壤湿度、雪水当量、地表冻融、海水盐度、海面蒸散发与降水等水循环关键要素时空分布的前所未有观测精度和系统性的同步观测等。

由于遥感的时空连续性、尺度多样性等特点，它作为一种数据获取手段，所获得的数据相比地表实际观测更具综合性和全局性，在数量上大大超过传统的数据获取手段，在质量上更能体现流域内部下垫面特征的空间异质性以及流域上下游和左右岸的相互关系。遥感通过对地表异质性进行定量刻画，可服务于流域的综合管理。

当前遥感技术已进入一个多层、立体、多角、全方位和全天候对地观测的新时代，形成了由各种高、中、低轨道相结合，大、中、小卫星相协同，高、中、低分辨率相结合，光学、微波遥感相互补的全球对地观测系统，为多尺度、多植被参量的实时监测和长时间序列数据集构建提供了可能。

二、流域遥感

卫星遥感的发展，使得遥感数据空间分辨率实现了从千米级到厘米级的飞跃，全球不同国家和组织所发射的各种对地观测卫星，为地表动态监测提供了不同的数据源。遥感数据多光谱、多空间和多时间分辨率的特点，为流域尺度的数据获取、信息提炼和知识抽象提供了综合监测手段。然而，遥感在流域管理中的应用仍存在以下几个方面的问题：①常规应用相对较少，应急使用较多。以地表水面监测为例，遥感数据的使用仅限于汛期洪水动态监测与灾情评估，非汛期的常规监测很少。②行业管理部门应用较少，需要做复杂的处理和调试的方法居多。这正是遥感作为专题以及在流域土地利用分类中能得到广泛应用，而其他定量遥感方法难于在流域管理中推广应用的主要原因之一。③数据瓶颈问题依然存在，表现为两个方面，一方面缺少连续的现场观测数据对遥感方法或模型进行有效的标定和验证，另一方面行业应用部门仍然无法获取时空连续的遥感原始数据和基于遥感数据的分析数据产品。④知识结构的取向，流域行政管理部门能应用遥感的专业技术人员较少。

影响上述问题出现的主要原因是面向流域综合管理的遥感方法的缺失。在信息提取方面，能真正满足实际管理应用需求的方法较少；在信息应用方面，缺少符合流域空间管理特点的应用方法。

流域遥感是服务于流域综合管理和以流域为对象的流域科学研究。它以流域为单元，应用遥感技术，对流域下垫面结构、能量、水分、生物及地球化学循环、自然灾害和人类社会活动对资源与环境影响进行综合监测，为流域系统科学发展和流域综合管理提供数据和方法支持。它从宏观和立体的角度，着眼于由空中取得的地表和大气信息，即以地表地物（植被、水、土壤、能量等）和空气中的水蒸气对电磁辐射的反应作为基本依据，结合使用其他地表监测资料，研究流域自然结构和人类活动影响下流域生态–水文过程和资源环境效应。主要包括流域生态环境参数获取与传输、流域下垫面要素监测、水文循环参数反演、自然灾害和人类活动影响下的流域水利工程监测、水资源管理等。

流域遥感作为流域科学和流域综合管理的基础，其主要研究内容包括流域内水文、生态、环境信息遥感获取方法和应用方法，建设多尺度、多学科交叉的，能够连接河流形态变化和生态过程的，具有模拟预测功能的理论方法体系；综合监测洪泛平原、河道、地下水系统，以及不同系统之间的水量交换；在原有河流水文要素监测的基础上，对生物、生态要素和河流沉积物监测；加强众源、化学和生物传感器网络、无线传输和遥感技术等新型设备和探测手段的应用。

流域遥感主要用于流域基础图绘制、水文监测与预报、流域上下游关系分析、治理优先等级划分、水资源开发以及灌溉水管理等方面。流域基础图件制作包括流域河流水系分布、地形地貌、土壤、土地利用/覆盖类型、水土流失风险、生物多样性、洪水淹没面积、水质环境等。水文监测与预报是指利用卫星遥感数据直接或间接获取降水、蒸散发、水储量、土壤水分含量等参数，生成时空连续的数据集，并结合流域土地利用、植被覆盖度、不透水面盖度等下垫面监测结果，进行洪灾与旱灾的预报；水资源开发方面，主要是水资源监测与评价、水资源量核算，以及水分生产率、节水潜力与效率的评估等，遥感的应用已逐渐由制图、监测、评估向服务于精细管理过渡。

当前，国内外基于遥感技术与地面观测的方法开展了流域遥感的初步研究，以获取流域尺度的遥感信息；以流域为对象，国内外开展了很多大型的流域科学实验，如黑河流域综合遥感联合试验（"Water"与"Hi Water"）、第一次国际卫星陆面气候学项目野外试验、北方生态系统–大气研究试验、全球能水循环试验、干旱区实施了撒哈拉沙漠南缘地区萨赫勒水文大气引导试验（HAPEX-Sahel）、亚马孙流域大尺度生物–大气圈试验、亚洲季风试验、淮河流域试验、美国南部大平原的沃希托（Washita）流域与美国亚利桑那州（Arizona）的沃尔纳特古勒克（Walnut Gulch）流域遥感–地面一体化的观测实验等，寄希望于通过多源遥感的协同反演获得能够满足流域管理的信息。

黑河流域综合遥感联合试验是为满足"流域水资源和其他资源的精细管理，定量评估自然环境变化和人类活动对流域的影响，为流域可持续发展服务"要求的国际大背景下，开展的流域级遥感与地面同步观测实践。其目标是开展航空卫星遥感与地面观测同步试验，为发展流域科学积累基础数据；为实现卫星遥感对流域的动态监测提供方法和范例。联合观测试验分为寒区水文试验、森林水文试验和干旱区水文试验三个部分：①在寒区水文试验区主要开展了微波辐射计、激光雷达、高光谱航空遥感试验。包括利用机载多波段微波辐射计获取雪深、地表冻融状况和土壤水分；利用机载激光雷达测量雪深和地表粗糙度；从高光谱遥感提取雪盖面积、雪反射率、雪粒径及试验区地表覆盖类型；在典型小流域同步开展双偏振多普勒雷达降水观测，地基微波辐射计观测，定点测量积雪和冻土的各种物理属性和水热变化特征；获取同期的雷达、被动微波、可见光近红外和热红外卫星遥感数据。②在森林水文试验区开展高光谱、多角度热红外、激光雷达航空遥感试验。包括利用高光谱遥感提取生物物理参数及植被类型；利用多角度热红外遥感器，获取森林、灌丛和草地的观测数据，反演地表和冠层温度；利用激光雷达测量植被的三维结构；获取同期的可见光近红外和热红外卫星遥感数据及雷达降雨观测数据。③在干旱区水文试验区开展了高光谱、多角度热红外、激光雷达、微波辐射计航空遥感试验。包括利用高光谱遥感提取生物物理参数及地表覆盖类型；利用多角度热红外遥感资料反演地表和冠层温度；利用激光雷达测量植被的三维结构和粗糙度；利用微波辐射计观测土壤水分；获取同期的各类卫星遥感数据及雷达降雨观测数据；配合航空遥感试验开展地面同步观测试验（李新和程国栋，2008）。黑河流域综合遥感联合试验是在大型流域尺度上开展流域遥感监测方法的一次实践，为满足未来流域尺度航空-卫星遥感与地面观测需求及建设常态化流域动态监测网络提供了方法和范例。

中国科学院知识创新工程重大项目"重大工程生态环境效应遥感监测与评估"开展了海河流域治理工程的生态环境效应评估，利用多源卫星遥感数据，开展流域生态环境关键参量遥感定量反演方法研究；动态监测海河流域治理工程状态、湿地退化、灌溉农田发展、城镇化发展的时空过程；发展遥感数据强迫的区域水资源估算模型和能够耦合遥感数据的流域陆面过程模型；通过海河流域系统案例，探讨流域重大水利-生态工程及气候变化对流域水资源和生态环境的影响评价和情景模拟方法。监测内容主要包括生态环境本底遥感监测、治理工程空间格局评估、农业耗水格局与管理措施成效评估、水资源时空格局变化评估、生态环境综合模拟模型和流域生态活力评估6个方面。生态环境本底遥感监测主要包括下垫面参数获取和水循环要素反演两部分；其中下垫面参数包括治理工程分布、土地利用、植被覆盖度和地表不透水面；水循环要素包括降水、蒸散发和土壤水分含量。海河治理工程分布信息利用早期军事侦察卫星照片和SPOT 5卫星影像，通过人工目视解译的方法获取。所使用的卫星遥感数据包括1964年KH-4A侦察卫星照片、1980年KH-9侦察卫星影像和2004年SPOT 5多光谱和全色卫星遥感影像；土地利用信息则采用面向对象分类方法基于1970s、1990s、2000s、2007年4期陆地卫星影像上分类获取；植被覆盖度利用像元二分模型基于1984~1997年8km AVHRR-NDVI产品、1998~1999年1km SPOT VGT-NDVI产品以及2000~2008年1km MODIS-NDVI产品进行估算；1970s、1990s、2000s、2007年4期不透水面，利用流域内Landsat Mss/TM/ETM+影像，基于Ridd提出的城市地表V-I-S（植被-不透水面-裸土）假设，通过多端元线性光谱混合分解模型进行估算；降雨量数据通过采用TMI 1B11格式的亮温测量值数据、PR反演的2A25降水产品生成瞬时雨强、水凝物的垂直分布，并与3B43产品相对照生成，数据产品时间分辨率为月，空间分辨率为25km；全流域1990年以来的月度蒸散发数据，基于AVHRR（advanced very high resolution rodiomter）、SPOT/VGT（spot-vegetation）和MODIS（moderate resolution imaging spectroradiometer）等卫星遥感数据，采用 ETWatch 遥感蒸散量应用系统估算获取；土壤含水量利用植被指数（NDVI）的方差和微波极化指数以及 19GHz 辐射亮温（H 和 V 极化）联合反演获取，时间分辨率为月，空间分辨率为 25km。

海河流域遥感监测与生态效应评估则以满足流域综合管理应用需求为出发点，建立了包括流域关键参量遥感监测、数据和模型综合、流域生态环境对气候变化和人类活动响应分析等内容的流域尺度遥感监测技术方法体系。

第三节　小　　结

2014 年 3 月，习近平同志就保障国家水安全问题发表了重要讲话，系统阐释了保障国家水安全的总体要求，明确提出了新时期治水新思路，即"节水优先、空间均衡、系统治理、两手发力"。强调要从观念、意识、措施等各方面都要把节水、人口经济与资源环境相均衡管理、把水资源、水生态、水环境承载能力刚性约束、山水林田湖作为生命共同体统筹自然生态的各个要素，保障水安全。

目前，随着全球变化的影响与遥感技术的快速发展，流域水资源综合管理逐步向快速、及时与高效管理角度发展，而多源遥感数据所提供的高分辨率、多时相以及近实时的流域下垫面信息，为精细化实时性的流域生态环境、水资源、灾害等监测提供了可行性，为习近平同志新时期治水新思路的实施提供数据支撑。一方面遥感数据多光谱、多空间和多时间分辨率的特点，为流域尺度的数据获取、信息提炼和知识抽象提供了综合监测手段；另一方面遥感数据空间分辨率实现了从千米级到厘米级的飞跃；均使得流域科学的研究与流域综合管理所需要的数据和信息在量上和质上有了本质上的变化。

流域遥感是服务于当前流域综合管理和以流域为对象的流域科学研究的重要技术科学。它以流域为单元，应用遥感技术，对流域下垫面结构、能量、水分、生物及地球化学循环、自然灾害和人类社会活动对资源与环境影响进行综合监测，为流域系统科学发展和流域综合管理提供数据和方法支持。

针对流域下垫面、水循环、水资源可消耗量、生态环境、灾害以及水利工程等所包含的不同指标与参数，主要有土地覆被、植被结构参数、地形与地貌、河流水系、土壤、不透水面、降水、蒸散发、土壤水、水面、水储量、可耗水量、水分生产率、节水潜力与节水效果、灌溉需水量与灌溉效率、生物多样性、土壤侵蚀、森林、湿地、水质、生态工程、洪水与干旱、水利工程信息等，本书简要描述了国内外研究进展、基于遥感技术的这些要素监测的最新研究方法与成果，以及目前相关要素国内外产品数据信息状况。

随着遥感的发展，传统的遥感数据产品将成为公共产品，或者随时可以购得的服务，不同的机构与用户以及流域管理者均可免费下载或购买这些公共数据产品信息，开展流域植被、生态、水资源的管理与评估工作，且这些公共数据产品在不断地更新。每个流域，每个机构只需要最大能力地使用好这些公共数据产品信息，即可获得流域内水文、生态、环境信息，满足流域相关数据传输、管理、集成和综合模拟平台建设的需求，因此每个流域机构建立遥感机构的时代即将过去，因此，本书的目的是为流域科学及流域管理者提供参考，回答遥感能够为流域做什么，相关要素信息的监测有哪些最新的技术方法以及能够提供哪些公共的可供下载的数据产品，如何基于现在的遥感数据产品开展流域科学研究与流域综合管理；如何基于遥感信息表达出流域的变化；等等。

参 考 文 献

蔡庆华，吴刚，刘建康.1998.流域生态学：水生态系统多样性研究和保护的一个新途径.科技导报，5：24~26.

陈求稳，欧阳志云.2005.流域生态学及模型系统.生态学报，25：1184~1190.

程国栋，李新.2015.流域科学及其集成研究方法.中国科学（D辑：地球科学），45：811~819.

程国栋，徐中民，钟方雷.2011.张掖市面向幸福的水资源管理战略规划.冰川冻土，33：1193~1202.

邓红兵，王庆礼，蔡庆华.1998.流域生态学——新学科，新思想，新途径.应用生态学报，9：443~449.

杜梅，马中.2005.流域水环境保护管理存在的问题与对策.社会科学家，112（2）：55~61.

贺缠生.2012.流域科学与水资源管理地球科学进展，27（7）：705~711.

姜鲁光，于秀波，李利锋，等.2006.河流管理新方法.北京：科学出版社.

李新，程国栋.2008.流域科学研究中的观测和模型系统建设.地球科学进展，23（7）：756~764.

明冬萍，王群，杨建宇.2008.遥感影像空间尺度特性与最佳空间分辨率选择.遥感学报，4：529~537.

尚宗波，高琼.2001.流域生态学-生态学研究的新领域.生态学报，21（3）：448~473.

宋长青，杨桂山，冷疏影.2002.湖泊及层域科学研究进展与展望.湖泊科学，14（4）：3~14.

王秉杰.2013.流域管理的形成、特征及发展趋势.环境科学研究，26（4）：452~456.

王浩，杨小柳，阮本清.2001.流域水资源管理.北京：科学出版社.

王浩，王建华，秦大庸，等.2006.基于二元水循环模式的水资源评价理论方法，37（12）：1496~1502.

魏晓华，孙阁.2009.流域生态系统过程与管理.北京：高等教育出版社.

吴炳方，张淼.2017.从遥感观测数据到数据产品.地球学报：（11）：2093~2111.

肖洪浪，李彩芝.2009.流域科学发展与趋势.地理教育，（4）：4~5.

杨桂山，于秀波，李恒鹏，等.2004.流域综合管理导论.北京：科学出版社.

Allee D J，Dworsky L B，North R M.1982.Unified River Basin Management-Stage II. Proceedings of a Symposing held Atlanta，Gerogia，October，4-8，1981，Minneapolis：American Water Resources Association.

Brady D J.1996.The watershed approach. Water Science & Technology，33（4/5）：17~21.

Brooks K N，Gregersen H M，Folliott P F，et al.2000.Watershed management：a key to sustainability. In：Sharma P N（ed）. Managing the Word's Forests. Dubuque，Iowa：Kendall/hunt Pub，455~487.

Bruyn S M.2000. Economic Growth and the Environment. Netherlands：Kluwer Academic Publishers.

Cheng G D，Li X，Zhao W Z，et al.2014.Integrated study of the water-ecosystem-economy in the Heihe River Basin. National Science Review，1（3）：413~428.

Downs P W，Gregory K J，Brookes A.1991.How integrated is river basin management. Environmental Management，15：299~309.

Dworsky L B，Allee D J，North R M.1991.Water resources planning and management in the United States federal system：long term assessment and intergovernmental issues. Natural Resources Journal，31（3）：475~547.

Elachi C，Van Zyl J J.2006.Introduction to the Physics and Techniques of Remote Sensing. Hoboken，New Jersey Canada：John Wiley & Sons.

Gardiner J L，Cole L.1992.Catchment planning：the way forward for river protection in the UK. In：Boon P J，Calow P，Petts G E（eds）. River conservation and management. Chichester：John Wiley：397~406.

He C, Cheng S, Luo Y. 2005. Desiccation of the Yellow River and the South Water Northward diversion project. Water International, 30 (2): 261~268.

Kimura T, Nakatsuka H, Satoa K, et al. 2010. EarthCARE mission with Japanese Space Borne Doppler Cloud Radar-CPR. Inter-national Archives of the Photogrammetry, Remote Sensing and Spatial Information Science, Volume XXXVIII, Part 8, Kyoto Japan 2010.

Kubota T, Kachi M, Oki R, et al. 2010. Rainfall observation from space-Applications of Tropical Rainfall Measuring Mission (TRMM) and Global Precipitation Measurement (GPM) mis-sion. International Archives of the Photogrammetry, Remote Sensing and Spatial Information Science, Volume XXXVIII, Part 8, Kyoto Japan 2010.

Lal R, Stewart B A. 1990. Soil degradation. Springer Verlag, New York.

Loucks D P. 2006. Modeling and managing the interactions between hydrology, ecology and economics. Journal of Hydrology, 328: 408~416.

National Research Council (NRC). 1991. Opportunities in the Hydrologic Sciences, Committee on Opportunities in the Hydrologic Sciences, Water Science and Technology Board. Washington DC: The National Academies Press.

National Research Council (NRC). 1997. Watershed Research in the US Geological Survey, Committee on U. S. Geological Survey, Washington DC: The National Academies Press.

National Research Council (NRC). 1999. New Strategies for America's Watersheds, Committee on Watershed Management. Washington DC: The National Academies Press.

National Research Council (NRC). 2004. Adaptive Management for Water Resources Project Planning. Washington DC: The National Academies Press.

National Research Council (NRC). 2007. River Science at the US Geological Survey, Committee on River Science at the U. S. Geological Survey. Washington DC: The National Academies Press.

National Research Council (NRC). 2012. Challenges and Opportunities in the Hydrologic Sciences. Washington DC: The National Academies Press.

Njoku E, Jackson T, Lakshmi V, et al. 2003. Soilmoisture retrieval from AMSR-E. IEEE Transactions on Geoscience and Remote Sensing, 41: 215~229.

North R M, Dworsky L B, Allee D J. 1981. Unified River Basin Management. Proceedings, Symposium 4-7 May 1980. American Water Resources Association, Minneapolis, Minnesota.

Paola C, Foufoula-Georgiou E, Dietrich W E, et al. 2006. Toward a unified science of the Earth's surface: Opportunities for synthesis among hydrology, geomorphology, geochemistry, and ecology. Water Resources Research, 2006, 42 (3): W03S10.

Reid W V, Brechignac C, Lee Y T. 2009. Earth system research priorities. Science, 325 (5938): 245.

Reynolds J F, Smith D M S, Lambin E F, et al. 2007. Global desertification: Building a science for dryland development. Science, 316 (5826): 847~851.

Rodell M, Velicogna I, Famiglietti J S. 2009. Satellite-based estimates of groundwater depletion in India. Nature, 460 (7258): 999~1002.

Smits A J M, Nienhuis E H, Leuven R S E W. 2000. New approaches to river management. Leiden: Backhuys Publishers.

Snelder T H, Biggs B J F, Woods R A. 2005. Improved eco-hydrological classification of rivers. River Research and Applications, 21 (6): 609~628.

UNESCO. 2003. The United Nations World Water Development Report. 376~385.

USGS. 2007. Facing tomorrow's challenges-US Geological survey science in the decade 2007-2017. U. S. Geological Survey Circular 1309，X+70p.

Vanotti M，Szogi A，Hunt P. 2003. Extraction of soluble phosphorus from swine wastewater. Transactions of the ASAE，46（6）：1665~1674.

Wenger N. 1981. A critical review of the river basin as focus for resources planning，development，and management. In：North R M，Dworsky L B，Allee D L（eds）. Unified River Basin Management. Proceeding of American Water Resources Association，Minneapolis，M N，1980.

第二章 流域下垫面遥感

下垫面是水文学专业术语之一，但至今仍未见明确的定义。依据通常的理解，下垫面指地表各类覆盖物所组成，并能影响水量平衡及水文过程的综合体（高诞源等，1999；丁爱中等，2013）。影响区域水循环过程的下垫面要素包括地质、地貌、植被和人为建筑物四类（高诞源等，1999）。不断加剧的人类活动强烈地改变着流域下垫面水文特性，从而影响流域产汇流过程，改变流域水资源的时空分布。及时捕捉流域下垫面时空变化过程，有利于加深人类活动对流域水循环过程、流域水资源时空分布变化的理解。随着遥感监测技术的不断完善，特别是免费的大尺度、长序列、高分辨率的遥感时空大数据的不断涌现，及其处理技术的进步，为捕获流域下垫面已经发生或正在发生的显著变化提供了系统的解决方案，为加深人类活动对水循环过程的扰动，对水资源时空分布规律变化的理解提供新的途径。本章聚焦于流域下垫面重要组成部分如土地覆被、植被、地形与地貌、河流与水系、土壤、不透水面的遥感快速监测方法与技术体系的研讨，并对以遥感时空大数据为驱动的流域水文分析单元研究进行展望。

第一节 土 地 覆 被

土地覆被（也常见"土地覆盖"）是一种地理特征，是陆地表面可被观察到的自然营造物和人工建筑物的综合体，是自然过程和人类活动共同作用的结果，既具有特定的时间和空间属性，也具有自然与社会属性，其形态和状态可在多种时空尺度上变化（吴炳方等，2014，2017）。

土地覆被遥感监测取决于遥感对地物的监测能力，主要对地表覆盖物（包括已利用土地和未利用土地）进行解译和分类。通过遥感监测某一时刻地表土地覆被信息，实际上就是识别此刻地表土地覆被的类型信息，了解其空间分布状况，记录自然过程和人类活动改变地球表面特征的空间格局。对某一时段地表土地覆被信息的获取，目的是刻画地表土地覆被类型的变化，再现地球表面的时空变化过程。土地覆被的最主要组成部分是植被，但也包括土壤和陆地表面的水体。

土地利用/土地覆被的变化，一方面改变地球表面物理特征（如地表温度、粗糙度、土壤含水量等），影响与气候直接有关的地表与大气之间能量、水分和动量交换过程，改变蒸腾蒸散、气溶胶排放的变化（Bartholome and Belward，2005）；另一方面改变地球表面生物地球化学的循环过程，影响地表与大气之间的微量气体交换，以及相互作用，改变大气气体成分，影响温室气体的排放和变化（CO_2、CH_4、N_2O、O_3等）（Loveland and Rad，2000），影响土壤-植被之间的营养物质输送。土地覆被的改变还直接影响到生物多样性、区域水分循环特征、改变生态系统的结构以及组成，从而对生态系统的功能产生影响（Herold et al.，2006）。

　　土地覆被变化在地表水循环过程发挥主要作用。它深刻地改变了地表的性质，如反射率、粗糙度、植被冠层叶面积指数和影响水文通量的其他物理性质，从而影响冠层截留、阻挡、入渗和蒸散发等水文过程，形成水量空间分布的变化；另外，地表及其覆盖的植被决定着太阳辐射在地表的分配，而土地覆被发生变化时则引起能量的再分配，从而导致潜热通量的变化。因此，流域土地覆被通过影响地表水热通量，从而改变流域产汇流过程，改变水循环的空间格局，加速水循环要素时空分异的复杂性和不确定性，最终导致水资源供需关系发生变化。如森林砍伐、草地过牧、湿地排水、干旱区无效灌溉及非农建设用地增加等都对水分循环产生影响，造成水资源短缺；土地利用/土地覆被对水质的影响主要是通过非点源污染途径，包括化肥、农药的使用，农田污水灌溉等都是重要的非点源污染来源。对土地覆被变化如何影响流域水文过程的认识和掌握，对流域水资源规划管理、减少人类活动对生态系统的不利影响等方面具有重要的指导意义（姚允龙等，2009）。因此，土地利用/土地覆被变化是自然–人为作用共同导致的下垫面变化，也是影响水文过程的重要因素，对流域生态和社会经济发展等多方面具有显著影响（史晓亮等，2013）。

　　土地覆被类型变化不但导致地表或地下水量的变化，而且会改变区域水循环的方式（史培军等，2001）。不同的土地利用类型会产生不同的水分循环特征，城市用地的扩展会减少水分存留和下渗，加大径流量，甚至增加洪灾的频率（周凤岐等，2005）；农业用地的增加，会增加蒸发，从而降低年均流量；森林土地利用对水循环的影响已有大量研究，森林对截留、阻挡、下渗和土壤侵蚀的影响已有较一致的认识，大面积的森林破坏使汛期流量增加，枯水期流量减少，径流极值发生明显变化。但大面积的森林破坏对蒸散发和降水的影响结论不一，不同气候区会产生不同的效果（邓慧平，2001）。不合理的土地利用方式和地表植被覆盖的减少对土壤侵蚀具有放大效应（吴秀芹和蔡运龙，2003）。

　　与其他单一学科相比，土地覆被由于地形、水文、土壤和生物等多个要素之间相互作用，使得它成为跨越地理学、生态学以及环境学的综合学科，同时，驱动气候变化、生态环境变化以及生物多样性变化的主要因素正是土地覆被的变化，因此，土地覆被成为全世界基于遥感研究生态、气候以及生物多样性的基础数据（丘君等，2002）。正因为土地覆被变化能够密切表征自然与人类相互作用的过程，常被用来反映生态环境变化问题。土地覆被的变化通常也带来土壤质量的变化，主要表现在土壤侵蚀、土壤盐碱化以及土壤紧实度降低等方面（孟飞，2006）。而不同的土地覆被空间格局下，人类活动对于土壤的影响方式以及强度存在很大差异，因此造成了不同的生态环境（Lal and Stewart，1990；张兴昌和邵明安，2000）。

一、土地覆被监测技术

　　遥感的发展特别是遥感数据分辨率的不断提高促进了土地覆被监测技术的发展和深化。陆地表面的形态特性和动态变化特征可以通过以反映地表覆盖物空间维、光谱维及时间维为核心遥感信息来识别。多平台、多传感器、多波段、多时相以及多种分辨率的遥感数据为土地覆被类型识别和信息提取提供了丰富的遥感信息源（张健，2011；明冬萍等，2008）。不同遥感平台获取的数据其空间分辨率、波谱分辨率和时间分辨率各不相同，不同类型的遥感数据具有不同的土地覆被信息提取的能力，从而适应于不同的研究目的。

土地覆盖遥感监测技术属于目标识别范畴（吴炳方等，2017）。最初的基于遥感观测数据的目标识别是通过目视判读的方式实现的。目视判读因其直观易懂一直沿用至今，中国土地资源数据（Liu et al.，2003）、第二次全国土地调查工作同样采用人机交互目视判读的方法（Zhang et al.，2016）。但目视解译需要大量的人工投入，并受解译人员知识经验等主观因素的影响，存在效率低、精度与质量难以控制、解译经验要求高等缺点。随着遥感技术的迅速发展，全球卫星遥感数据总量已达艾字节（EB）级（Lv et al.，2011），目视判读早已无法充分发挥海量遥感数据在目标识别中的作用。

利用计算机技术实现目标的自动判别与分类，已成为遥感技术与应用研究的重点（Xie et al.，2008；Mountrakis et al.，2011；Blaschke，2010），包括参数化分类器、非参数化分类器在内的多样的化分类器被广泛地用于土地覆被分类（Rogan and Chen，2004；Gong et al.，2013；Zhang et al.，2014；Wu et al.，2014；Chen et al.，2014；Chen et al.，2015）。微波遥感因其全天候的观测能力，在多云雨区开展目标识别的能力突出，广泛地应用于水稻种植区提取、洪泛区识别（Shao et al.，2001；Martinez and Le，2007；Jia et al.，2012）。多时相、光学与 SAR 数据等多源遥感协同观测因充分结合不同时间获取的遥感数据以及不同数据源自身的优势，如光学与 SAR 数据结合在一定程度上缓解了云雨天气对基于光学遥感数据的目标识别精度的显著影响，目标识别的精度有所提升（Xie et al.，2008；Jia et al.，2012；McNairn et al.，2009）。

土地覆被自动判别与分类有两种，基于像素的土地覆被分类方法和基于面向对象的土地覆被分类。基于像素的土地覆被分类方法一般常用于影响具有同源多期和多源复合的特征情况下。如美国地质调查局 30m 尺度土地覆被利用植被的物候（出苗期、鼎盛期、枯萎期）和作物历特征，采用三个季节影像数据合成，解决了自然植被受光谱渐变性、耕地特征的突变的识别（Homer et al.，2007）。将坡度、高程、坡向和地表温度等环境参量结合遥感影像数据提取土地覆被数据，发现在垂直分异明显的区域，高程信息参与土地覆被分类得到的精度更高，同时利用坡度能够有效地提高坡耕地的识别能力（Treitz and Howarth，2000）。空间分辨率的提高，使目标的光谱纯度提高，空间纹理特征更加明显，有利于土地覆被的分类。分类中常出现的"同谱异物"现象主要是信息量不足，改进算法、增强光谱信息量和空间结构特征识别是技术发展的重要方向。由于受光谱频率分布影响，早期的最大似然分类法（MLC）适用性受到限制，而新型学习机分类器决策树分类（DTC）、支持向量机（SVM）、人工神经网络（ANN）具有较高的分类精度，其基于样本的训练、自主学习，有效归类。

与基于像素的分类方法不同，面向对象分类方法能够将地物的光谱信息以及空间纹理信息作为判断地物的特征，从而提高识别分类精度。将像素聚类成多尺度的对象，在不同尺度上拟合土地覆被类型，通过光谱、纹理、形状和空间关系综合判别、识别目标，它比单一的光谱信息增加了空间信息，如对象大小、方差、长宽比、形状指数、朝向、邻近关系、包容关系、方向关系、距离关系等，从对象上提取的非光谱信息可提高分类精度（Zhang et al.，2014），面向对象方法可以减少"椒盐"现象，提高分类精度。目前，该方法发展了单尺度分类、多尺度分类和尺度融合分类方法。它在高分辨率的影像分类中更有意义，高分辨率的像素混合像元少，形成对象的几何特征明显。由于对象具有明显的区域性特征，该技术需要更多的先验专家知识才能发挥有效作用，这使其分类指标和分类方案的普适性较差。由于高分辨率遥感影像中混合像元较少，生成对象的几何特征更加明显，因此面向对象方法在高分辨率遥感影像分类中更有优势（Blaschke and Strobl，2001）。

土地覆被自动判别与分类根据数据特点可分成两类，即大范围土地覆被监测与小范围土地覆被监测，前者以时间序列为主，而后者则以目标识别为主（Cihlar，2000）。大范围土地覆被监测是基于低分辨率（250～1000m）时间序列的数据分析，弥补空间分辨率的不足，提高监测的精度。NDVI 被认为是较为敏感的监测参数，而 Lambin 和 Ehrlich（1996）认为用温度和 NDVI 比值时间序列比只用 NDVI 得到更稳定的分类效果。大范围的监测受云雾影响，每月 NDVI 最大值合成（MVC）是去云的有效方法。NDVI 时间序列数据因具有物候特征而应用于土地覆被分类。由于低分辨率数据的噪声和数据质量问题，时间序列曲线波动性较大、难以分析，通常采用时间序列谐波分析法（Harmonic Analysis of Time Series，简称 HANTS）平滑技术、多项拟合技术去除噪声、提取时间过程的物候参数，新发展的拟合处理方法还有偏态高斯函数、Savitzky-Golay 滤波、优化逻辑函数。利用年内月平均 NDVI 变化、波型可以减少物候的区域差异对地物的判别。如 UMD 土地覆被采用 Advanced Very High Resolution Radiomete（简称 AVHRR）数据组合成 41 个数据层（Hansen and Reed，2000），包括年内 8 个有效月 NDVI 的 MVC、波段 1～5 中的最大值、最小值、均值、变幅、最热月值、最热 4 个月均值等特征参数分类。大尺度分类突出问题是区域差异性形成的地带性分布。GLC2000 划分全球 30 个区域、分区采用不同监测技术进行全球土地覆被分类策略（Bartholome′ and Belward，2005），提高了精度，但这种方法存在人为硬性分区形成空间上的接边问题。

SAR 数据对目标的材质、方向性、湿度、地表粗糙度等几何和介电特性的探测能力，使得 SAR 在森林、建筑的结构和密度识别有较强的识别能力（Nathaniel et al.，2004），在识别乔木林方面，L 波段比 C 波段的能力更强，利用 C 波段和 L 波段的组合对植被结构的划分有较好的效果，但 SAR 的结构性特征也混淆土地覆被类型，如耕地田埂的方向性、土壤水分变化等会干扰分类效果，光学影像与 SAR 的融合应考虑适应的区域条件。激光雷达数据 LiDAR（如 GLAS）的应用有效地提供高度信息，在植被分类中精度大大提高（Antonarakis et al.，2008）。

同样，专题数据与影像数据的复合有助于精度的提高，如坡度、高程、坡向、地温等环境变量参与分类，有助于分类的精度提高（Homer et al.，2007），在垂直分异明显的自然植被地区利用高程信息效果较好，而利用坡度的限定可有效地提高山区耕地的识别能力。在山区，地形起伏引起的照度变化影响土地覆被分类效果，通过地形光谱纠正可以减少照度的影响。

空间纹理有利于分类精度的改善，通过移动矩阵内的空间统计，判断中心像元的类别归属，有均值法、平均欧氏距离法（MED）方法、方差提取法（VAR）、Kurtosis 法（KRT）、Isarithm 法、半方差法、三角法、棱镜法（Myint，2003），通常 MED 方法要比 VAR 和 KRT 方法的精度高5%～15%。这些方法适合于非均质结构的类型划分，由于它是基于像素分析，更多考虑像元周边的光谱特征，对目标整体的形状及空间关系无法识别。

随着卫星发射频率、数据质量的不断提升，以及计算机处理能力的提高，大范围与小范围土地覆被监测方法逐渐融为一体。大范围的监测逐渐采用高分辨率数据，而小范围的监测采用时间序列监测方法，使土地覆盖监测精度更高、周期更短。

二、国际主要土地覆被数据产品

20 世纪 80 年代以来，以 NOAA/AVHRR、EOS/MODIS、SPOT VGT、FY 系列卫星数据为代表的低分辨率的遥感数据广泛应用到全球及大区域范围的土地利用/土地覆被的遥感变化监测及制图（Weiss et al., 2001）。早期基于遥感影像数据获取的全球土地覆被数据产品有：①美国马里兰大学的全球土地覆被数据（即 UMD 数据集）；②国际地圈-生物圈计划的全球土地覆被数据（即 IGBP-DISCover 数据集）；③美国波士顿大学的全球土地覆被数据（即 MODIS 数据集）；④欧盟联合研究中心的全球土地覆被数据（即 GLC2000 数据集）。以上 4 类全球土地覆被数据（以后简称 4 类数据）产品的空间分辨率都是 1km，反映的是 2000 年前全球土地覆被类型的空间格局。欧洲航天局（ESA）完成了 2005 年和 2009 来的 300m 分辨率的全球地表覆盖制图（GLOBCOVER）。

由于高分辨率的影像更容易捕捉各种各样土地覆被类型，Landsat-MSS、TM、ETM 及 OLI 数据、SPOT 数据、CBERS、HJ-1/2、高分系列卫星、欧盟哨兵系列卫星数据广泛应用中高分辨率的土地覆被遥感监测。美国国家土地覆被数据集（national land cover data，NLCD）有 9 个一级类和 21 个二级类（Vogelmann et al., 1998），包括 1992 年、2001 年、2006 年和 2011 年系列数据产品，分辨率为 30m。欧盟的 CORINE（coordination of information on the environment）土地覆被数据，包括 5 个一级类，分别为人造区域、农业区、森林和半自然区、湿地和水体，15 个二级类和 44 个三级类，包括 1990 年、2000 年、2006 年、2012 年和 2018 年系列数据产品（https://land. copernicus. eu/pan-european/corine-land-cover），最少制图单元是 25hm^2，线性地物的最小宽度是 100m。欧洲航天局基于哨兵系列卫星数据制作的 20m 分辨率 2016 年非洲土地覆被数据有 10 个类别。

我国土地覆被监测系统有 2 个代表性的、特色的监测系统：全球尺度的 30m 土地覆被系统（GlobeLand30）（Chen et al., 2015）和中国 ChinaCover 土地覆被系统（吴炳方等，2017）。

国家基础地理信息中心在 863 项目支持下，开展了中分辨率全球土地覆盖制图。目的是生产全球精细的、实用化的土地覆盖数据集，应对全球气候变化。数据采用 TM/ETM+、HJ-1 影像，将土地覆盖划分成 10 类，2010 年的 30m 全球土地覆盖数据集（http://www. globallandcover. com/GLC30Download/index. aspx）。产品经过全球 15 万个点样本的精度评估，总精度达到 80%。

中国 ChinaCover 数据集是满足于生态系统碳储量估算的土地覆被产品。分类系统采用 FAO_LCCS 系统建立了 2 级 40 类土地覆被分类体系。分类数据采用影像季相特征的派生数据、地形数据和对象特征数据组成的 25 层分类数据集，样本是基于野外采集、Google Earth 等多渠道收集 14 万个样本。2010 年中国土地覆盖数据采用 9 个植被气候区布设的 9400 样点独立验证，总体准确度达到 86%。基于 2010 年数据，利用变化检测方法，完成了 1990 年、2000 年、2005 年、2015 年和 2017 年的中国土地覆盖数据集（吴炳方等，2017）。

三、土地覆被遥感展望

提高土地覆被的分类精度是土地覆被监测中需要解决的重要问题。分类精度受影像解析力影响，它包括数据来源、尺度、区域、类别、采样方法、分类算法、技术集成等。不同条件下监测精度差异很大，总体上分析，大范围的土地覆被监测的精度稳定性强、具有一定的代表性。根据目前主要土地覆盖监测产品统计，在 1km 格网尺度、10 ~ 15 类别的土地覆被监测总体精度在65% ~75% 水平，在 30m 格网尺度、20 ~ 30 类别的土地覆被监测总体精度在80% ~85% 水平，已经达到了相应分辨率应有的精度水平，未来更高分辨率的土地覆被数据会越来越多。

土地覆被/土地利用应用很广，流域综合管理与流域科学中应用最广泛的数据，为其他领域制作的土地覆被数据稍加修改或补充就可以用于流域管理。随着遥感和人工智能技术的发展，随着遥感传感器的增多、监测频率的加大、分辨率的提高，土地覆盖的定制化、标准化和规范化遥感监测将成为可能。不远的将来，还可包括季节特征，如每月、每季度的土地覆盖特征，更精细地服务于流域综合管理与流域科学研究。

第二节　植被结构参数

植被是覆盖地表的植物群落的总称，流域尺度主要包括森林、灌丛、草地与农作物等，既是流域生态系统的主要组分，也是流域生态系统存在的基础，具有截流降雨、减缓径流、防沙治沙、保持水土等功能，联结着土壤、大气和水分等自然过程，在陆地表面的能量交换、生物地球化学循环和流域水文循环等过程中扮演着重要角色（孙红雨等，1998）。植被覆盖度与植被叶面积指数是表征植被结构最重要的两个参数。

利用遥感定量统计分析植被覆盖度与叶面积指数的依据是植被冠层的光谱特征。绿色植物叶片的叶绿素在光照条件下发生光合作用，强烈吸收可见光，尤其是红光，因此，红光波段反射率包含了植冠顶层叶片的大量信息。在近红外波段，植被有很高的反射率、透射率和很低的吸收率，因此，近红外波段反射率包含了冠层内叶片的很多信息。植被的这种光谱特征与地表其他因子的光学特性存在很大差别。这就是植被遥感定量分析的依据。

一、植被覆盖度遥感监测及动态分析

植被覆盖度（fractional vegetation cover，FVC）是描述植被水平结构的一个较好的指标，指植被（包括叶、茎、枝）在地面的垂直投影面积占统计区总面积的百分比（Gitelson et al.，2002）。植被覆盖度是水文生态模型研究中的重要参量，在全球循环的模型中经常需要它的时间动态与空间分布来计算能量或水流动（Qi et al.，2000）。植被覆盖度是地表植被蒸腾和土壤水分蒸发损失总量评估、光合作用过程的重要控制参量（张云霞等，2003）。植被覆盖度是衡量地表植被状况的一个最重要指标，也是影响土壤侵蚀与水土流失的主要因子（潘晓玲，2001）。

（一）植被覆盖度遥感监测方法

植被覆盖度遥感监测方法依据对植被光谱信息与植被覆盖度所建立的关系不同，总体上可以分为以下几类：统计模型法、物理模型法以及基于数据挖掘技术的估算方法。

其中，植被指数是指由遥感传感器获取的植被光谱信息数据，经线性和非线性组合而构成的对植被有一定指示意义的各种数值。它是根据植被反射波段的特性计算出来的反映地表植被生长状况、覆盖情况、生物量和植被种植特征的间接指标。经过验证，植被指数与植被覆盖度有较好的相关性，用它来计算植被覆盖度是合适的。其中以 NDVI 归一化植被指数应用最为广泛，它是植物生长状态和植被空间分布的指示因子，与地表植被的覆盖率成正比，对于同一种植被，NDVI 越大，表明植被覆盖率越高。它是用于监测植被变化的经典植被指数，适用于大区域的植被监测。NDVI 的计算公式为

$$NDVI = (NIR - R)/(NIR + R) \tag{2-1}$$

式中，NIR 为近红外波段反射率；R 为红波段反射率。

1. 统计模型法

1）回归模型法

回归模型法是通过对遥感数据的某一波段、波段组合或利用遥感数据计算出的植被指数与植被覆盖度进行回归分析，建立经验模型，并推广模型以求取大范围区域的植被覆盖度。

植被覆盖度与植被指数具有很强的线性或非线性相关性（Asrar et al.，1992）。针对不同的土地覆盖类型建立了地表植被覆盖率与 NDVI 的经验模型，并用 NOAA-AVHRR 数据计算研究区的植被覆盖率（Wittich and Hansing，1995）；使用 ATSER-2 遥感图像数据，对四个波段的数据（555nm、670nm、870nm 和 1630nm）分别与植被覆盖度、叶面积指数等进行了线性回归，结果表明使用四个波段组合的线性混合模型估算植被覆盖度比单一植被指数要好（Peter S，2000；Peter R J，2002）；利用地面实测的 25 个高光谱特征变量与天然草地植被覆盖度进行相关性分析，建立线性与非线性回归模型来估算草地的植被覆盖度（刘占宇等，2006）。

回归模型法是基于对卫星同步观测数据统计方法的应用分析，受观测时间、观测地点、观测时大气状况和土壤状况的影响显著，对遥感与地面观测的同步性要求极高，虽在小范围内具有一定的精度，但在推广应用方面却受到诸多限制。因此，此法适于局部区域植被覆盖度测量。

2）植被指数法

植被指数法是指直接利用植被指数近似估算植被覆盖度，所使用的植被指数一般都经过验证，与植被覆盖度具有良好的相关关系。这种方法不需要建立回归模型。Choudhury 等（1994）与 Carlson 等（1994）使用完全不同的方法与数据集都得到了植被覆盖度 FVC 与 N^* 的理想平方关系，$FVC = N^{*2}$，认为可以使用 N^{*2} 来近似估算植被覆盖度。

$$N^* = (NDVI - NDVI_{soil})/(NDVI_{veg}) \tag{2-2}$$

式中，$NDVI_{soil}$ 为无植被像元的 NDVI；$NDVI_{veg}$ 为全植被覆盖像元的 NDVI。杨胜天等（2002）使用 NDVI 将植被覆盖度分为四种类型：高覆盖度类型（植被覆盖度>75%）、中

高覆盖度类型（植被覆盖度在60%～75%）、中覆盖度类型（植被覆盖度在45%～60%）、低覆盖度类型（植被覆盖度<45%）。唐世浩等（2003）利用三波段梯度差植被指数（TGDVI）来直接估算研究区内的植被覆盖度，公式如下：

$$FVC = TGDVI/TGDVI_{max} \qquad (2-3)$$

式中，$TGDVI_{max}$为最大三波段梯度差。植被指数法不需要建立回归模型，所用的植被指数一般都通过验证，且与覆盖度具有良好的相关关系。对地表实测数据依赖较小，可推广到大范围地区，比回归模型法更具有普遍意义，此法在局部区域对植被覆盖度的估算精度可能会低于回归模型法，但适合于大范围的粗略估计。

3）像元分解模型法

像元分解模型法依据图像中的一个像元实际上可能由多个组分构成，每个组分对遥感传感器所观测到的信息都有贡献，因此可以将遥感信息（波段或植被指数）分解，建立像元分解模型，并利用此模型估算植被覆盖度。该方法不依赖于实测数据，对遥感影像的现势性要求不是很高，因此可以适用于植被覆盖度的遥感动态监测研究。

分解像元的途径是建立遥感信息的混合模型，目前已开发出的模型主要有5种，分别为线性模型、概率模型、几何光学模型、随机几何模型和模糊分析模型（赵英时，2003）。其中最常用的是线性模型。线性模型假定像元信息为各组分信息的线性合成。线性模型基于以下假设：在瞬时视场下，各组分光谱线性组合，其比例由相关组分光谱的丰度决定。分析残差，使残差最小，完成对混合像元的分解。

影像中的一个像元实际上可由多个组分构成，每个组分对遥感传感器所观测到的信息都有贡献，因此可以将遥感信息分解建立像元分解模型，并利用此模型估算植被覆盖度。像元二分模型假设像元是由两部分构成的，即植被覆盖地表和无植被覆盖地表，所得到的光谱信息也是由这两个组分因子线性合成，它们各自的面积在像元中所占比例即为各因子的权重，其中植被覆盖地表占像元的百分比即为该像元的植被覆盖度。

像元分解法不依赖于实测数据，精度随影像分辨率的不同发生变化，可适用于各种植被类型，也适用于不同分辨率的遥感数据。像元二分法原理简单易懂、可操作性强、无须估算叶面积指数等需要复杂推导的参数；能削弱大气、土壤背景与植被类型等的影响；具有一定的理论基础，不受地域的限制，易于推广。

2. 物理模型反演法

早在20世纪70年代，对植被冠层光合作用以及获取植被表层反照率的研究，推动了冠层反射模型的发展（Roberts，1998）。Goel和Thompson（1984）从广义上将冠层反射模型归纳为四大类，分别为几何光学模型、辐射传输模型、几何光学和辐射传输混合模型以及计算机模拟模型。后三种模型的模拟过程较为复杂，在进行模型反演时不但输入参数涉及地表植被的生理、生化、枝叶、冠层结构以及土壤、大气等各因子，导致影响反演误差的因素繁多，而且反演通常采用比较耗时的多次迭代方法。相比之下，基于对地物宏观几何结构进行描述的几何光学模型，在解释复杂地表的反射特征时有其简单、明晰的优势，因而常常用来反演植被冠层的结构参数（Ustin，2004）。几何光学模型把地面目标假定为具有已知几何形状和光学性质按一定方式排列的几何体，通过分析这些几何体对光线的截获和遮阳及地表面的反射率来确定植被冠层的方向反射。几何光学模型的核心是四分量理论，它们分别为光照植被、阴影植被、光照背景和阴影背景分量。当反演冠层盖度时，所需的模型输入参数包括光照背景分量、地形数据（坡度坡向）、冠层结构形态数据以及太阳和观测角度数据四大类。这四类数据的逐像元提取方法和对模型的敏感性分析，决定着反演模型的精度和适用性。

物理模型反演法的每个参数都具有明确的物理含义，因此，模型一旦建立就具有较广泛的适用性，但通常模型较为复杂，变量多且难以测量，会影响植被覆盖度的提取精度。

3. 基于数据挖掘技术的估算方法

数据挖掘（Data Mining）是指在大量数据中寻找隐含信息（如趋势、特征或相关性）的过程（谢邦昌，2008）。目前应用比较广泛的数据发掘估算方法有决策树分类法和人工神经网络法等。决策树分类法在植被覆盖度遥感估算上的应用原理是：首先，由部分样本数据，包括植被覆盖度和对应的其他相关波段、植被指数等信息建立决策树；其次，用另外的样本数据对所建立的决策树进行修剪和验证，形成最终用于估算植被覆盖度的决策树结构；最后，根据建立的决策树进行植被覆盖度的估算。Hansen 等（2002）利用一年的MODIS 数据，结合决策树分类法和线性回归模型法估算了连续场的森林乔木层覆盖度，研究表明，基于分类决策树模型的均方根误差为 10.8%。模型结果用高分辨率遥感影像IKONOS、ETM+进行验证，其结果好于 DeFries 等（2000）采用线性混合模型法取得的13.8%的均方根误差，这表明分类决策树模型有较高的覆盖度估算精度。人工神经网络是以模拟人脑神经系统的结构和功能为基础而建立的一种数据分析处理系统。在进行知识获取时，由研究者提供样本和相应的解，通过特定的学习算法对样本进行训练，通过网络内部自适应算法不断修改权值分布以达到应用要求，在输入模式接近于样本的输入模式时，获取与样本解接近的输出结果（黄德双，1996）。Boyd 等（2002）采用神经网络法估算美国太平洋西北部的针叶林覆盖度，在 99%的置信度下获得了 0.58 的相关性，结果略好于植被指数法和回归分析法。然而，决策树分类法和人工神经网络基于数据挖掘，估算时需要大量样本，建立网络时存在主观成分。

（二）植被覆盖度全球及区域尺度数据产品

1. 植被覆盖度数据产品

目前，部分遥感数据，如 POLDER、Envisat MERIS、SPOT VEGETATION（VGT）等都提供了 FVC 产品（表 2-1），其生产算法主要包括经验模型法和物理模型法。其中，在CYCLOPES 项目里利用 VGT 数据生产 FVC 的算法使用了经验性模型（Baret et al.，2007）。而 POLDER 和 Envisat MERIS 卫星数据采用了机器学习方法，通过物理模型模拟产生训练机器学习算法的样本数据，训练后实现 FVC 的估算（Smith，1993；Roujean and Bréon，1995，2002）。POLDER 产品的训练模型采用的是 Kuusk 辐射传输模型，FVC 通过与叶面积指数的指数关系得到（Garrigues et al.，2008）。Envisat MERIS FVC 产品采用 PROSPECT+SAIL 模型，通过 13 个波段的光谱反射率值输入神经网络生产 FVC 产品（Baret et al.，2006）。Geoland-2 项目中 FVC 的估算是基于 CYCLOPES FVC 产品修订获取训练样本训练神经网络模型而实现的（Baret et al.，2013）。

表 2-1　主要植被覆盖度产品列表

产品来源	传感器	时间范围	时间分辨率	空间范围	空间分辨率	参考文献
CNES/POLDER	POLDER	1996～1997 年	10 天	全球	6km	Roujean and Lacaze，2002
FP5/CYCLOPES	SPOT VGT	2003 年	10 天	全球	1km	Baret et al.，2006
ESA/MERIS	MERIS	1998～2007 年	月/10 天	欧洲	300m	Baret et al.，2006
EUMETSAT/LSA SAF	SEVIRI	2002 年至今	天	欧洲、南美洲	3km	García-Haro et al.，2005
Geoland-2	AVHRR/SPOT VGT	2005 年至今	10 天	非洲	1981～2000 年/0.05°	Baret et al.，2013
ChinaCover	AVHRR/MODIS	1981 年至今	月	全球	1999 年至今/1km	吴炳方等，2014

从现有 FVC 产品验证报告来看，SEVIRI 和 Envisat MERIS FVC 产品的空间一致性较好，但是 MERIS FVC 产品系统性偏低，相差 0.10～0.20（García-Haro et al.，2005）。陆表植被参数产品验证报告中指出 SEVIRI 和 CYCLOPES 项目中 VGT 数据的产品之间也存在系统性偏差，VGT 结果更高些，相差大约 0.15，SEVIRI 的 FVC 产品结果介于 MERIS 和 VGT 产品结果之间。但是 Fillol 等（2006）的验证报告中提到 CYCLOPES FVC 产品比高空间分辨率 SPOT 多光谱数据 FVC 空间聚合之后的结果还要低一些。而且，Camacho 等（2006）发现 CYCLOPES FVC 产品确实存在由于信号饱和问题引起的低估现象。由此推测 SEVIRI、CYCLOPES 和 Envisat MERIS 的 FVC 产品和真实情况相比都会有系统性低估。Geoland-2 FVC 产品基于 CYCLOPES FVC 产品进行了改进，修补了其低估问题，验证结果与地面估测值更为接近，而且与 CYCLOPES FVC 产品具有较好的一致性（Camacho et al.，2013），但全球验证点较少，需要继续开展更为深入的验证工作。

2. ChinaCover 植被覆盖度数据产品

中国科学院遥感与数字地球研究所采用像元二分模型，基于 AVHRR/MODIS 数据，构建了 ChinaCover 植被覆盖度数据集，该数据时间跨度从 1990 年至今，为月度产品，其中 1990～1999 年空间分辨率为 1km，2000 年至今为 250m。

根据像元二分模型，一个像元的 NDVI 值可以表达为由绿色植被部分所贡献的信息 $NDVI_{veg}$ 与裸土部分所贡献的信息 $NDVI_{soil}$ 两部分组成，因此植被覆盖度可表示为

$$FVC = (NDVI - NDVI_{soil})/(NDVI_{veg} - NDVI_{soil}) \qquad (2-4)$$

式中，$NDVI_{soil}$ 为完全为裸土或无植被覆盖区域的 NDVI 值；$NDVI_{veg}$ 为完全被植被所覆盖像元的 NDVI 值，即纯植被像元的 NDVI 值。

对于大多数类型的裸地表面，$NDVI_{soil}$ 是不随时间改变的，理论上应该接近零。然而由于大气影响地表湿度条件的改变，$NDVI_{soil}$ 会随着时间而变化。此外，由于地表湿度、粗糙度、土壤类型、土壤颜色等条件的不同，$NDVI_{soil}$ 也会随着空间而变化，变化范围一般在 -0.1～0.2。$NDVI_{veg}$ 代表着全植被覆盖像元的最大值。由于植被类型的不同，植被覆盖的季节变化，叶冠背景的污染，包括潮湿地面、雪、枯叶等因素，$NDVI_{veg}$ 值也会随着时间和空间而改变。因此，采用一个固定的 $NDVI_{soil}$ 和 $NDVI_{veg}$ 值是不可取的，在建立 ChinaCover

植被覆盖度数据产品时，$NDVI_{soil}$ 和 $NDVI_{veg}$ 根据土壤类型和植被类型将全国分成不同的类型来确定。

（三）长时间序列植被覆盖度变化分析方法

为研究长时间序列植被覆盖度的年际变化趋势，需要对一年中各月的植被覆盖度进行进一步处理。年最大植被覆盖度、年最小植被覆盖度、各季节植被覆盖度等都从不同侧面反映出植被年际生长状况的变化。因此，在已有的研究中，这些指数被广泛应用于植被覆盖度的分析中。以长江上游地区 2014 年植被覆盖度月度监测结果为例，基于每 16 天合成 250m 分辨率 MODIS NDVI 数据，利用像元二分法进行植被覆盖度估算，合成了 250m 分辨率植被覆盖度月度监测结果（图 2-1）。

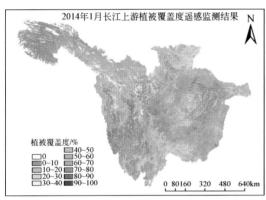
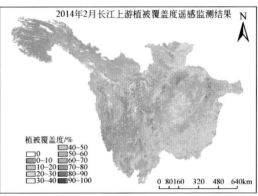
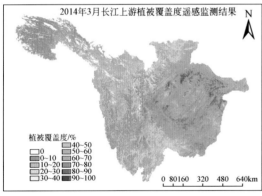
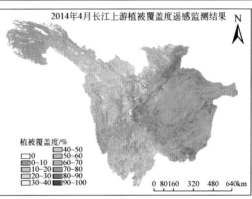
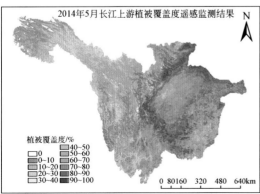
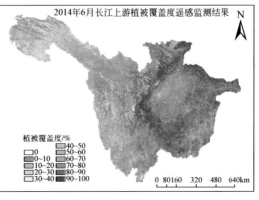

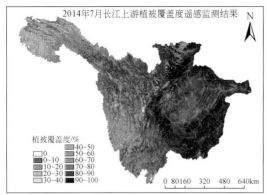
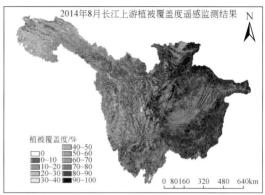
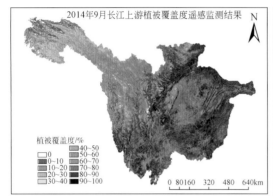

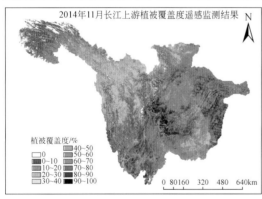
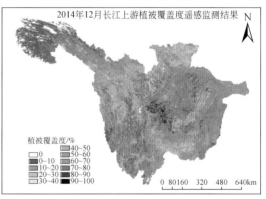

图 2-1　2014 年长江上游植被覆盖度月度遥感监测结果

在利用时序数据进行植被多年动态变化分析时，常用植被长时序分析方法有代数运算法、傅里叶变换法、小波变换法、回归分析法、相关系数法等（蔡博峰和于嵘，2008）。

1. 代数运算法

数值比较、差值运算、方差计算等都可以归到这类方法中。通过这类方法可以得到诸如植被覆盖度最大值、均值、最小值、变化幅度等多个特征信息。

这类方法的特点是针对每个像元的 FVC 数据集进行计算，基本不涉及 FVC 时间序列特征（计算中没有时间变量）。因而更多的是表达植被在某一时间段中的变化幅度。该类方法中最简单的是差值分析法，即利用时间序列首尾两个时间点 FVC 差值的变化来衡量变化的大小。差值分析法的不足在于其完全忽略了 FVC 时间序列的中间变化过程，计算全部依赖于时间序列的起始点，因而个别情况下的植被变异可能影响最终的分析结果。因此，差值分析法的结果不能完全反映 FVC 在研究时段的变化趋势和变化特征。但它可以直观地体现一段时期内 FVC 的变化多少和幅度。

2. 傅里叶变换法

傅里叶变换是一种常用的数字信号处理方法，通过变换，可以将 FVC 时序数据构成的时域信号变换到频域中，通过频域实现对信号的分解，最后通过选取部分频率分量实现特征提取（Wang et al.，2005；Lunetta et al.，2006）。

FVC 时序数据可以认为由包含生物学特征信息的不同频率分量对应的基波和一系列谐波叠加而成。对于年内的 FVC 时序数据，通过离散傅里叶变换可以得到不同频率分量的幅度和相位。其中，零频率分量是一个常量，与基波相对应，大小等于 FVC 的均值；第一个频率分量与第一个谐波对应，表示周期为 12 个月（36 旬）的季节性变化；第二个频率分量与第二个谐波对应，表示周期为 6 个月（18 旬）的季节性变化模式；其他每个频率都对应着相应的谐波，表示一种周期的变化模式。各个分量的信息反映了各个频率成分在整个信号中的相对权值，信息量越大，对应谐波波形起伏越大，原信号中体现出的该周期变化也越明显。

傅里叶变换在揭示植被周期中发挥了重要作用，而且对于植被类型的遥感分类有着积极的作用（Evans and Geerken，2006），但是该方法对于长时期的植被变化特征的描述并不理想。

3. 小波变换法

小波分析是傅里叶分析的突破性进展，其采用正交、复正交变换，并应用滤波器对时间序列进行分析，其优于傅里叶分析之处在于具有良好的局部化性质，小波分析可以反映植被年际变化的周期特征（Prasad et al.，2007）。小波变换是一个很有潜力的植被长时序分析方法，但当前应用主要是分析植被长时序波动周期，其使用途径和傅里叶变换类似，因而该方法的局限性和不足也和傅里叶变换相同。

4. 回归分析法

回归分析是考察多个变量之间统计联系的一种重要方法，是研究植被长时序变化趋势的重要方法。对于一组时间自变量 x 与 FVC 因变量 y 数据，可以用以下数学模型来表示：

$$y = \alpha + k\, x_i + \varepsilon_i \tag{2-5}$$

式中，α，k 为未知常数；ε_i 为随机误差。利用观测值 $[(x_i, y_i)(i=1, 2, \cdots, n)]$ 可以求出未知参数 k 为

$$k = \frac{\sum\limits_{i=1}^{n} (x_i - \bar{x})(y_i - \bar{y})}{\sum\limits_{i=1}^{n} (x_i - \bar{x})^2} \tag{2-6}$$

其中

$$\bar{x} = \frac{1}{n} \sum\limits_{i=1}^{n} x_i$$

$$\bar{y} = \frac{1}{n} \sum_{i=1}^{n} y_i$$

对于 FVC 时序数据，同一像元位置对应相应的一组 FVC 监测值，采用最小二乘法线性拟合后得到相应的线性方程，方程斜率 k 说明了此像元 FVC 值的多年变化趋势及变化幅度，$k>0$，植被覆盖度增加，$k<0$，植被覆盖度减少；$|k|$ 越大，植被覆盖度变化的幅度越大，反之则变化的幅度越小。

5. 相关系数法

FVC 时序数据分析中的相关系数法多指 Person 相关系数法，即计算 FVC 序列和时间序列的相关系数（Evans and Geerken，2004），相关系数法与回归分析法极其类似，其数学表达式为

$$r_{xy} = \frac{\sum_{i=1}^{n} (x_i - \bar{x})(y_i - \bar{y})}{\sqrt{\sum_{i=1}^{n} (x_i - \bar{x})^2 \cdot \sum_{i=1}^{n} (y_i - \bar{y})^2}} \tag{2-7}$$

式中，r_{xy} 为相关系数，是要素间相关程度的统计指标；x 为时间值（年度）；y 为 FVC。$r_{xy}>0$ 表示正相关，反映 FVC 呈整体增加趋势，$r_{xy}<0$ 表示负相关，反映 FVC 呈整体降低趋势，$|r_{xy}|$ 越接近 1，表示 FVC 的变化趋势越强。r_{xy} 是一个归一化的参数，反映了 FVC 随时间变化的特征和趋势。

代数运算法、傅里叶变换法、小波变换法都无法定量评价和分析 FVC 长时序趋势特征，因而在植被长时序变化研究中并不常用。回归分析法和相关系数法是当前 FVC 时间序列分析中最主要和最常用的方法。在 FVC 时序数据分析中，它不仅可以定量反映多年度变化趋势，还可结合地理空间数据分析变化发生的具体空间位置。并且后两种方法计算过程简单、清晰、结果直观、易于解释。由于上述优点，回归分析法和相关系数法得到了广泛应用（Rigina and Rasmussen，1996；Jina et al.，2006）。

二、叶面积指数遥感监测与精度分析

叶面积指数（leaf area index，LAI）是植被垂直分布的一个重要参数，它控制着植被的许多生物物理过程，同时也为植被冠层表面最初能量交换提供结构化定量信息。LAI 可以定义为单位地面面积上所有叶子表面积的一半，这种定义的好处在于当叶子的角度分布是球形（随机分布）时，所有凸面形状叶子的相对消光系数可以看做是常数 0.5。LAI 作为计算植物蒸散和干物质累积最重要的参数，且最能反映遥感数据与植物生长状态及降雨截流密切相关关系。

（一）叶面积指数遥感监测方法

叶面积指数的遥感获取方法可以归纳为两类：统计模型法和光学模型反演法。

1. 统计模型法

统计模型法是以 LAI 为因变量，以光谱数据或其变换形式（如植被指数）作为自变量

建立的估算模型，即 LAI $=f(x)$。其中 x 为光谱反射率或植被指数。以植被指数作为统计模型的自变量是经典的 LAI 遥感方法，在多光谱和高光谱领域均有用植被指数估算叶面积指数的研究和应用。传统的多光谱植被指数是由红光（R）和近红外（NIR）两个波段得到的。在众多的两波段植被指数中，常应用于 LAI 定量计算的是绝对比值植被指数 SR、归一化差值植被指数 NDVI 和垂直植被指数 PVI。NDVI 具有 $-1 \sim 1$ 的固定变化区间，避免了当 $\rho_r \to 0$ 时 SR 的值会无限增大的情况，因而被广泛应用。SR 被广泛应用的原因之一在于它对植被变化敏感性强，且与生物物理参数的线性关系更加显著，根据模型模拟 SR 最适用于 LAI 的反演（Ustin，2004；Goel and Thompson，1984）。

2. 光学模型反演法

统计模型分析法形式灵活，但属于经验性的，对不同的数据源需要重新拟合参数，模型需要不断地调整。因此，许多学者致力于研究出具有普适性的 LAI 定量模型。目前，相对成熟的是基于物理光学基础的光学模型。LAI 光学模型建立的基础是植被的非朗伯体特性，即植被对太阳光短波辐射的散射具有各向异性，反映在遥感上就是从地表反射回天空的太阳辐射和卫星观测的结果很大程度上依赖于太阳角和卫星观测角的关系，这种双向反射特性可以用双向反射率分布函数（bi-directional reflectance distribution function，BRDF）来定量表示，这就给 LAI 定量模型的创立提供了理论依据。从 20 世纪 80 年代中期开始，植被双向反射特性研究逐渐成为遥感界十分活跃的研究领域之一，并出现了各种各样的植被双向反射分布函数模型，定量提取 LAI 等生物物理信息成为该类模型的一个重要研究方面。光学模型就是基于植被的 BRDF，建立在辐射传输模型基础上的一种模型，具有相当强的物理基础，不依赖于植被的具体类型或背景环境的变化，因而具有普适性。辐射传输模型是模拟光辐射在一定介质（如大气和植被）中的传输过程，最初用于研究光辐射在大气中传输的规律，后来被移植到植被对太阳光辐射的吸收和散射规律研究中。对于某一特定时间的植被冠层而言，一般的辐射传输模型为

$$S = F\,(\lambda,\ \theta_s,\ \psi_s,\ \theta_v,\ \psi_v,\ C) \tag{2-8}$$

式中，S 为叶子或冠层的反射率或透射率；λ 为波长；θ_s 和 ψ_s 分别为太阳天顶角和方位角；θ_v 和 ψ_v 分别为观测天顶角和方位角；C 为一组关于植被冠层的物理特性参数，如植被 LAI、叶面指向和分布、植被生长姿态和叶–枝–花的比例与总量等。一般辐射传输模型以 LAI 等生物物理、生物化学参数为输入值，得到的输出值是 S。从数学角度看，要求得 LAI，只需得到上述函数的反函数，以 S 为自变量即可得到 LAI 等一系列参数，这就是光学模型反演 LAI 的基本原理。

用于反演 LAI 的光学模型比较多，其中较为常用的是 Verhoef 的 SAIL（任意倾斜叶子散射）模型、Li-Strahler 几何光学模型和 4-尺度模型等。其中，SAIL 模型简化了对冠层结构的描述，模型的主要输入参数有叶子的反射率和透过率、背景土壤的光学特性、LAI、平均叶子倾斜角度和太阳的入射漫散射分量（Verhoef，1984）。

需要注意的是，一般比较复杂的光学模型都不能直接用来反演 LAI，而是把 LAI 作为输入值，采用迭代的方式以优化技术逐步调整模型参数，直到模型输出结果与遥感观测资料达到一致，最后的迭代结果就是反演结果。解决这个问题的途径之一是利用新的技术手段，如神经网络模拟方法（吴炳方等，2004）。

（二）叶面积指数全球及区域尺度数据产品

1. 叶面积指数数据产品

目前，国内外利用遥感传感器获得的信息生成了多种全球或区域 LAI 产品（表 2-2），如基于 NOAA/AVHRR NDVI 数据生产的 ECOCLIMAP LAI 产品，基于 SPOT/VEGETATION 数据生产的两种全球 LAI 产品：CYCLOPES、GLOBCARBON 及一个区域 CCRS LAI 产品，基于 TERRA-AQUA/MODIS 生产的 MODIS Collection 5 LAI 产品以及我国基于 AVHRR 和 MODIS 数据生产的全球 GLASS LAI 产品，另外还有一些时间限制的 LAI 产品，如 PLDER LAI 产品和 MERIS LAI 产品，或覆盖空间有限的 MISR LAI 产品等。下面主要介绍全球主要 5 种 LAI 产品即 CYCLOPES、ECOCLIMAP、GLOBCARBON、MODIS 和 GLASS。

表 2-2 全球或区域主要 LAI 产品简介

LAI 产品名称	传感器	空间分辨率	时间分辨率	时间覆盖范围	反演算法
MODIS LAI	MODIS	1km	8 天	2000 年至今	基于辐射传输模型的 LUT，采用 LAI 与 NDVI 经验关系为备用算法
CYCLOPES LAI	VEGETATION	1km	10 天	1998～2003 年	基于辐射传输模型的神经网络反演算法
GLOBCARBON LAI	VEGETATION，MERIS，ATSR-2，AATSR	1km	10 天	1998～2007 年	基于 LAI 与 VI 关系，BRDF 校正和时间滤波的半经验关系法
AVHRR LAI	AVHRR	0.25°	3 天	1981 年 7 月～2001 年 5 月	将三维辐射传输模型法与经验关系结合
POLDER LAI	POLDER	6km	10 天	1996 年 11 月～1997 年 6 月 2003 年 4 月～2003 年 10 月	基于耦合 PROSAIL 辐射传输模型的神经网络方法
MISR LAI	MISR	1km	8 天	2000 年至今	基于三维辐射传输模型构造不同条件下反射率的查找表方法
ECOCLIMAP LAI	AVHRR	1/120°	1 个月		基于 LAI 与 NDVI 的经验关系方法
CCRS LAI	VEGETATION	1km	10 天	1998 年至今	基于 LAI 与植被指数的经验关系方法
GLASS LAI	AVHRR/MODIS	5km 1km	8 天	1982～1999 年 2000 年至今	广义回归神经网络法
ChinaCover LAI	AVHRR/MODIS	1km/250m	1 个月	1990 年至今	TSF 滤波模型

1）CYCLOPES

CYCLOPES LAI3.1 版是利用 SPOT/VEGETA-TION 数据生产而来，在 1999～2003 年，

以 10 天为步长，算法的输入为经过大气校正的红波段、近红外波段和短波红外波段经过归一化到标准观测角和照射角的反射率，云和雪覆盖已从观测数据中去除。CYCLOPES LAI 使用经过一维辐射传输模型模拟数据训练的神经元网络进行估算。考虑到模型和测量的不确定性，估算中在反射率上有一个 0.04 的不确定性。CYCLOPES 算法中没有描述植株和冠层的耦合。

2）ECOCLIMAP

ECOCLIMAP 数据库提供了一套气候学上的用于陆表模型的生物物理参量，以月为步长。ECOCLIMAP 是基于结合多种土地覆盖生成的有 15 种陆表类别的全球土地利用分类结果数据。对于每一类 LAI 的范围都从实测数据中赋予，这些实测值考虑了植株和冠层尺度上的耦合，而且只代表了森林底层的绿叶。然后，对于 ECOCLIMAP 栅格上每一个像元，使用年周期的全球 NOAA/AVHRR 月 NDVI 数据来对 LAI 最大值和最小值之间的 LAI 时相轨迹进行尺度推绎。使用这种方法的前提是每一植被类别中 LAI 的空间变化较小。

3）GLOBCARBON

GLOBCARBON LAI 第一版是利用了 SPOT/VEGETATION 和 ENVISAT/AATSR 两个传感器的数据得到了 1998 ~ 2003 年的 LAI 数据。单个 LAI 的估算要对每一个传感器数据上的每一个像元进行处理，然后计算每个传感器数据的所有可获得的值，以 10 天为步长的中值。这些 10 天步长的值被用于平滑和插值处理，再对每个月平滑后的结果进行取平均。GLOBCARBON 算法依赖于具体土地覆盖类型上 LAI 和红波段、近红外波段及短波红外的关系。这个算法也通过使用一个依赖于覆盖类型的耦合指数来解决植株和冠层尺度上的耦合问题。

4）MODIS

TERRA MODIS LAI 数据集于 2000 年 2 月开始生产，采用正弦曲线投影，分辨率为 1km，以 8 天为步长。主要算法是基于三维辐射传输模型模拟的查找表。MODIS 经过大气校正的红波段和近红外波段反射率和相应的照射–观测角度被作为查找表的输入，算法的输出就是在可接受查找表因子上计算的平均 LAI 值。当主算法失效时，LAI 的估算将使用一个基于 LAI-NDVI 关系的备用算法，这个算法也经过与主算法中建立查找表时相同的模拟数据校正，备用算法所能达到的精度较低。MODIS 算法通过使用三维辐射传输来明确地表达冠层和植株尺度上的耦合问题（Myneni et al.，2015）。

5）GLASS

GLASS LAI 得到国家 863 重点项目"全球陆表特征参量产品生成与应用研究"的资助，北京师范大学全球变化数据处理分析中心生产发布的一个长时间序列的全球 LAI 产品。该产品利用广义回归神经网络集成时间序列的遥感观测数据反演 LAI。该产品采用 ISIN 投影方式，以 8 天为步长，从 1982 年至今。其中 1982 ~ 1999 年，GLASS LAI 产品是基于 NOAA/AVHRR 的反射率生成，空间分辨率为 5km。2000 年以后，基于 MODIS 地表反射率（MOD09A1）生成，空间分辨率为 1km（梁顺林等，2014）。

2. ChinaCover 叶面积指数数据产品

基于 AVHRR/MODIS 数据，采用基于 TSF 滤波的模型（表 2-3），结合尺度下推方法，构建了 ChinaCover 叶面积指数数据集，该数据时间跨度为 1990 年至今，为月度产品，其中 1990 ~ 1999 年空间分辨率为 1km，2000 年至今空间分辨率为 250m。

表 2-3　时空滤波算法（TSF）

QC 值	LAI 反演算法	TSF 滤波算法	
		背景值	观测值
QC<32	主算法，反演结果好	好的反演结果、未作任何处理	
32≤QC<64	主算法，饱和	多年 LAI 的平均值或 VCF-ECF 滤波结果	标准 LAI 产品
64≤QC<128	备用算法		时间滤波结果
QC≥128	能反演的像素		

　　时空滤波算法（TSF）可概括如表 2-3 所示。TSF 滤波过程基于超算平台进行，将全国划分为东北、西北、东南、西南四个部分分别做滤波处理，然后重新拼接为全国影像。由于输入影像的空间分辨率不同，需将它们统一为 500m（最临近像元法重采样）再进行处理。最终得到的 LAI 滤波产品分辨率为 500m。

　　用 TSF 滤波方法处理后，数据的时空连续性有所改善，但在时间和空间上仍存在明显的跳跃性。原因是 TSF 滤波对 QC<32 的像元未做处理，但部分 QC<32 的像元受到云的影响，仍未反映出植被的真实状况。对此，考虑到地表植被的叶面积指数变化均符合一定的生长曲线，短期之内不可能出现剧烈波动，因此采取了保留最大值的生长曲线滤波方法。具体步骤是以 2×2 窗口搜索时间序列，对窗口中的最大值认为其反演精度较高，予以保留，对明显小于窗口平均值的像元以平均值代替。

　　假定 LAI-NDVI 之间是线性关系，并且特定空间尺度下此线性关系也相同，而且大尺度 NDVI 像元值等于组成它的小尺度像元值的平均，即

$$LAI = \alpha \times NDVI \tag{2-9}$$

$$LAI_{500m} = \frac{\alpha \sum_{0}^{n}(NDVI_{250m})}{n} = \alpha \cdot NDVI_{avg} \tag{2-10}$$

$$\alpha = \frac{LAI_{500m}}{NDVI_{avg}} \tag{2-11}$$

$$LAI_{250m} = \frac{LAI_{500m}}{NDVI_{avg}} \cdot NDVI_{250m} \tag{2-12}$$

　　利用式（2-9）~ 式（2-12）对 500m LAI 进行尺度下推，将 500m LAI 重采样为 250m，选择 5×5 滑动窗口逐像元移动，计算窗口中心像元处的 NDVI 与窗口内 NDVI 平均值的比值，再与重采样后的 LAI 相乘。

（三）叶面积指数遥感监测精度分析

　　目前，对叶面积指数遥感监测结果的验证表明，1km 分辨率的 LAI 误差在 25% ~ 50%，这是一个很大的误差范围，因此加强对 LAI 遥感监测结果的验证，利用野外实测数据评价 LAI 的精度，分析其不确定性以及主要的影响因素，可为进一步提高遥感监测 LAI 的精度打好基础。

对比 MODIS、VGT、CYCLOPES 和 GLASS 产品的精度（表 2-4），MODIS 上午星和下午星双星联合反演的精度较单一卫星数据产品高，而结合多颗卫星搭载的多颗传感器联合反演获得的 CYCLOPES 和 GLASS 数据产品精度较双星反演精度更高。

表 2-4　全球不同 LAI 产品精度验证对比结果

数据产品	植被类型	相对误差	均方根误差
MODIS Terra LAI	混合类型	—	1.07 ~ 2.08（与有效 LAI 对比） 1.42（与真实 LAI 对比）
MODIS Aqua LAI	混合类型	—	1.74（与有效 LAI 对比） 1.53（与真实 LAI 对比）
MODIS Terra & Aqua LAI	农田	88%	0.5 ~ 1.05
	森林	35% ~ 65%	—
	草地	47%	—
	混合类型	—	1.29（与有效 LAI 对比） 1.14（与真实 LAI 对比）
	混合类型	—	1.63（与有效 LAI 对比） 1.09（与真实 LAI 对比）
VGT LAI	农田	44%	0.5 ~ 1.05
	森林	25% ~ 37%	—
	草地	76%	—
CYCLOPES LAI	混合类型	—	0.73（与有效 LAI 对比） 0.84（与真实 LAI 对比）
	混合类型	—	0.50 ~ 1.34（与有效 LAI 对比） 0.97（与真实 LAI 对比）
GLASS LAI	混合类型	—	0.78 ~ 0.87
ChinaCover LAI	混合类型	76%	2.04

通过与地面测量数据进行对比分析，在对中等（100 ~ 1000m）与粗（>1km）分辨率的 LAI 进行验证时，遇到的最大问题是地面实测数据的缺乏，以及地面实测数据的尺度（一般少于 10m）与大范围遥感模型估计的像元分辨率之间存在的不匹配问题。这种尺度上的转变首先包括空间结构及地理统计量上的变化，尺度变化产生的误差也将潜在影响 LAI 估算结果。由于现场测量的尺度问题和巨大工作量，采用逐像元进行对比的方法显然是不现实的，因而必须开辟基于高分辨率遥感数据的 LAI 验证思路，使得低分辨率遥感数据提取的 LAI 值是高分辨率 LAI 值的算术平均，通过高分辨率遥感图像来达到地面实测数据与遥感低分辨率像元间的相关匹配，确定数据产品的不确定性，这样才能用于对更大尺度、粗分辨率遥感提取的结果进行验证。

影响 LAI 精度的诸多因子中的一个主要因子是像元中的异质性问题。随着分辨率的降低，像元的异质性增加，像元中的异质性决定了误差的大小。LAI 的误差与像元中主要地类的百分比呈相关关系，百分比越高，像元越纯，误差也就越小。研究表明由于异质性导致的 LAI 偏差可高达45%。空间分辨率的选择主要从遥感数据的角度考虑，而没有从实际的地面异质性角度出发，在一个 1km 的网格中会有多种土地覆盖类型并存，具有不同的 LAI、冠层结构、物候、叶片结构与生产力等，这会明显影响到 LAI/遥感监测结果的精度。对于 LAI 建模来说，植被斑块大小的异质性程度比数据分辨率还要重要。

不同植被子类型不仅影响像元的异质性，而且由于植被类型决定冠层结构，因而植被生理参数提取模型一般用植被图作为先验知识约束参数空间。但当植被类型确定错误时，将对 LAI 的精度造成很大影响，可达 0.5LAI。

总之，影响 LAI 遥感监测精度的因素众多，包括像元的异质性、植被类型、植被的物候期等，而其中最主要的是异质性。不同分辨率的遥感数据估算 LAI 由于像元内部异质性存在尺度效应，即高分辨率数据得到的 LAI 聚合之后与低分辨率数据的结果不相等，存在尺度误差。因此，发展从传统站点观测到多尺度遥感像元间的自洽的尺度转换方法，是解决 LAI 产品尺度效应的有效途径（吴小丹等，2015）。

ChinaCover LAI 的验证采用地面调查数据进行，全国范围内均匀布设了 746 个样地，包括 76 个农田样点、47 个草地样点、467 个森林样点和 156 个灌木样点，均为在 30m× 30m 样地内使用 LAI-2000、LAI-2200 或 TRAC 等专用设备获得。利用 746 个样本对 LAI 进行精度验证，估测值与实测值的 RMSE 为 2.04，平均精度为 76%；不同生态系统类型中，草地和农田精度最高，其次是灌木和森林。

三、流域尺度植被结构参数遥感监测展望

植被覆盖度 FVC 和叶面积指数 LAI 是目前流域生态环境监测和评价的主要指标。长期高精度的植被结构参数数据集对于检测、表征及量化植被变化，驱动全球及区域气候模式，以及用于环境政策和资源管理的各种决策支持系统至关重要（梁顺林等，2013），对于水循环与水文参数的提取也很关键。因此，综合利用多源遥感数据源，继续深入研究、发展和生产完整的长时间序列、高时空分辨率的 FVC/LAI 数据集具有重要的科学意义，这也将成为植被结构参数遥感估算的一个研究热点。

基于遥感技术估算 FVC/LAI 的已有方法各具特点，但是理论依据、研究背景、使用的遥感数据源和所用的植被指数或波段都各不相同，目前还没有一种标准的方法用来估算。经验模型只适用于特定区域与特定植被类型，在研究区域一般具有较高的估算精度。但是由于回归模型受区域性限制，一般不易推广，不具有普适性。混合像元分解法具有一定的物理意义，从地物光谱混合模型的角度出发最终估算植被在像元中所占的比例，不需要地面实测 FVC 数据建模，易于推广，具有较大的潜力。但是，植被端元光谱和土壤端元光谱的确定对于混合像元分解法精度有决定性作用。植被类型和生长状况的复杂性，以及下垫面的多样性，导致植被端元光谱和土壤端元光谱的选择具有不确定性，因此也具有区域性特点。物理性的辐射传输模型模拟不同状况下的植被光谱，再通过训练机器学习算法得到 FVC/LAI 估算模型，理论上可以覆盖所有不同情况，具有更广泛的适用性。但是模型模拟方法需要大量的地面数据，现有遥感数据在光谱波段数、光谱分辨率和时空分辨率上都存在一定的不足，而且模拟模型的精度也有一定问题，限制了此种方法的应用。

随着遥感数据的数量和种类的不断增加，以及全球或者区域尺度下垫面相关配套数据的不断发展，FVC/LAI 的估算方法可以变得更为完善。从现有的遥感数据源来看，FVC/LAI 遥感估算以多光谱数据为主，但是，多光谱遥感数据由于受波段宽度、波段数、波段位置及时空分辨率的限制，往往对植被类型不敏感，对 FVC/LAI 的估算精度有限。随着高光谱遥感、激光雷达技术的发展，基于高光谱数据和激光雷达数据的 FVC/LAI 估算也得到了一定的发展。多源遥感数据可以弥补单一类型的数据在时间、空间分辨率或光谱分辨率等方面的不足，提供互补的信息，而融合和同化技术是综合利用多源数据的有效手段（Xiao et al.，2011），因此，研究如何利用多源数据融合和同化技术估算 FVC/LAI 是一个重要的研究方向。

第三节　地形与地貌

地形与地貌是流域下垫面的重要组成部分，对流域水热资源的再分配有重要的影响。地形在地学中通常用于对地表的笼统表达，如高程、坡度等。地形间接影响着土壤、植被以及物质迁移和生态系统的演替与发展。精确的地形信息对于了解微地貌有着重要的意义。地貌是地壳表面由岩石构成的起伏形态（如平原、高原、山脉、山峰、丘陵、河谷、丘陵、河谷、盆地、悬崖等）的简称。地貌直接影响甚至决定着其他要素的特征，控制着地球表层水分和热量的地域再分配，并间接影响着土壤、植被以及物质迁移和生态系统的演替与发展。

一、地形

地形信息可分为基本地形因子和复杂地形因子两大类。复杂地形最重要的是地形特征与水系特征。依据反映地表信息的空间结构层面，基本地形因子可划分为微观因子、宏观因子。微观因子包括坡度、坡向、地面曲率、变率、等高线、粗糙度等，其描述的是地面具体点位的地形信息特征；刘学军等（2014）研究了利用数字高程模型（DEM）数据提取坡度坡向算法精度的分析。汤国安等（2001）研究了不同比例尺对 DEM 提取地面坡度的精度影响。李天文等（2004）研究了地形复杂度对坡度、坡向的影响。王培法（2004）利用不同比例尺和不同空间分辨率提取了流域面积、河网密度、河道坡度、平均高程、河道长度、平均坡度和河道长度。宏观因子包括地形起伏度、地形粗糙度、高程变异系数、地表切割深度、等高线密度等，其所描述的是一定区域的地形特征，量值不仅受点位高程影响，还与分析窗口内的所有高程点的信息密切相关。汤国安等（2003）利用 DEM 来研究地形定量因子的挖掘及地形起伏度的研究等。地形因子还可以通过特征点、特征线、特征面来表现。地形特征点包括山峰点、谷底点、鞍部点等。地形特征线包括山脊线、山谷线等。刘泽慧和黄培之（2003）提出了 DEM 数据辅助的山脊线和山谷线提取的新方法。李军峰等（2005）利用 DEM 自动提取沟谷网络及节点。地形面状特征包括地面的凸凹性，一般与两个垂直方向的曲率有关。

数字高程模型是地形的最直观刻画，GTOPO30、SRTM DEM、ASTER GDEM 是当前全球主流的 DEM 数据集，其卫星计划包括 ALOS 与 TanDEM-X。

（一）GTOPO30 地形数据

GTOPO30 是由美国地质调查局的 EROS 数据中心（EDC）历时 3 年，收集整理全球栅格或矢量的地形数据集生产的全球覆盖的 DEM，并于 1996 年公开发布，分辨率是 $30'' \times 30''$。GTOPO30 的高程基准是平均海水面（MSL），平面基准是 WGS84。GTOPO30 的精度没有一个统一的标准，它取决于各个局部区域的源数据的精度，一般不高于 ±30m。此外，它不涉及海域地形，GTOPO30 在海洋上的高程一律取为零值。

GTOPO30 的数据源包括数字地形高程数据（DTED）和 USGS 的 1°DEM，两者的网格均为 3 弧秒（约 90m），还有新西兰格网 DEM，分辨率 500m。在缺少栅格数据的区域，主要数据源为世界数字地图（DCW），它是一个基于 1∶1000000 比例尺的业务化的航海图（ONC）矢量化结果。有些地区的数据来源于军方、世界国际地图（IMW）和秘鲁政府的 1∶1000000 数字化图。南极洲的覆盖基于南极洲数字库。

（二）SRTM DEM

航天飞机雷达地形测图项目（Shuttle Radar Topography Mission，SRTM）（Bamler，1999），是美国国家航空航天局、国防部国家测绘局（NIMA）、德国与意大利航天机构共同合作完成。SRTM 于 2000 年 2 月 11 日开始，2 月 22 日结束，总计 222 小时 23 分钟，获取北纬 60°至南纬 56°总面积超过 1.19 亿 km^2 的雷达影像数据，覆盖地球 80% 以上的陆地表面。下载网址为 http://srtm.csi.cgiar.org。

SRTM 的传感器有两个波段，分别是 6cm 的 C 波段和 3cm 的 X 波段，现在使用的 SRTM 来自于 C 波段。公开发布的 SRTM 数字高程产品包括三种不同分辨率的 DEM 数据。

SRTM1：覆盖范围仅仅包括美国大陆，其空间分辨率为 1 弧秒（约 30m）；

SRTM3：数据覆盖全球，空间分辨率为 3 弧秒，这是目前使用最为广泛的数据集，SRTM3 的高程基准是 EGM96 的大地水准面，平面基准是 WGS84；绝对高程精度是 ±16m，绝对平面精度是 ±20m（Bamler，1999；Showstack，2003）。

SRTM30：覆盖全球，分辨率为 30 弧秒。

早期的 SRTM-1 数据由 NASA 喷气推进实验室（Jet Propulsion Laboratory，JPL）地面数据处理系统（GDPS）完成。美国国家地理空间情报局（NGA）对数据做了更进一步的处理，数据质量明显改善，数据称为 SRTM3-2。

（三）ASTER GDEM

2009 年 6 月 30 日，NASA 与日本经济产业省（METI）共同推出了最新的地球电子地形数据——先进星载热发射，反射辐射仪全球数字高程模型——ASTER GDEM。该数据由 NASA 的新一代对地观测卫星 TERRA 搭载的 ASTER 观测数据制作完成。这一数据囊括 ASTER 搜集的 130 万个立体图像。ASTER 测绘数据覆盖北纬 83°到南纬 83°的所有陆地区域，占地球陆地表面的 99%。ASTER GDEM 数据填补了航天飞机测绘数据中的许多空白。尽管局部精度有差异，但总体而言，ASTER GDEM 的垂直精度达 20m，水平精度达 30m。

（四）ALOS

ALOS（Advanced Land Observation Satellite）是日本国家空间发展局（NASDA）研制的新一代陆地观测卫星，于2006年1月24日发射升空，每46天观测地球全域。

ALOS拥有3个传感器，PRISM（panchromatic remote sensing instruments for stereo mapping）为全色立体测图传感器，用于获取包括高程在内的地形数据；AVNIR-2（advanced visible and near infrared radiomter type 2）为可见光和近红外辐射计，提供更高分辨率的地表和海岸带观测；PALSAR（phased array type l-band synthetic aperture radar）为相阵型L波段合成孔径雷达，它是一个主动微波传感器，可以不受云层和昼夜影响，全天候进行陆地观测。

ALOS为日本和亚太地区的其他周边国家制图和对已有地图进行更新。使用PRISM可以获得人工地物、水域和地形DEM等各种数据。人工地物包括道路、建筑和河流目标区，地形DEM数据可以是3~5m精度的DEM和1：2.5万比例尺地形图。此外，PRISM通过将光学传感器和合成孔径雷达添加到DEM，可以显示出植被和土壤信息，从而能够绘制更详细的地图。

利用分辨率为2.5m ALOS全色三线阵影像（前视、星下、后视）可生成DSM产品（图2-2），产品的水平及垂直精度可达10m。精确的ALOS DSM可以用于监测城市建设进程，监测森林生长情况，可应用于巡航导弹的低空模拟飞行，还可用于真实三维模型仿真、地貌分析等。

图2-2　美国圣海伦斯火山的ALOS DSM效果图（获取影像时间为2006年10月11日）

（五）TanDEM-X

TanDEM-X由德国宇航中心（DLR）于2010年6月21日发射。TanDEM-X卫星与近乎相同的TerraSAR-X卫星以太阳同步近距离编队飞行，构成一个高精度雷达干涉测量系统。两颗卫星可以根据用户不同的需求，对基线和成像方式等进行配置，能实时生成全球范围的高质量数字地图，并可以获得很好的干涉测量数据（Krieger et al.，2005）。通过这种双星编队星座方式，卫星能够在三年内完全勘测地球陆地表面，建立全球数字高程模型（Hajnsek and Moreira，2006）。

利用 TanDEM-X 数据生成了 WorldDEMTM 产品（图 2-3）。该产品实现了前所未有的精度和质量完整覆盖地球陆地表面（包括两极）。WorldDEMTM 产品从 2014 年开始发售（https://worlddem-database. terrasar. com）。该产品拥有 2m（相对）和 4m（绝对）垂直精度，空间分辨率为 12m。WorldDEMTM 产品在区域或者国界线处没有任何断线，且没有因不同的测量程序或者操作耽搁而导致差异性。

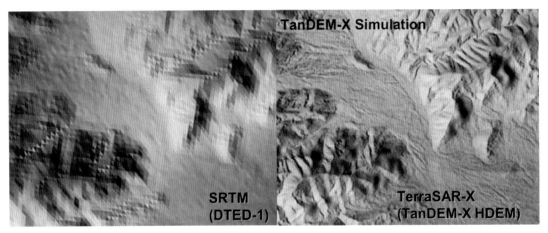

图 2-3　SRTM DEM 与 TanDEM-X HDEM 比较（Hajnsek et al.，2010）

（六）ChinaDSM

ChinaDSM 是以资源三号卫星立体影像为数据源，采用自主知识产权的基于多基线、多匹配特征的地形信息自动提取技术，快速处理和生产提取的高精度、高保真 15m 格网数字表面模型产品。

基于资源三号卫星立体相对影像，在构成的立体视野里，会出现高耸的山体、陡峭的河谷、矗立的灯塔，清晰的公路、房屋、桥梁，通过立体观测，能够完成数字高程模型制作、立体测图等作业，生产现势性强、精度高的地形与测绘产品。

二、地貌

地貌图是地貌研究的重要成果及表达方式。传统地貌制图以手工和野外调查等方法为主，即将各种地图、文字资料和数据资料作为主要来源，从大比例尺地形图中提取各种地貌信息，在不确定界线的地区，一般采用野外实地踏勘的方法来完成。该方法提取地貌信息方法耗时耗力。随着遥感、地理信息及空间测量技术的发展，遥感影像、DEM 数据等为地貌制图提供重要数据源，地理信息技术为地貌快速制图提供极大便利。

数字地貌信息提取可从遥感影像、DEM 和地质图等多种数据源上直接或间接获得地貌特征。如可直接获得海拔、地势起伏度、坡度、地貌形态、微地貌形态、地形地貌特征线等；可间接获取包括地貌形态的内外营力、内外营力的堆积和侵蚀特征、地貌年龄、地貌类型物质组成等。其中，地貌营力隐含在地貌形态上，可通过地形外貌形态特征、地质、土地利用等信息综合获取。

（一）　基于 DEM 地形因子组合的地貌特征提取

基于 DEM 数据提取的地形参数信息可用于获取各类地貌单元。利用包括高程、坡度、剖面曲率、正切曲率、地形湿度指数和入射太阳辐射强度等属性，进行地形部位分类，分出谷底、台地、麓坡、边坡、山脊和山顶等地貌部位类型，其中部分指标已被用于水文过程模拟（Moore et al.，1991）和土壤景观模拟（Pennock et al.，1987）。对地表进行详细分级（Dikau，1990），将在地表水平和剖面上具有同质的坡度、坡向和曲率的归为同一类地貌单元。利用坡度、坡向、相对起伏度、平地与微起伏地貌的比例等地貌特征对新墨西哥城进行地貌分类（Dikau et al.，1991）。利用坡度、坡向和高程对地貌单元进行归类（Dymond et al.，1995）。利用从 DEM 数据中提取的坡度和地形开放度来区分结构上和地质构造上的起伏（Kanisawa et al.，2000）。利用坡度和地形开放度将地貌粗略地分为构造地貌、沉积地貌和侵蚀地貌，并使用由坡度和开放度衍生的四个参数提取了火山熔岩地貌、冲积扇、冲积平原、丘陵和山地。采用基于图像处理原理的局部分析方法，通过寻找凹点和凸点初步确定分水线和沟谷底部的位置的方法（Peucker and Douglas，1975）。基于高分辨率遥感影像和高精度 DEM 进行地貌特征分割、洪积扇地貌特征提取和地貌制图等（Miliaresis，2001）。Jordan 等（2005）基于 DEM、地质图、遥感影像及观测数据等多源信息进行构造地貌特征提取。Smith 和 Clark（2005）基于遥感影像与 DEM 对冰川地貌制图进行了研究。张会平等（2004）利用 DEM 数据自动提取坡度等地形要素来研究岷江上游地貌形态。DEM 可用于多尺度基本地貌形态类型提取，DEM 网格尺度与网格窗口之间存在着一定的对应关系，如 1：400 万（栅格大小为 1000m）的网格窗口为 $21km^2$，1：250万的网格窗口为 $16km^2$，1：25 万（栅格大小为 100m）的网格窗口大致为 $4km^2$ 等（郎玲玲等，2007；程维明等，2009），可基于 DEM 自动获得各个尺度上的基本地貌形态类型。DEM 可提取典型地貌特征线。闾国年等（1998）根据黄土高原沟谷网络、分水线网络、沟底线、沟沿线、沟头区等基本特征地貌，从网格 DEM 中提取了台地、阶地、低洼平地等地貌形态。

（二）　基于遥感影像的地貌特征提取

遥感影像主要用于地貌成因特征提取。如麦显（1987）根据先验知识（地面调查），结合遥感影像，建立各类地貌成因解译的直接和间接标志，反推整个区域的地貌成因类型。刘玉梓（1989）利用 Landsat MSS 4、5、7 波段合成的假彩色影像及多波段黑白影像，借助于遥感影像形象逼真、宏观性强的优势，直接在影像上进行勾绘解译地貌界线，提取流域地貌和黄土地貌。许仲路（1994）利用 1：10 万 TM 影像，根据色调、形状、大小、阴影等特征，反推各种成因地貌类型，等等。王心源和王飞跃（2002）考虑遥感影像的色调、边界形状以及空间分布位置，将监督分类与目视解译相结合，提取了风成地貌中的沙丘和沙地等。詹云军和薛重牛（2002）通过对影像各波段进行优化组合，基于影像上决口扇的形态特征提取了流水地貌的决口扇。姚智等（2004）在影像上通过间接提取玄武岩确定典型火山熔岩地貌。

通过构建遥感指标体系可对地貌类型提取。陈庆涛等（2000）对川东地区 TM 影像进行波段优选、信息提取与处理，完成了研究区内 1∶2 万地貌综合解译图。杨晓平（2003）利用不同地物在同一波段或相同地物在不同波段具有不同的色调变化，以奉化江流域为例，根据遥感图像成像规律以及不同地质地貌景观类型在 TM 图像上所显示的不同解译标志和展布特征，对研究区水系的发育、地质构造与地表物质对流域地貌形成的作用和影响等作了探索，获得了较为满意的结果。胡宝清等（2004）以广西都安瑶族自治县为研究载体，建立石漠化分级的遥感影像解译指标体系，生成都安瑶族自治县石漠化分级分布图和数字化土壤类型图。朱嘉伟等（2005）首次采用遥感与 GIS 相结合的方法对黄河下游河道地貌进行了定量的分形分维研究。袁红和向毅（2006）利用 GIS 技术总结研究地貌基础，以 ETM、TM 和地貌图件为基础数据，利用历史地貌图和 ETM 影像来划分地貌界线，并讨论遥感地貌制图的问题。

（三）中国地貌解译分类体系与实例

《中国陆地 1∶100 万数字地貌分类体系研究》（周成虎等，2009）详细阐述了 1∶100 万数字地貌分类采用分层分级的分类体系（表 2-5）。该分类体系共 7 层，包括基本地貌形态类型（第一层）、成因类型（第二层）、次级成因类型（第三层）、形态和次级形态类型（第四、五层）、坡度坡向及其组合类型（第六层）和物质组成或岩性类型（第七层）。

表 2-5　中国陆地 1∶100 万数字地貌分类方案（形态成因类型）

地貌纲	地貌亚纲	地貌类	地亚类		地貌型	地貌亚型
第一级	第二级	第三级	第四级		第五级	第六级
基本地貌形态类型		成因类型			形态类型	物质类型
第一层	第二层	第三层	第四层	第五层	第六层	第七层
起伏度	海拔	成因	次级成因	形态	次级形态	坡度坡向及其组合	物质组成或岩性
平原	低海拔	海成	随成因类型变化而变化，基本分为抬升侵蚀、下降堆积	按照次级成因来进一步细分的形态类型	随形态而变，需进一步细分的形态类型	平原和台地	按照成因类型、地表物质组成、岩性来区分
台地	中海拔	湖成				平坦的	
丘陵	高海拔	流水				倾斜的	
小起伏山地	极高海拔	风成					
中起伏山地		冰川				起伏的	
大起伏山地		冰缘					
极大起伏山地		干燥				丘陵和山地	
		黄土				平缓的	
		喀斯特				缓的	
		火山熔岩				陡的	
						极陡的	
固定项				参考项（可修正或调整）			

第一层：基本地貌形态类型。依据海拔和起伏度划分图斑，按海拔 1000m、3500m、5000m 将我国划分为低海拔、中海拔、高海拔和极高海拔，而由于山地的类型复杂多变，各地都可在这三条等高线上下可作适当调整。

按起伏度划分为平原、台地、丘陵、小起伏山地、中起伏山地、大起伏山地和极大起伏山地，各地根据实际情况结合遥感等多源数据仍可进行调整。

第二层：成因类型。在第一层 10 种基本地貌形态类型划分基础上，依据历史地貌图、文献资料、特殊地貌类型界线、数字地质图以及遥感影像颜色和纹理进行数字地貌解译，划分成因类型。该层共包括湖成、流水、喀斯特、火山熔岩等成因类型。

第三层：次级成因类型。在上一层的基础上，对平原和台地按照次一级成因类型进行划分，即冲积、堆积和侵蚀、剥蚀作用的划分；山地和丘陵成因只存在侵蚀剥蚀，故并不对该其进行区分，只对它们进行编码。可以利用历史地貌图、遥感影像的颜色和纹理特征勾画地貌的次级成因类型。

第四层：根据成因确定形态差异划分类型。在第三层次级成因划分基础上，按照形态进行划分，如流水地貌的冲积平原再划分出河道、河漫滩、低阶地、冲积扇等类型。该层的划分主要依据遥感影像、历史地貌图来确定形态类型界线。遥感影像上的颜色和纹理特征是划分该层的重要依据。另外，在历史地貌图上的界线提供了很好的参考价值。

第五层：根据形态确定次级形态差异划分类型。在第四层的基础上，按照更小的形态差异划分次级形态类型。

第六层：根据坡度、坡向及其组合划分地貌的倾斜程度或坡度。这一层在平原、台地、丘陵和山地类型中都有反映（除了冲积平原和海洋外）。根据分类方案，山地和平原的坡度、坡向及其组合的数量及等级划分各不相同，山地包括极陡的、陡的、缓的和平缓的；平原包括起伏的、倾斜的、平坦的。

第七层：根据物质组成或岩性确定的地貌物质类型。目前这一层仅对海滩和湖滩进行划分，如海滩分为淤泥质、砂质、砾质和生物的，实际在解译过程中，很难从遥感影像上反映出来，只有通过历史地貌图和地质图来勾画。

完成形态成因类型的划分后，将要进行的是形态结构类型的划分。主要是按照成因类型（湖成、流水、喀斯特、人为、生物、构造、重力以及其他成因类型）进行划分。层形态结构类型的解译主要借助于遥感影像，同时参考已有的历史地貌图。对于一些难以判别的各种复合地貌类型则进行野外实地考察。

程维明等（2009）利用海拔和地势起伏度两个指标组合划分了中国陆地地貌基本形态类型。

其中海拔分 4 级，地势起伏度分 7 级，组合后的基本形态类型共 25 类。按照数字地貌分类体系，海拔和地势起伏度拥有全国普适性的分级指标，基于 DEM 数据可获得两指标的分级类型。试验表明，基于 SRTM（水平分辨率90m，相当于 1∶25 万比例尺）数据可得出全国普适性的采用单元为 4km²，利用 1∶10 万、1∶400 万等比例尺数据进行 DEM 试验，得出我国存在 0.4km²、4km²、12km²、18km²、21km² 五种不同规模的采样单元，并分别对应着不同的比例尺。因我国地貌复杂多样，仅利用 DEM 数据所获得的海拔和地势起伏度分级数据不能完全反映不同地域的地貌特征，故利用遥感等多源数据，综合多种信息获得的地貌类型，可很好地反映出我国的海拔 4 级分级特征和地势起伏度 7 级空间分布，进而获得全国陆地的 25 种基本形态类型的面积及空间分布格局。

（四）1：100 万中国数字地貌图

中国科学院地理科学与资源研究所研制的"1：100 万中国数字地貌图"产品。该产品经系统地收集、整编和集成了不同时期的地貌图件、基础地理数据、地质数据和多分辨率遥感影像等，建成了全国统一的地貌遥感解析基础数据库。设计和构建了基于地图代数理论的全国地貌类型符号库、颜色库、地名注记库等。《中华人民共和国地貌图集（1：100 万）》包括覆盖全国海陆疆域的 78 幅 1：100 万地貌图集、78 幅 1：200 万地貌晕渲图和遥感影像图。

第四节　河流水系与变迁

河流水系是地球上的大动脉，在维持地球的水循环、能量平衡、气候变化和生态环境发展中具有极其重要的作用；同时也是人类最重要的生命支撑系统，它提供了人们所需要的工农业生产、生活和生态用水。河流水系监测方法主要有两种：野外填图和遥感监测。前者主要包括野外手工勾绘和三角测量方式；后者则指航空和航天遥感测量。显然，后者以其测量范围广、效率高、更新容易等特点，更为适合河流水系结构变化监测。本节重点介绍利用卫星遥感手段制作河流水系图的方法。

一、河流水系

水系特征和地形特征在本质上是一致的，因为山脊线具有分水性，而山谷线具有汇水性，只是应用中的侧重点有所不同。地形特征分析侧重地形地貌的结构形态、分布格局等，而水系特征分析则侧重于流域结构等方面。水系网络提供了地形图上所有特征的骨架，指示了一个区域的主要地貌结构，其拓扑关系和几何形状也直接影响着流域的性质。虽然野外制图是确定河流网络和河网密度的最精确方法，但往往不实用，特别对于大型的流域，而用 DEM 生成河网就为此提供了一种便捷、经济的途径。而且随着各种分辨率的 DEM 越来越容易获得，从各个尺度上生成河网和其他地形信息成为可能，这使得从 DEM 获取出的河网水系在当今流域水文模拟研究中越来越重要，以至于成为水文研究的基础和关键。

（一）基于 DEM 的河流水系提取方法

1. 确定谷地单元并连成河网，亦即移动窗口算法

该方法由 Greysukh（1967）提出，其基本思想是：利用数字图像处理的技术，用 3×3 窗口对 DEM 进行遍历，搜索出其周围某些相邻单元高度大于该单元的单元，即谷地单元，并将其连接成河网。该方法最初只是将某单元与上、下、左、右 4 个单元进行比较，看其是不是谷地单元，后来得到改进，将某单元与其周围 8 个单元进行比较。即使这样，该方

法仍不能解决所生成谷地单元不连续的问题，需要相应的处理来把它们连接起来，同时生成的谷线与实际谷线相比向上坡延伸太远，可能需要修剪和细化来产生一个合理的水系形态。另外，该方法最终只考虑了一个单元周围 8 个相邻单元，对较宽广的平坦谷地不能很好地识别。但后来，Tribe（1990，1991）通过设置坡度阈值和引入更大窗口对其又做了进一步的改进，所生成的河网不仅能描述一个流域的谷地位置，还能给出谷地的宽度。

2. 基于谷线搜索的 DEM 河网提取

该方法由 Yoeli（1984）提出，其基本思想或步骤是：①首先用一个样条曲线函数找到 DEM 中的所有最低点；②从这些高程最低点生成谷线，每条谷线起始于这些高程最低点中没有参与生成谷线的高程最大值，将其延伸到与其最近的高程低值点，重复这样的操作直到该谷线碰到别的谷线，如湖泊或海洋；③重复步骤②直到遍历所有的高程最低点。该方法虽然能生成连续的河网，但它只适用于很小的 DEM，而且它不是基于水文学概念来提取河网的，很难与分布式水文模型相结合，限制了它的应用。

3. 基于坡面流累积的 DEM 河网生成

该方法由 O'Callaghan 和 Mark（1984）提出，是目前应用最广泛的流域河网水系提取方法，该方法的最初提出主要是为解决方法 1 所产生河网的不连续问题。其基本思想和步骤为：①确定 DEM 中每一个单元的流向，即水流离开单元的最大坡度方向；②确定水流累积矩阵，即确定流向某一单元格网的所有上游格网单元的水流累积量（将格网单元看做是等权的，以格网单元的数量或面积计）；③选取一个最小水流累积阈值，将大于该阈值的单元连接起来，即为河网。但此法无法回避的问题为：一是如何处理 DEM 中存在洼地；二是如何处理 DEM 中存在大片的平地。一旦出现这两种情况就会出现不连续的或平行的河网。后来很多学者对 DEM 进行填洼处理来消除洼地影响，通过抬升平地来避免产生大量不合理的平行河网。该方法基于地表径流漫流模型，方法简单，直接产生连续的流线段。也正是它具有一定的模型基础，因而被认为是较好的方法。

4. 结合谷线搜索和坡面累积方法的 DEM 河网生成

该方法由叶爱中和夏军（2005）等提出，它的基本思想与方法 3 相同，但采用了方法 2 的步骤。其过程为：①流域格网流向确定，但这里是从河口开始向上游逐个确定流向。先确定河口流向，再确定河口邻居的流向，如果邻居的流向指向河口，则定下该格网的流向，若不是则以后再定。将定好流向的格网与未定流向的格网分开，按最大坡度原理来确定未定流向格网的流向，若是指向已有流向的格网则定下该格网的流向，如此直到所有格网都有流向为止。若流域中出现洼地，则会出现无法确定流向的格网，这就要搜索已定流向的格网的邻居，在其未定流向的邻居中找一个最低点，让该点的流向指向已定流向的邻居（若有多个则指向坡度最大的），如此确定全流域格网点流向，形成一个有向无环图。②确定水流累积矩阵，方法与 3 同。③河网提取，设定一个阈值，将累计矩阵中大于该阈值的格网单元连接起来即可。如同求每个格网的流向一样，河网同样从流域的出口开始向上游搜索。该方法的优点在于它结合了图论和水文学的思想，不对 DEM 进行填洼处理，而是从流域的出口逐级向上游搜索来得到河网，从而避免了填洼带来大片平地导致提取的河网平行，而且保证了河网的连续。

5. 洼地填平和平坦区水流方向的确定方法

O'Callaghan 和 Mark（1984）采用数值图像处理技术直接对 DEM 进行平滑来消除洼地，这种方法又被称为平滑方法，只能处理较浅和小范围的洼地，较深和较大范围的洼地依然存在。Jenson 和 Domingue（1988）提出通过将洼地单元的高程抬高至周围 8 个单元中高程最低点的方法来消除洼地，是目前最常用的方法，但仍会产生伪河道问题。Martz 和 de Jong（1988）将洼地分为凹陷型洼地和阻挡型洼地，对凹陷型洼地进行抬高至周围 8 个单元中高程最低点的处理，对阻挡型洼地则降低挡阻物高程来疏通水道。Tribe（1992）对识别出的洼地根据其深度、区位和一定的阈值区分天然洼地和伪洼地，然后进行不同的处理。

孙凡哲和芮孝芳（2003）提出了通过增加输入高程信息来避免 DEM 中闭合洼地生成，他们主要采用三种方式：①添加谷底高程信息；②修改峡谷处的等高线资料；③根据闭合洼地的形成原因减小格网尺寸。对于平坦区他们根据地形图资料增加能够反映地表起伏的高程信息（可以是首曲线，也可以是高程点）的方法来避免平坦区的产生，从而使由 DEM 生成的河网和实际和实际河网符合。谢顺平等（2005）提出了以洼地分类与归并、有效填洼、平地分类、基于出流代价的河谷平地排水流向构建等新方法来处理洼地和平地水流方向，并声称可以避免平行河道和伪河道的产生。

6. 流向确定方法

确定 DEM 单元水流方向主要有两种方法：单流向法和多流向法。

1）单流向法

单流向法是将一个单元产生的径流只流向 DEM 格网 3×3 窗口中一个最低的相邻单元，即水流只沿坡面斜率最大的方向流下。主要有以下几种具体方法：D8 方法、Rho8 方法、Lea 方法和 DEMON 方法。

应用最多的单流向法是有 O'Callaghan 和 Mark（1984）提出的 D8 方法，该方法假设单个格网中的水流只有 8 种可能的流向，即流入与之相邻的 8 个格网中，它用最陡坡度法来确定水流方向，即在 DEM 格网 3×3 窗口上计算中心点到各个相邻点的坡度，取坡度最大的方向为中心点水流流出方向。此方法的不足之处是在平缓区会产生平行水流，不能模拟分流，而且会将二维的流路简化为一维，将二维的格网单元看做是零维的点源。

Rho8 方法是为解决 D8 对流向可能性的限制而提出的，是 D8 方法的改进版本，与 D8 方法不同之处在于在计算高程权重差时，3×3 窗口的对角线方向要乘以一个随机变量。它根据格网所在表面的坡向来确定流向，从而解决了 D8 法中 8 个流向的限制引起的流向错误，但它除了这一点外并不能解决其他问题，如点源、一维水流路径等，而且还引出了新的问题，如它的随机性不能确保所产生结果的再生性（即所产生的结果不一定能用来进行进一步的提取和计算工作）；在应该有平行水流产生的地方，相邻的水流并非一直平行，而是随机摆动，因此常常会彼此相交。

Lea 方法对 Rho8 方法进行了改进。根据当地坡向角确定水流路线，解决了水流路径的问题。该方法认为水流是在最陡方向经过每个地形表面的滚动的球（所假设的点源），而每个中心格网表面都是最适合该最陡方向格网高程的平面，水流方向用该平面的坡向来确定。水流则依据每个格网的坡向角，沿不同方向的直线片段所组成的路径向下游流出。

　　DEMON 方法充分考虑了这样一个现实：水流是二维的均一的起源于某个格网表面而不是从水流中心开始，水流路径的宽度也是可变的，并非单网格宽。但是该方法的假设仍然基于一个合适平面的选择，选择该平面必须考虑 4 个点（即 3×3 窗口的 4 个角点）。而事实上 3 个点就可以确定一个平面，故而所选择的最合适的平面也不一定能经过 4 个角的高程，这种不一致的平面有可能导致不一致的甚至相反的流向。

　　2）多流向法

　　多流向法是将径流按一定的比例流向 DEM 格网 3×3 窗口的中若干相对较低的相邻单元格的一种流向确定方法。它是根据越陡的下坡方向越可能得到更多的水流这一合理假设，可以概括为如下的基本形式：

$$d_i = L_i (\tan \beta_i)^p / L_i \sum_{j=1}^{8} (\tan \beta_i)^p \tag{2-13}$$

式中，d_i 为水流对第 i 号邻域像素的分配比例；$\tan \beta_i$ 为当前像素到第 i 号邻域像素的坡度比降；p 为水流分配权重（$p>0$ 以保证不违背越陡下坡方向越可能获得多水流这一前提）；L_i 为对第 i 号邻域像素的等高线长度加权因子。根据水流分配模型的差别，现有多流向法可分为以下四类：

　　（1）固定水流分配权重。早期出现的多流向法，都是采用固定 p 值来模拟坡面上的水流分配，如 FD8 方法取 $p=1$、FMFD 方法取 $p=1.1$。

　　（2）水流分配权重随汇流面积变化。为考虑不同地形条件下水流分配的不同 Quinn 等（1991）按 FD8 方法计算汇流面积，确定汇水面积阈值以将水流分配权重 p 值变为随汇流面积而变化的函数：

$$p = (A/\mathrm{thresh} + 1)^h \tag{2-14}$$

式中，A 为待计算像素的汇水面积；thresh 为应用区域的汇水面积阈值；h 为一个正的经验常数。

　　（3）水流分配权重随局域地形特征变化。在不同的地形条件下，水流的分配比例变化很大：在较陡的地形条件下，水流更易于从具有最大高程差的方向迅速排除，而在较平缓的地形条件下，水流则更可能向周围各个高程较低的方向进行分配。秦承志等（2006）等建立了 MFD-fg 方法，令

$$p = f(e) = 8.9(e - e_{\min})/(e_{\max} - e_{\min}) + 1.1 \tag{2-15}$$

式中，e 为最大下坡比降；$e_{\min}$，$e_{\max}$ 分别为区域中 e 的最大值和最小值。

　　（4）基于局域形态单元。不同于前述各类多流向法关注于水流分配权重的设计，Pilesjo 等（1998）建立了一个基于局域形态的多流向方法，该方法分析 8 邻域像素的高程值所反映的凸凹形态，区分邻域中所有可能被分配水流的独立单元，根据独立单元涉及的像素数目决定次独立单元是以单流向或多流向模拟。

　　7. 最佳集水面积阈值的确定

　　国内利用 DEM 提取河网的研究很少涉及这个问题，但要在一个流域里提取河网，流域的不同地区，特别是大流域，往往具有不同的地形、河网密度等状况，在整个流域上用一个统一的阈值去提取河网是不太合适的。国内很多研究默认一种阈值提取河网的算法，

它的最佳阈值是全流域统一的能使提取出的河网与实际河网比其他阈值更符合的值，这不仅带有很大的主观性、随意性，而且没有考虑到所选取阈值背后的机理。O'Callaghan 和 Mark（1984）为了得到连续河网引入了集水面积阈值的概念，他们最初对同一个流域选取一个阈值，当选取不同的集水面积阈值时会得到不同的河网，具有很大的随意性。后来，Tarboton 等（1991）提出一种基于坡度、集水面积和所谓恒点属性（constant stream drop property）之间关系的方法来客观地确定一个集水面积阈值，这种关系可表述为

$$S=cA^{-\theta} \tag{2-16}$$

式中，S 为河道上任一点处的坡度；A 为响应点的集水面积；c 为一常数；θ 为一个大小为 $0.4 \sim 0.7$ 的尺度因子。但这种方法的一个缺点是所提取出的河网密度在空间上仍然是均一的。Peckham 提出了一种基于斯塔勒（Strahler）的水流线分级系统的阈值确定方法，该方法通过裁去低于某一级别河道的方法来实现河网的提取。应用这种方法仍然需要选取一个要裁剪河网的级别阈值。Montgomery 和 Dietrich（1992）提出了一种基于河床域分析的阈值确定方法。他们依据如下：

$$a\,S^2>C \tag{2-17}$$

式中，a 为单位长度等高线内的流域面积；S 为局部坡度；C 取值200。对于高河网密度的坡陡地区，这种方法提供了一种使河网密度在空间上变化的机制，但对缓坡区不是很适用。Tarboton 和 Ames（2001）提出了一种基于河网应与自然地形纹理相匹配思想的方法。该方法首先识别上坡曲面格网单元，利用这些单元作为带权集水面积计算中的权域，而带权集水面积是利用恒点性质客观的来计算，最小带权集水面积是能产生不会使高一级的河道在统计上不同于一级和河道的平均点（mean stream drop）的面积。该方法能适应河网密度的空间变化，这样提取的河网与地形符合较好。Vogt 等（2003）提出了一种结合 DEM 和环境特征的阈值确定方法，它考虑了气候、地形起伏、植被覆盖、岩性和岩石结构5个与河网密度的形成和发展有关的环境特征，对于流域内不同的区域，由于这5个因素不同，阈值也不相同。

8. 基于 DEM 的河流水系提取方法局限

近年来随着全数字摄影测量、激光雷达、InSAR 数据和高分辨率卫星遥感立体像对数据的普及和推广，DEM 数据的来源得到了很大程度的改善，为使用 DEM 提取水系特征信息带来了许多便利的条件，使得这方面的研究取得了很大的进展，但仍有以下问题亟待解决：

不同分辨率 DEM 对所提取地形特征信息的适用性问题。就河网水系提取而言，一定分辨率的 DEM 所负载的信息量以及所能反映的河网信息的详细程度是有一定限度的，对 DEM 进行分析的窗口的尺度也会对分析结果造成一定的影响，如何定量地确定不同尺度 DEM 分析结果的适用性，以克服应用中的随意性。

地形表面物质的运动机理、地表物质运动与地形曲面形态关系在算法设计中的作用问题。在河网提取的过程中，无论是基本方法的建立，还是流向的确定、最佳阈值的选取等都应该考虑到地表过程本身，应将其物理机理和过程纳入到算法的构建中。

其他信息源的加入问题。由于 DEM 数据本身的不确定性，仅用这一种数据来提取河网信息，难免存在可靠性问题。现在大量易获得的遥感、GIS 及其他数据则为弥补这种不

足提供了大量数据源，综合考虑各种数据的优势，将可获得更为精确的河网信息。

(二) 基于遥感数据的河流水系提取方法

为了消除基于 DEM 的河流水系提取方法中无法解决的河流变迁、平缓地区河流水系走向难以确定等问题，研究人员希望综合或直接利用卫星遥感影像来提取河流水系。较为简单的应用是以卫星遥感影像为基础，通过基于像元或面向对象的分类方法来提取河流水系相关的图斑，通过地类的形式来表达河流水系的分布及走向（付利钊等，2013）。这种方法仅能得到断续的河流水系图斑，无法确定图斑之间的几何关系以及图斑内的水系走向。因此，需要结合其他空间分析方法来加以解决。

1. 基于数学形态学的遥感影像水系提取方法

该方法在光谱模式识别提取水体信息的基础上，利用数学形态学方法将提取的水体结果进行断线连接、去噪及细化等处理，从而得到连续的水系（李辉等，2011）。其中，水体提取即利用水体与其他地物在卫星遥感影像上的光谱差异，通过波段比值增强及阈值分割提取有水河流水面信息，以此作为水系提取的关键基础数据。利用数学形态学方法对水系的处理过程则包括如下步骤：①断线连接。由于存在水系光谱的不连续性及混合像元的影响，提取后的水系常由不连续的像元组成，利用形态膨胀的方法可以进行断线连接，使水系连续。②噪声去除。在二值化的水系图上，噪声在空间上表现为大小不等的图斑，有的独立存在，有的与水系紧密相连，可利用形态重构的方式进行去噪处理。③水系细化。将去噪后的水系特征图像进行形态学细化处理，得到水系的骨架线。形态学细化运算是在给定具有一定形状的结构元素后，循环地删除满足击中变换的像素，直到目标图像没有变化为止。细化后的水系骨架已基本能够反映水系的特征。④短小水系删除。为了消除细化过程中出现的短枝，还需对细化结果进行删除短枝处理，可以通过设置最小水系长度阈值，删除不符合条件的短线。

2. 主成分变换和数学形态学综合提取方法

该方法第一步是采集不同时相，不同地域，树枝状、格子状、平行状等不同水系类型的遥感图像数据，对其进行主成分变换，统计其各个分量的影像特征，分析水系网与其他相关环境因子在光谱信息等影像特征上的差异，结合目视解译方法中的知识和经验，确定包含完整水系网信息的主分量影像，并进行影像去噪处理。第二步是遴选河网水系的光谱特征，其重点是研究干涸沟谷与背景以及易于与干涸沟谷混淆的地物（道路、裸土、阴影、岩石等）的光谱特征和形态特征，并研究这两种特征的差异。第三步是综合利用河网水系的光谱特征、影像纹理结构特征，并参考其他辅助的空间特征信息，通过训练区或数据的统计分析，确定并提取用于水系提取的种子点生长终止条件。第四步是人工选取种子点并采用动态生长或静态生长算法提取水系网。第五步与基于数学形态学的遥感影像水系提取方法类似，即利用数学形态学方法对水系进行断线链接、去噪、细化等操作，并最终得到完整的河流水系数据。

（三）河流水系数据集

1. HydroSHEDS 数据集

目前，全球范围内最全面、最常用的河流水系数据集是世界野生动物基金会（WWF）通过其保护科学计划发展的 HydroSHEDS 数据集。该产品是以全球 SRTM 数字高程数据为基础得到，它提供了一套不同尺度的地理参考数据集（矢量和栅格），包括河网、分水岭边界和流向等数据。数据集分成非洲，亚洲，澳大利亚，中美洲、加勒比海、墨西哥、欧洲、西南亚，美国、加拿大，南美洲 7 个区块进行存储，其中，河网水系和分水岭数据包括 15s 和 30s 两套数据，流域盆地则包括 1 ~ 12 分级产品。该数据集可以在美国地质调查局（https://hydrosheds. cr. usgs. gov/）和世界野生动物基金会（http://www. worldwildlife. org/hydrosheds）官网上进行下载。

2. 中国水图

水利部重大项目"中国水图"编制工作完成了系列图集成果。其中，《中国水图》是一部以水为主题的大型综合性图集，编图的目的是全面系统地描述中国领土范围内各种形态水的数量和质量、水的循环及其时空分布规律、阐述水与社会经济发展、生态环境保护的关系，分析国家及流域尺度我国水的开发利用和保护现状、面临的问题，以及治水经验与成就，为治水规划设计和现代水管理提供科学依据，为介绍和普及我国水科学知识提供参考文献。《中国水图》由序图、水体与水文循环、暴雨洪水与干旱、水资源、水工程、古代水利工程与水系演变 6 个图组组成，共 91 幅主题图。图集中包含了基于全国 DEM 提取的河流水系数据。

3. 水利普查数据

2010 ~ 2012 年水利部开展第一次全国水利普查，主要是在 GIS、RS 等计算机软件平台的支撑下，通过 1：50000 第二代国家基础地理信息数据、多时相遥感影像数据等，开展河流流域边界、河流数字水系和湖泊水面面积等计算提取工作，并利用近期高分辨率遥感影像数据、外业调查资料和与河湖已有的相关资料开展内业分析复核工作。对于内业不能完成、不能准确确定、存在疑问的内容开展了外业查勘调查工作，包括部分河流的流域边界、水系关系、河口位置复核和部分湖泊的湖区地形测绘等；最终构建了按内流区和外流区、全国十大一级流域（区域）、全国 69 个二级水系乃至 31 个省（区、市）等不同要求、适应各种属性检索要求的河流湖泊数据库，以及建立了基于国家基础地理信息数据的河流湖泊数字水系图，建立了河流湖泊相关特征数据库（http://www. chinawater. com. cn/ztgz/xwzt/2013slpczt/3/）。

二、河流变迁

河流形态的变化受气候和人类活动双重影响。气候对河流形态的影响主要表现为暴雨引发的洪水灾害。洪水的冲刷可导致河岸崩塌、河床淤积、河流改道等现象发生（图 2-4）。而人类活动对河流形态的干扰方式主要有蓄水工程修建、泥沙开采、河岸重构、人工河道开挖等，特别是大坝的修建，已使得世界上60%以上的大江大河被切割得支离破碎（周杨明等，2007）。

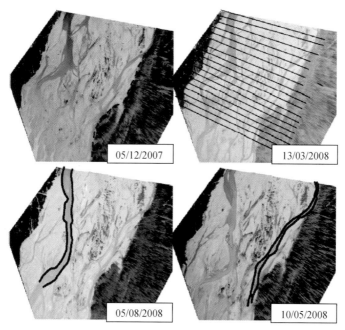

图2-4　意大利Tagliamento河2008年3月13日、5月10日、
8月5日洪水事件过后的河床变化

遥感在河流变迁监测中的应用，主要是利用航空照片（Kondolf et al.，2002）、CORONA早期卫星照片（Tsvetsinskaya et al.，2002；Hamandawana et al.，2007）、Landsat和SPOT等商业卫星影像（闻雅，2014），采用人工目视解译和计算机自动分类的方法，获取不同时期河流的形态特征，生成河流边界、河岸、航道、河滩，人工河道等专题图件。最后通过不同时期专题数据的叠加分析，获得河流的变迁信息（图2-5）。

（一）黄河入海口变迁

黄河因其水中挟带的泥沙含量高，下游地形平缓等，从古至今河道变迁频繁。历史古河道的分布已通过科学家和考古学家的野外踏勘、物探、沉积物测年等手段基本理清。中华人民共和国成立以来，黄河下游地区河道变迁也非常频繁。为了弄清楚不同时期下游河道的准确分布状况，特别是河口及岸线的变化特征及对区域生态环境的影响，研究人员利用历史存档卫星资料，通过人工目视解译、特征地物提取和地物分类等方法，提取和分析了近50多年来的变化情况。陈建等（2011）基于景观生态学原理，借助遥感（RS）和地理信息系统（GIS）等技术手段，对1976年、1986年、2000年和2008年的遥感数据进行了处理和分析，探讨了1976年以来现代黄河三角洲湿地的变化特征。王集宁等（2016）年基于Landsat MSS、TM及OLI等遥感影像数据，通过多尺度分割、归一化差值水体指数提取、大津算法水陆分离等步骤，利用面向对象分类方法，提取了黄河口1973年、1977年、1984年、1991年、2000年、2010年和2014年共7个时相的岸线变化数据（图2-6），

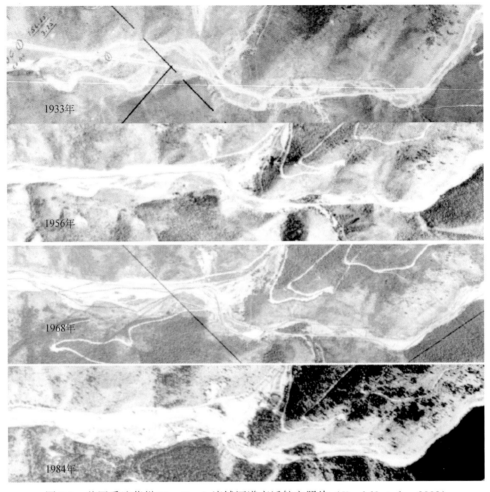

图 2-5　美国爱达荷州 Pine Creek 流域河道变迁航空照片（Kondolf et al.，2002）

分析了近 40 多年黄河口岸线的动态变化特征。王安东（2018）基于 Landsat TM 和 Landsat 8 OLI 卫星遥感影像，分别提取了 1996 年和 2016 年黄河口岸线信息，开展了近 20 年黄河口岸线变迁分析。

（二）长江河道变迁

　　长江干流历史上在自然演化和人类活动共同作用下虽然也发生过大型改道，如芜湖黑沙洲区域，但近几十年来干流河段基本保持稳定。殷鹏莲等（2011）运用 RS 与 GIS 方法对 1980 年、2000 年、2004 年和 2008 年四期 Landsat TM 遥感影像图，采用目视解译和微机图像处理相结合的方法，分析研究了 1980 年以来长江干流安徽段河道的时空变化特征和规律。研究表明 1980 年以来长江干流安徽全河段总体河势保持相对稳定，未发生长河段的主流线大幅度摆动现象，但局部河段的河势仍不断调整，有的河段河势变化还相当剧烈。然而，受上游来水来沙冲淤以及填海填河造地等活动的影响，长江下游入河口附近的河道变化显著（图 2-7）。李亚方（2016）利用 1974 年、1985 年、1995 年、2006 年和

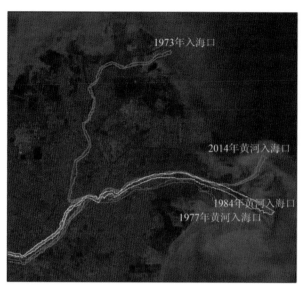

图 2-6　黄河下游入海口河道变迁图（王集宁等，2016）

2015 年的 Landsat MSS、TM、ETM+、OLI 和 HJ-1A CCD1、GF-1 WFV 多期遥感影像提取了长江口岸线信息，分析了岸线的不确定性，并以岸线长度、海岸陆地变化面积以及岸线变迁速率为衡量指标，研究了 40 年间长江口岸线的时空变化并分析了其成因。

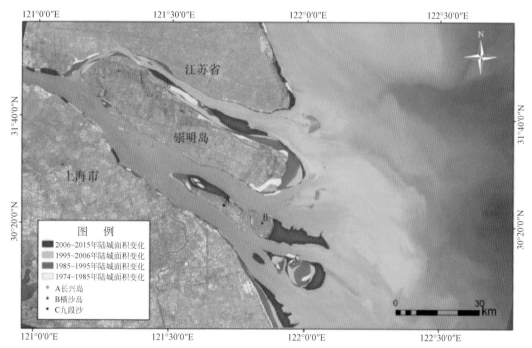

图 2-7　长江河口区域 1974 年、1985 年、1995 年、2006 年、2015 年变迁图（李亚方，2016）

第五节　土　　壤

　　土壤是人类赖以生存和发展的基石，是保障人类食物与生态环境安全的重要物质基础（赵其国和滕应，2013）。土壤作为流域下垫面的重要组成部分，对流域生态系统的结构稳定和功能发挥具有重要作用（刘娟等，2014），尤其是流域土壤类型图、流域土壤厚度以及土壤颜色是流域生态水文研究的重要基础数据。土壤在遥感影像上反映的是最直接的环境信息，也是研究其他环境要素的基础（赵英时，2003）。土壤遥感是指通过对遥感影像的解译、识别和划分出土壤类型，制作土壤类型图，分析其分布规律，为改良和合理利用土壤服务（徐金鸿等，2006）。在常规土壤调查方法受限或需要耗费大量人力、物力、时间的地区，基于遥感的土壤调查方法具有不可替代的优势。目前，在土壤学研究中，遥感技术已得到了广泛的应用，尤其是在大范围的土壤资源调查中，遥感技术在一定程度上逐渐取代部分常规调查技术，成为通用的土壤数字制图方法之一。例如，中国1979年全国第二次土壤普查中，以航片或卫片为基础的遥感目视解译技术得到了大规模的应用（Shi et al.，2002）。1986年国际土壤科学学会启动的旨在建立全球数字土壤地形数据库的SOTER计划中，针对难以获取实测数据的地区，采用了卫星遥感自动分类，取代了常规土壤调查（McBratney et al.，2003）。基于遥感的土壤研究技术已成为获取土壤属性和类型数据的新的途径和方法，这些加速了土壤调查进度和推动了土壤类型制图、土壤厚度估算以及土壤颜色的研究。

一、土壤类型制图

　　土壤类型和属性的空间分布信息是流域生态水文模拟、气候变化研究、资源环境管理所需的基础数据，土壤类型制图是对土壤空间分布信息获取和表达的有效方式（朱阿兴等，2018）。早期的土壤类型制图，以全色或彩色航空照片为基础，采用目视解译和计算机辅助相结合的方法进行分类，主要分类依据为地物纹理和颜色（Srinivasan，1972）。这种方法适用于地形简单且变化不大的区域，制图精度有限。Landsat卫星遥感数据出现以后，人们开始利用不同土壤在不同波段上的光谱差异进行制图（Karale et al.，1983），以及计算机自动分类算法的出现，大大地提高了土壤制图的精度（Manchanda et al.，2002）。

　　无论是目视解译还是自动分类，基于遥感信息的土壤分类基础主要是土壤与景观的关系。土壤是母质、生物、气候、地形和时间等多种成土因素共同作用的产物，土壤性状与成土因素之间存在着函数关系。尽管函数关系可能非常复杂，但对函数的模拟将是通过环境因子推测土壤性质和类型的有效途径（McBratney et al.，2003）。遥感可以获取不同土壤类型的光谱响应特征。而土壤的光谱响应形态主要受控于土壤颜色、纹理、结构、矿物成分、有机质含量、盐度、含水量及铁锰化合物含量等物性参数。因此，利用遥感探测到的土壤某一类或几类物性参数变化特征，就可以实现对不同土壤类型的划分。例如，土壤中不同的化学组分具有不同的光谱吸收特征（Bear，1968）；土壤中的水分在1450nm、1880nm和2660nm处具有强吸收特征，不同孔隙大小的土壤同样具有不同的波谱特征

（Venkataratnam，1980）。

　　目前主流的基于遥感的土壤类型制图方法主要包括基于要素相关性的土壤类型制图方法、基于空间自相关的土壤类型制图方法和基于要素相关性和空间自相关相结合的数字土壤类型制图方法（朱阿兴等，2018）。基于要素相关性的数字土壤类型制图就是基于所建立的土壤属性（或类型）与环境因子（要素）之间的关系，来推测土壤类型或土壤属性的空间分布，以生成土壤图。采用要素相关的土壤推测方法主要包括传统的统计学方法、机器学习与数据挖掘方法、基于专家知识的土壤类型制图以及基于样点个体代表性的方法等。统计学方法是根据土壤与地理环境变量之间的统计关系，推测土壤属性的空间分布并生成土壤图的方法，如线性模型、判别分析等（Moore et al.，1993）。基于机器学习与数据挖掘的方法是利用机器学习与空间数据挖掘的手段，如人工神经元网络模型、贝叶斯模型、回归树/决策树、随机森林等，来获取和表达土壤属性空间变化与环境变量的关系，并根据这种关系推测土壤属性空间分布（Zhu，2000；Hengl et al.，2015）。基于专家知识的土壤类型制图方法从土壤专家获取关于土壤与地理环境变量关系的知识，将专家知识和语义模型相结合，再借助地理信息技术来完成土壤类型制图，如模糊逻辑推理方法（Zhu et al.，2001，1997）。基于样点个体代表性的方法在环境因子越相似、土壤属性越相近的假设下，认为每一样点可看作包含特定土壤-环境关系的案例，能够代表与之环境因子组合相似的地区，并且代表程度可由两点间的环境相似度来度量，通过分析环境相似度推测不确定性，并以环境相似度为权重计算样点可代表区域的土壤属性值（刘京等，2013）。

　　基于空间自相关的土壤类型制图是在空间自相关理论的基础上，建立描述目标地理变量空间自相关性的模型，进而结合待推测点的空间位置，推测目标地理变量在该点的特征值（Goovaerts，1999）。根据空间自相关分析的范围不同，可分为全局空间自相关分析和局域空间自相关分析。全局空间自相关方法主要为趋势面分析，以样本的地理坐标为自变量，以样本处的土壤属性值为因变量拟合的多项式进行全局模拟（Davies and Gamm，1970）。局域空间自相关分析主要包括最邻近法、反距离加权法、样条插值法和克里格插值法等（Zhang et al.，2011；Goovaerts，1999）。

　　而流域范围内，某点的土壤性状不仅与空间上邻近点的属性相关，而且也与该点的其他地理要素（即土壤环境要素）相关。基于该方法，不同研究人员将上述空间自相关模型与要素相关模型结合，即在考虑土壤属性空间分布具有自相关特征的同时，也考虑土壤与土壤环境要素的关系，形成空间自相关和要素相关性相结合的数字土壤制图方法。其代表方法有协同克里格插值法、回归克里格插值法、地理加权回归模型等。由于该方法同时考虑空间自相关性和环境变量相关性，一定程度上能提高土壤推测的精度，但其缺点是对样本数量与分布要求较高，样本需要满足二阶平稳的假设并要求要素，相关性稳定（Hengl et al.，2007）。

　　基于要素相关性的方法是现有土壤类型制图方法中应用最广泛的方法，其中随机森林是应用最广泛的方法，而土壤-景观推理模型（SoLIM 模型）则是基于知识的制图方法的突出代表（朱阿兴等，2008）。基于空间自相关推测土壤属性空间分布的方法也应用广泛，这类方法不仅要求样本密度高，而且需要样本能很好捕捉土壤属性的空间自相关特征（Goovaerts，1999）。基于要素相关性和空间自相关相结合的方法须同时满足两个方面（要素相关性和空间相关性）基本条件，往往在实践应用中很难达到。随着基于遥感的土壤类型制图研究方法的不断发展，以及全球变化研究的需求，不同的研究人员将采用上述不同的方法逐步开展了全球不同尺度的土壤类型制图（Hengl et al.，2015）。

二、土壤厚度

土壤厚度能够反映土壤发育的程度，在流域尺度上它影响植被生长（Fuhlendorf and Smeins，1998；Meyer et al.，2007）和流域地表水文（Derose and Blaschke，1991；Wang et al.，2006），也是流域土壤侵蚀与滑坡重要影响因素。土壤越厚，容量越大，所含土壤水分和养分越多，更有利于植被的生长、发育。作为土壤物性参数的一个重要指标，受基岩特征、地表植被的遮掩、地形地貌等的影响，至今还没有精确获取大范围土壤厚度的有效方法。使用过程中，一般以常数来表示，忽略了其空间变异性（Bakker et al.，2004；Bathurst et al.，2007；Talebi et al.，2008）

传统的土壤厚度获取方法有土壤剖面法（王绍强等，2001）、钻孔法（Phillips，2008）、插钎法（曾宪勤等，2008）、透度计法（Ohnuki et al.，2007）等。这些方法采样难度大、成本高、周期长，样本点数量有限，仅适用于地形平坦及小范围地区，精度很高、效率很低。为了提高采样效率，人们将电磁感应法、地震折射法、探地雷达、伽马射线监测法等地球物理学方法引入了这一领域。Bork 等（1998）研究表明 EM38 和 EM31 电磁感应仪器在 EM31H（$R^2 = 0.78$）和 EM38V（$R^2 = 0.75$）的传导率是土壤深度的最佳预报因子。Delgado 等（2000）采用微波热运动仪，基于软土的回声频率模拟了土壤的厚度，结果表明微波热运动仪的 H/V 与土壤厚度之间相关性明显。Chaplot 等（2001）利用大地电磁方法测定了土层厚度。Vita 等（2006）运用浅层电阻和地震折射波法等技术探测了火山土壤厚度并成图。刘恒柏（2009）则利用探地雷达探测了田间土壤断面层次结构。地球物理探测方法虽然可用于获取一定范围内的土壤厚度数据，但由于电磁波在土壤中衰减很快，且对区域地形条件要求较高，限制了其在大区域土壤厚度制图方面的应用。以探地雷达为例，它是利用高频（106～109Hz）脉冲电磁波探测近地表电性体分布的一种无损检测技术，但它不适宜在地表电阻率小于 $100\Omega \cdot m$ 的地区工作，如存在黏土地、地下咸水和粉砂质地层的环境。此外，这些方法只能在小范围研究时提高采样效率，其空间外推能力依赖于样本采集的数量。因此，不适宜于大面积土壤厚度的空间变异性研究。

为了提高土壤厚度研究的空间推广能力，一些研究学者提出把土壤厚度看作许多不同环境要素的函数，包括土地利用、坡度、曲率、母质、气候、植被、岩性等（Dietrich et al.，1995；McBratney et al.，2003）。主要有基于物理机制、基于点采样插值和基于环境相关推理的方法。Dietrich 等（1995）基于地下岩石土壤发育过程和地表侵蚀平衡提出的时间动态预测模型，McBratney 等（2003）提出的土壤发育与风化速率和土壤侵蚀转移过程关系，属于土壤厚度物理机制研究范畴。其问题是机理研究比较复杂，周期较长。点采样插值方法，主要分地统计和非地统计方法（Thiessen 多边形、反距离法），如 Thampi 等（1998）用反距离法预测土壤厚度的等值线图，Santos 等（2000）在瑞典用 TIN 不规则三角形和二次有限元法研究土壤厚度的空间变异。该类方法的问题是理论简单，对预测误差难以解释和控制。

因此，为了获得区域尺度的土壤厚度，蓝爱兰和张升伟（2004）利用遥感地表辐射亮度温度，建立了用于月壤厚度探测的反演方法。法文哲和金亚秋（2007）结合起伏逸散定理，以辐射亮度温度模拟加随机噪声为理论观测值，提出了月壤厚度反演方法。但是地球表面受基岩特征、地表植被的遮掩、地形地貌等众多因素的影响，因为难以直接观测，只能通过一些地表遥感参量要素进行间接反演。

遥感估算土壤厚度方法一般存在两个假设，其一来源于土壤发生学，这是因为土壤的形成过程中，随着土壤的发育，土壤厚度不断变化，内部的矿物质不断分化，有机质不断形成，这些营养元素的含量，代表着土壤的肥力，在一定程度上决定地上自然植被的生长状态，因此认为自然植被的生长发育与土壤厚度有关，从而可以假设自然植被的地上生态特征可以反映地下土壤厚度。其二来源于地面调查得到的农业耕作历史；一般人工干预的土壤厚度受到海拔、坡度等条件的影响较大。目前土壤厚度遥感估算方法主要为经验方法，主要是根据上述理论假设，首先确定区域尺度的地表植被类型的准确分类；其次依据土壤厚度与地表要素可能存在一定的相关关系，采用遥感获得的植被高度数据、植被NDVI数据、地形要素数据，与地面观测的土壤厚度数据经过简单的回归分析，建立土壤厚度遥感估算模型。

王强（2011）通过分析复杂地形条件下的土壤厚度空间模拟的可行性，建立了三种单一模型及基于三种模型融合的三峡秭归县土壤厚度模型，并结合土地利用、土壤类型、地貌类型和地形数据对影响研究区土壤厚度的主要影响因素进行分析。各种单一模型在土壤厚度的预测中均存在难以克服的缺点，基于土壤景观、遥感和地统计模型的融合模型融合了三种模型的优点，在土壤厚度的模拟中比单一模型精度更高，但是涉及三种模型的模拟，应用的数据类型较多，操作最复杂，所用样点最多，难以大面积推广。直接应用遥感统计模型模拟土壤厚度的精度最低，但是一些植被指数显示出模拟土壤厚度的潜力，如竹子的NDVI值。然而，涉及的生物因素复杂，利用遥感方法难以区分，因此，应用于土壤厚度的模拟还不成熟。地统计方法也可以用于土壤厚度的空间模拟，但达到同等精度所用样点最多，土壤厚度数据进行对数转换后可以提高空间插值精度，利用RMSSE比较插值结果与原插值样点进行数据验证结果的参考价值有限，因此进行独立样本的验证非常必要（王强，2011）。王强（2011）最终间接利用地表NDVI、植被高度、地形要素、景观要素、图像融合等方法反演出三峡秭归县土壤厚度数据。

三、土壤颜色

太阳光照射到土壤表面时，红、橙、黄、绿、青、蓝、紫等可见光谱的一部分被土壤吸收，一部分被反射。这些反射的色光混合起来就是土壤表面所呈现的颜色。土壤颜色是土壤的第一性重要形态特征，不同的土壤类型具有不同的颜色。土壤颜色可用于指示土壤的组成及状态，它可以呈现出灰、黑、白、红、褐、黄、绿等颜色。土壤颜色主要受有机质含量、土壤含水量及铁、镁等元素受氧化的程度影响。暗褐色或者黑色表明土壤有机质含量高，湿润土壤颜色较干燥土壤深。此外，土壤中特定矿物的出现也会改变其颜色，如含氧化锰的土壤呈黑色，含海绿石矿的土壤呈绿色，而含方解石矿的土壤呈白色（Brady and Weil，2006）。因此，土壤颜色是土壤物质组成及其性质的反映，也是判断和研究成土环境、土壤类型及其肥力特征的重要依据。

目前较为常用的土壤颜色模型为 CLM 中的土壤颜色方法，该土壤颜色数据主要用于计算饱和土壤和干燥土壤的反照率。土壤颜色估算地表反照率主要依靠土壤的表层含水量状况与反射辐射的波长（大于或者小于 0.7μm）大小（Steiner，2001）。在 2001 版 CLM 模型中，土壤颜色与地表反照率具有如表 2-6 所示的对应关系。

表 2-6 2001 版 CLM 模型中土壤颜色与地表反照率的对应关系

		1	2	3	4	5	6	7	8
饱和土壤反照率	<0.7μm	0.12	0.11	0.10	0.09	0.08	0.07	0.06	0.05
	>0.7μm	0.24	0.22	0.20	0.18	0.16	0.14	0.12	0.10
干燥土壤反照率	<0.7μm	0.23	0.22	0.20	0.18	0.16	0.14	0.12	0.10
	>0.7μm	0.46	0.44	0.40	0.36	0.32	0.28	0.24	0.20

在饱和土壤中，当地表反射辐射的波长小于 0.7μm 时，土壤颜色等级从小至大（亮到暗）顺序依次对应不同的反照率值（0.12~0.05）；当地表反射辐射的波长大于 0.7μm 时，土壤颜色等级从小至大（亮到暗）顺序依次对应不同的反照率值（0.24~0.10）。同样，在干燥土壤中，当地表反射辐射的波长小于 0.7μm 时，土壤颜色等级从小至大（亮到暗）顺序依次对应不同的反照率值（0.23~0.10）；土壤颜色等级从小至大（亮到暗）顺序依次对应不同的反照率值（0.46~0.20）。

在目前的 CLM 4.0 版本中，考虑到不同卫星遥感数据的使用，土壤颜色等级增加到了 20 个（Oleson and Coauthors，2010）。因此，利用饱和土壤和干燥土壤的反照率时，可获得更为精细的土壤颜色数据（表 2-7）。

表 2-7 CLM4.0 模型中土壤颜色与地表反照率的对应关系

颜色等级	干燥土壤		饱和土壤		颜色等级	干燥土壤		饱和土壤	
	可见光	近红外	可见光	近红外		可见光	近红外	可见光	近红外
1	0.36	0.61	0.25	0.50	11	0.24	0.37	0.13	0.26
2	0.34	0.57	0.23	0.46	12	0.23	0.35	0.12	0.24
3	0.32	0.53	0.21	0.42	13	0.22	0.33	0.11	0.22
4	0.31	0.51	0.20	0.40	14	0.20	0.31	0.10	0.20
5	0.30	0.49	0.19	0.38	15	0.18	0.29	0.09	0.18
6	0.29	0.48	0.18	0.36	16	0.16	0.27	0.08	0.16
7	0.28	0.45	0.17	0.34	17	0.14	0.25	0.07	0.14
8	0.27	0.43	0.16	0.32	18	0.12	0.23	0.06	0.12
9	0.26	0.41	0.15	0.30	19	0.10	0.21	0.05	0.10
10	0.25	0.39	0.14	0.28	20	0.08	0.16	0.04	0.08

四、土壤数据产品

随着卫星遥感数据源的不断丰富，国内外开发了不同的基于遥感与 GIS 的土壤数据产品数据集，比较有代表性的土壤数据产品包括世界土壤数据库（Harmonized World Soil Database version 1.1）（HWSD）、美国的全球土壤类型分布图数据集、中国土壤数据库等。

世界土壤数据是由 HWSD 联合国粮食及农业组织（FAO）和国际应用系统分析研究所（IIASA）构建，其中有关中国境内数据源为第二次全国土地调查中国科学院南京土壤研究所提供的 1∶100 万土壤数据，数据属性包括土壤有机质、土壤类型、土壤有效含水量、土壤酸碱度、土壤参考深度等信息。该数据可为建模者提供模型输入参数，农业角度可用来研究生态农业分区，粮食安全和气候变化等。数据格式：grid 栅格格式，投影为 WGS84。采用的土壤分类系统主要为 FAO-90。该数据下载网址为 http://westdc.westgis.ac.cn/data/611f7d50-b419-4d14-b4dd-4a944b141175。

美国的全球土壤类型分布图数据集主要是基于 Malcolm（1999）提出的土纲类型制作的全球土壤分布图数据；该数据包括的属性信息为土壤质地类型、土壤多样类指标、土壤 pH、土壤有机质含量、土壤结构指标信息等。该数据下载网址为 http://www.data.ac.cn/info/970a2。

最近 10 多年来中国科学院南京土壤研究所在中国土壤信息系统（Soil Information System of China，SISChina）建设方面取得了长足的进展，建立了一个较为系统的中国土壤信息系统，它包含了不同尺度的土壤空间数据、土壤剖面属性数据、土壤空间与属性融合后的土壤专题区域空间化数据、土壤类型参比数据以及应用国际土壤主流分类的中国土壤分布特征数据等数据集。具体数据信息主要为中国 1∶100 万土壤空间数据产品，中国 1∶100 万空间化的土壤属性数据产品，中国土壤参比数据产品，以及区域尺度不同类型的土壤数据产品，如黑河流域数字土壤制图产品等；这些数据产品可以分别在寒区旱区科学数据中心网站下载（http://westdc.westgis.ac.cn/），也可以在土壤科学数据中心网站下载（http://soil.geodata.cn/）。

第六节　不　透　水　面

不透水面是指由各种不透水建筑材料所覆盖的表面（徐涵秋，2008）。不透水面盖度（impervious surface coverage，ISC）是指单位面积地表中不透水面的面积所占比例（邱健壮等，2011）。不透水面是人类活动直接作用的结果，是流域下垫面的重要组成部分。

不透水面面积、盖度和空间格局对流域的水、热循环和水环境有着重要的影响。不透水面导致降水入渗减少，自然截留和洼地储水能力减弱，地表水与地下水交换和地下水基流减少。不透水面上的降水更多地以地表径流汇入河网，使地表径流增加的同时，也增加了暴雨时洪水发生频率（Moscrip and Montgomory，1997；Brun and Band，2000）。不透水面还具有较强的太阳辐射吸收能力，吸收的辐射通常以长波辐射的方式释放，加热城市冠层和边界层，改变城市的显热和潜热通量（Oke，1987），导致改变城市水热循环过程的改变，影响城市气候。不透水面盖度与地表温度呈现明显的正相关，不透水面增多城市热岛效应（Yuan and Bauer, 2007）。受城市气候的热岛效应、凝结核效应以及高层建筑物阻碍效应的综合影响，不透水面还增强城市的雨岛效应（于淑秋，2007）。

准确地提取不透水面，有利于理解人类活动对流域水、热循环扰动的理解。早期的不透水面提取主要包括地面测量和手工数字化方法（Jennings et al., 2004），该方法精度高，但自动化程度低、费时费力，且所得数据范围有限，其应用受到一定限制。多源遥感数据及其处理技术的不断发展，使不透水面的大范围处理成为可能，受到广泛关注。

现有的不透水面信息应用中，假定不透水面物理特性不随空间发生变化，如任何不透水面区域下渗率为零，反照率仅高低两类，热传导率和热容量固定不变。事实上，不透水面因构成材料差异物理特性也有所不同。现有些城市为了防洪在部分地区铺设了透水性路面，其下渗率显然不为零，对污染物传输也有着影响；不同的材料的反照率也不相同；压实的土壤和草皮从机理上讲应属于不透面，但其热传导特性与道路等人工不透水面有明显差异。若能将不透水面的这种物理特性差异识别，将大大提高水热循环模拟能力，有助于理解城镇化对全球气候变化和水循环的影响。因此，不透水面的物理特性差异监测是一项未来研究的方向。

尽管"同物异谱"影响了不透水面作为一种土地覆盖类型的提取精度，但这种光谱差异对于不透水面物理特性差异研究有可能很有帮助。雷达影像对粗糙度和介电常数的敏感也将有可能增强对不透水面物理特性的识别。

一、不透水面遥感监测方法

（一）影像特征选择

影像特征差异是区分不透水面和其他地物的依据。影像特征包括光谱特征、空间和几何特征，以及时间特征。

1. 光谱特征

依据不透水面与其他地物的光谱差异，通过波段或复合波段的组合识别和提取不透水面是最常用的手段。主要的方法包括归一化建筑指数（NDBI）、归一化差值不透水面指数（NDISI）（徐涵秋，2008），陈志强和陈健飞（2006）利用基于 ASTER 影像的 NDBI 提取了城镇用地，总体精度为 82%，优于基于光谱的分类结果，且在一定程度上能区分新老建筑；徐涵秋利用 NDSI 指数通过抑制砂土和水体特征以增强不透水面信息，提取精度达 90% 以上；复合指数组合法提取不透水面，如归一化水体指数（MNDWI）、归一化植被指数（NDVI）和 NDBI 组合，马雪梅和李希峰（2008）基于该组合采用决策树提取不透水面，精度达 94.4%；NDBI、MNDWI 和土壤调节植被指数（SAVI）的组合，徐涵秋（2005）用该组合通过建立相应规则提取城市建筑用地，建筑用地和非建筑用地总体精度可达 91.3%。

2. 空间和几何特征

不透水面的粗糙度、形状、结构、介电性质与其他地物有明显差异，利用合成孔径雷达（SAR）对上述特征的敏感性也是区分不透水面与其他地物的主要方法之一（Bruzzone et al.，2004）。不透水面在较长时间内具有相干特性，干涉雷达（InSAR）可将其同自然地物分离（Liao et al.，2008）。不透水面在 InSAR 反演的平均后向散射系数、振幅比等参数，通过激光雷达（LiDAR）获取的地物高程，高分辨率影像上展示出的纹理信息（Zhang et al.，2009；Lu et al.，2010）均与其他地物有所差异，可用于不透水面提取。与光学影像结果精度相比，InSAR 提取的不透水面精度略低，而将上述参数融入传统的多光谱可见光-近红外影像中联合提取不透水面，精度明显提高（江利明等，2008；Yang et al.，2009）。将 LiDAR 数据与光学影像结合也能够获取更高精度的不透水面（Germaine and Hung，2011）。

3. 时间特征

夏季与春秋两季相比，植被生长旺盛，不透水面和植被的影像光谱对比度大，土壤和非光合植被的光谱信息较弱。因此，夏季影像更有利于弱化土壤信息，减少不透水面提取的干扰（Weng and Hu，2008）。此外，不透水面光谱短期内不会发生重大变化，而土壤和植被光谱季节变化明显，利用不透水面与土壤、植被在多期的遥感影像上展现出来的光谱变化可提取不透水面，并能减少土壤和不透水面的误分（Yang et al.，2003；Powell et al.，2007）。

（二）分类器选择

分类器是遥感影像特征用于不透水面提取时所采用的处理手段，不同的分类器有不同的机理。

1. 参数分类器

参数分类器一般假定数据呈正态分布，通过训练样本提取分布参数，进而对影像分类。常用的参数分类器包括迭代自组织数据分析技术（ISODATA）、K 均值、最小距离、最大似然分类等算法（赵英时，2003）。不透水面作为城镇地区的一种主要土地覆盖类型，可采用参数分类器提取。Hodgson 等（2003）利用正射影像与 LiDAR 提取的高度特征采用最大似然分类法和 ISODATA 法提取了不透水面，两种方法的标准误差分别为 6.62% 和 8.56%。Lu 等（2010）利用 IKONOS 影像采用最大似然分类法提取了不透水面，总体精度达 89.3%。对于遥感影像分类，正态分布假设通常不成立，地物分布复杂的地区更是如此，使得分类精度有较大的不确定性，且不便于引入其他辅助数据（贾坤等，2011）。

2. 非参数分类器

非参数分类器不需要数据满足正态分布假设，适于将非光谱信息引入到遥感影像分类过程中。非参数分类器还允许分类结果以 0～1 连续的数值表示，拓展了分类结果的内涵。

1）人工神经网络

人工神经网络（ANN）通过模拟人类学习过程，建立输入和输出之间联系。ANN 只需较少的训练样本，能够处理非线性关系，无须对数据做任何假设，且能够融入除光谱特征外的其他辅助数据和特征，以及经验知识（Atkinson and Tatnall，1997；Pal and Mather，2003）。相比线性假设的分类方法有更高的精度（Weng et al.，2009）。在不透水面提取过程中，输入由遥感影像各波段光谱值或其他辅助数据构成，输出值则是不透水面类或不透水面盖度值。常用的 ANN 为多层感知神经网络（MLP）。MLP 由称为神经元的简单处理单元和链接组成，常采用后向传播（BP）学习算法（Rumelhart et al., 1986）。其学习训练过程由正向传播和反射传播组成。在正向传播过程中，输入信息从输入层经隐含层逐层处理，并传向输出层，若在输出层无法得到期望输出，则输入反向传播，将误差信号沿原路返回，通过修改各层神经元间的权值，使最终的输出结果达到某一误差标准（Corresponding et al., 2003）。许多研究都采用 ANN 方法对 TM 或 ASTER 等中分辨率卫星影像提取了 ISC。如 Civco 和 Hurd（1997）利用 2 期的 TM 影像、KT 变换结果以及同一幅影像上波段比值共计 48 个特征作为输入变量，采用 BP 神经网络提取了不透水面盖度（impervious surface coverage，ISC）。而 Mohapatra 和 Wu（2008）也将 3 层结构 ANN 方法用于高分辨率 IKNOS 影像提取了威斯康星州 Grafton 的 ISC。Kohonen 自组织神经网络（SOM）也被用于不透水面提取，且研究表明 SOM 在不同时相影像上提取的 ISC 效果均优于 MLP（Lee and Lathrop, 2006；Hu and Weng, 2009）。

　　ANN 也存在一定的缺点，初始权重确定困难，收敛速度慢，对输入数据预处理要求高（贾坤等，2011）。隐含层数目和隐含层结点数难以确定，尽管有些方法用于估算合适的隐含层结点数，但并未被广泛接受（Kavzoglu and Mather, 2003）。太多的隐含层和结点数可提高模拟精度，还可减少局部极小的概率，但会增加学习时间（Foody and Arora, 1997）。因此隐含层数和结点数，以及初始权重等需通过多次尝试来寻找最优值。

　　2）分类回归树

　　分类回归树（CART）是一种通用的决策树构建算法，当目标变量为离散值时称为分类树，连续值时称为回归树（Breiman et al., 1984）。CART 将预测变量和目标变量间错综复杂的非线性关系简化成多元变量的线性关系，能够提高预测精度（Yang et al., 2003）。CART 通过给定初始的训练样本集（真实 ISC 样本），采用最优化的二分递归分离算法将这些样本集分成多类或连续目标变量（如不透水面盖度），在此过程中生成一系列规则集表示输入和输出的关系（Breiman et al., 1984；Yang et al., 2003）。Yang 等（2003）利用不同季节 Landsat 影像的各波段和穗帽变化结果的多种组合分别作为 CART 的输入，分别在不同的空间尺度上提取了 ISC，结果的平均误差在 8% ~ 11.4%。CART 方法已用于提取整个美国地区的 ISC 作为土地覆盖数据集（NLCD2001）的重要组成（Homer et al., 2004）。Yang 等（2009）采用 CART 的方法，综合使用 SPOT 5 高分辨率几何成像仪（HRG）的 4 个波段和欧洲遥感卫星 2 号（ERS-2）单视综合 SAR 影像像对提取了 ISC。InSAR 数据加入与单一光学影像相比，ISC 误差从 15.5% 降到 12.9%，相关系数由 0.71 提高到 0.77，空置地和裸地地区 ISC 精度提高明显。廖明生等（2008）将 Boosting 技术融入 CART 中，增强了其学习能力，提高了 ISC 估算精度。

　　然而，CART 是一种弱学习算法（Breiman, 1998），受其学习能力限制，对数据噪声和训练样本误差比较敏感，样本训练集的较小波动都将导致预测函数发生较大变化；样本的选择要有代表且较为均匀才能获得好的学习能力。

　　3）支持向量机

　　支持向量机（SVM）基于结构风险最小化原则，通过核函数将输入向量（卫星影像各波段光谱值或其他辅助数据）映射到一个高维特征空间。SVM 通过寻找该特征空间里的理想平面（超平面），使得该平面与所有输入向量的距离最大，即寻找一个函数，使输入向量的函数值与目标值之间的偏离最大，最小化输入向量误分的风险（Cortes and Vapnik，1995）。SVM 在样本（真实 ISC 样本）较少时也有很好的模型概化能力，且知识学习速度快。Esch（2009）基于 Landsat 7 影像，利用 SVM 得到了约占德国三分之一地区的 ISC 分布图，并结合已有土地利用集对结果优化处理。Zhang 等（2009）针对 Landsat 影像采用最小二乘支持向量机（LS-SVM）提取了 ISC，均方根误差（RMSE）为 0.106。Klein（2009）首先利用 TerraSAR-X 雷达数据提取了德国城区范围，在此基础上采用 SVM 构建了城区 ISC 回归模型，居民地探测精度为 82.3%，ISC 平均百分比误差为 14.1%。

核函数的选择及其参数的确定是 SVM 模拟效果的关键要素。核函数的选择目前并无一个准则，对分类精度到底有何影响，还缺乏统一的认识（贾坤等，2011），不同研究认为最优的核函数甚至完全不同（Roli and Fumera，2001；Huang et al.，2002）。因此，未来有必要在核函数的选择上展开深入研究。

（三）尺度选择

不透水面提取所用影像可分为高分辨率、中分辨率和低分辨率 3 类影像。高分辨率（0.3~5m）的影像包括 ZY-3、GF-2、QuickBird、IKONOS、SPOT PAN 等；中分辨率（10~100m）的有 Landsat 卫星系列、Terra ASTER、SPOT、Sentinel、GF-1、中巴地球资源卫星等；低分辨率（0.25~4km）的影像涉及 MODIS、Prob-V、NOAA AVHRR、DMSP OLS、风云三号等。不同空间分辨率的影像需考虑合适的尺度选择。

1. 像元尺度

像元尺度提取，即影像像元由二值化结果表达，要么代表不透水面，要么代表非不透水面。中低空间分辨率影像受城市景观异质性影响，像元通常包含草地、树木、不透水面等多种土地覆盖信息。像元尺度的不透水面提取结果不能完全反映该像元所在的下垫面信息。高空间分辨率影像可大大减少混合像元问题，且能获得更加精细的不透水面分布。但随之产生的一系列问题也不容忽视。地形起伏、高大建筑和树冠产生的阴影（Dare，2005），严重干扰了地物原有的光谱，使阴影区地类识别较为困难。同时，影像空间分辨率的提高，致使类内光谱变异性增强，"同物异谱"现象更加明显（Hsieh et al.，2001）。

2. 亚像元尺度

亚像元尺度的不透水面像元值由该像元内不透水面盖度（ISC）替代"是""非"二值表达。ISC 可从 0% 到 100% 连续变化，减少了混合像元对不透水面提取造成的信息损失。早期对不同土地利用赋予一定的不透水面比例（盖度）系数便是很好的尝试（Roger，1975），但赋值有一定的经验性且无法体现同种土地利用 ISC 的异质性。当前亚像元尺度不透水面提取方法主要包括回归模型、光谱混合分解，以及非参数分类器中的各种方法。

1）回归模型

回归模型的思想是寻找与 ISC 相关性较高的遥感或地理信息系统变量，建立变量与 ISC 真实值之间的回归关系，从而达到在大区域地区 ISC 的估算目的（Bauer et al.，2004）。ISC 值可用地面实测值、航片和高分辨率影像表示。Chabaeva 等（2004）利用统计人口数据和地面实测不透水面数据回归建立了 ISC 估算模型。Elvidge（2007）用 DMSP OLS 城市夜间灯光亮度与 USGS 调查的 30m ISC 建立回归模型估算了全球 1km 的 ISC。植被信息更是广泛用于 ISC 回归。Matthias 和 Martin（2003）将 ASTER 影像提取的 NDVI 及 LSMA 得到的植被分量分别作为回归因子估算了科隆/波恩城市群的 ISC，决定系数分别为 0.814 和 0.818。Bauer 等（2008）将 Landsat 卫星提取的绿度与真实 ISC 建立回归关系，估算了美国明尼苏达州 1990 年和 2000 年的 ISC，与实测值相比，决定系数均为 0.86，标准误差分别为 11.8% 和 11.7%。ISC 还可看作与植被覆盖度（F_c）相互补偿（Carlson and Traci Arthur，2000），即 ISC = 1−F_c，无须与真实 ISC 建立回归，该方法可用于中低分辨率影像的不透水面提取。

回归模型操作简便易行可快速获得大区域逐像元的 ISC。由植被信息回归建模得到的 ISC，在不发达地区会高估，在高发达地区则会低估（Yang and Liu，2005）。此外，该方法易受季节影响。植被生长旺季，植被冠层遮挡不透水面，ISC 被低估；植被枯萎期，随着植被盖度降低，裸土的比例增加，ISC 被高估。

2）光谱混合分解

Ridd（1995）提出的表征城市生物物理组成的 VIS 模型（Vegetation Impervious Surface Soil）是通过光谱线性分解，提取不透水面的基石。VIS 概念模型与光谱混合分解模型（SMA）相结合可提取城市地区的 ISC。现多采用线性光谱分解方法（LSMA）提取不透水面，它基于以下 3 点假设：①像元在某一波段的反射率是端元的反射率及其所占像元面积比例为权重系数的线性组合；②瞬时视场内的端元是同质地、相互隔离，不存在端元间的多重散射；③相邻像元对目标像元的光谱没有影响。

模型的关键在于确定包含不透水面端元在内的合适端元组合及端元的典型光谱。标准 LSMA 模型中，端元由植被、不透水面、土壤构成（Phinn et al.，2002；Lu and Weng，2006）。考虑到不透水面光谱的差异，有研究将不透水面表示成高、低反照度不透水面两种端元用于 LSMA，并得到了精度更高的 ISC（Wu and Murray，2003）。还有研究将阴影作为端元之一用于 LSMA 模型（Lu and Weng，2004；Rashed et al.，2003），以减少阴影与不透水面的混淆。由于城市景观的异质性，端元的典型光谱选择并不容易。土壤的水分和有机质含量差异、植被的叶绿素含量差异，以及不透水面的自身材质差异均会造成端元光谱的亮度高低差异。为减少同种地物端元光谱亮度差异而产生 ISC 提取误差，Wu（2004）发展了亮度归一化的 LSMA 模型（NSMA），研究表明 ISC 估算的 RMSE 为 10.1%，要优于 LSMA 模型。多端元光谱混合分解（MESMA）模型允许变化的端元数目、类型和光谱来应对端元光谱变异，也可减少城市景观空间异质性对 ISC 提取的影响（Roberts et al.，1998；Powell et al.，2007；王浩 等，2011）。Matsushita 和 Fukushima（2009）综合 NSMA 和 MESMA 两种方法提取了 ISC，RMSE 减小到了 5.2%，要优于 LSMA 和 NSMA 方法。

LSMA 模型因阴影、水体、非光合植被与低反照度不透水面光谱相似，干土壤、沙地、岩石和高反照度不透水面光谱相似影响，造成 ISC 在低值区高估，高值区低估（Wu and Marray，2003；Weng et al.，2009）。此外，基于线性光谱分解提取不透水面信息的方法步骤烦琐，必须预先分离水，进行复杂的端元选取，但提取结果仍无法有效解决不透水面和土壤信息混淆的问题。

（四）　不透水面遥感监测存在的问题与展望

受不同影像波谱特征和不同提取方法性能差异影响，用特定影像、特定方法解决不透水面提取问题较为困难。未来不透水面遥感提取将围绕方法优选、分类器性能改进、多源遥感数据融合展开，而不透水面应用则应注重不透水面物理特性差异研究。

非参数分类器将是像元和亚像元尺度不透水面遥感提取的优先选择，而 MESMA 和回归模型是亚像元尺度不透水面遥感提取的重要补充。

非参数分类器无须对数据做任何假设，且能够处理像元光谱的非线性混合问题，并融入经验知识和多种辅助数据。已有研究表明在不透水面提取精度上 CART 优于最大似然分类法（Hansen et al.，1996），也优于线性回归模型（Huang and Townshend，2003），而 ANN 和 SVM 要优于 LSMA（Zhang et al.，2009；Pu et al.，2008）。

各非参数分类器本身也存在不足，需继续完善。ANN 的隐含层数和结点数，及初始权重，CART 的样本选择和学习能力，SVM 的核函数等研究有待加强，模型的外推能力仍需进一步研究。此外，各参数分类器之间在不透水面提取中的横向比较较少，到底何种参数分类器最优值得探讨。最后，非参数分类器构建过程中所需真实不透水面样本要有代表性。为避免样本代表性较差导致的较低精度结果，可考虑用 MESMA 模型替代，但端元的选择策略需进一步完善。回归模型法简便易行，能够快速得到大区域长时间序列不透水面信息，从而为研究区域城市变化、水文模拟等提供充足的数据支持。

（五）　多源遥感数据的应用

多源遥感数据融合能获得更高精度的不透水面。但现有遥感数据本身的不足限制了多源遥感数据应用。

不同空间分辨率的遥感数据源，融合所需影像特征有所不同。高空间分辨率影像光谱特征较弱，充分利用空间几何特征可补充光谱特征提取不透水面。当前已有 InSAR、LiDAR 反演的空间几何参数和高分辨率影像得到的纹理信息同光谱特征联合提取不透面。中低分辨率影像空间几何特征较弱，光谱特征和时间特征的融合将有可能得到最优的不透水面结果。遥感数据本身的问题影响了不透水面提取精度的进一步提高。

就空间分辨率而言，高空间分辨率影像可减弱混合像元问题并增强空间特征信息，同时也带来了阴影问题。发展先进的算法对高空间分辨率影像下的阴影处理将是未来的研究重点。

就光谱特征而言，现有的遥感影像多为多光谱影像，光谱通道多集中于可见光-近红外波段。在可见光-近红外多光谱波段下，不透水面、土壤和阴影等地物光谱存在着较高的相似性，造成这几类地物混合区较低的不透水面精度。虽已有 Hypersion 等高光谱数据用于不透水面提取并取得了较好的精度，但究竟是哪个波段产生的这种影响还不可知，精度提高的机理研究缺乏。当前较少的高光谱传感器也加大了应用难度。根据现有高光谱数据或地面实测光谱数据对不透水面与其他易混淆地物光谱分析，将有可能寻找到多光谱影像所没有的特征光谱通道，从而增强不透水面与其他地物的区分度。随着高光谱传感器的发射，这种特征光谱通道用于不透水面提取将成为可能。因此，特征光谱通道的挖掘和高光谱影像数据的应用将是未来的研究热点。

就时间特征而言，受卫星时间分辨率和过境日时云雾等大气状况影响，多时相的数据往往难以获得。不同传感器过境时间不同，过境时大气状况影响也有所差异，寻找具有共同观测特征的卫星传感器并通过一定的标准和方法耦合将有可能实现不透水面观测时间上的连续性。因此，多传感器耦合的时间特征构建将成为未来研究的热点。

二、不透水面数据产品

目前全球的不透水面数据产品种类较多。常见不透水面数据产品包括欧洲航天局的 Global Human Settlement 数据产品，该数据下载网址为 http://ghsl. jrc. ec. europa. eu，可下载全球多种尺度的不透水面产品数据，以及 Global Urban Footprint 数据产品，数据下载网址为 http://www. dlr. de/eoc/en/desktopdefault. aspx/tabid-9628/16557_read-40454/。

Global Human Settlement 中的 GHS BUILT-UP Sentinel-1 GRID 产品分辨率为 20m，数据源为 Sentinel1 影像。影像包括建成区和非建成区 2 个值。最新为 2016 年产品。Global Urban Footprint 产品由 180 000 影像 TerraSAR-X 和 TanDEM-X 制作而成。产品分辨率为 12m，包括城区、陆表、水域三大类。

目前国内发布的不透水面数据产品以区域数据较多，如长江经济带不透水面数据集与三亚市不透水面分布数据集。长江经济带不透水面数据集（2010 年）分辨率为 30m，主要为 GMIS（不透水面）和 HBASE（人居地范围）两个数据；其中 GMIS 为不透水面数据，HBASE 为全球人类居住地范围数据，数据格式均为 tif 格式；数据下载网址为 http://www. geodata. cn/data/datadetails. html? dataguid=67486164621496&docId=1699。

三亚市不透水面分布数据集主要包括2004 年、2008 年、2011 年、2013 年和2015 年 5 个时相的不透水面分布图，分辨率为 30m；主要是基于 BCI 指数与 BI 指数相结合的方法来提取，经 Google Earth 高精度影像精度验证，体精度高于 80%，Kappa 系数在 0. 80 以上；数据下载网址为 http://www. csdata. org/p/243/。

第七节　流域水文分析单元

为反映流域下垫面因素的空间分布对流域水文循环的影响，以及人类活动和气候变化对流域径流过程的干扰，通常依据一定的准则组合流域下垫面与气象要素，在水平方向上将流域划分成若干子流域或流域水文分析单元，在垂向上将水文单元划分为冠层、非饱和水土壤层与饱和水土壤层，用于水文模拟（王中根等，2002）。

一、基于 DEM 的流域水文分析单元

基于 DEM 的流域离散法包括基于网格的划分方法、基于子流域的划分方法与基于坡面的划分方法（王中根等，2003）

（一）基于网格的划分方法

采用栅格 DEM 将流域划分为若干个大小相同的矩形网格，在网格单元独立模拟水循环与生态的各个过程，网格与网格之间通过坡面流和壤中流的逐网格汇流进行物质交换，该方法的最大优点是直接考虑各水文要素的相互作用及时空变异规律，水文物理学动力机制突出，在 GIS 环境中方便实施，充分考虑了单元与单元间的交互作用；缺点是汇流方法计算烦琐，所需模型计算量大，无法直观体现流域的地形、地貌和河网特征。网格尺寸大小因研究区大小、计算机计算能力而异，对于较小的实验场或小流域，可直接用 DEM 网格划分，如 1km×1km 等，对于大流域尺度，通常采用 4km×4km 或者更大的网格，对于洲际尺度甚至全球尺度的水文模型，通常采用 0.25°甚至更粗的网格单元开展模拟。基于网格的离散法广泛被分布式水文模型所采用，如欧洲的 MIKE SHE、华盛顿大学的 VIC 模型等。

（二）基于子流域的划分方法

基于子流域的划分方法是以 DEM 为基础，根据流域内的地形特征，如坡度、坡向与高程等，依分水岭为分区，将流域剖分为各子流域，再以 D8 算法判定格网内每个单元的水流流向，生成子流域河网，构建子流域之间的拓扑关系，进而开展子流域层级的汇流演算。该方法的最大优点是各子流域之间空间拓扑关系清晰，单元内与单元间的水文过程明确，便于与集总式水文模型集成，并能充分利用已有的研究成果和经验，简化模型的计算过程，缺点是对水文过程的动力学机理反映的较为粗略。子流域划分化法容易在 GIS 环境中集成，如 ESRI 公司开发 ArcHydroTools 软件就具备强大的子流域离散功能，理论上可实现任意尺度流域划分的能力，且具有友好的互操作界面。

（三）基于坡面的划分方法

该方法是在子流域划分的基础上，基于等流时线的概念近似合理的模拟水流方向，以坡面为单元，将子流域分为若干条汇流网带，等流时线的间距一般根据流域平均汇流速度或流域汇流时间来确定（张文华等，2010）。在每一汇流网带上，围绕河道划分出若干个矩形坡面，根据山坡水文学原理建立单元水文模型，进行坡面汇流计算，最后进行河网汇流演算。该方法单元划分过程较复杂，只适合于小流域的应用，在 GIS 环境中实施不便。该类模型的代表如 IHDM（institute of hydrology distributed model）和 KINEROS 软件包。

网格、子流域与坡面划分方法是水文分析单元划分的最基本方法，在实际划分过程中，常根据具体的需求与研究目的采用单一的或者组合的方式离散流域的空间分析单元。

二、基于下垫面要素的划分法

流域水文过程不仅仅与流域地形相关，同时与流域其他下垫面要素、流域的气象要素等密切相关，因此，流域综合划分法通过融入更多的下垫面要素，采用相似性原理实现流域分析单元的合理划分。

（一）分组响应单元划分法

该划分方法仅仅考虑流域下垫面土地利用，按照相似性原则将流域空间划分为若干类别，每一类别称作一种 GRU，该离散方法是 Kouwen 等（1993）在进行方格单元水文模型模拟中提出的。一个方格单元内可能包含几种 GRU，每一种 GRU 上产生的坡面径流和壤中流各异，方格单元的总径流是单元上所有种类 GRU 上的径流之和，方格单元的径流再沿着河网演算至流域出口断面，形成流域的总径流（任立良，2000）。该方法操作简便，易于实现，但是该方法的产流由地物类型的比例决定，而忽略了其他要素对产流的影响，如具有相同地物覆盖百分比的两个分组响应单元，当降雨和初始条件相同时，不管该地物覆盖种类空间分布如何，产生的径流量完全一样，这可能与实际的产流过程不一致。

（二）水文相似单元划分法

水文相似单元则考虑流域内的植被与土壤特征，通过判断土壤需水容量，按照土壤蓄水容量面积分布函数的线型相似性将研究区划分为不同的研究区域（Schultz，1996）。该方法假定流域内土壤与植被的非均质性可以用土壤需水容量的空间分布函数来表示，而土壤的蓄水容量由土壤有效孔隙度（以百分比表示）和植物根系深度（以厘米表示）的乘积来表示。流域内土壤有效孔隙度与植物根系深度都是变量，使用 GIS 技术将土地利用资料叠加在土壤质地图上，就可推算出每一种土壤质地类别的土壤蓄水容量面积分布曲线，这些阶梯状的离散的土壤蓄水容量面积分布柱状直方图可用线性或非线性的数学解析函数来表示，从而反映土壤蓄水容量的空间变异性乃至产流过程中流域内部饱和区域的空间分布状况。

（三）水文响应单元划分法

该方法是在子流域划分法的基础上，按照土地覆盖、土壤类型与管理方式的相似性，采用空间叠加分析的方式，进一步将子流域划分为具有单一土地利用类型、单一土壤类型与管理方式的面积单元（HRU）。HRU 是一个空间结构上分布不均的整体，并具有相同的土地利用、地形、土壤、地质的综合体。HRU 包含两个基本假定：①与特定的地形–土壤–地质相关联的每一种土地利用状况具备均一的水文动态过程；②土地利用和各自的地形–植被–地质所反映的物理特性控制着水文动态。HRU 方法不需要在空间上真正连接在一起，是分布式水文模型开展流域模拟的最基本的计算单元，该方法的典型代表是由美国农业部的农业中心开发的 SWAT 模型（soil and water assessment tool），在该模型中的每个 HRU 又被进一步细分为冠层、雪、土壤、浅层含水层和深层含水层。每个 HRU 之间通过经验物理方程、经验统计方程或半经验方程来进行水文循环演算。

三、流域分析单元划分方法的不足与展望

当前流域离散方法是基于下垫面要素，通过相似性的方法，将流域划分为不同的水文响应单元，此方法存在如下不足。

1）下垫面要素时空变化的适应性不足

流域下垫面的各类要素时刻都在发生变化，在局部地区甚至变化十分剧烈，而当前流域离散的要素都是静态要素，并非随着时间的变化而变化。即使原始的流域下垫面要素刻画十分精细、流域下垫面划分十分客观、参数率定十分准确，但都只能在一段时间内客观反映流域的真实特征，满足流域水文模拟的需求，随着时间的推移，流域下垫面要素也会随之改变，流域产流与汇流过程都会发生变化，以静态要素为基准的流域下垫面划分方法导致的累积误差将会越级越大。

2）自然–人工二元属性地区的适应性不足

在人类活动强烈的区域，不仅流域下垫面要素变化十分剧烈，流域的产汇流属性同时也在发生剧烈的变化，如平原区的大型灌区，由于农田灌溉设施的建设，河道上的拦水坝、船闸、电站等的建设，城市的扩张导致的流域不透水面积与比例的增加等；以上人类活动既改变了流域的下垫面特征又改变了流域的产汇流特征。但是，当前的以要素为划分基础的流域分析单元并没有考虑因下垫面要素变化而导致的流域产汇流特征的变化。

遥感监测技术可以快速获取流域下垫面监测的信息，快速监测下垫面的变化，特别是高分辨率遥感影像数据可以快速有效地监测流域内人类活动导致的下垫面特征的变化，因此，在现有的流域水文分析单元离散方法的基础之上，未来要更多地依赖遥感监测技术，通过动态更新下垫面要素，实现水文分析单元与其相关的水文特征的动态更新。

参 考 文 献

蔡博峰，于嵘．2008．北京市亦庄新城植被空间尺度特征分析．辽宁工程技术大学学报，5：788～791.

陈建，王世岩，毛战坡．2011．1976—2008年黄河三角洲湿地变化的遥感监测．地理科学进展，30（5）：585～592.

陈庆涛，杨武年，易显志，等．2000．卫星遥感TM图像在川东地区地貌解译研究中的应用．成都理工学院学报，27（3）：318～323.

陈云浩，李晓兵，史培军，等．2001．北京海淀区植被覆盖的遥感动态研究．植物生态学报，25（5）：588～593.

陈志强，陈健飞．2006．基于指数法的城镇用地影像识别分析与制图．地球信息科学，8（2）：137～140.

程维明．2005．中国1∶100万地貌–地表覆被–景观生态制图方法研究．中国科学院博士后研究工作报告．

程维明，周成虎，柴慧霞，等．2009．中国陆地地貌基本形态类型定量提取与分析．地球信息科学，11（6）：725～736.

邓慧平．2001．气候与土地利用变化对水文水资源的影响研究．地球科学进展，16（3）：436～441.

丁爱中，赵银军，郝弟．2013．永定河流域径流变化特征及影响因素分析．南水北调与水利科技，（1）：17～22.

法文哲，金亚秋．2007．三层月壤模型的多通道微波辐射模拟与月壤厚度的反演．空间科学学报，27（1）：55～65.

付利钊，贾琇明，魏竞．2013．高分辨率遥感影像在水系分类中的应用．南水北调与水利科技，11（2）：157～161.

高诞源，叶寿征，张君友，项婷岚，刘金清．1999．水文下垫面分析与分类初探．水文，4：13～18.

胡宝清，黄秋燕，廖赤眉，等．2004．基于GIS与RS的喀斯特石漠化与土壤类型的空间相关性分析——以广西都瑶族自治县为例．水土保持通报，24（5）：67～70.

黄德双 . 1996. 神经网络模式识别系统理论 . 北京：电子工业出版社 .

贾坤，李强子，田亦陈，等 . 2011. 遥感影像分类方法研究进展 . 光谱学与光谱分析，31 （10）：2618 ~ 2623.

江利明，廖明生，林珲，等 . 2008. 利用雷达干涉数据进行城市不透水层百分比估算 . 遥感学报，（1）：176 ~ 185.

蓝爱兰，张升伟 . 2004. 利用微波辐射计对月壤厚度进行研究 . 遥感技术与应用，19 （3）：154 ~ 158.

郎玲玲，程维明，朱启疆，等 . 2007. 多尺度 DEM 提取地势起伏度的对比分析——以福建低山丘陵区为例 . 地球信息科学，9 （6）：1 ~ 6.

李辉，代侦勇，张利华，等 . 2011. 利用数学形态学的遥感影像水系提取方法 . 武汉大学学报 （信息科学版），36 （8）：956 ~ 959.

李军峰，李天文，汤国安，等 . 2005. 基于 DEM 的沟谷网络节点水流量积量研究 . 山地学报，23 （2）：228 ~ 234.

李天文，刘学军，汤国安 . 2004. 地形复杂度对坡度坡向的影响 . 山地学报，22 （3）：272 ~ 277.

李亚方 . 2016. 基于 3S 技术的长江口岸线演变规律及成因分析 . 北京：中国地质大学 （北京）.

梁顺林，袁文平，肖青，等 . 2013. 全球陆表特征参量产品生成与应用研究 . 中国科学院院刊，28：122 ~ 131.

梁顺林，张晓通，肖志强，等 . 2014. 全球陆表特征参量 （GLASS） 产品：算法、验证与分析 . 北京：高等教育出版社 .

廖明生，江利明，林珲，等 . 2008. 基于 CART 集成学习的城市不透水层百分比遥感估算 . 武汉大学学报 （信息科学版），32 （12）：1099 ~ 1102.

刘恒柏 . 2009. 探地雷达探测土壤层次结构研究 . 北京：中国科学院 .

刘京，朱阿兴，张淑杰，等 . 2013. 基于样点个体代表性的大尺度土壤属性制图方法 . 土壤学报，50 （1）：12 ~ 20.

刘娟，蔡演军，王瑾 . 2014. 青海湖流域土壤遥感分类，国土资源遥感，26 （1）：57 ~ 62.

刘学军，卢华兴 . 2006. 基于 DEM 河网提取算法的比较 . 水利学报，37 （9）：1134 ~ 1141.

刘学军，王叶飞，曹志东，等 . 2004. 基于 DEM 的坡度坡向误差空间分布特征研究 . 测绘通报，12：24 ~ 28.

刘学军，龚健雅，周启鸣，等 . 2014. DEM 结构特征对坡度坡向的影响分析 . 地理与地理信息科学，20 （6）：1 ~ 5.

刘玉梓 . 1989. 河南地貌及其遥感制图应用研究 . 地域研究与开发，8 （5）：67 ~ 20.

刘泽慧，黄培之 . 2003. DEM 数据辅助的山脊线和山谷线提取方法的研究 . 测绘科学，28 （4）：33 ~ 36.

刘占宇，黄敬峰，吴新宏，等 . 2006. 天然草地植被覆盖度的高光谱遥感估算模型 . 应用生态学报，17 （6）：997 ~ 1002.

间国年，钱亚东，陈钟明 . 1998. 基于栅格数字高程模型自动提取黄土地貌沟沿线技术研究 . 地理科学，18 （6）：567 ~ 573.

马雪梅，李希峰 . 2008. 流域不透水面及其变化信息提取 . 农业科学与技术，（6）：113 ~ 117.

麦显 . 1987. 配合遥感图像分析广西区域地貌特征 . 广西水利水电 （遥感应用），（1）：47 ~ 59.

孟飞 . 2006. 上海土地利用覆被变化过程、机制与环境效应 . 上海：华东师范大学 .

潘晓玲 . 2001. 干旱区绿洲生态系统动态稳定性的初步研究 . 第四纪研究，21 （4）：345 ~ 351.

秦承志，李宝林，朱阿兴，杨琳，裴韬，周成虎 . 2006. 水流分配策略随下坡坡度变化的多流向算法 . 水科学进展，17 （4）：450 ~ 456.

丘君，陈利顶，傅伯杰 . 2002. 土地利用/覆被变化对生物多样性的影响 . 土地覆被变化及其环境效应学术会议论文集.

邱健壮, 桑峰勇, 高志宏. 2011. 城市不透水面覆盖度与地面温度遥感估算与分析. 测绘科学, 36 (4): 211~213.

任立良. 2000. 流域空间离散化及其对径流过程模拟的影响研究. 地球信息科学, 2 (2): 11215.

史晓亮, 李颖, 严登华, 等. 2013. 流域土地利用/覆被变化对水文过程的影响研究进展. 水土保持研究, 20 (4): 301~308.

孙凡哲, 芮孝芳. 2002. 数字高程模型在流域水文模型应用中的若干问题. 水文, 22 (5): 1~4.

孙凡哲, 芮孝芳. 2003. 处理 DEM 中闭合洼地和平坦区域的一种新方法. 水科学进展, 14 (3): 290~294.

孙凡哲, 李莉莉. 2005. 利用 DEM 提取河网时集水面积阈值的确定. 水电能源科学, 23 (4): 65~67.

孙红雨, 王长耀, 牛铮, 布和敖斯尔. 1998. 中国地表植被覆盖变化及其与气候因子关系——基于 NOAA 时间序列数据分析. 遥感学报, 2 (3): 204~210.

汤国安, 刘学军. 2006. DEM 及数字地形分析中的尺度问题研究综述. 武汉大学学报, 31 (12): 1059~1066.

汤国安, 杨勤科, 张勇. 2001. 不同比例尺 DEM 提取地面坡度的精度研究. 水土保持通报, 21 (1): 53~56.

汤国安, 杨玮莹, 杨昕, 等. 2003. 对 DEM 地形定量因子挖掘中若干问题的探讨. 测绘科学, 8 (1): 28~32.

唐世浩, 朱启疆, 周宇宇, 等. 2003. 一种简单的估算植被覆盖度和恢复背景信息的方法. 中国图像图形学报, 8 (11): 1304~1309.

王安东. 2018. 黄河入海口 1996 年清八汊改道以来河口段岸线变迁遥感监测. 山东林业科技, 234: 37~39.

王浩, 吴炳方, 李晓松, 等. 2011. 流域尺度的不透水面遥感提取. 遥感学报, 15 (2): 388~400.

王集宁, 蒙永辉, 张丽霞. 2016. 近 42 年黄河口海岸线遥感监测与变迁分析. 国土资源遥感, 28 (3): 188~193.

王培法. 2004. 栅格 DEM 的尺度与水平分辨率对流域特征提取的分析——以黄土岭流域为例. 江西师范大学学报 (自然科学版), 28 (6): 549~554.

王强. 2011. 三峡库首土壤厚度空间变异研究——以秭归县为例. 北京: 中国科学院研究生院.

王绍强, 朱松丽, 周成虎. 2001. 中国土壤土层厚度的空间变异性特征. 地理研究, 20 (2): 161~169.

王心源, 王飞跃. 2002. 阿拉善东南部自然环境演变与地面流沙路径的分析. 地理研究, 21 (4): 479~486.

王中根, 刘昌明, 左其亭, 等. 2002. 基于 DEM 的分布式水文模型构建方法. 地理科学进展, 21 (5): 430~439.

王中根, 刘昌明, 吴险峰. 2003. 基于 DEM 的分布式水文模型研究综述. 自然资源学报, 18 (2): 168~173.

闻雅. 2014. 乌苏里江–鸭绿江口段界河变迁遥感研究. 长春: 吉林大学.

吴炳方, 卢善龙. 2011. 流域遥感方法与实践. 遥感学报, 15 (2): 201~223.

吴炳方, 曾源, 黄进良. 2004. 遥感提取植物生理参数 LAI/FPAR 的研究进展与应用. 地球科学进展, 19 (4): 585~590.

吴炳方, 苑全治, 颜长珍, 等. 2014. 21 世纪前十年的中国土地覆盖变化. 第四纪研究, 34 (4): 723~731.

吴炳方, 等. 2017. 中国土地覆被. 北京: 科学出版社.

吴小丹, 闻建光, 肖青, 等. 2015. 关键陆表参数遥感产品真实性检验方法研究进展遥感学报, 19 (1): 75~92.

吴秀芹, 蔡运龙. 2003. 土地利用/土地覆盖变化与土壤侵蚀关系研究进展. 地理科学进展, 22 (6): 576~584.

谢邦昌. 2008. 数据挖掘 Clementine 应用实务. 北京: 机械工业出版社.

谢顺平, 都金康, 王腊春. 2005. 利用 DEM 提取流域水系时洼地与平地的处理方法. 水科学进展, 16 (4): 535~540.

徐涵秋. 2005. 基于谱间关系和归一化指数分析的城市建筑用地信息提取. 地理研究, 24 (2): 311~320.

徐涵秋 . 2008. 一种快速提取不透水面的新型遥感指数 . 武汉大学学报（信息科学版），33（11）：
　　1150 ~ 1153.

徐金鸿，徐瑞松，夏斌，朱照宇 . 2006. 土壤遥感监测研究进展 . 水土保持研究，13（2）：17 ~ 20.

许仲路 . 1994. 四川富顺–南溪地区地貌特征与经济开发的 1：10 万 TM 图像判读 . 环境遥感，9（2）：
　　129 ~ 137.

杨胜天，刘昌明，杨志蜂，等 . 2002. 南水北调西线调水工作区的自然生态环境评价 . 地理学报，
　　57（1）：11 ~ 18.

杨晓平 . 2003. 基于 TM 遥感图像的流域地貌研究 . 科技通报，19（2）：150 ~ 153.

姚允龙，吕宪国，王蕾 . 2009. 流域土地利用/覆被变化水文效应研究的方法评述 . 湿地科学，7（1）：
　　83 ~ 88.

姚智，罗孝桓，况顺达 . 2004. 贵州西部峨眉山玄武岩的遥感影像特征 . 贵州地质，21（3）：156 ~ 160.

叶爱中，夏军 . 2005. 基于数字高程模型的河网提取及子流域生成 . 水利学报，36（5）：531 ~ 537.

殷鹏莲，戴仕宝，余学祥 . 2011. GIS 支持的长江安徽段干流河道演变的遥感分析 . 测绘，34（1）：
　　28 ~ 33.

于淑秋 . 2007. 北京地区降水年际变化及其城市效应的研究 . 自然科学进展，17（5）：632 ~ 638.

袁红，向毅 . 2006. GIS 在地貌制图中的应用——以曼德勒（F47）为例 . 安徽农业科学，34（15）：
　　3610 ~ 3612.

曾宪勤，刘宝元，刘瑛娜等 . 2008. 北方石质山区坡面土壤厚度分布特征——以北京市密云县为例 . 地理研
　　究，27（6）：1281 ~ 1289.

詹云军，薛重牛 . 2002. 长江荆江河段古决口扇遥感专题分析及成因研究 . 地质科技情报，21（4）：
　　55 ~ 59.

张会平，张恒安，杨农，等 . 2004. 基于 GIS 的岷江上游地貌形态初步分析 . 中国地质灾害与防治学报，
　　15（3）：116 ~ 119.

张健 . 2011. 基于简化双层模型的东北草场日蒸散量的遥感估算研究 . 长春：吉林大学 .

张文华，张利平，夏军，等 . 2010. 考虑河底比降的等流时线划分方法 . 水文，30（4）：1 ~ 5.

张兴昌，邵明安 . 2000. 植被覆盖度对流域有机质和氮素径流流失的影响 . 草地学报，8（3）：198 ~ 203.

张云霞，李晓兵，陈云浩 . 2003. 草地植被覆盖度的多尺度遥感与实地测量方法综述 . 地球科学进展，
　　18（1）：85 ~ 93.

赵其国，滕应 . 2013. 国际土壤科学研究的新进展 . 土壤，45（1）：1 ~ 7.

赵英时 . 2003. 遥感应用分析原理与方法 . 北京：科学出版社 .

周成虎，程维明，钱金凯，李炳元，张百平 . 2009. 中国陆地 1：100 万数字地貌分类体系研究 . 地球信
　　息科学学报，11（6）：707 ~ 724.

周凤岐，崔敬波，赵松涛 . 2005. 土地利用变化对流域水资源的影响 . 华北水利水电，23（6）：28 ~ 29.

周杨明，于秀波，李利锋，张琛 . 2007. 河流管理创新理念与案例 . 北京：科学出版社 .

朱阿兴，李宝林，裴韬，等 . 2008. 精细数字土壤普查模型与方法 . 北京：科学出版社 .

朱阿兴，杨琳，樊乃卿，曾灿英，张甘霖 . 2018. 数字土壤制图研究综述与展望 . 地理科学进展，
　　37（1）：66 ~ 78.

朱嘉伟，赵云章，闫振鹏，等 . 2005. 黄河下游河道地貌分形分维特征研究 . 测绘科学，30（5）：28 ~ 30.

Antonarakis A S, Richards K S, Brasington J. 2008. Object-based land cover classification using airborne Li-
　　DAR. Remote Sensing of Environment, 112（6）：2988 ~ 2998.

Asrar G F, Myneni R B, Choudhury B J. 1992. Spatial heterogeneity in vegetation canopies and remote sensing of
　　absorbed photosynthetically active radiation: a modelling study. Remote Sensing of Environment,（41）：85 ~ 103.

Atkinson P, Tatnall A. 1997. Introduction neural networks in remote sensing. International Journal of Remote Sensing, 18 (4): 699~709.

Bakker M M, Govers G, Rounsevell M D A. 2004. The crop productivity-erosion relationship: an analysis based on experimental work. Catena, 57 (1): 55~76.

Bamler R. 1999. The STRM mission: A world-wide 30m resolution DEM from SAR interferometry in 11 days// Fritsch R and Spiller R (eds). Photogrammetric Week, 145~154.

Baret F, Pavageau K, Béal D, et al. 2006. Algorithm Theoretical Basis Document for MERIS Top of Atmosphere Land Products (TOAVEG). https://earth.esa.int/documents/10174/1462454/MERIS_ATBD.

Baret F, Hagolle O, Geiger B, et al. 2007. LAI, fAPAR and fCover CYCLOPES global productsderived from VEGETATION Part 1: Principles of the algorithm. Remote Sensing of Environment, 110: 275~286.

Baret F, Weiss M, Lacaze R, et al. 2013. GEOV1: LAI and FAPAR essential climate variables and FCOVER global time series capitalizing over existing products. Part1: Principles of development and production. Remote Sensing of Environment, 137: 299~309.

Bartholome', Belward A S. 2005. GLC2000: a new approach to global land cover mapping from Earth observation data. International Journal of Remte Sensing, 26 (9): 1959~1977.

Bathurst J C, Moretti G, El-Hames A, et al. 2007. Modelling the impact of forest loss on shallow landslide sediment yield, ljuez river catchment, Spanish Pyrenees. Hydrology and Earth System Sciences, 11 (1): 569~583.

Bauer M E, Heinert N J, Doyle J K, et al. 2004. Impervious surface mapping and change monitoring using Landsat remote sensing. Proceedings of the ASPRS Annual Conference Bethesda. Maryland: American Society for Photogrammetry and Remote Sensing.

Bauer M E, Loffelholz B, Wilson B, et al. 2008. Estimating and Mapping Impervious Surface Area by Regression Analysis of Landsat Imagery. Boca Raton: CRC Press, Taylor& Francis Group.

Blaschke T. 2010. Object based image analysis for remote sensing. ISPRS Journal of Photogrammetry and Remote Sensing, 65 (1): 2~16.

Blaschke T, Strobl J. 2001. What's wrong with pixel some recent developments interfacing remote sensing and GIS. GeoBIT/GIS, 6 (6): 12~17.

Bork E W, West N E, Doolittle J, et al. 1998. Soil depth assessment of sagebrush grazing treatments using electromagnetic induction. Journal of Range Management, 51 (4): 469~474.

Boyd D S, Foody G M, Ripple W J. 2002. Evaluation of approaches for forest cover estimation in the Pacific Northwest, USA, using remote sensing. Applied Geography, 22: 375~392.

Brady N C, Weil R R. 2006. Elements of the nature and properties of soils. Prentice Hall. Kluwer Academic Publishers.

Breiman L. 1998. Arcing classifier (with discussion and a rejoinder by the author. The Annals of Statistics, 26 (3): 801~849.

Breiman L, Friedman J H, Olshen R A, et al. 1984. Classification and Regression Trees. Belmont, CA: Wadsworth International Group.

Brun S, Band L. 2000. Simulating runoff behavior in an urbanizing watershed. Computers, Environment and Urban Systems, 24 (1): 5~22.

Bruzzone L, Marconcini M, Wegmuller U, et al. 2004. An advanced system for the automatic classification of multitemporal SAR images. IEEE Transactions on Geoscience and Remote Sensing, 42 (6): 1321~1334.

Camacho F, Jiménez-Munoz J C, Martínez B, et al. 2006. Prototyping of FCOVER product over Africa based on existing CYCLOPES and JRC products for VGT4Africa. Proceedings of Second Recent Advances in Quantitative

Remote Sensing Symposium. Valencia：722~727.

Camacho F, Cernicharo J, Lacaze R, et al. 2013. GEOV1：LAI, FAPAR essential climate variables and FCOVER global time series capitalizing over existing products. Part 2：Validation and intercomparison with reference products. Remote Sensing of Environment, 137：310~329.

Carlo L. 2002. Towards an urban atlas, Environment issue report. Copenhagen Denmark：European Environment Agency (EEA).

Carlson T N, Gillies R R, Perry E M. 1994. A method to make use of thermal infrared temperature and NDVI measurements to infer surface soil water content and fractional vegetation cover. Remote Sensing Review, (9)：161~173.

Carlson T N, Traci Arthur S. 2000. The impact of land use-land cover changes due to urbanization on surface microclimate and hydrology：A satellite perspective. Global and Planetary Change, 25 (1)：49~65.

Chabaeva A A, Civco D L, Prisloe S. 2004. Development of a population density and land use based regression model to calculate the amount of imperviousness. ASPRS Annual Conference Proceedings. American Society for Photogrammetry and Remote Sensing.

Chaplot V, Walter C, Curmi P, et al. 2001. Mapping field-scale hydromorphic horizons using Radio-MT electrical resistivity. Geoderma, 102 (1-2)：61~74.

Chen J, Ban Y, Li S. 2014. China：Open access to Earth land-cover map. Nature, 514 (7523)：434~434.

Chen J, Chen J, Liao A, et al. 2015. Global land cover mapping at 30m resolution：A POK-based operational approach. ISPRS Journal of Photogrammetry and Remote Sensing, 103：7~27.

Choudhury B J, Ahmed N U, Idso S B, et al. 1994. Relations between evaporation coefficients and vegetation indices studied by model simulations. Remote Sensing of Environment, 50 (1)：1~17.

Cihlar J. 2000. Land cover mapping of large areas fromo satellites：status and research priorities. International Journal of Remote Sensing, 21 (6)：1093~1114.

Civco D L, Hurd J D. 1997. Impervious surface mapping for the state of Connecticut. Proceedings of the ASPRS Annual Conference. Bethesda, Maryland：American Society for Photogrammetry and Remote Sensing.

Corresponding C S M, Raju P, Badrinath K. 2003. Classification of wheat crop with multi~temporal images：Performance of maximum likelihood and artificial neural networks. International Journal of Remote Sensing, 24 (23)：4871~4890.

Cortes C, Vapnik V. 1995. Support-vector networks. Machine Learning, 20 (3)：273~297.

Dare P M. 2005. Shadow analysis in high-resolution satellite imagery of urban areas. Photogrammetric Engineering and Remote Sensing, 71 (2)：169~177.

Davies B E, Gamm S A. 1970. Trend surface analysis applied to soil reaction values from Kent, England. Geoderma, 3 (3)：223~231.

Defries R S, Hansen M C, Townshend J R. 2000. Global continuous fields of vegetation characteristics：A linear mixture model applied to multi-year 8km AVHRR data. International Journal of Remote Sensing, 21：1389~1414.

Delgado J, et al. 2000. Mapping soft soils in the Segura river valley (SE Spain)：a case study of microtremors as an exploration tool. Journal of Applied Geophysics, 45 (1)：19~32

Derose R C, Blaschke P M. 1991. Geomorphic Change implied by regolith-slope relationships on steepland hillslopes, Taranaki, New-Zealand. Catena, 18 (5)：489~514.

Dietrich W E, Reiss R, Hsu M L, et al. 1995. A process-based model for colluvial soil depth and shallow landsliding using digital elevation data. Hydrological Processes, 9 (3-4)：383~400.

Dikau R. 1990. Derivatives from detailed geoscientific maps using computer methods. Zeitschript fur Geomorphologie, 80: 45~55.

Dikau R, Brabb E E, Mark R M. 1991. Landform classification of New Mexico by computer. U. S. Department of the Interior. US Geological Survey. Open-file report.

Dymond J R, Derose R C, Harmsworth G R. 1995. Automated mapping of land components from digital elevation data. Earth Surf. Process. Landforms, 20: 131~137.

Elvidge C D, Tuttle B T, Sutton P C, et al. 2007. Global distribution and density of constructed impervious surfaces. Sensors, 7 (9): 1962~1979.

Esch T, Himmler V, Schorcht G, et al. 2009. Large-area assessment of impervious surface based on integrated analysis of single-date Landsat-7 images and geospatial vector data. Remote Sensing of Environment, 113 (8): 1678~1690.

Evans J, Geerken R. 2004. Discrimination between climate and human-induced dryland degradation. Journal of Arid Environments, 57 (4): 535~554.

Evans J, Geerken R. 2006. Classfying rangeland vegetation type and coverage using a Fourier component based similarity measure. Remote Sensing of Environment, 105 (1): 1~8.

Fillol E, Baret F, Weiss M, et al. 2006. Cover fraction estimation from high resolution SPOT HRV&HRG and medium resolution SPOT VEGETATION sensors, Validation and comparison over South-West France. Proceedings of Second Recent Advances in Quantitative Remote Sensing Symposium. Valencia: 659~663.

Foody G, Arora M. 1997. An evaluation of some factors affecting the accuracy of classification by an artificial neural network. International Journal of Remote Sensing, 18 (4): 799~810.

Fuhlendorf S D, Smeins F E. 1998. The influence of soil depth on plant species response to grazing within a semi ~ arid savanna. Plant Ecology, 138 (1): 89~96.

García- Haro F J, Sommer S, Kemper T. 2005. Variable multiple endmember spectral mixture analysis (VMESMA), Int J Remote Sens, 26, 2135~2162.

Garrigues S, Lacaze R, Baret F, et al. 2008. Validation and intercomparison of global Leaf Area Index products derived from remote sensing data. Journal of Geophysical Research Biogeosciences, 113 (G2): 1~20.

Germaine K A, Hung M C. 2011. Delineation of impervious surface from multispectral imagery and lidar incorporating knowledge based expert system rules. Photogrammetric Engineering and Remote Sensing, 77 (1): 75~85.

Gitelson A A S, Kaufman Y J, Stark R, et al. 2002. Novel algorithms for remote estimation of vegetation fraction. Remote Sensing of Environment, 80: 76~87.

Goel N S. 1988. Models of vegetation canopy reflectance and their use in estimation of biophysical parameters from reflectance data. Remote Sensing Reviews, 4 (1~213) .

Goel N S, Thompson R L. 1984. Inversion of vegetation canopy reflectance models for estimating agronomic variables. V. Estimation of leaf area index and average leaf angle using measured canopy reflectances. Remote Sensing of Environment, 16 (1): 69~85.

Gong P, Wang J, Yu L, et al. 2013. Finer resolution observation and monitoring of global land cover: First mapping results with Landsat TM and ETM + data. International Journal of Remote Sensing, 34 (7): 2607~2654.

Goovaerts P. 1999. Geostatistics in soil science: State-of-the-art and perspectives. Geoderma, 89 (1-2): 1~45.

Greysukh V L. 1967. The possibility of studying landforms by means of digital computer. Soviet Geography. Review and translations, 137~149.

Hajnsek I, Moreira A. 2006. A TanDEM-X: Mission and Science Exploration During the Phase A Study. The 6th European Conference on Synthetic Aperture Radar, Dresden, Germany.

Hajnsek I, Krieger G, Papathanassiou K, et al. 2010. Tandem-X: Scientific Contributions. Igarss. DLR.

Hamandawana H, Eckardt F, Ringrose S. 2007. Proposed methodology for georeferencing and mosaicking Corona photographs. International Journal of Remote Sensing, 28: 5~22.

Hansen M C, Reed B C. 2000. A comparison of the IGBP DIS Cover and University of Maryland 1km global land cover products. International Journal of Remote Sensing, 21 (6-7): 1365~1373.

Hansen M C, Dubayah R, DeFries R. 1996. Classification trees: An alternative to traditional land cover classifiers. International Journal of Remote Sensing, 17 (5): 1075~1081.

Hansen M C, De Fries R S, Townshend J R, et al. 2002. Development of a MODIS tree cover validation data set for Western Province, Zambia. Remote Sensing of Environment, 83: 320~335.

Hansen M C, Potapov P V, Moore R, et al. 2013. High-resolution global maps of 21st-century forest cover change. Science, 342 (6160): 850~853.

Hengl T, Heuvelink G B M, Rossiter D G. 2007. About regression-kriging: From equations to case studies. Computers & Geosciences, 33 (10): 1301~1315.

Hengl T, Heuvelink G B M, Kempen B, et al. 2015. Mapping soil properties of africa at 250m resolution: Random forests significantly improve current predictions. PLoS One, 10 (6): e0125814.

Herold M, Latham J S, Di Gregorio A, Schmullius C C. 2006. Evolving standards in land cover characterization. Journal of Land Use Science, 1 (2-4): 157~168.

Hodgson M E, Jensen J R, Tullis J A, et al. 2003. Synergistic use oflidar and color aerial photography for mapping urban parcel imperviousness. Photogrammetric Engineering and Remote Sensing, 69 (9): 973~980.

Homer C, Huang C, Yang L, et al. 2004. Development of a 2001 national land cover database for the United States. Photogrammetric Engineering & Remote Sensing, 70 (7): 829~840.

Homer C, Dewitz J, Fry J, Coan M, Hossain N, Larson C, Herold N, McKerrow A, VanDriel J N, Wickham J. 2007. Completion of the 2001 national land cover database for the conterminous United States. Photogrammetric Engineering and Remote Sensing, 73, 337~341.

Hsieh P F, Lee L C, Chen N Y. 2001. Effect of spatial resolution on classification errors of pure and mixed pixels in remote sensing. IEEE Transactions on Geoscience and Remote Sensing, 39 (12): 2657~2663.

Hu X, Weng Q. 2009. Estimating impervious surfaces from medium spatial resolution imagery using the self-organizing map and multilayer perceptron neural networks. Remote Sensing of Environment, 113 (10): 2089~2102.

Huang C Q, Yang L M, Bruce W Y, et al. 2001. A Strategy for estimating tree canopy density using landsat 7 ETM+ and high resolution images over large areas. Colorado: The third international conference on geospatial information in agriculture and forestry held in denver.

Huang C Q, Davis L, Townshend J. 2002. An assessment of support vector machines for land cover classification. International Journal of Remote Sensing, 23 (4): 725~749.

Huang C Q, Townshend J. 2003. A stepwise regression tree for nonlinear approximation: Applications to estimating subpixel land cover. International Journal of Remote Sensing, 24 (1): 75~90.

Jennings D B, Jarnagin S T, Ebert D W. 2004. A modeling approach for estimating watershed impervious surface area from National Land Cover Data 92. Photogrammetric Engineering & Remote Sensing, 70 (11): 1295~1307.

Jenson S K, Domingue J O. 1988. Extraction topographic structure from digital elevation data for geographic information system analysis. Photogrammetric Engineering and Remote Sensing, 54 (11): 1593~1600.

Jia K，Li Q，Tian Y，et al. 2012. Crop classification using multi-configuration SAR data in the North China Plain. International Journal of Remote Sensing，33（1）：170～183.

Jina Z，Tiana Q，Chenb J M，et al. 2006. Spatial scaling between leaf area index maps of different resolutions. Journal of Environmental management，8：1～10.

Jordan G，et al. 2005. Extraction of morphotectonic features from DEMs：Development and applications for study areas in Hungary and NW Greece，International Journal of Applied Earth Observation and Geoinformation

Kanisawa，Yoshida T，Yokoyama R，Sirasawa M，Kikuchi，Ohguchi T. 2000. Digital maps synthesized from 50m-mesh DEM：（2）Examples of typical geological information. The Joint Meeting of Earth and Planetary Science.

Karale R L，Bali K Y P，Seshagiri R V. 1983. Soil mapping using remote sensing techniques. Proc Indian Acad Sci，6（3）：197～208.

Kavzoglu T，Mather P. 2003. The use of backpropagating artificial neural networks in land cover classification. International Journal of Remote Sensing，24（23）：4907～4938.

Klein D，Esch T，Himmler V，et al. 2009. Assessment of urban extent and imperviousness of Cape Town using TerraSAR-X and Landsat images. 2009 IEEE International Geoscience and Remote Sensing Symposium，IGARSS 2009，Piscataway，United States：IEEE.

Kondolf G M，Piegay H，Landon N. 2002. Channel response to increased and decreased bed-load supply from land use chang. Contrasts between two catchments. Geomorphology，45：35～51.

Kouwen N，Soulis E D，Pietroniro A，et al. 1993. Grouped response units for distributed hydrologic modeling. Journal of Water Resources Planning and Management，119（3）：289～305.

Krieger G，Moreira A，Fiedler H，et al. 2005. TanDEM2X：a Satellite Formation for High Resolution SAR Interferometry. FRINGE 2005 Workshop，ESA ESRIN，Frascati，Italy.

Kuusk A. 2001. A two-layer canopy reflectance model. Journal of Quantitative Spectroscopy and Radiative Transfer，71（1）：1～9.

Lai R，Kimble，Follett R. 1998. Land use and soil C pool in terrestrial ecosystems. Management of carbon sequestration in soil. Boca Raton：CRC Press：1～10.

Lambin E F，Ehrlich D. 1996. The surface temperature～vegetation index space for land cover and lan cover change analysis. International Journal of Remte Sensing，17（3）：463～487.

Lee S，Lathrop R G. 2006. Subpixel analysis of Landsat ETM+using Self-Organizing Map（SOM）neural networks for urban land cover characterization. IEEE Transactions on Geoscience and Remote Sensing，44（6）：1642～1654.

Liao M，Jiang L，Lin H，et al. 2008. Urban change detection based on coherence and intensity characteristics of SAR imagery. Pho-togrammetric Engineering and Remote Sensing，74（8）：999～1006.

Liu J，Liu M，Zhuang D，Zhang Z，Deng X. 2003. Study on spatioal pattern of Landuse Change in China during 1995～2000. Sciene in China（Series D），46（4）：373～384.

Loveland T R，Reed B C，Brown J F，et al. 2000. Development of a global land cover characteristics database and IGBP DISCover from 1 km AVHRR data. International Journal of Remote Sensing，21（6-7）：1303～1330.

Lu D，Weng Q. 2004. Spectral mixture analysis of the urban landscape in Indianapolis with Landsat ETM+imagery. Photogrammetric Engineering and Remote Sensing，70（9）：1053～1062.

Lu D，Weng Q. 2006. Use of impervious surface in urban land-use classification. Remote Sensing of Environment，102（1/2）：146～160.

Lu D，Hetrick S，Moran E. 2010. Land cover classification in a complex urban-rural landscape with quickBird imagery. Photogrammetric Engineering&Remote Sensing, 76 (10): 1159~1168.

Lunetta R S, Knight J F, Ediriwickrema J, et al. 2006. Land-cover change detection using multi-temporal MODIS-NDVI data. Remote Sensing of Environment, 105 (2): 142~154.

Lv X F, Cheng C Q, Gong J Y, et al. 2011. Review of data storage and management technologies for massive remote sensing data. Scientia Sinica Technologica, 41 (12): 1561~1575.

Malcolm E S. 1999. Handbook of Soil Science. Boca Ratom: CRC Press Inc.

Manchanda M L, Kudrat M, Tiwari A K. 2002. Soil survey and mapping using remote sensing. Tropical Ecology, 43: 61~74.

Martinez J M, Le T T. 2007. Mapping of flood dynamics and spatial distribution of vegetation in the Amazon floodplain using multitemporal SAR data. Remote sensing of Environment, 108 (3): 209~223.

Martz L W, de Jong E. 1988. Catch: a Fortran program for measur-ing catchment area from digital elevation medel. Comput-ers&Geosciences, 14 (5): 627~640.

Matsushita B, Fukushima T. 2009. Methods for retrieving hydrologically significant surface parameters from remote sensing: A review for applications to east Asia region. Hydrological Processes, 23 (4): 524~533.

Matthias B, Martin H. 2003. Mapping imperviousness using NDVI and linear spectral unmixing of ASTER data in the Cologne-Bonn region (Germany). Proceeding of the SPIE 10th International Symposium on Remote Sensin. Spain.

McBratney A B, Santos M L, Minasny B. 2003. On digital soil mapping. Geoderma, 117 (1-2): 3~52.

McNairn H, Champagne C, Shang J, et al. 2009. Integration of optical and Synthetic Aperture Radar (SAR) imagery for delivering operational annual crop inventories. ISPRS Journal of Photogrammetry and Remote Sensing, 64 (5): 434~449.

Meyer M D, North M P, Gray A N, et al. 2007. Influence of soil thickness on stand characteristics in a Saierra Nevada mixed~conifer forest. Plnat and Soil, 294 (1-2): 113~123.

Miliaresis G C. 2001. Geomorphometric mapping of Zagros Ranges at regional scale. Computers&Geosciences, (27): 775~786.

Mohapatra R P, Wu C. 2008. Subpixel Imperviousness Estimation with IKONOS Imagery: An Artificial Neural Network Approach. Boca Raton, FL: CRC Press.

Montgomery D R, Dietrich W E. 1992. Channel initiation and the problem of landscape scale. Science, 255: 826~830.

Moore I D, Grayson R B, Ladson A R. 1991. Digital terrain modeling: a review of hydrological, geomorphological, and biological applications. Hydrological Processes, 5 (1): 3~30.

Moore I D, Gessler P E, Nielsen G A, et al. 1993. Soil attributes prediction using terrain analysis. Soil Science Society of America Journal, 57 (2): 443~452.

Moscrip A L, Montgomery D R. 1997. Urbanization, flood frequency and salmon abundance in puget lowland streams. Journal of the American Water Resources Association, 33 (6): 1289~1297.

Mountrakis G, Im J, Ogole C. 2011. Support vector machines in remote sensing: A review. ISPRS Journal of Photogrammetry and Remote Sensing, 66 (3): 247~259.

Muchoney D, Borak J, Borak H C, et al. 2000. Application of the MODIS global supervised classfication to vegetation and land cover mapping of central America. International Journal of Remte Sensing, 21 (6): 1115~1138.

Myint S W, Lam N S N, Tylor J. 2002. An evaluation of four different wavelet decomposition procedures for spatial feature discrinination within and around urban areas. Transactions in GIS, 6 (4): 403~429.

Myint S W. 2003. Fractal approaches in texture analysis and classification of remotely sensed data: comparisons with spatial autocorrelation techniques and simple descriptive statistics. International journal of Remote Sensing, 24 (9): 1925~1947.

Myneni R, Knyazikhin Y, Park T. 2015. MOD15A2H MODIS/Terra Leaf Area Index/FPAR 8-Day L4 Global 500mSIN Grid V006. NASA EOSDIS Land Processes DAAC. http://doi.org/10.5067/MODIS/MOD15A2H.006.

Nathaniel D H, Barry N H, Elizabeth S. 2004. An evaluation of radar texture for land use/cover extraction in varied landscapes. International Journal of Applied Earth Observation and Geoinformation, 5: 113~128.

Ohnuki Y, Kimhean C, Shinomiya Y, Sor S, Toriyama J, Ohta S. 2007. Apparent change in soil depth and soil hardness in forest areas in Kampong Thom Province, Cambodia. //Sawada H et al (eds). Forest environments in the Mekong river basin. Springer. Heidelberg, 263~272.

Oke T R. 1987. Boundary layer climates. Routledge.

Oleson K W, Coauthors. 2010. Technical description of version 4.0 of the Community Land Model (CLM). NCAR Tech. Note NCAR/TN-478+STR, 257.

O'Callaghan J F, Mark D M. 1984. The extraction of drainage networks from digital elevation data. Computer Vision, Graphics, and Image Processing, 28: 323~344.

Pal M, Mather P M. 2003. An assessment of the effectiveness of decision tree methods for land cover classification. Remote Sensing of Environment, 86 (4): 554~565.

Pennock D J, Zebarth B J, DeJone E. 1987. Landform classification and soil distribution in hummocky terrain, Saskatchewan, Canada. Geoderma, 40: 297~315.

Peter R J. 2002. North Estimation of fAPAR, LAI and vegetation fractional cover from ATSR-2 imagery. Remote Sensing of Environment, 80 (1): 114~121.

Peter S, Stuart P. 2000. Determining forest structural attributes using an inverted geometric-optical model in mixed eucalypt forests, Southeast Queensland, Australia. Remote Sensing of Environment, 71: 141~157.

Peucker T K, Douglas D H. 1975. Detection of surface-specific points by local parallel processing of discrete terrain elevation data. Computer Graphics and image processing, 4 (4): 375~387.

Phillips J D. 2008. Soil system modelling and generation of field hypotheses. Geoderma, 145 (3-4): 419~425.

Phinn S, Stanford M, Scarth P, et al. 2002. Monitoring the composition of urban environments based on the Vegetation-Impervious surface-Soil (VIS) model by subpixel analysis techniques. International Journal of Remote Sensing, 23 (20): 4131~4153.

Pilesjo P, Zhou Q, Harrie L. 1998. Estimating flow distribution over Digital Elevation models using a form~based algorithm. Geographic Information Sciences, 4 (1-2): 44~51.

Powell R L, Roberts D A, Dennison P E, et al. 2007. Sub-pixel mapping of urban land cover using multiple endmember spectral mixture analysis: Manaus, Brazil. Remote Sensing of Environment, 106 (2): 253~267.

Prasad A K, Sarkar S, Singh R P, et al. 2007. Inter-annual varianility of vegetation cover and rainfall over India. Advances in Space Research, 39 (1): 79~87.

Prima O D A, Echigo A, Yokoyama R, et al. 2006. Supervised landform classification of Northeast Honshu from Dem-derived thematic maps. Geomorphology, 78 (3-4): 373~386.

Pu R, Gong P, Michishita R, et al. 2008. Spectral mixture analysis for mapping abundance of urban surface components from the Terra/ASTER data. Remote Sensing of Environment, 112 (3): 939~954.

Qi J, Marsett R C, Moran M S, et al. 2000. Spatial and temporal dynamics of vegetation in the San Pedro River basin area. Agricultural and Forest Meteorology, 105: 55~68.

Quinn P, Beven K, Chevalier P, et al. 1991. The prediction of hillslope flow paths for distributed hydrological modeling using digital terrain models. Hydrological Processes, 5: 59~79.

Rashed T, Weeks J R, Roberts D, et al. 2003. Measuring the physical composition of urban morphology using multiple endmember spectral mixture models. Photogrammetric Engineering and Remote Sensing, 69 (9): 1011~1020.

Ridd M K. 1995. Exploring A-V-I-S (Vegetation-Impervious surface Soil) model for urbanecosystem analysis through remote-sensing comparative anatomy for cities. International Journal of Remote Sensing, 16 (12): 2165~2185.

Rigina O, Rasmussen M S, 1996. Using trend line and principal component analysis to study vegetation changes in Senegal 1986-1999 from AVHRR-NDVI 8km data. Geografisk Tidsskrift, 103 (1): 31~33.

Roberts D A, Gardner M, Church R, et al. 1998. Mapping chaparral in the Santa Monica Mountains using multiple endmember spectral mixture models. Remote Sensing of Environment, 65 (3): 267~279.

Rogan J, Chen D M. 2004. Remote sensing technology for mapping and monitoring land-cover and land-use change. Progress in Planning, 61 (4): 301~325.

Roger C. 1975. Urban Hydrology for Small Watersheds. Washington D C: Engineering Division, Soil Conservation Service, US Depatrment of Agriculture.

Roli F, Fumera G. 2001. Support vector machines for remote-sensing image classification. constraints, 1: 1.

Roujean J L, Bréon F M. 1995. Estimating PAR absorbed by vegetation from bidirectional reflectance measurements. Remote Sensing of Environment, 51: 375~384.

Roujean J L, Lacaze R. 2002. Global mapping of vegetation parameters from POLDER multiangular measurements for studies of surface-atmosphere interactions: A pragmatic method and its validation. Journal of Geophysical Research, 107: D12.

Rumelhart D E, Hinton G, Williams R J. 1986. Learning internal representations by error propagation, Parallel distributed processing: explorations in the microstructure of cognition, vol. 1: foundations. Cambridge MA: MIT Press.

Santos M L M, Cuenat C, Bouzelboudjen M, et al. 2000. Three-dimensional GIS cartography applied to the study of the spatial variation of soil horizons in a Swiss floodplain. Geoderma, 97 (3-4): 351~366.

Schultz G A. 1996. Remote sensing applications to hydrology: runoff. Hydrological Sciences Journal, 41 (4): 453~475.

Shao Y, Fan X, Liu H, et al. 2001. Rice monitoring and production estimation using multitemporal RADARSAT. Remote Sensing of Environment, 76 (3): 310~325.

Shi J, Dong X, Zhao T, et al. 2014. WCOM: The science scenario and objectives of a global water cycle observation mission//2014 IEEE Geoscience and Remote Sensing Symposium. IEEE: 3646~3649.

Shi X Z, Yu D S, Warner E D, et al. 2002. A framework for the 1 : 1000000 soil data base of China. In proceedings of the 17th word congress of soil Science. Bangkok, 1757: 1~5.

Showstack R. 2003. Digital elevation maps produce sharper image of Earth's topography. American Geophysical Union, 84 (37): 363.

Smith E A, Asrar G, Furuhama Y, et al. 2007. International global precipitation measurement (GPM) program and mission: An overview//Measuring precipitation from space. Berlin: Springer Netherlands: 611~653.

Smith J A. 1993. LAI inversion using a back-propagation neural network trained with a multiple scattering model. IEEE Transactions on Geoscience and Remote Sensing, 31: 1102~1106.

Smith M J, Clark C D. 2005. Methods for the visualization of digital elevation models for landform mapping. Earth Surface Processes and Landforms, 30: 885~900.

Srinivasan T R. 1972. Photo-interpretation for land and soil resource appraisal; Presented at Appreciation Seminar on use of API in survey and mapping of natural resources, Dehradun, May.

Steiner A. 2001. Effects of Land Cover Change on Regional Atmospheric Chemistry and Climate in China. International Institute for Applied Systems Analysis Schlossplatz 1 A-2361 Laxenburg, Austria.

Talebi A, Troch P A, Uijlenhoet R. 2008. A steady-state analytical slope stability model for complex hillslopes. Hydrological Processes, 22 (4): 546 ~ 553.

Tarboton D G, Ames D P. 2001. Advances in the mapping of flow networks from digital elevation data. Proceedings of the ASCE Word Water and Environmental Resources Congress, 20 ~ 24 May, Orlando, Florida.

Tarboton D G, Bras R l, Rodriguez I I. 1991. On the extraction of channel networks from digital elevation data. Hydrological processes, 5 (1): 81 ~ 100.

Thampi P K, Mathai J, Sankar G, Sidharthan S. 1998. Evaluation study in terms of landslide mitigation in parts of Western Ghats, Kerala. Research report submitted to the Ministry of Agriculture, Government of India, Centre for Earth Science Studies, Government of Kerala, Thiruvananthapuram, India: 100.

Treitz P, Howarth P, 2000. High spatial resolution remote sensing data for forest ecosystem classification: an examination of spatial scale. Remote Sensing of Environment, 72 (3): 268 ~ 289.

Tribe A S. 1990. Towards the automated recognition of landforms (valley heads) from digital elevation models. Proceedings of the Fourth international Symposium on Spatial Data Handling, Zurich, 1990, Vol. 1, Geographical Institute, University of Zurich, Switzerland, 45 ~ 52.

Tribe A S. 1991. Automated recognition of valley heads from digital elevation models. Earth Surf. Processes & Landforms, 16: 33 ~ 49.

Tribe A. 1992. Automated recognition of valley lines and drainage networks grid digital elevation models: A review and a new method. Journal of Hydrology, 139: 263 ~ 293.

Tsvetsinskaya E V, Schaaf C B, Gao F, et al. 2002. Relating MODIS-derived surface albedo to soils and rock types over northern Africa and the Arabian peninsula. Geophysical Research Letters, 29 (9): 671 ~ 674.

Ustin S L, 2004. Remote Sensing of canopy chemistry. PNAS, 110 (3): 804 ~ 805.

Venkataratnam L. 1980. Use of remotely sensed data for soil mapping. Journal of the Indian Society of Photo-Interpretation and Remote Sensing, 8 (2): 19 ~ 25.

Verhoef W. 1984. Light scattering by leaf layers with application to canopy reflectance modeling, the SALL model. Remote Sensing of Environment, 16: 125 ~ 141.

Vita P D, Agrello D, Ambrosino F. 2006. Landslide susceptibility assessment in ash-fall pyroclastic deposits surrounding Mount Somma-Vesuvius: Application of geophysical surveys for soil thickness mapping. Journal of Applied Geophysics, 59 (2): 126 ~ 139.

Vogelmann J, Sohl T, Campbell P, Shaw D. 1998. Regional land cover characterization using Landsat Thematic Mapper data and ancillary data sources. Environmental Monitoring and Assessment, 51 (1): 415 ~ 428.

Vogt J V, Colombo R, Bertolo F. 2003. Deriving drainage networks and catchment boundaries: a new methodology combining digital elevation data and environmental characteristics. Geomorphology, 53: 281 ~ 298.

Wang J, Endreny T A, Hassett J M. 2006. Power function decay of hydraulic conductivity for a TOPMODEL-based infiltration routine. Hydrological Processes, 20 (18): 3825 ~ 3834.

Wang Q, Adiku S, Verbesselt J, et al. 2005. On the relationship of NDVI with leaf area index in a deciduous forest site. Remote Sensing of Environment, 94 (2): 244 ~ 255.

Weiss E, Marsh E, Pfirman E S. 2001. Application of NOAA-AVHRR NDVI time series data to assess changes in Saudi Arabia's rangelands. International Journal of Remote Sensing, 22 (6): 1005 ~ 1027.

Weng Q，Hu X. 2008. Medium spatial resolution satellite imagery for estimating and mapping urban impervious surfaces using LSMA and ANN. Geoscience and Remote Sensing，IEEE Transactions on，46（8）：2397～2406.

Weng Q，Hu X，Lu D. 2008. Extracting impervious surfaces from medium spatial resolution multispectral and hyperspectral imagery：A comparison. International Journal of Remote Sensing，29（11）：3209～3232.

Weng Q，Hu X，Liu H. 2009. Estimating impervious surfaces usinglinear spectral mixture analysis with multitemporal ASTER images. International Journal of Remote Sensing，30（18）：4807～4830.

Wittich K P，Hansing O. 1995. Area-averaged vegetative cover fraction estimated from satellite data. International Journal of Biometerology，38（3）：209～215.

Wu B F，Yuan Q Z，Yan C Z，et al. 2014. Land cover changes of China from 2000 to 2010. Quaternary Sciences，34（4）：723～731.

Wu B，Xiong J，Yan N N，et al. 2008. ETWatch for monitoring regional evapotranspiration with remote sensing. Advances in Water Science，19（5）：671～678.

Wu C S. 2004. Normalized spectral mixture analysis for monitoring urban composition using ETM plus imagery. Remote Sensing of Environment，93（4）：480～492.

Wu C S，Murray A T. 2003. Estimating impervious surface distribution by spectral mixture analysis. Remote Sensing of Environment，84（4）：493～505.

Xiao Z，Liang S，Wang J，et al. 2011. Real-time retrieval of Leaf Area Index from MODIS time series data. Remote Sensing of Environment，115：97～106.

Xie Y，Sha Z，Yu M. 2008. Remote sensing imagery in vegetation mapping：A review. Journal of Plant Ecology，1（1）：9～23.

Yang L M，Xian G，Klaver J M，et al. 2003. Urban land-cover change detection through sub-pixel imperviousness mapping using remotely sensed data. Photogrammetric Engineering and Remote Sensing，69（9）：1003～1010.

Yang L，Huang C，Homer C G，et al. 2003. An approach for mapping large-area impervious surfaces：synergistic use of Landsat-7 ETM+ and high spatial resolution imagery. Canadian Journal of Remote Sensing，29（2）：230～240.

Yang L，Jiang L，Lin H，et al. 2009. Quantifying Sub-pixel Urban Impervious Surface through Fusion of Optical and InSAR Imagery. Giscience & Remote Sensing，46（2）：161～171.

Yang X，Liu Z. 2005. Use of satellite-derived landscape imperviousness index to characterize urban spatial growth. Computers，Environment and Urban Systems，29（5）：524～540.

Yoeli P. 1984. Computer-assisted determination of the valley and ridge lines of digital terrain models. Internation Yearbook Cartographica，24：197～205.

Yuan F，Bauer M E. 2007. Comparison of impervious surface area and normalized difference vegetation index as indicators of surface urban heat island effects in Landsat imagery. Remote Sensing of Environment，106（3）：375～386.

Zhang C S，Tang Y，Xu X L，et al. 2011. Towards spatial geochemical modelling：Use of geographically weighted regression for mapping soil organic carbon contents in Ireland. Applied Geochemistry，26（7）：1239～1248.

Zhang E，Zhang X G，Yang S Y. 2014. Improving Hyperspectral Image Classification Using Spectral Information Divergence. Ieee Geoscience and Remote Sensing Letters，11（1）：249～253.

Zhang Y，Chen L，He C，et al. 2009. Estimating Urban Impervious Surfaces Using LS-SVM with Multi-scale Texture. In 2009 Joint Urban Remote Sensing Event（pp. 1-6）. IEEE.

Zhang Z X，Wang X，Wen Q K，et al. Research progress of remote sensing application in land resources. Journal of Remote Sensing，2016，20（5）：1243～1258.

Zhu A X. 2000. Mapping soil landscape as spatial continua：the neural network approach. Water Resources Research，36（3）：663～677.

Zhu A X，Band L，Vertessy R，et al. 1997. Derivation of soil properties using a soil land inference model （SoLIM）. Soil Science Society of America Journal，61（2）：523～533.

Zhu A X，Hudson B，Burt J E，et al. 2001. Soil mapping using GIS，expert knowledge，and fuzzy logic. Soil Science Society of America Journal，65（5）：1463～1472.

第三章　流域水循环遥感

　　流域水循环主要包括降水、蒸散发、径流和流域储水量变化的整个过程；其中涉及的主要要素包括降水、蒸散发、土壤含水量、水面、水储量等。流域水循环是流域水资源科学评价与合理开发利用的基本依据。水循环主要要素的变化取决于气候条件的变化与人类活动的影响。对前者宜采用适应性对策，在深入研究气候变化的基础上，分析水循环变动的规律并预测其趋势，制定相应的适应性措施；对于后者则应加强水资源开发利用的科学管理，以维持流域天然水资源可更新（可再生）性。解决缺水区的水资源问题，应将一个流域的水循环特征与流域用水密切结合，重视用水的科学性。因此，掌握流域水循环的时空变化过程，有利于流域水资源科学评价、合理开发利用以及流域缺水问题的解决。遥感作为获取宏观地表大范围、多时相信息的唯一手段，特别是海量的大尺度、长序列、高分辨率的多源遥感数据的涌现，为掌握流域尺度水循环要素变化提供了新的途径。本章聚焦于流域水循环重要组成部分降水、蒸散发、土壤含水量、水面、水储量遥感快速监测方法的研讨，并对流域水循环平衡研究进行展望。

第一节　降　　水

　　降水是全球水和能量循环过程的关键要素，是流域水资源管理、粮食风险评估、生态系统研究的重要内容。精准掌握降水时空的时空动态变化规律、过程及其潜在影响是流域开展水资源开发利用、旱涝监测、气候变化应对、农业发展规划制定等的必然要求（Cheema and Bastiaanssen，2012）。降水具有复杂性和不连续性的特征，获取精准的降水信息一直是研究的焦点。地面雨量观测网、遥感监测、再分析手段是获取微观–宏观尺度降水信息的主要手段（Xie and Arkin，1997），并衍生了数十种降水产品，极大地推动了大区域尺度水文学、流域水资源管理等的研究，特别是为缺资料地区降水变化规律、水文、水情、水资源的掌握提供了弥足珍贵的资料。本节主要介绍当前全球主流的降水产品，并重点介绍遥感降水产品精度验证、降尺度与订正、未来发展趋势。

一、全球降水产品综述

　　全球相关机构研制了数十种全球与大区域尺度的降水栅格产品（图 3-1）（Sun et al.，2018），包含站点观测、卫星遥感观测与再分析降水产品。这些产品为降水时空变化规律、水热交换机制等的研究提供了丰富的数据支撑。Sun 等（2018）细致总结了各类降水产品的特征以及产品间的差异。

（一）站点实测降水产品

　　雨量站是降水观测的最常规手段，雨量筒与地基雷达是降水地面测量的主要手段，其

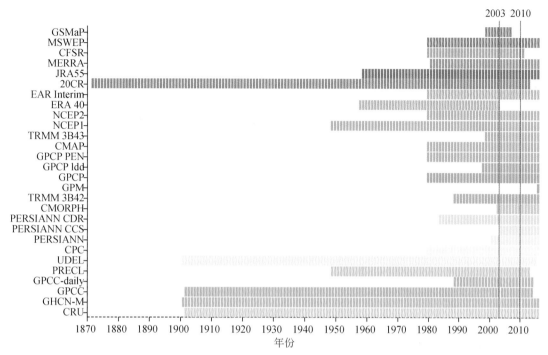

图 3-1 全球降水栅格产品数据集

实测降水往往被认为是真实的降水信息。尽管如此，雨量站的空间代表性备受争议，普遍观点认为雨量站实测降水量仅能代表以其为中心的小范围区域降水信息，受地形与地理位置的影响，在山区其代表性更差，如在 4km×4km 的山区像元内，两个站点实测降水量的差异可达 36.5%（Harmsen et al.，2008）。受仪器测量误差、周边风速、温湿度与蒸发等环境要素的影响，雨量站测量的降水精准度也存在误差，站点实测降水量与真实降水量之间的偏差最高可达 30%，在降雪时段，雨量站降水测量误差会进一步增大（Groisman and Legates，1994；Yin et al.，2008）。雨量站的数量受经济条件的制约，在大江大河源区与偏远山区，雨量站数量布设不足（Beesley et al.，2009；Hughes，2006），在经济欠发达国家，雨量站数量呈现下滑的趋势，测量的连续性也大打折扣，从而增加了降水测量的不确定性，如俄罗斯的雨量站数量减少了 25%~40%（夏军，2002；谈戈，2004）。

全球主流的站点降水产品数据集见表 3-1。气候研究单元（CRU）降水产品（Harris et al.，2014）是由全球 4000 多个站点观测降水量插值而成，该产品由东英吉利大学气候研究组研制，空间范围覆盖全球整个陆表，空间分辨率为 0.5°，时间分辨率为月，最新产品时间跨度为 1901~2017 年。全球历史气候网络月度降水（GHCN-M）由美国国家海洋和大气管理局（NOAA）国家气候数据中心研制而成（Peterson and Vose，1997），其空间分辨率为 5°，时间分辨率为月，时间跨度自 1900 年的全球陆地降水产品。

表 3-1　　全球主流的站点降水产品数据集

数据名	分辨率	频率	覆盖范围	时间跨度	数据来源
CRU	0.5°×0.5°	月	全球陆表	1901～2017 年	东英吉利大学气候研究单元
CHCN-M	5.0°×5.0°	月	全球陆表	1900 年至今	NOAA 国家气候数据中心
GPCC	0.5°×0.5° 1.0°×1.0° 2.5°×2.5°	月	全球陆表	1901～2013 年	GPCC
GPCC-daily	1.0°×1.0°	天	全球陆表	1988～2013 年	GPCC
PRECL	0.5°×0.5° 1.0°×1.0° 2.5°×2.5°	月	全球陆表	1948～2010 年 1948 年至今	NCEP/NOAA
UDEL	0.5°×0.5°	月	全球陆表	1900～2014 年	特拉华大学
CPC-Global	0.5°×0.5°	天	全球陆表	1979～2005 年	CPC

　　全球降水气候中心（GPCC）是由经过质量检测的全球超过 85000 个站点的观测降水插值而成的全球月降水产品（Schneider et al., 2008），其中来自 CRU、FAO 与 GHCN 的站点分别为 11800 个、13500 个、34800 个，GPCC 中用于插值的站点，其降水监测连续性不少于 10 年，每个月 GPCC 用的站点数量不一，6 月站点数量为 67298 个，12 月站点数量为 67149 个，GPCC 站点数据可用于全球尺度水平衡、遥感与数字降水产品误差订正；为了满足近实时的日降水数据需求，GPCC 采用全球电讯联盟的站点实测数据，生产了空间分辨率为 1°，覆盖全球陆表的降水数据集（GPCC-daily）（Schamm et al., 2014）。

　　为了满足高质量、大尺度站点实测降水产品的需求，美国气候预测中心采用了 GHCN2 的 17000 个站点和气候距平监测系统数据，分别利用站点实测降水插值技术、正交经验分解重构技术构造了全球陆地与海洋降水产品 PRECL（Chen et al., 2002）。特拉华大学研制的降水产品——UDEL（Willmott et al., 2001），其综合全球历史气候网络、加拿大大气环境服务中心、俄罗斯水文气象所等近 10 个组织的气象站点降水观测数据插值而成，其空间分辨率为 0.5°，时间分辨率为月。NOAA 气候预测中心的全球降水产品（CPC-Global）（Chen et al., 2008），采用来自全球 30000 多个站点的降水观测数据，采用最优目标分析插值技术插值而成。

（二）卫星遥感实测降水产品

　　随着卫星遥感监测技术的不断发展，其连续、空间覆盖范围广的特征为洲际乃至全球尺度降水的监测提供了新的途径，为大区域尺度降水时空变化规律、全球水热平衡研究提供了新的解决手段。遥感降水监测的方法包含光学遥感与雷达遥感探测两种方式（Sapiano and Arkin, 2009），所用的传感器包含低轨道准静止气象卫星的可见光/红外传感器、低轨道准静止气象卫星的被动微波与主动微波传感器。因时间重返频率与降水探测精度的差异，充分融合现有的各类传感器与可利用雨量站观测信息，成为获取全球或洲际尺度遥感降水时空分布信息的重要方式（Adler et al., 1994），迄今为止，有几十种全球与区域的遥感降水数据集，其中主流的卫星降水产品见表 3-2。其包含全球降水气候学计划（GPCP）

（Huffman et al.，1997）、人工神经网络的遥感信息降水估算（PERSIANN）（Hsu et al.，1999）、气候预测中心变性技术（CMORPH）（Joyce et al.，2004）、气候灾害研究组红外降雨观测站（CHIRPS）（Funk et al.，2015）、全球卫星降水制图（GSMap）（Kubota et al.，2007）、热带降水使命监测卫星（TRMM）（Huffman et al.，2007）、全球降水测量使命（GPM）（Hou et al.，2013）等。

表 3-2　全球主流的遥感降水产品

数据名	调整	分辨率	频率	覆盖范围	时间跨度
GPCP	GPCC，GHCN	2.5°	月	全球	1979 年至今
GPCP 1dd	GPCC，GHCN	1.0°	天	全球	1996 年至今
GPCP_PEN_V2.2	GPCC，GHCN	2.5°	5 天	全球	1979～2014 年
CMAP	GPCC，GHCN	2.5°	月	全球	1979 年至今
CPC-Global	GTS，GOOP，NMAs	0.5°	天	全球陆表	2006 年至今
TRMM 3B43	GPCC	0.25°	月	50°S～50°N	1998 年至今
TRMM 3B42	×	0.25°	3h/天	50°S～50°N	1998 年至今
GSMap	×	0.1°	1h/天	60°S～60°N	2002～2012 年
PERSIANN-CCS	×	0.04°	30min 3h，6h	60°S～60°N	2003 年至今
PERSIANN-CDR	GPCP	0.25°	3h，6h/天	60°S～60°N	1983 年至今
CMORPH	×	0.25° 8km	30min 3h/天	60°S～60°N	2002 年至今
GPM	×	0.1°	30min 3h/天	60°S～60°N	2015 年至今
MSWEP	CPC，GPCC	0.1° 0.5°	3h/天	全球	1979 年至今

　　GPCP 是美国国家海洋和大气管理局研制的全球降水产品。GPCP 每月通过整合陆地、海洋卫星数据，以及提供全球降水量的估算结果。其数据源来自雨量计、卫星和探测观测的数据。GPCP 提供了迄今为止全球海洋可用的最完整数据集，并丰富了陆地降雨的空间细节。GPCP 空间分辨率为 2.5°，时间分辨率为月，覆盖全球所有的范围，时间覆盖范围从 1979 年延续至今。

　　PERSIANN 是美国国家海洋和大气管理局研制的全球降水产品。该产品采用多源遥感数据集，采用人工神经网络算法估算降水，最后使用 GPCP 月产品对预测结果进行调整（Ashouri et al.，2015）。美国国家研究委员会将 PERSIANN 定义为长时序、一致性和连续性的降水数据集，可用于诊断气候变化与变率。PERSIANN 空间分辨率为 0.25°，时间分辨率为 3h、6h 与天，覆盖南北纬 60°的地区，产品自 1983 年延续至今。

　　CMORPH 美国国家大气研究中心研制的全球降水产品。CMORPH 采用了新的降水估算技术，将被动微波卫星估算的降水量通过准静止气象卫星的红外数据的运动矢量进行反演获取，同时，通过时间权重线性插值调整微波传感器获取的降水形状与强度（Joyce et al.，2004）。该产品从 2002 年延续至今，时间分辨率为 30min/3h/天，空间分辨率为 0.25°/8km 的降水数据集，覆盖全球南北纬 60°的地区。

CHIRPS 是美国地质调查局研制的全球降水产品。其由空间分辨率为 0.05°的热红外卫星遥感影像与站点实测降水量融合而成，主要服务于降水趋势分析和季节性干旱监测，特别是农业干旱监测，为旱情预警提供相对可靠与完整的数据支撑（Funk et al.，2015），是美国国际开发署饥荒早期预警系统旱情监测的主要数据源。该产品从 1981 年延续至今，覆盖全球南北纬 50°的地区，空间分辨率为 0.05°，时间分辨率为天/旬/月。

TRMM 是遥感降水估算的里程碑事件，是美国国家航空航天局（NASA）与日本宇宙航空研究开发机构（JAXA）联合研制的热带降水使命监测卫星，其搭载有降水雷达、多通道被动 TRMM 微波成像仪、可见光红外辐射计、闪电成像传感器和云与土壤辐射能量系统，其包含雷达降水、可见光/红外降水监测、二者的融合、二者与地面雨量站降水监测的融合等不同的遥感降水算法。TRMM 的空间分辨率为 25km，时间分辨率为 3h 的 TRMM 3B42 降水产品，其综合微波降水结构探测、可见光/红外传感器云信息探测的综合优势，联合反演降水量。为提升降水估算的准确度，填补卫星采样轨道缝隙，TRMM 采用静止卫星的降水指数信息对 TRMM 3B42 估算降水量进行调整。为进一步提高降水估算的准确度，最后 TRMM 气候评估与监测系统（CAMS）站点月累积降水量、GPCC 站点的月降水监测信息，生产月降水产品 TRMM 3B43。

GMP 是 TRMM 的后期卫星，代表当前遥感降水估算的最先进技术，是 NASA 与 JAXA 联合发起的新一代全球降水测量使用卫星。GPM 采用双频（Ka/Ku 波段）降水雷达以及多通道微波成像仪联合开展降水监测，并对外提供空间分辨率为 0.1°，时间分辨率为 0.5h、1 天、7 天与 1 个月，覆盖全球南北纬 60°之间的降水产品。与 TRMM 相比，GPM 空间分辨率由 0.25°提升至 0.1°，时间分辨率由 3h 提高至 0.5h，空间覆盖范围由南北纬 50°拓展至 60°。GPM 采用了双频降水雷达，对雨强的探测更为灵敏，可监测热带与副热带地区的小雨、中雨与大雨。围绕 GPM 卫星降水产品，开展全球尺度水热循环研究，特别是缺资料地区的水循环研究将成为新的研究热点。

上述各类产品目前都可以通过相关的链接免费下载，用户可根据具体的需求，产品的特性，选择相应的链接进行下载（表 3-3）。

表 3-3　卫星遥感降水产品下载链接

序号	产品名称	下载链接
1	GPCP	https://www.esrl.noaa.gov/psd/data/gridded/data.gpcp.html
2	PERSIANN	http://chrsdata.eng.uci.edu/
3	TRMM	https://pmm.nasa.gov/data-access/downloads/trmm
4	GPM	https://pmm.nasa.gov/data-access/downloads/gpm
5	CHIRPS	ftp://ftp.chg.ucsb.edu/pub/org/chg/products/CHIRPS-2.0

（三）再分析降水产品

CMORPH 是具有高空间和时间分辨率产生全球降水分析产品。CMORPH 仅使用低轨道卫星微波观测得到的降水估计，其特征通过完全从对地静止卫星 IR 数据获得的空间传播信息传输。所使用的主要数据源包括，搭载在 DMSP 13，14 和 15 上的 SSM／I，NOAA-15，16，17 和 18，以及搭载在 NASA Aqua 星和 TRMM 航天飞机上的 AMSR-E 和 TMI 被动微波传感器。遥感降水的反演算法包含针对 SSM/I（Ferraro，1997）、AMSU-B（Ferraro et al.，2000）和 TMI（Kummerow et al.，2001）反演算法。CMORPH 降水反演方法非常灵活，可以包含来自任何微波卫星源的任何降水估计。

CMORPH 的空间分辨率，尽管其可在间隔为 8km 的网格上获得降水估算，但是其集成的各类卫星传感器估算的降水格网分辨率大概在 12km×15km 或者更粗的尺度，CMORPH 通过插值获得更精细的"分辨率"。当一个地点没有微波数据，红外数据被当做微波与降水估算的桥梁，集通过计算对地静止卫星 IR 的连续图像上的空间滞后相关性来产生传播矢量矩阵，然后将其用于传播微波导出的降水估计。该过程仅控制降水特征的运动。在给定位置，微波扫描之间的半小时时间隔内的降水特征的形状和强度是通过在微波导出的特征之间进行时间加权插值来确定的，这些特征是从先前的微波观测中及时向前传播的，以及微波扫描中及时后向传播。

三维变分同化降水数据集。NCEP 数据集采用三维变分同化技术获取全球再分析降水数据集，其中 NECP1 是自 1948 年至今，空间分辨率为 2.5°，时间频率为月/天/6h 的再分析数据集；NECP2 是自 1979 年至今，空间分辨率为 1.875°，时间频率为月/6h 的再分析数据集；欧洲中值气象预测再分析中心的 ERA40 空间分辨率为 2.5°与 1.125°，时间分辨率为月与 6h，时间跨度为 1957～2002 年的全球再分析降水产品。MERRA 是覆盖全球的，1979 年至今的，空间分辨率为 0.5°×0.67°，时间分辨率为 1h/天/月的降水数据集；CFSR 是覆盖全球的，空间分辨率为 38km，时间分辨率为 6h，时间跨度为 1979～2010 年的再分析产品（表 3-4）。

表 3-4　全球主流的再分析降水产品

数据	分辨率	频率	覆盖范围	时间跨度	数据来源	同化方法
NECP1	2.5°	月/天/6h	全球	1948 年至今	NECP/NCAR	3D-Var
NECP2	1.875°	月/6h	全球	1979 年至今	NECP/DOE	3D-Var
ERA 40	2.5° 1.125°	月/6h	全球	1957～2002 年	ECMWF	3D-Var
ERA Interim	1.5° 0.75°	月/6h	全球	1979 年至今	ECMWF	4D-Var
20CRv2	2.0°	月/天/6h	全球	1871～2012 年	NOAA	集合卡尔曼滤波
JRA-55	60km	月/3h/6h	全球	1958 年至今	JMA	4D-Var
MERRA	0.5°×0.67°	天	全球	1979 年至今	NASA	3D-Var
MERRA Land	0.5°×0.67°	月/天/1h	全球陆表	1980 年至今	NASA	3D-Var
CFSR	38km	6h	全球	1979～2010 年	NOAA	3D-Var

四维变分同化降水数据集。ERA Interim 是自 1979 年至今的，覆盖全球的，空间分辨率为 1.5°与 0.75°，时间频率为月/6h 的降水数据集；JRA-55 的空间分辨率为 60km，时间

频率为月/3h/6h，时间跨度为 1958 年至今的全球再分析降水产品。

集合卡尔曼滤波数据集。20CRv2 是 1871 ~ 2012 年，覆盖全球的，空间分辨率为 2.0°，时间频率为月/天/6h 的再分析降水数据集。

二、降水产品的适用性评估与降尺度方法

（一）降水产品的适用性评估方法

由于系统误差，降水算法反演的不确定性，降水产品在使用之前需要对其精度进行合理的评估。产品精度检验的方法包含"雨量站点–降水栅格像元"验证，流域尺度降水精度评估两种。"雨量站点–降水栅格像元"检验，通常是假定地面雨量站观测降水量为真值进行检验，通过综合统计指标，评估对应像元的降水监测精度。"雨量站点–降水栅格像元"检验方法包含降水量检测与降水强度监测两部分。就降水量监测评估的方法而言，通用的方法包括决定系数（R^2）、偏差（BIAS）、中误差（NRMSE）、模型效率（EF）指标，各类评价指标的方法如下所示（Jia et al., 2011；Duan and Bastiaanssen, 2013；Xu S et al., 2015）。

$$R^2 = \frac{\left[\sum_{i=1}^{n}(P_{si} - \bar{P}_s)(P_{gi} - \bar{P}_g)\right]^2}{\sum_{i=1}^{n}(P_{si} - \bar{P}_s)^2 (P_{gi} - \bar{P}_g)^2} \tag{3-1}$$

$$\mathrm{BIAS} = \frac{\sum_{i=1}^{n}(P_{si} - P_{gi})}{\sum_{i=1}^{n} P_{gi}} \times 100\% \tag{3-2}$$

$$\mathrm{NRMSE} = \frac{\sqrt{\frac{1}{n}\sum_{i=1}^{n}(P_{si} - P_{gi})^2}}{\frac{1}{n}\sum_{i=1}^{n} P_{gi}} \times 100\% \tag{3-3}$$

$$\mathrm{EF} = \frac{\sum_{i=1}^{n}(P_{gi} - \bar{P}_g)^2 - \sum_{i=1}^{n}(P_{si} - \bar{P}_g)^2}{\frac{1}{n}\sum_{i=1}^{n}(P_{gi} - \bar{P}_g)^2} \times 100\% \tag{3-4}$$

式中，P_{gi} 与 P_{si} 分别为地面雨量站与卫星遥感监测的降水量；$\bar{P}_g$ 与 $\bar{P}_s$ 分别为监测时段内地面雨量站与卫星遥感估算的平均降水量。R^2 越接近于1，说明卫星监测降水量与站点观测降水量之间的相关性越好；BIAS 的取值范围为 −1 ~ 1，BIAS 越接近于0，则说明卫星监测降水量与站点观测降水量的值越接近；NRMSE 的取值范围为 0 至无穷，NRMSE 的值越小，则说明卫星探测与站点观测的值越接近；EF 的取值范围为 0 ~ 1，当 EF<0.1 时，说明卫星监测降水量效果越好，EF 在 0.1 ~ 0.2 时，说明卫星监测降水量效果好，EF 在 0.2 ~ 0.3 时，说明效果一般，当 EF>0.3 时，说明结果较差。

就雨强评估而言，通常针对不同的降水强度，采用二维级联表的方法进行评估，所采用的指标包含频率偏差指数（FBI）、误报率（FAR）、命中率（POD）与成功率（CSI）（Ebert et al., 2007）。

$$FBI = (a+b)/(a+c) \tag{3-5}$$

$$FAR = b/(a+b) \tag{3-6}$$

$$POD = a/(a+c) \tag{3-7}$$

$$CSI = a/(a+b+c) \tag{3-8}$$

式中，a 为雨量站与卫星都监测到降水的发生；b 为卫星监测到降水而站点没有；c 为卫星没有监测到降水而站点观测到降水发生；d 为卫星与站点都没有观测到降水发生。FBI 的值越接近于1，则说明卫星遥感降水产品探测的降水强度偏差越小；FAR 的取值范围为 $[0, \infty)$，FAR 值越接近于0，表示卫星遥感降水产品探测效果越好；POD 的取值范围为 $[0, 1]$，POD 值越接近于1，则说明卫星遥感降水产品的监测效果越好；CSI 的取值范围为 $(0, 1]$，CSI 的取值越接近于1，则说明卫星遥感降水产品的探测精度越好。

"雨量站点–降水栅格像元"检验的方法适合于地面雨量站空间分布较为均匀，站点数据较为稠密的情景。但在大江、大河的发源地，或者是经济不太发达的流域，雨量站的数量十分稀少，在此情景下，采用该方法评估卫星遥感降水产品监测的准确度有"以偏概全"的缺陷。在此情景下，常采用分布式水文模型模拟的方法对卫星遥感降水产品的精度进行评估，即将卫星遥感降水量作为模型的输入变量，通过比较径流监测断面的实测径流量与水文模型的径流量的差异，采用纳什系数的方法评估二者之间的差异。如 Su 等（2008）在南美洲的拉普拉塔河流域利用该方法评价了 TRMM 3B42 近实时数据与研究数据的适用性。

（二）卫星降水产品的降尺度方法

尽管当前遥感降水产品的精度有很大程度的提高，但是其相对较粗的空间分辨率限制了其应用价值，进一步发展降尺度方法，生成更高分辨率的遥感降水数据，可大幅度提升流域尺度遥感降水产品的用途。当前常用的统计降尺度方法，是通过构建降水量与高分辨率的植被指数、地形特征、地理位置等的关系，从而获取高分辨率的降水产品。对卫星观测降水量进行修正、挖掘降水与环境因子的特征关系、摸索合适的降尺度方法是降水降尺度方法三部曲。

1. 卫星栅格降水产品的订正

统计校正的方法一般都假定卫星遥感降水监测的降水量的空间结构分布是合理的，即卫星遥感降水的空间分布可以反映实际降水的地域差异，而卫星监测的降水大小则需要进行标定。地理差异分析法（GDA）（Cheema and Bastiaanssen, 2012）与地理比例分析法（GRA）（Immerzeel et al., 2009）是常用的订正方法，GDA 方法的主要步骤如下。

（1）地面雨量站分类：假设地面雨量站监测的降水量为真值，将地面雨量站划分为订正所需部分与订正效果验证两类数据。

（2）像元尺度降水量偏差计算：在像元尺度，计算用于订正的站点降水量与相应的卫星观测降水像元的偏差，$\Delta P_i = P_{si} - P_{gi}$。

（3）像元尺度降水量偏差校正：利用空间插值的方式，将 ΔP_i 拓展至与原始的卫星降水产品相同分辨率，获得偏差的空间分布 ΔP。原始的卫星栅格降水量扣除 ΔP 值，即得到订正之后的降水量。

（4）校正效果验证：采用交叉验证的方式，用步骤（1）中的用于效果评价的栅格数据评价步骤（3）得到的降水量。

GRA 的主要步骤与 GDA 方法类似，其主要差别在步骤（2），GRA 通过计算 P_{si}/P_{gi}，然后将此比例作为订正因子，对卫星遥感降水产品进行订正。除此之外，在卫星降水偏差订正过程中，还常通过挖掘卫星监测降水量与地面站点实测降水量的统计关系，用该统计方程式订正卫星观测降水量。

2. 降水与环境要素相关性概述

影响降水的环境要素众多，如何从纷繁的环境要素中选取关键性的指标，对降尺度模型的构建具有决定性的作用，其选择的依据一是环境要素对降水的指示作用，二是精细尺度环境要素的可获取性。

植被生长状况与降水密切相关，降水的多少决定植被生长的好坏，而植被蒸腾等生理作用又影响大气中水汽含量（Xu G et al.，2015），进而改变区域的降水过程。归一化植被指数（NDVI）是描述植被长势的通用指标，加之 MODIS 与 SPOT 系列的 NDVI 精细数据的易获得性，因此，NDVI 对降水的指示效果引起广泛关注。在年尺度上，NDVI 总体上可以有效指示降水量丰寡，但在水体、沙漠、冰雪等自然地物以及人类活动强烈的农业区和居住区，NDVI 对降水的指示作用大打折扣（Song et al.，2013；Duan and Bastiaanssen，2013；Xu G et al.，2015）。在月尺度，NDVI 对降水响应的时间滞后性存在争论，Immerzeel 等（2005）指出 NDVI 对降水的响应具有明显的时间滞后性，Piao 等（2006）在中国温带草原区的研究表明 NDVI 对气候变量的响应有 3 个月左右的滞后性，Quiroz 等（2011）亦发现 NDVI 对降水的响应有 2～3 个月的滞后性，但 Brunsell（2006）定量分析各类地物的 NDVI 对降水响应时间的相关性后指出，月尺度的时间滞后性可以忽略。此外，在植被生长高峰期 NDVI 的饱和效应（Xu G et al.，2015）也影响其指示降水的效果。

地形对水汽具有抬升与阻隔作用，与降水关系密切，加之当前数字高程模型数据（DEM）广泛存在，如 ASTER GDEM、STRM DEM、GTOPO30 等全球尺度的 DEM，基于 DEM 可以衍生坡度、坡向、地表起伏等一系列的地形因子，因此，DEM 在降尺度指标选择中被广泛采用。傅抱璞（1992）在陕西秦岭，从降水与地形的相互作用规律入手，建立了降水与地形、海拔及地区气候条件的关系模式；Cheema 和 Bastiaanssen（2012）在印度河流域发现 TRMM 与站点实测降水量之间的偏差与高程之间存在显著的对数函数关系，Yin 等（2008）在青藏高原，详细分析了 94 个站点降水量与 50 个地形因子相关性，发现 TRMM 估算的降水量深受地形与地理位置的影响；Gao 和 Liu（2013）在青藏高原依据气候分区，利用旋转主成分分析方法，分析与 TRMM 数据偏差密切相关的地形因子变量，发现二者的偏差与坡度、坡向、地表起伏度等密切相关；Duan 和 Bastiaanssen（2013）在东非埃塞俄比亚亦发现高程与降水的密切相关性，Fang 等（2013）在湘江支流，发现综合高程、坡度、坡向等地形因子的地表粗糙度对单一的降水事件有很好的指示作用。此外，地理位置（Zheng and Zhu，2015；Xu G et al.，2015）、土壤水含量（Jia et al.，2011）与降水量之间也具有较强的相关性。

尽管 Fang 等（2013）发现降水发生前，大气水汽含量与温度可有效指示短时降水，但是与植被指数、DEM 等变量相比，与降水直接相关的大气水汽含量和温度等物理变量对降水的指示作用研究稍显不足，其对降水的指示效果还有待进一步挖掘。

3. 降尺度模型

除环境要素之外，降尺度方法的选择对最终结果也有重要的影响。粗分辨率降水量降尺度方法包含两个过程，一是基于环境要素的精细尺度降水量预测模型的构建，二是精细尺度降水量预测结果残差的校核。预测结果与残差之和为目标降尺度结果。

基于环境要素的精细尺度降水量预测模型的构建。由于 NDVI 和 DEM 与降水密切相关，加之精细空间分辨率的 NDVI 与 DEM 数据的易获取性，基于 NDVI、DEM 的精细尺度降水预测方法得到长足发展。常用的方法包含多元线性回归方法、像元尺度降尺度方法、精细尺度降水量残差预测与基于具有一定物理意义的环境要素的方法。

多元线性回归方法。多元线性回归方法通过全局拟合回归的方法将粗分辨率的卫星遥感降水数据降至目标分辨率，即将高分辨率的 DEM、NDVI 与地理位置重采样至于卫星遥感降水数据同等的分辨率，然后建立卫星遥感降水量与因子之间的多元线性回归关系，然后将高分辨率的环境因子代入拟合的方程组，从而获得高分辨率的降水预测值。Immerzeel 等（2009）以 R^2 最大为降尺度模型遴选的准则，在欧洲伊比利亚半岛提出以年均 NDVI 和 TRMM 年降水量指数变化规律的精细尺度将尺度模型；Jia 等（2011）采用 Moran 指数排除水体等要素对 NDVI 干扰，并进一步引进高程变量，在中国的柴达木盆地提出基于 NDVI 和高程信息与降水量多元线性回归模型的降尺度方法，实现 TRMM 年降水量空间分辨率由 25km 向 1km 的转换；Duan 和 Bastiaanssen（2013）在埃塞俄比亚的塔纳湖流域与伊朗里海流域，提出基于 NDVI 与降水二次多项式的空间分辨率为 1km 的 TRMM 年降水量降尺度方法。

像元尺度降尺度方法。多元线性回归方法是全局拟合的方法，该方法的弊端是用相同方程组对每个网格单元进行降尺度，即假定研究区内像元降水量与环境要素的相关性恒定不变的假设条件，在大区域尺度上均采用全局的降尺度方法，忽视了区域内部降水量与环境要素异质性的事实，降尺度的结果在局部区域具有一定的不确定性（Xu G et al.,2015），地理加权回归、随机森林等方法考虑了降水的时空差异性，在像元尺度构建基于环境变量的预测方法，获取高分辨率的卫星遥感降水量。Chen 等（2014）用考虑了降水的空间异质性，采用地理加权回归模型，在中国华北地区实现 TRMM 降水量由 25km 向 1km 尺度的转换，Xu G 等（2015）进一步比较了指数模型、多元线性回归模型等全局降尺度方法与 GWR 模型的降尺度效果，在中国天山与青藏高原东部地区 GWR 方法降尺度效果明显好于传统的降尺度方法，同时 Xu 等进一步基于 Brunsell（2006）提出的植被 NDVI 对降水的响应没有明显的月尺度滞后性的结果，提出了基于 NDVI 的 TRMM 月降水量降尺度方法；Xu G 等（2015）在中国广西与广东地区，提出基于人工神经网络回归模型的 TRMM 降尺度方法，比较表明基于人工神经网络的非静态方法降尺度效果明显优于全局的多元线性回归模型；Shi 等（2015）在中国大陆，通过比较全局的指数模型、多元线性回归模型与非稳态的随机森林模型降尺度效果，发现随机森林模型的降尺度效果最好。

精细尺度降水量残差预测。优选的环境要素仅能部分揭示卫星遥感降水量，随机部分无法解释，通用的方法是将同分辨率的预测结果与原始值差之值，用空间插值法获取残差空间分布。如 Immerzeel 等（2009）、Jia 等（2011）、Tan 等（2017）与 Xu S 等（2015）都采用基于样条插值的方法，将基于精细预测模型获得的空间分辨率为 0.25°的卫星遥感将数量的预测值与原始值的偏差拓展为空间分辨率为 1km 的残差图，用于修正精细尺度降水预测结果；Duan 和 Bastiaanssen（2013）则采用反距离权重（IDW）与克里金插值的方法，修正二次多项式精细尺度降水预测模型的结果，并在此基础之上，结合地理差异分析方法（Cheema and Bastiaanssen，2012）校正空间分辨率为 1km 的 TRMM 年降水量，同时，假设校正前、后月降水量对年降水量的贡献比不变的原则，提出以 TRMM 月降水/TRMM 年降水为纽带的，空间分辨率为 1km TRMM 月降水降尺度方法；Park（2013）在韩国以及 Teng 等（2014）在浙江都采用了基于克里金的残差修正方法；Shi 等（2015）基于自相似理论，在人工神经网络精细尺度降水量预测结果的基础上，提出了基于多尺度级联模型的残差校核方法，取得较好的效果。

基于具有一定物理意义的环境要素的降尺度方法也有一定的发展，如基于降水前温湿条件的变化、降水三维结构等，Fang 等（2013）依据降水发生前，空气温湿条件突变的现象，在湘江子流域，提出了地表粗糙度与气温、湿度相结合的 TRMM 3B42 的降尺度方法；Hunink 等（2014）提出了以内含降水空间结构，时间尺度为 1 个月，空间分辨率为 4km 的 TRMM 2B31 为纽带，同时考虑地形与 NDVI 的降尺度方法。

三、卫星遥感降水产品的发展趋势

卫星遥感降水产品的发展趋势包含发展更先进的降水量卫星遥感实测方法、发展更合适的卫星遥感降尺度方法，以及基于云计算与卫星遥感数据的降水时空变化规律研究方法。

先进的降水量卫星遥感实测方法。卫星遥感降水方法是降水的直接观测，发展更先进的卫星遥感降水传感器、融合地面观测降水，是当今与今后卫星遥感降水监测的重要方向。即遥感降水产品将朝着更精细、更高时间频率的方向发展，其中以 GPM 为代表的遥感降水星座计划将在全球降水监测中扮演重要的角色。

卫星遥感降尺度方法。对当前降尺度方法而言，主要是利用地形与植被指数等信息在年尺度或月尺度上开展研究，但当前研究重心还是聚焦于年、月时间尺度，对周或日时间尺度的降尺度方法研究不足，需要引入时间频率更密、空间分辨率更高的与降水密切相关的物理变量，建立更有物理意义的降尺度方法，开展日尺度降尺度方法的研究，以满足径流模拟、作物生长模型、农业灌溉指导研究。另外，如何在降水产品的生产环节，加强反演算法的订正，减少反演算法的误差也是需要加强的环节。

基于云计算与卫星遥感数据的降水时空变化规律研究。随着谷歌云、亚马逊云等云计算的发展，该类云基础设施耦合了众多卫星遥感降水产品，同时还具有强大的计算分析能力，用户可利用应用程序接口，直接挖掘降水的时空变化规律，以云计算为基础的降水知识挖掘将成为今后重要的研究方向。

第二节　陆表蒸散发

　　陆表蒸散发包括陆表水分蒸发（水面蒸发与土壤蒸发等）、与通过植被表面和植被体内的水分蒸腾两部分（Burman and Pochop，1994），是土壤−植被−大气系统中能量水分传输及转换的主要途径，也是陆表水循环中最重要的分量之一。一个流域内，水面蒸发、土壤蒸发和植被蒸腾的总和称为流域蒸散发或流域蒸散，它是流域水文−生态过程耦合的纽带，是流域能量与物质平衡的结合点，也是农业、生态耗水的主要途径。掌握了流域的蒸散发时空结构，将极大地提升人们对流域水文和生态过程的理解和水资源管理能力。受流域内地表覆被的多样性及陆表蒸散发影响因素的复杂性，使得陆表蒸散发的整体观测成为一个十分具有挑战性的任务。自 20 世纪 60 年代，人们就提出利用遥感技术来估算陆表实际蒸散发，并进行了有益的尝试（Wiegand and Bartholic，1970）。随着极轨气象卫星的出现，遥感数据才真正用于估算陆表蒸散发（Price，1980；Jackson et al.，1981）。但是，卫星遥感技术并不能直接测量陆表蒸散发，而是测量与陆表蒸散发计算有关的环境参数，进而间接估算陆表蒸散发（Anderson et al.，1997；Wu et al.，2008）。与传统点尺度上的蒸散发测量难以推广到区域尺度相比（Verstraeten et al.，2008；Wang and Dickinson，2012），遥感技术可快速获取大范围的连续空间覆盖信息，且花费少，对于人为测量困难或无法进行的无资料地区，遥感技术的优越性更显突出（Rango，1994；Vinukollu et al.，2011）。随着近年来陆表蒸散发理论和遥感技术的进一步发展成熟，陆表蒸散发遥感估算方法逐步发展起来，并在流域陆表蒸散研究中发挥了不可替代的作用（Glenn et al.，2010；Wang et al.，2012）。

一、陆表蒸散发遥感监测方法综述

　　陆表蒸散发遥感方法监测地表蒸散是一种间接的测量方法，不同于传统的地面直接观测方法，而是从地表能量平衡方程、大气边界层理论以及陆面过程模型内的水热传输规律出发，从遥感数据和气象数据中获得模型所需要的地表参数与气象要素的输入，进入模型后进行地表水热通量的计算，传统方法中的一些计算方法和模型如能被遥感方法利用，前提是遥感能够提供所需的计算参数。同时，遥感监测模型也不同于水文预测模型，它是一种诊断模型，不需要降水量作为输入，瞬时的蒸散发速率直接与地表参数（植被指数、叶面积指数、地表反照率、地表温度、地表比辐射率、土壤水分等）相连接（Seguin and Itier，1983；Kustas et al.，1993；Wang et al.，2007；Nagler et al.，2009；Glenn et al.，2010；Kamble et al.，2013），提供的是一种蒸发状况的空间分布信息。目前陆表蒸散发大多数遥感反演方法采用了可见光、近红外和热红外波段的数据，其中，可见光和近红外波段主要提供地表反照率、植被指数和土壤水分等地表信息，而热红外波段则主要提供地表的温度信息。本节基于现有遥感蒸散发监测模型方法，大致可分为以下几大类：经验统计回归方法、热惯量法、能量平衡余项法、蒸发比参数化方法、数据同化方法、土壤−植被−大气传输模型法等，分别予以进行论述。

(一) 经验统计回归方法

经验统计回归方法主要是将通量观测数据与遥感反演结果相结合，利用已有的观测结果拟合能量通量与遥感反演参数的关系，再计算区域的潜热通量。最具代表的经验统计回归方法是根据瞬时辐射温度和气温求算陆表蒸散发量，最早由 Jackson 在 1977 提出了一个利用蒸发量与地表温度的线性关系确定蒸发量的方法，即认为显热通量与 T_0-T 的比值是一个常数，并在小麦地上通过观测取得了经验系数 B：

$$(R_n-LE)_{day} = B(T_0-T_a)^n \tag{3-9}$$

式中，R_n 和 LE 都是日总量，而 T_0-T 是瞬时值。尽管由于地表特征的差异，B 有着不同的取值，但 Jackson 的方程首次利用了地表热平衡来确定实际蒸发量，是遥感方法发展中的重要一步。经验统计回归法的主要优点是方法简单，输入变量少，且大多数输入变量都能从遥感数据中反演得到，便于操作；但经验法估算 ET 依赖于回归系数，系数确定通常需要地面测量数据率定，这限制其在区域尺度不同地表条件下的应用。

随后，人们进一步发现在光学遥感中，红外辐射温度和植被指数二者之间存在着明显的负相关关系（Nemani and Running，1989），能够揭示地表土壤水分信息。这种基于对 VI/T_s 散点图分布形状的分析计算蒸散发量的方法称为红外辐射温度（T_s）-植被指数（VI）特征空间法，或称三角法、梯形法。具体做法有两种：一是通过定义基于像元的水分亏缺指数（WDI）结合潜在蒸散来表示实际蒸散，WDI 与特征空间中的温度、等值线和顶点有关；二是将潜热用 Priestley-Taylor 公式计算，而公式中的 αPT 系数则通过特征空间中的边与顶点来定义，王开存运用这种方法计算了美国南部大平原地区 SGP 的蒸发比（Wang et al.，2006）；丹麦人 Rasmussen 等（2014）采用这种方法计算了海河流域平原区蒸散发的长时间序列数据集。

地表温度-植被指数特征空间法最主要的局限是三角形或梯形的确定，前提是一个平坦的地表，以及大量的像素来保证从极干到极湿、从裸地到完全覆盖的情况都完整地包括在内，对于高空间分辨率图像（TM 或 ASTER），三角法是有效的（Wang and Dickinson，2012）；对于 AVHRR 图像，三角形则不易确定，极值的确定不可避免地带有主观性。特征空间法的优点是明显的，它具有对土壤水含量和地表蒸散发速率提供非线性解的能力，也不需考虑大气影响和陆面模型，但在下垫面类型的要求上一定程度限制了该方法的应用；同时，在阈值选择时不可避免地会具有一定的经验性。

(二) 热惯量法

土壤热惯量是土壤的一种热特性，它是引起土壤表层温度变化的内在因素，与土壤含水量有密切的关系，通过卫星遥感资料获得区域土壤温度，从而能够使用热惯量法来研究区域土壤水分。使用热惯量模型求取蒸散发量时，关键点是把土壤的显热和潜热同土壤热惯量联系起来。由于在植被覆盖区无法完成植被潜热的分解，植被的蒸散发实质上是土壤热惯量的干扰信息，目前热惯量法只能适用于裸土，在有植被覆盖情况下的应用受到限制。为摆脱地表通量模型中的遥感难以观测因子的影响，张仁华在地面实验的基础上建立了以微分热惯量为基础的地表蒸散发全遥感信息模型（张仁华和孙晓敏，2002），方法的关键是以微分热惯量提取土壤水分可供率而独立于土壤质地、类型等下垫面参数；以土壤水分可供率推算波文比而摆脱气温、风速等气象参数。并以净辐射通量和表观热惯量对土壤热通量进行参数化，使用接近最高和最低地表温度出现时刻的两幅 NOAA-AVHRR 影像和地面同步观测数据计算了裸沙地上的土壤蒸发分布。随着遥感的发展，原来不易观测的因子，现在也可以通过遥感观测得到，如 2018 年 8 月欧洲航天局发射的风神卫星（Aeolus），可开展全球风速与风向的估算（Peter，2018）。

但通常认为热惯量法只适用于裸土或者表层植被覆盖很少的情况。这是因为如果土壤表层植被覆盖度比较高，植被的蒸腾就会影响到土壤水分传输平衡及热量的分配（田国良等，2006）。有些热惯量模型针对这一情况尝试发展对植被冠层也适用的广义热惯量，但涉及参数较多（Zhu et al.，2014）。

（三）能量平衡余项法

在不考虑平流作用和生物体内蓄水情况下，将潜热通量作为能量平衡方程的余项进行估算。首先需要利用遥感数据反演辐射能量、土壤热通量和显热通量，然后推算蒸散发量。其中，显热通量估算是余项法的核心内容。阻抗是影响显热通量的重要参数，在遥感模型中，阻抗沿用 Peman-Monteith 公式中表面阻抗的概念，这使得很难利用明确的机理性公式来描述"表面阻抗"，因为它代表下垫面各部分的综合阻抗。目前，余项法大致可分为单层模型、双层模型、补丁模型与双源/平行模型。

1. 单层模型

单层模型又称大叶模型。即将有植被覆盖的地表想象成一片均匀的大叶子，所有地表与大气间能量、物质的交换都发生在简单、均一的介质中。在所考虑的范围内，表面的温度、湿度等变量是均匀和单值的。由于忽略了界面上所有的不均性以及内部的次级结构和特征，只考虑一层密闭均匀的植被表面与外界空气交换动量、热量和水汽的过程，基本算法是（Allen et al.，1998）

$$H=\rho C_{\mathrm{p}}\frac{T_{\mathrm{s}}-T_{\mathrm{a}}}{r_{\mathrm{a}}}$$

$$\mathrm{LE}=\frac{\rho C_{\mathrm{p}}}{\gamma}\frac{e_{\mathrm{s}}-e_{\mathrm{a}}}{r_{\mathrm{a}}+r_{\mathrm{s}}} \tag{3-10}$$

式中，H 为表面的显热通量；LE 为表面的潜热通量；ρ 为空气密度；C_{p} 为空气的质量定压热容；T_{a} 和 e_{a} 分别为大气温度和水汽压；T_{s} 和 e_{s} 分别为表面温度和饱和水汽压；r_{s} 为表面水汽扩散阻抗（S/m，或称表面阻抗）；r_{a} 为空气动力学阻抗。r_{s} 表示的是植物气孔、土壤、叶面等下垫面对蒸发的所有阻力；r_{a} 是从蒸散面（或某个参考高度）到空气中的传输阻抗。

γ 是干湿球常数（或称湿度常数 psychrometric constant），它起的作用是将空气中的水汽分压与空气温度联系起来，它使得可以从干湿球读数中内插得到实际水汽压：

$$\gamma=\frac{c_{\mathrm{p}}P}{L_{\mathrm{v}}\mathrm{MW}_{\mathrm{ratio}}} \tag{3-11}$$

式中，P 为大气压；L_{v} 为水汽蒸发潜热（2.45MJ/kg）；$\mathrm{MW}_{\mathrm{ratio}}$ 为水汽对干空气的分子量之

比（取 0.622）。

将饱和水汽压–温度曲线斜率 $\Delta = \mathrm{d}e^*(T)/\mathrm{d}T$ 在空气温度附近做一级泰勒近似展开：

$$\Delta = \frac{\mathrm{d}e^*(T)}{\mathrm{d}T} = \frac{e^*(T_a) - e^*(T_s)}{T_a - T_s} \tag{3-12}$$

在实际应用中，水汽压斜率常通过平均气温 T_{avg} 计算：

$$\Delta = \frac{4098\left[0.6108e^{\left(\frac{17.27T_{avg}}{T_{avg}+237.3}\right)}\right]}{(T_{avg}+237.3)^2} \tag{3-13}$$

结合地表能量平衡方程，就可以导出著名的 Penman-Monteith 公式：

$$\mathrm{LE} = \frac{\Delta(R_n - G) + \frac{\rho C_p}{r_a}\left[e_s(T_a) - e_a\right]}{\Delta + \gamma\left(1 + \frac{r_s}{r_a}\right)} \tag{3-14}$$

式中，$e^*(T)$ 为空气温度 T 状况下的饱合水汽压；$e_s(T_a) - e_a$ 是空气的饱和水汽压差。与式（3-12）比较，Penman-Monteith 公式的好处在于用大气水汽饱和差代替了表面–大气间的水汽压差，其一级泰勒近似式在地气温差较大时会有明显的误差，但从实用角度计，一般都沿用其一级近似。

Penman-Monteith 公式是目前国际公认的精度较高的蒸散计算方法，但由于需要的数据较多，在实际应用中也会用到其他需求数据较少的方法，如 Priestley-Taylor 方法，它是（Priestley and Taylor，1972）对 Penman 公式的修正式，需要的基本气象数据包括冠层净辐射、平均气温：

$$\mathrm{ET}_{\mathrm{PT}} = \alpha\frac{\Delta}{\Delta + \gamma}(R_n - G) \tag{3-15}$$

式中，α 为 PT 系数，取值 1.26，其他符号同 Penman-Monteith 公式。

单层模型极易用遥感提供的辐射通量和地表温度驱动，便于应用，但公式中单一均匀的下垫面假设是非常理想化的，实际应用中很难满足，模型无法将土壤蒸发和植被蒸腾分开，在稀疏植被地区的应用受到限制。

在地表能量平衡的框架下，单层模型的要点在于获取地表与参考层之间的地气温差或水汽压差，并准确定义表面水汽扩散阻抗和空气动力学阻抗。事实上，表面阻抗在水分不足和表面不匀时极为复杂，难以准确计算；如果要避开表面阻抗的计算，可以通过地气温度梯度和空气动力学阻抗来计算显热通量，然后将潜热通量作为能量平衡方程的余项得出，但同时会遭遇温度误差（遥感地表温度的反演误差、站台气温的空间插值误差、地气温度之间的系统观测误差等）问题。

基于 Penman-Monteith 公式，通过遥感方法定义能量通量和阻抗，与气象因子结合计算实际蒸散的方法统称为表面阻抗–彭曼式，在这方面最新的尝试有美国蒙大拿大学的数值地球动态模拟组的工作，覆盖澳大利亚（Cleugh et al.，2007）、美国和全球尺度（Mu et al.，2007）的实际蒸散发数据。模型所需的表面阻抗主要由通过叶指数 LAI 建立的经验模型给出，主要数据源为 MODIS/aqua 图像，为避免云污染的影响，使用了 8 天的合成数据，这一尝试说明 Penman-Monteith 公式在大尺度下仍是容易实现的模型。

由于表面阻抗计算的误差，一般采用余项法来避免直接计算潜热。先用地气温差和空气动力学阻抗计算显热通量 H，然后将潜热通量作为地表能量平衡方程的余项输出：

$$LE = R_n - G - H \tag{3-16}$$

余项法的优点是显热通量的计算精度相对高（在取得准确地气温差的情况下），R_n 和 G 也可以通过遥感的参数化方法得到，地表温度可以通过热红外遥感获取。因此单层余项法也成为遥感应用的主要方法，非常便于应用，这方面的研究已经取得了大量成果。下面关于单层模型的论述也围绕着余项法来展开。

根据近地层相似理论的要求，输入单层模型计算显热的地温应当是冠层空气动力学温度 T_0，它是气温廓线向下延伸到冠层中通量源汇处的空气温度，而非遥感热红外波段直接探测的地表辐射温度 T_{rad}。由于受总体比辐射率、太阳高度角和仪器视角大小等因素的影响，空气动力学温度与辐射表面温度在不同植被覆盖条件的差距有可能非常大。因此往往需要使用以下两种方式之一来进行订正。

1）剩余阻抗法

将式（3-15）中的空气动力学温度 T_0 用遥感表面辐射温度 T_{rad} 代替，但同时需要在分母中增加一项剩余阻抗 r_{ex} 使得原式依旧成立：

$$H = \rho C_p \frac{T_{rad} - T_a}{r_a + r_{ex}} \tag{3-17}$$

剩余阻抗代表着在粗糙层中，标量输送（热量、水汽等）受分子扩散过程主导而形成的阻抗。湍流是在粗糙层中产生，再由风速传输到上层的，这部分的传输可以用相似理论来计算，但湍流的产生和最初离开表面的过程则很复杂。动量传输在粗糙层中主要受钝体效应或形状阻力的影响，而标量传输（热量、水汽等）在粗糙层中主要被分子扩散过程主导，二者的物理过程不一样，效率也不一样，分子扩散的速度比较慢，因此需要在标量传输中加入一项额外阻力，这个阻力与热量粗糙度长度 Z_{0h} 有关，一般用下式表示：

$$r_{ex} = \frac{B^{-1}}{u_*} = \frac{1}{ku} \ln\left(\frac{z_{0m}}{z_{0h}}\right) \tag{3-18}$$

式中，B^{-1} 为一个无量纲的热传输系数。热量粗糙度长度 Z_{0h} 的性质很复杂，它是叶面积密度、叶子形状大小、冠层高度、冠层几何布局等因素的复杂函数，且有复杂的日变化（Sun，1999）。

不论是在由土壤和植被组成的复杂下垫面中，还是在植被冠层内部，都难以确定湍流热通量的源/汇高度及其空气动力学温度，在实际计算中，往往把阻抗 $r_a + r_{ex}$ 与某一表面温度 T_s，以及该温度对应的热量粗糙度长度 Z_{0h} 联系起来。热量粗糙度长度是边界层气象学中定义的一个量，定义为零平面位移之上到沿气温廓线往上空气动力温度所在高度的长度。在一定的条件下，粗糙层表面的显热通量 H 及参考高度处的气温 T_a 是一定的，而表面温度 T_s 和热量粗糙度长度 Z_{0h}（及由其确定的剩余阻抗 r_{ex}）是不确定的。但只要计算时使用的热量粗糙度长度与表面温度是相适应的，同样可以得到准确的表面显热通量。如果式中的表面温度使用了遥感地表辐射温度 T_{rad}，那么只要能定义一种有效的热量粗糙度长度 Z_{0h}，使得气温廓线的延长线在 $d+Z_{0h}$ 处的温度等于 T_{rad}，那么显热计算式仍然成立。

上述方法仅在理论上成立，由于到目前为止人们还没有找到计算 B^{-1} 和 Z_{0h} 的通用公式。遥感只能应用这些概念和在有限地表类型上取得的经验关系来解决辐射表面温度和空气动力学温度不一致的问题，所得到的热量粗糙度长度可能会受到一些与地表湍流通量传输毫不相关的因素的影响，如卫星传感器的观测角度等。而所计算出的剩余阻抗的值也可能与原来的用于订正标量和动量传输速度不同的物理参量相去甚远。

2）地气温差调整法

由于显热计算所需空气动力学温度 T_0 并非遥感地表辐射温度 T_{rad}，因此如果对于 T_{rad} 进行调整使其更接近于 T_0，也能提高显热计算的精度。许多研究都应用了以下的这个假设关系：

$$T_0 - T_a = \beta\ (T_{\text{rad}} - T_a) \tag{3-19}$$

即空气动力学温度与气温之间的温差与辐射温度与气温之间的温差存在线性关系，或者与辐射温度自身存在线性关系（Bastiaanssen et al.，1998）。实际上，β 与大气、植被、风速等诸多因素有关，找到一个普适的公式来涵盖这些因素的影响是不太可能的。目前的方法都是基于实测数据和某些假设条件的经验式，推广到大范围的表面有可能完全没有意义，因此此类方法的发展受到区域大小的限制。

研究表明，不论采用何种订正方法，都难以使单层模型在稀疏、干旱的植被表面获得较好的模拟结果，这样的局限性源自于模型过于简单而理想化的假设条件（Timmermans et al.，2007）。

2. 双层模型

为考虑稀疏植被覆盖中土壤对冠层总通量的贡献，Shuttleworth 和 Wallace（1985）提出了描述冠层湍流热通量的双层模型。双层模型的基本思想是：整个冠层的湍流热通量由两部分组成，它们分别来自植被冠层和其下方的土壤，从整个冠层发散的总通量是组分通量的叠加之和，土壤和植被的热通量先在冠层内部汇集，然后再与外界大气进行交换，如图 3-2 所示。

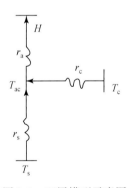

图 3-2　双层模型示意图

则图 3-2 中的显热通量可表达为

$$H = H_s + H_v = \rho C_p \frac{T_0 - T_a}{r_a} \tag{3-20}$$

式中，H 为冠层总显热通量，H_s 和 H_v 分别为土壤和植被的显热通量，T_0 为冠层高度的空气动力学温度，T_a 为在参考高度处的气温，r_a 为冠层空气动力学阻抗。土壤和植被的显热可以用梯度扩散式表示如下：

$$H_s = \rho C_p \frac{T_s - T_0}{r_s}$$

$$H_c = \rho C_p \frac{T_c - T_0}{r_c}$$

$$(3\text{-}21)$$

式（3-21）与式（3-20）联立得

$$\frac{T_0 - T_a}{r_a} = \frac{T_s - T_a}{r_s} + \frac{T_c - T_a}{r_c}$$

$$(3\text{-}22)$$

式中，T_s 和 T_c 分别为土壤和植被的温度；r_s 和 r_c 分别为土壤和植被的边界层阻抗。对于冠层潜热通量，也可以分解为土壤和植被两部分。一个完整的潜热阻抗网络如图3-3所示。

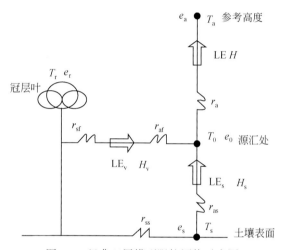

图 3-3　经典双层模型阻抗网络示意图

冠层总的潜热通量的表达式为

$$LE = LE_s + LE_v = \frac{\rho C_p}{\gamma} \cdot \frac{e_0 - e_a}{r_{aa}}$$

$$LE_s = \frac{\rho C_p}{\gamma} \cdot \frac{e(T_s) - e_a}{r_{ss} + r_{as}}$$

$$(3\text{-}23)$$

$$LE_v = \frac{\rho C_p}{\gamma} \cdot \frac{e^*(T_v) - e_a}{r_{st} + r_{av}}$$

式中，LE_s 和 LE_v 分别为土壤和植被的潜热通量；γ 为干湿球常数；e_0 为冠层有效高度处的水汽压；e_a 为环境大气中的水汽压；$e(T_s)$ 和 $e^*(T_v)$ 分别为土壤表面和叶片表面的水汽压；r_{ss} 为土壤表面水汽扩散阻抗；r_{st} 为冠层的气孔阻抗；r_{as} 和 r_{ac} 为土壤和植被的边界层阻抗〔即式（3-21）中的 r_s 和 r_c〕。

对于土壤和植被冠层，能量平衡方程也分别成立，即净辐射穿过冠层到达土壤，在不同的介质上分为感热和潜热，及往下的净辐射。一个表示双层模型能量平衡的示意图如图3-4所示。

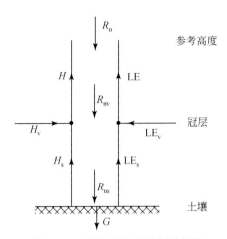

图 3-4　双层模型能量平衡示意图

单位地表面积接收到的净辐射 R_n 可以表达为

$$R_n = S_d (1-\alpha) + \varepsilon_s L_d - L_u \tag{3-24}$$

式中，S_d 为入射短波辐射；α 为表面反照率；ε_s 为地表发射率；L_d 为长波下行辐射；L_u 为地表发射的长波辐射。透过冠层孔隙到达下层土壤的净辐射 R_{ns} 表达为

$$R_{ns} = b(\theta) R_n = H_s + LE_s + G \tag{3-25}$$

G 为土壤向下的热通量。冠层截获的净辐射 R_{nv} 为

$$R_{nv} = [1 - b(\theta)] R_n = H_v + LE_v \tag{3-26}$$

$B(\theta)$ 为太阳入射方向 θ 的冠层孔隙率，可以用 Beer 定律拟合：

$$b(\theta) = e^{[-G(\theta) \cdot LAI/\cos\theta]} \tag{3-27}$$

θ 为太阳入射天顶角，LAI 为冠层叶面积指数，$G(\theta)$ 为叶面积在光线入射方向上的投影系数，当叶角是球状分布时，$G(\theta) = 0.5$。

双层模型在单层模型的基础上又增加了一层土壤，并将单层模型中的表面阻抗分解为冠层表面阻抗和土壤表面阻抗两部分，在遥感应用时，前者可考虑与植被指数相联系，而后者可以更多地与土壤表面含水量相联系。同时，双层模型中的下垫面是由土壤组分温度与植被组分温度构成的一个不同温表面，空气动力学温度与组分温度的关系由空气动力学阻抗、冠层表面阻抗和土壤表面阻抗联系起来，从而避免了剩余阻抗的问题。

考虑能量平衡和通量守恒，双层模型的基本方程组有四个，如下：

$$
\begin{aligned}
R_{nv} &= \rho c_p \frac{T_v - T_0}{r_{av}} + \frac{\rho c_p}{\gamma} \frac{e^*(T_v) - e_a}{r_{av} + r_{st}} \\[2mm]
R_{ns} - G &= \rho c_p \frac{T_s - T_a}{r_{as}} + \frac{\rho c_p}{\gamma} \frac{e(T_s) - e_0}{r_{as} + r_{ss}} \\[2mm]
\frac{T_0 - T_a}{r_{aa}} &= \frac{T_s - T_a}{r_{as}} + \frac{T_v - T_a}{r_{av}} \\[2mm]
\frac{e_0 - e_a}{r_{aa}} &= \frac{e^*(T_v) - e_a}{r_{av} + r_{st}} + \frac{e(T_s) - e_0}{r_{as} + r_{ss}}
\end{aligned}
\tag{3-28}
$$

而难以确定的未知量有六个，分别是 T_0、e_0、T_v、T_s、$e(T_s)$、r_{ss}（气孔或冠层阻抗一般作为已知项处理）。未知数多于方程个数，则是高度非线性的，不能直接求解。在未获得最关键的组分温度（即 T_v 和 T_s）参量的情况下，只能从土壤水热传输模型得到土壤湿度 $e(T_s)$ 和土壤水汽扩散阻抗 r_{ss} 的输出以减少未知数。近年来的研究表明，微波遥感具有定量估算裸土和矮小、稀疏植被覆盖下的土壤水分的潜力，困难在于微波与其他波段信息的融合，以及在植被干扰下如何通过微波手段获取土壤湿度信息（王磊，2007）。

分解混合像元温度是求解双层模型的关键步骤，混合视场的地表温度的分解实质上就是在混合视场里以某种方法求出土壤辐射温度和冠层辐射温度。根据热红外方向性理论，当热红外遥感传感器（包括地面使用的热红外辐射计）以多角度测量不完全作物覆盖的地表温度时，要解出土壤辐射温度和冠层辐射温度两个未知量，就要求卫星有两个以上的观测角度。辛晓洲（2003）采用多角度热红外遥感数据（AMTIS）反演的组分温度、叶面积指数、地表反照率，与地面测量的冠层高度和叶宽等参数一起，首先计算了像元的辐射平衡，然后将反演得到的组分温度代入式（3-28）计算，得到冠层空气动力学阻抗，然后将其代入式（3-20）得到整个像元的显热通量。但是，多角度热红外组分温度的反演受到诸多因子的制约，如各组分分布的不均一、比辐射率的方向性及组分的温度差异，在上述规律没有得到进一步揭示之前，获得足够精度的组分温度还有很大的难度。

双层模型理论上可以分离出土壤蒸发和植被蒸腾，这是传统的单层余项法或 Penman-Monteith 公式无法做到的。分离出的土壤蒸发和植被蒸腾可以表征出作物的水分利用效率，在节水农业中是非常有价值的信息。双层模型的关键科学问题是表面温度和净辐射通量的分解。

在没有获得组分温度的条件下，还有另外一些方法来增加假设、减少未知数，设计出适于遥感应用的模型。主要思路是利用地面观测数据建立组分温度、空气动力学温度、气温及辐射表面温度之间的经验关系（Lhomme et al.，1994），或对辐射温度和组分温度之间的关系做出假设（辛晓洲，2003）。此类模型的假设与经验关系的使用限制了在实验区以外的推广应用，并且都需要进一步的数据验证。

莫兴国和林忠辉（2000）在 Penman-Monteith 公式的基础上，推导出能解析计算冠层蒸腾和土壤蒸发的双源模型，使之能广泛用于农田蒸腾和蒸发的计算，方法是分解冠层蒸腾 LE_c 和土壤蒸发 LE_s 的耦合关系，使得只需利用冠层顶的气象变量就可以解析算出冠层蒸腾和土壤蒸发，并采用波文比观测资料对模型进行检验。

3. 补丁模型

一般认为双层模型已经成为一种表达地表热通量传输规律的经典模型。从遥感应用的角度出发，简化双层模型的假设以利于在某些情况下可求解，也是常见的研究方法（刘雅妮等，2005）。

补丁（Patch）模型假设土壤和植被冠层是并列关系，即植被缀在土壤表面，二者截然分开，没有相互的作用。这类模型适用于尺度较大而又稀疏覆盖的表面。在这种情况下，土壤直接暴露在太阳辐射中，土壤和植被冠层之间的相互关系可以忽略。总通量是各部分通量的面积权重和，而非叠加：

$$H = f_c H_v + (1-f_c) H_s \qquad (3\text{-}29)$$

式中，下角 v 和 s 分别表示冠层和土壤；f_c 为植被覆盖度，或称植被覆盖面积比；H 可以是显热通量，也可以是辐射通量或潜热。Nishida 等（2003）使用土壤与植被蒸发比的线性加权来代表总的蒸发比。

4. 双源/平行模型

Norman 等于 1995 年提出了针对行播作物的双源模型，又称 N95 模型（Norman et al.，1995），模型假设土壤与冠层各自独立与外界大气进行湍流交换，二者的通量互相平行，因此又称为平行模式（parallel model）。其中热通量的阻抗网络设计如下：

$$H = \rho C_p \frac{(T_{ac} - T_a)}{R_a + R_{EX}} = \rho C_p \left[\frac{(T_c - T_a)}{R_a} + \frac{(T_s - T_a)}{R_a + R_s} \right] \tag{3-30}$$

通过在计算植被、土壤显热通量时都使用了空气温度 T_a 而不是空气动力学温度 T_{ac}，表达了土壤与冠层组分独立与外界大气进行湍流交换的过程，同时使用 $H = H_s + H_c$ 来计算总的显热通量。Norman 等认为，在植被稀疏且分布不均匀时，冠层覆盖对土壤辐射和热通量的过滤作用比在密闭条件下小，土壤蒸发与冠层蒸腾在中等风速下只有微弱的耦合关系。由于在模型的假设中土壤和植被是相互独立的通量源，后继的评论把它作为补丁模型来对待（Lhomme and Chehbouni，1999），并质疑它继续沿用双层模型的通量守恒方法来计算总通量的合理性。作为回应，Kustas 对 N95 模型作了两点改进以考虑冠层对于土壤部分的影响，其一是使用了一个更为机理性的算法来代替通常的 Bear 定律求取冠层净辐射；其二是在模型中考虑了稀疏植被的集聚效应。说明在 N95 模型的平行假设中，虽然植被温度对于土壤显热通量的计算没有作用，但冠层因子仍会对土壤表层阻抗有影响，植被和土壤因素仍然不是完全独立的，因此在 N95 模型中继续使用双源模型的方式求解总通量并不必然形成矛盾（Kustas and Norman，1999）。在 N95 模型发表的同时，Norman 也描述了 N95 模型的序列模式（series network），基本假设与 S-W 双层模型相同，并提出了土壤、植被边界层阻抗的参数化方法。

（四）蒸发比参数化方法

蒸发比（EF）通常定义为实际蒸发与可利用能量之比，当蒸发比与地表可利用能量已知时，地表蒸散发即可估算。此处的蒸发比也包含相对蒸发比，及一些水分亏缺指数等。对于蒸发比的估算，目前主要有特征空间法以及其他相关指数法。地表温度–植被指数（Ts-VI）三角特征空间是建立在土壤水分与植被全范围覆盖条件下，用随植被覆盖度增加而下降的干边和近似水平的湿边来界定。干边上无地表蒸发，具有不同植被覆盖条件下的最高地表温度；湿边是指不同植被覆盖下的最低地表温度，用来描述给定大气强迫的潜在蒸发。Jiang 和 Islam（1999）利用 Ts-VI 三角关系，改进了 Priestley-Taylor 方程中的 α 因子，实现了蒸发比的全遥感估算。由于数据要求少，三角特征空间被广泛研究与应用（Jiang et al.，2009；Tang，2011）。另外地表温度与地表反照率构成的特征空间也被用来估算蒸发比（Roerink et al.，2000；Gómez et al.，2005；Sobrino et al.，2007）。通过加入空间信息，直接参数化蒸发比可避免阻抗的计算，但存在的问题是：研究区域需要近似相同的大气条件，且需要不同植被覆盖度条件下的大量像元，干、湿边确定存在较大的不确定性。Tang 等（2010）通过建立三角空间中干湿边确定的自动算法来减少干湿边的不确定。

Long 和 Singh（2012）分析了研究区大小及像元分辨率大小对三角法估算蒸发比的影响，由干湿边的不确定引起的偏差达 50%。

Moran 等（1994）引入水分亏缺指数来估算蒸散发，将 Ts-Vl 特征空间从完全植被覆盖地区扩展到部分植被覆盖地区。主要是通过利用地气温差与植被覆盖度构建梯形空间，并根据一定的地面观测数据计算梯形空间内的理论干、湿边。Zhang 等（2008）、Long 和 Singh（2012）根据梯形空间等水分线的思想分别提出了土壤与植被蒸散发分离的二源模型。相比于三角空间，梯形空间不需要全植被覆盖的大量像元但是需要相对较多的地表辅助数据。

卢静（2014）考虑到现有遥感 ET 模型主要利用的是遥感单一时刻信息，地表通量估算依赖于单一时刻遥感反演误差，从理论上推导一种利用地表参数时间变化直接估算日蒸发比的方法；考虑到现有基于物理的遥感 ET 模型中阻抗计算的问题，利用一天时段内的地表参数观测，发展一种简化的显热、潜热、土壤热通量参数化方案，基于地表能量平衡在不计算阻抗的情况进行地表通量估算；但是该方法在不同的研究区推广应用时，需要大量的地面观测数据进行模型标定，标定后的蒸发比模型才能够被采用，因此一方面该方法的稳定性受到质疑，另一方面该方法的区域推广性受到了一定的限制。

其他相关指数如地表能量平衡指数（Menenti and Choudhury，1993）、微波发射率差异指数（Min and Lin，2006）等也被用于蒸发比估算。对蒸发比直接进行参数化，一方面可减少阻抗计算带来的不确定性，另一方面蒸发比估算独立于地表可利用能量估算误差。

（五）数据同化方法

水文与数值预报模型中往往需要连续的地表通量信息，而基于遥感瞬间观测的蒸散发估算模型难以满足这种需求。数据同化技术为这一问题的解决提供了可行的方法。动态模型、同化算法、观测数据是数据同化方法的三个重要组成部分（Robinson and Lermusiaux，2000；Reichle et al.，2008），数据同化的原则是根据基本的物理约束，通过调整组分达到观测值与模型估计值之间差的最小化。将遥感观测数据同化到陆面过程模型中进行地表通量估算是目前的一个重要研究方向。目前利用数据同化方法进行蒸散发估算的研究，主要体现在以下几个方面：一是同化技术的研究，即采用什么样的最小化方法，如变分法、顺序法、集合卡尔曼滤波法等（Caparrini et al.，2003；Crow and Kustas，2005；Margulis et al.，2005；Meng et al.，2009）；二是最优化变量研究，即可利用的遥感反演参数，如地表温度、土壤湿度、地表蒸散发等（Lu et al.，2012）；三是同化变量的研究，即同化的过程中所调整的参数（Xu et al.，2011）；四是参数化方案的研究，即不同的陆面过程模型（Bonan，1996；Sellers et al.，1996；Dai et al.，2003）或地表能量平衡公式结合土壤热传导方程等（Bateni et al.，2013）。

与传统方法相比，数据同化方法不仅能估算潜热通量，也能估算数值模型中与湍流热通量相关的各种中间变量，并能够利用不同分辨率、不同覆盖范围的多源数据，达到数据利用的最优化。主要问题是需要一个由大气强迫数据驱动的数值模型，且模型较复杂，计算要求相对较高。

Raffy 和 Becker（1985）通过反演的思想首先将显热、潜热、土壤热通量参数化为一些一天内保持不变的未知常数及一些与地表温度、气温、风速等相关的已知函数，然后基于地表能量平衡及热传导方程，将未知参数的求解转化成不适定问题的解算，通过一天内若干次的观测数据，利用通量最小化或地表温度最小化的方法来求解未知常数，进而进行地表通量估算（Abdellaoui et al.，1986）。此方法实质也属于数据同化范畴，只是利用了简化的地表通量参数化方案替代了同化方案中的数值模型，避免地表阻抗计算，同时反演显热、潜热及土壤热通量。但未知参数求解过程具有不稳定性，需要加入更多先验知识进行约束（Raffy and Becker，1986）。

（六）土壤–植被–大气传输模型法（SVAT）

随着植被微气象学的发展，出现了从能量和水分的传输机制和植被的生理过程出发，详尽描述土壤、植被、大气之间的各种过程的模型，称为土壤–植被–大气传输（SVAT）模型。在 SVAT 模型中，一般将植被冠层和根层及土壤分为多个层次，分别计算每层中的截获辐射、有效能量、热量通量、光合作用等，所以该模型不但可以模拟植被对环境变化的反应，也可以模拟各层在不同时刻的状态，如温度、含水量及水输送阻抗等。使用该模型使陆表蒸散发的计算更加精确，也更加复杂，需要输入的参数更多。该模型的复杂程度差异极大，根据其所考虑的主要过程，可以分为以下几种。

（1）只考虑下垫面与大气总的湍流交换与传输，这是最简单的土壤–植被–大气传输模型，即常用的单层模型。该模型将整个下垫面包括植被–土壤看作一个整体，仅仅描述了土壤–植被系统与大气圈的交换，而没有考虑土壤–植被系统内部能量及水分的相互作用过程。常用的植被模式有 Dickinson 等（1996）的单层大叶面模式（biosphere atmosphere transfer scheme，BATS）。这类模型能够反映大气和下垫面间的总的能量、动量和物质交换过程，且因其计算简洁而被广泛采用，但是忽略了植被冠层与土壤二者间的水热特性差异。

（2）考虑下垫面+大气传输模型+大气边界层模型；该模型是在单层模型的基础上，加入边界层模型，确定地表与大气能量交换的上界面，在地表与大气边界层间，可定量刻画出下垫面土壤、地表植被、大气边界层三者之间的能量交换与流动。常用的模型主要是 ETWatch 模型（Wu et al.，2012）；可通过多源遥感数据，针对能量交换过程中的能量平衡各分项以及影响能量平衡的关系地表参量，采用最适合的遥感数据定量刻画出土壤、植被与大气边界层相应的参量信息，定量地计算出潜热通量的大小。

（3）土壤–植被–大气传输模型+土壤水分模型：在结合土壤水分模型的条件下，可以变地表湿度为已知量，同时还能获得有关土壤水汽扩散阻抗的信息。如果将蒸散发模型与土壤水分流动和温度传导一起来模拟，则双层模型也能获得足够的输入（莫兴国，1997）。问题在于，土壤水分不是容易获取的，在实验条件和一维假设下的土壤水分流动难以为蒸散发模型提供合理的下边界条件，反过来研究者常常将蒸散发量的动态变化作为估算土壤水分变化的一个部分，如 Nishat 等（2007）为一个连续的土壤湿度动态模型中加入了实际蒸散发的部分，在生长季进行基于日尺度的模拟，实际蒸散发量由与潜在蒸散发量的关系得出，并与渗漏项一起加入到土壤水分的调节和模拟中。

（4）土壤–植被–大气传输模型+大气边界层模型：集成土壤–植被–大气传输-PBL 模

型非常具有吸引力，这是因为可以通过使用较大范围的变量定义上层边界条件，即该边界条件在较大范围内为一常数。Carlson 和 Buffum（1989）等建立了一个地表-大气边界层模型，用来研究城市-乡村环境下的显热通量、潜热通量和土壤含水量。这个模型的作用是把净辐射分为显热通量和潜热通量，并确定地表温度的日振幅。模型将地表-大气边界层之间的关系分为四层考虑：一个边界层（Mixed Layer），一个距地面高 50m 的地表湍流层，一个包括了地表障碍物的薄过渡层和一个 1m 厚的地表层。Diak 和 Whipple（1993）进一步论证了使用对行星边界层的观测结果来研究地表热通量的可能性，他们利用边界层模型，把模拟高分辨率干涉探测器（HIS）观测到的大气顶层辐射，与地表的热通量和表面温度联系起来。Anderson 等（1997）扩展了这一方法，他们把描述地表显热传递的双源模型与描述地表加热过程的 PBL 模型参数化方法结合起来。从地表温度的变化率估计出地表热通量，并在其中降低了空气温度作为一个显热计算参数的重要性（Anderson et al.，1997）。

（七）蒸散发时间尺度扩展

现在遥感蒸散发模型估算的多是瞬间蒸散发，然而在流域水文及水资源管理应用中，日尺度的蒸散发信息更有意义，因此有必要将瞬间蒸散发进行时间尺度扩展，目前扩展方法主要有正弦函数法、恒定蒸发比法、参考蒸发比法等。正弦函数法主要是将瞬间蒸散发与日蒸散之比同太阳辐射的昼夜趋势相联系，用一个正弦函数来表达（Jackson et al.，1983；Zhang and Lemeur，1995），在白天全无云或云的覆盖相对稳定时，正弦函数能获得可靠的日蒸散发估算（Kustas and Norman，1996；Ryu et al.，2012）。恒定蒸发比法主要是利用蒸发比在一天内总体保持不变的性质（Brutsaert and Sugita，1992；Nichols and Cuenca，1993；Wu et al.，2012），将瞬间计算到的蒸发比扩展到日尺度上，目前应用最为广泛（Suleiman，2004；Sobrino et al.，2007；Galleguillos et al.，2011）。Sugita 和 Brutsaert（1991）、Kustas 等（1994）研究发现，夜间蒸散大约是日总量的10%，在干旱气候条件下当出现对流及风速增加时，蒸发比不变的假设会低估日蒸散，通常乘以 1.1，以校正这种低估（Anderson et al.，1997）。参考蒸发比是 METRIC 模型中提出的一种参数，定义为像元蒸散发与参考蒸散发之比，能更好处理一天中对流、风的变化以及湿度条件的影响，参考蒸发是指一定高度参考作物苜蓿的蒸发（Allen et al.，2007）。与恒定蒸发比法不同的是，它假定瞬间参考蒸发比与一天 24 小时的平均参考蒸发比相同，使用的是累积日参考蒸散发，而不是日累积可利用能量。

无论是哪种时间尺度扩展方法，瞬间蒸发比的估算精度将影响日蒸散发的估算（Tang et al.，2013）。Colaizzi 等（2006）比较了 5 种时间尺度扩展模型在不同地表面上的应用，对于灌溉作物，参考蒸发比法可得到较好的结果，对于裸土表面或低蒸发表面，恒定蒸发比法可得到相对好的估算结果。Chávez 等（2008）也比较了 6 种不同的蒸散发日尺度扩展方法，得出恒定蒸发比法得到的结果与测量值间的一致性最好。由于在不同的区域，地表阻抗的影响因子受多种因素影响，因此采用蒸发比法时，还需要考虑更多的因素。

（八）遥感蒸散发估算常用方法

1. SEBAL & METRIC

Bastinnassen 等（1998）在单层余项式的框架内开发了 SEBAL（surface energy balance algorithm for land）模型，用于估算陆面复杂表面的蒸散发。该模型只需要遥感数据和常规气象数据等辅助资料，计算简便，得到了广泛应用。模型首先计算辐射平衡和地表有效能量，然后与气象因子一起，通过近地层相似理论计算阻抗和显热通量。该模型的特色在于利用地温图像中极端干湿像元（冷热"锚点"）的通量已知的假设，对其他像元的通量进行初始化，其调整地表辐射温度至显热计算的空气动力学温度的假设条件是：空气动力学温度与空气温度之间的温度梯度与遥感辐射地表温度呈线性相关，这样就不需要单独的大气温度观测资料，并使用迭代的方法来确保热量传输粗糙度、温度梯度和各通量之间的耦合关系。其优点是需要收集的数据少，物理概念明确，便于遥感应用。不足之处是图像中必须有锚点的基础材料，这在某些情况下（冬季、裸地）难于选择，同时对地表动量粗糙度等关键量的参数化描述过于简单。

Allen 等（2005）开发的 METRIC 模型（mapping evapotranspiration at high resolution and with internalized calibration）是在 SEBAL 模型基础上增加了无锚点时、依靠近地面气象数据计算的参考 ET 作为内部标定的方法以降低模型的不确定性。METRIC 使用 Landsat TM 作为主要数据源，其生成的逐月蒸散量作于水权管理和地下水模型的输入。对 SEBAL 的改进和标定工作也可见于 Tasumi 的工作（Tasumi et al., 2003），主要是从应用角度出发，检验了原模型中对于地表反照率、叶面指数、大气纠正和地温反演精度、动量传输粗糙度对于 ET 结果的影响，及 SEBAL 模型中一些经验公式在美国爱达荷州的表现。Timmermans 等（2007）将一个双层模型（TSEB）与 SEBAL 在两套不同的通量塔数据集上进行对比分析，在裸土和稀疏植被覆盖处，TSEB 有更好的表现；虽然 Timmermans 对原 SEBAL 模型中的动量粗糙度计算方法作了改进，但因为 SEBAL 模型的结果受制于众多因素，粗糙度的改进并不能有效减少模型的误差；同时两者对表面–大气温差都非常敏感；除地温最敏感外，双层模型的次敏感因子是植被覆盖度 f_c，SEBAL 模型的次敏感因子是锚点选择。

2. SEBS

Su（2002）开发的 SEBS（surface energy balance system）是一类典型的单层余项式遥感蒸散模型，已经在欧洲和亚洲等许多地方得到了应用。SEBS 模型包括以下一些模块：从卫星产品到陆面变量（包括反照率、比辐射率、地表温度和植被覆盖度）的参数化模块；热量粗糙度长度计算模块；迭代计算摩擦速度、稳定度长度和显热通量的数值解模块；以及从瞬时显热通量导出相对蒸发（relative evaporation）最终得到蒸发比（evaporative fraction）的方法。并且在应用中采用了时间序列谐波分析（HANTS）来将遥感估算的蒸散量扩展至全年。该模型针对 NOAA/AVHRR 数据设计，需要大气风温湿或边界层气象数据，特点在于定义了表面能量平衡指数的概念，通过假设的极端边界情况来计算实际蒸发比，同时还综合了前人文献中计算热量粗糙度长度的计算方法，将其扩展到植被不同覆盖的地表，并考虑了不同情况下大气稳定度的订正方法。

贾立等在 SEBS 模型的基础上做了大量工作：他们采用欧洲遥感卫星 ERS-2 上的沿轨扫描辐射计 ATSR-2（along track scanning radiometer）数据，用其双角度的热红外数据来估算大气水汽和气溶胶光学厚度，并与辐射传输方程相结合得到一个精准的地表反照率，使用边界层厚度作为参考高度，由一个区域气候模型 RACMO 来提供边界层的气象输入，模型结果采用 LAS 仪的通量数据来进行验证。

3. ALEXI & DTD

使用地表温度变化率计算土壤湿度或地表通量的方法最初由 Wetzel 提出，从 GOES 静止气象卫星的热红外波段上提取地表辐射温度变化率，与边界层模型耦合以避免单次地温观测中的固有问题（Wetzel et al.，1984），Wetzel 认为，由于使用了地温变化率，涉及地表真实温度的一些过程如辐射纠正、大气纠正和比辐射率反演则并非必需。Diak 发展了这种方法，并将地温的增量与边界层生长速度联系起来（Diak and Whipple，1993）。Anderson 等（1997）提出用于估算陆地表面显热/潜热的 ALEXI（atmosphere-land exchange inverse）模型，模型把描述地表显热传递的改进双源模型与描述地表加热过程的 PBL 模型参数化方法结合起来，从地表辐射温度变化率得到地表热通量（通过模型转化完成）。模型中最主要的输入量是植被覆盖度 f_c（从 AVHRR 卫星中获取）和上午的地表辐射温度变化率（从 NOAA-GOES 静止气象卫星中获取），以及上午日出时刻的一条探空观测曲线作为大气温度的上边界条件，通过这种方法也同时确定了一个表面层（50m 高度）处大气温度的估算值，目前 ALEXI 从 CIMSS 研究组（cooperative institute for meteorological satellite studies）的中尺度气象预报模型获得提供所需的气象数据输入。

为避开对边界层高度的计算，Norman 同时发展了一个简化的、仅利用温度变化率的蒸散模型 DTD（dual-temperature-difference）（Norman et al.，2000），不需要 ALEXI 模型中原上午一次探空曲线的输入。要点是选择了一个日出后不久的 0 时刻，忽略了该时刻的 $H_0 - H_{c,0}$ 项，因此，降显热通量公式代入两次地温观测（0，i）并相减得到：

$$H_i = \rho C_p \left[\frac{(T_{R,i} - T_{R,0}) - (T_{A,i} - T_{A,0})}{(1-f)(R_{A,i} + R_{S,i})} \right]$$
$$+ H_{c,i} \left[1 - \frac{f}{1 - fR_{A,i} + R_{S,i}} \right] \tag{3-31}$$
$$+ H_{c,0} \left[1 - \frac{f}{1 - fR_{A,i} + R_{S,i}} \right]$$

从而得到了一个以空气温度为主要未知量的显热通量预报式，随后 Norman 给出了 $R_{A,i}$ 和 $R_{S,i}$ 的参数化方法。为将 ALEXI 模型中的基于 GOES 卫星的结果（5 ~ 10km²）扩展到更高空间分辨率，Norman 开发了 DisALEXI 模型用于 ALEXI 通量计算结果的子像元分解，引入了 30m 的高分辨率 NDVI 和地温数据，并以 ALEXI 模型所输出的 50m 高度的大气温度作为上边界条件（Norman et al.，2003）。DTD 的应用前提是 0 时刻发生在各项通量都很小的情况下，气温比较均一。

由于 ALEXI 模型被限定在晴日情况下有效，Anderson 从晴日 ALEXI 通量计算结果中发展了一个湿度胁迫函数（moisture stree function），将晴日蒸发比扩展到邻近的有云日，并利用 SMEX02 实验数据进行了评价，取得了较好的时段 ET 结果（日蒸散平均误差为

15%）（Anderson et al.，2007）。Diak 指出 ALEXI 和 DTD 最大的瓶颈还是来自于 GEOS 静止气象卫星本身所仅能提供的 5～10km 分辨率数据，而其他空间分辨率更高的数据则由于不能提供两次地温观测而无法应用。同时 ALEXI 与中尺度气候模型应有进一步的耦合，气候模型提供 ALEXI 所需的初始大气廓线和气象输入，蒸散模型所得到的土壤水分可供率也应能用于强迫预报模型（Kustas et al.，2001）。

除此之外，ALEXI 模型中对于表面阻抗项的参数化方法多是袭用了 N-95 中简化的经验式（Norman et al.，1995），因此对于在其他区域的应用有较大的限制。

4. 三温模型法

Qiu 等（1996）以地表辐射平衡方程和地表热量传输方程为基础，以干燥且无蒸发的土壤为参考土壤，以干燥且无蒸腾的植被为参考植被，剔除地表热量传输方程中难以准确计算的空气动力学阻抗，得到关于土壤蒸发和植被蒸腾的计算模型，并在日本鸟取大学干燥地研究中心开展了田间尺度的实验研究，实验涉及的作物包括高粱、甜瓜、番茄等（Qiu，et al.，1996，2006）。该模型的核心是采用表面实测温度、表面参考温度和地表气温 3 种温度，故称为三温模型（刘元波等，2016）。

混合像元是利用遥感数据估算区域蒸散无法回避的问题。针对混合像元情况，通过引入地表覆被比例，一个完整的三温模型遥感反演公式可以表示为（Xiong et al.，2010，2014；Tian et al.，2013）

$$\lambda E_s = R_{n,s} - G_s - (R_{n,sd} - G_{sd}) \frac{T_s - T_a}{T_{sd} - T_a} \tag{3-32}$$

$$\lambda E_c = R_{n,c} - R_{n,cp} \frac{T_c - T_a}{T_{cp} - T_a} \tag{3-33}$$

$$\lambda E = (1-f) LE_s + f LE_c - R_{n,cp} \frac{T_c - T_a}{T_{cp} - T_a} \tag{3-34}$$

式中，下标 s 和 c 分别表示土壤和植被；下标 d 表示没有蒸发发生的参考土壤情况；下标 p 表示没有蒸腾发生的参考冠层情况；f 为植被覆盖比例，可以根据遥感植被指数来确定。

三温模型法的主要特点是不需要确定动力学阻抗，模型输入参数较少，并且大多参数可以通过遥感数据来获取。已有案例表明，利用中午过境的遥感数据反演地表蒸散量时，该方法的反演精度较高（Xiong et al.，2010，2014；Tian et al.，2013）。目前存在的主要问题是，虽然有关参考土壤和参考植被的计算参数可以在田间尺度实测获得，但是在大尺度应用时难以实现。此外，该方法在估算早间和傍晚的蒸散时存在较大的误差，这与温度比例对于低辐射条件过于敏感有关（Maes and Steppe，2012；Zhou et al.，2014）。尽管三温模型法不失为一种简洁的反演方法，在用于遥感监测时还需要更多的实践检验。

5. MOD16 产品算法

Nishida 等（2003）提出的 MODIS 蒸发产品（MOD16）用 Penman 公式计算潜在蒸散 ET_p，用 Penman-Monteith 公式计算实际蒸散 ET_a，用 Priestley-Taylor 公式（取 $\alpha = 1.26$）计算湿润环境蒸散 ET_w，由之得到植被下垫面的蒸发比 EF_{veg}：

$$EF_{veg} = \frac{\lambda E_{veg}}{R_n - G} = \frac{\alpha \Delta}{\Delta + \gamma\ (1 + 0.5 r_s / r_a)} \qquad (3-35)$$

式中，E_{veg} 为植被下垫面的蒸散量。该算法将一个像元分为植被和裸土两部分，将像元总蒸散量写为 $ET = f_{vet} ET_{veg} + (1 - f_{veg})\ ET_{bare}$。算法结果通过蒸发比 EF 的形式表达：

$$EF = \frac{\lambda E}{Q} = f_{veg} \frac{Q_{veg}}{Q} EF_{veg} + (1 - f_{veg})\ \frac{Q_{bare}}{Q} EF_{bare} \qquad (3-36)$$

式中，$Q = R_n - G$，为像元下垫面可利用能量；Q_{veg} 和 Q_{bare} 分别为植被和裸土的相应值，使用辐射模型计算。EF_{bare} 为裸土的蒸发比，类似扩展的 Priestley-Taylor 方法中对 α 的估算，由植被指数–地表温度图得到。计算得到各像元的蒸发比 EF 后，根据全天大部分时间 EF 约保持不变这一观测事实，就可由卫星过境时刻计算的 EF 值得到日蒸散量。由于这一算法中的许多变量（如阻抗 r_s 和 r_a）的参数化方法过于简单，进一步的应用报道很少。

（九）遥感蒸散发模型总结

纵观现有遥感蒸散发估算模型，其核心问题是对地气相互作用和水热交换过程的参数化方法。由于所有地表变量在时间和空间上都具有高度的异质性，而在局地尺度建立的经验公式在适用性上非常有限。实现对大范围地区地表参量的定量表达，需要结合地面实测数据进行建模和求优。目前在地表通量项计算中，净辐射地表辐射平衡主要来自于地表辐射平衡方程，而土壤热通量则来自于与净辐射的经验关系（Su, 2002），或综合考虑植被、土壤质地、土壤水分对热通量的影响（Murray and Verhoef, 2007；Zhu et al., 2014）。显热通量则仅是由地表温度及其参考高度上的气象条件所决定的，需要通过数学方法将其订正到与有效能量相适应的水平，因此存在一定的不确定性。在不同应用尺度，模型的参数化方法也不一样。空间分辨率低时，气象要素的空间分布趋势和变幅等因素影响较大，而下垫面影响相对较小；空间分辨率高时，模型驱动的数据相对不易获得，气象要素的分异较小，而下垫面的影响增加。因此，在使用中低分辨率遥感数据时，可以选用参数化方案较为灵活、大气湍流方案较为复杂的模型；而在使用高分辨率遥感数据时，可以使用经本地数据标定后的、相对简单的经验模型。日净辐射通量对日蒸散量反演精度有很大影响。目前遥感地表温度已作为较成熟的定量数据产品为研究者所使用（Wan et al., 2004），为降低遥感地表温度与参考高度处的空气温度之差对模型精度的影响，Anderson 等（1997）利用静止气象卫星的多次观测发展了基于地温变率的双层模型，应用 GOES 卫星的午前观测获取北美地区 5~10km 分辨率的通量估算值（Anderson et al., 2012），并采用了 Norman 提出的 DisALEXI 算法将其分解到微气象尺度（100m~1km）。日太阳短波辐射往往通过气象观测计算得到，但气象台站的辐射或日照观测数据的代表性需充分评估。气象台站一般都处于地势平坦、周围少障碍物的区域，如果研究区地形复杂，坡度、坡向和周围地形遮蔽均会对辐射产生显著影响，尤其是在中高纬度地区，反演蒸散将会带来较大误差。这就需要考虑地形和气象条件，用参数化的方法计算日平均净辐射（田辉等，2007）。

计算地表通量的遥感模型需要参考高度处的地表动量、热量和水汽阻抗等地表参数。它们都是地表空气动力学粗糙度的函数，目前使用遥感手段还难以直接获取。空气动力学参数对植被区域植株的密度、高度、郁闭度和风速变化都非常敏感（朱彩英，2003），对于不同的陆面类型，由于几何特征和环境变量的差异性而产生的变化量可能会达到几个数量级（张仁华和孙晓敏，2002），对地表通量模型的反演计算影响很大。仅考虑植被高度对粗糙度的影响，或者根据土地利用分类来指定经验值（Allen et al.，2005），在地形起伏条件下的适用性较差。而使用雷达数据计算地表粗糙度的做法逐渐为研究者所重视，这是因为 SAR 图像的后向散射系数在很大程度上由地表的几何粗糙状况所决定（Prigent et al.，2005；Wu et al.，2012）。

因此，吴炳方等为了解决现有遥感蒸散发估算模型中存在的问题，于 2008 年提出了 ETWatch 模型方法，此模型方法充分利用遥感数据源的特点，将余项法与彭曼公式结合集成模型，利用遥感数据反演晴空日的蒸散发；遥感模型常常因为天气状况无法获取清晰的图像而造成数据缺失，为获得逐日连续的蒸散量的，利用 Penman-Monteith 公式，将晴好图像日的蒸散结果作为"关键帧"，将关键帧的地表阻抗信息为基础，构建地表阻抗时间拓展模型，填补因无影像造成的数据缺失，利用逐日的气象数据，重建蒸散量的时间序列数据（熊隽等，2008；Wu et al.，2012），并通过数据融合模型，将中低分辨率的蒸散时间变化信息与高分辨率的蒸散空间差异信息相结合，构建高时空分辨率蒸散数据集（柳树福等，2011），同时提供流域级尺度（1km）和地块尺度（10~100m）的蒸散监测结果，满足水资源评价与农业耗水管理的需求（Wu et al.，2009）。该模型方法在海河流域通过了多种途径的验证，包括地块实测的蒸散量、蒸渗仪、涡度相关系统、大口径闪烁仪，以及子流域和小流域等不同方法和不同尺度的验证（Wu et al.，2012）。并利用涡度相关系统和大口径闪烁仪对计算过程中的参数变量和数据产品进行了不同尺度的第三方地表验证，结果表明，遥感估算的 1km 和 30m 蒸散结果与地面观测结果在时间过程上有着良好的相关性。

在国家自然科学基金委黑河流域生态水文重大研究计划的支持下，吴炳方等（2011，2012）对 ETWatch 模型方法进行了深度的参数化改进，从地气交换的角度，针对能量平衡中的各分项，发展了净辐射、土壤热通量、空气动力学粗糙度、边界层高度、饱和水汽压差以及蒸散时间尺度扩展等参数化方法，解决了地面能量项闭合修正、地表水分胁迫、下垫面热力非均匀性的定量描述方法等关键问题，集成与升级了 ETWatch 方法与系统。目前在半干旱地区的海河流域、干旱区的黑河流域和艾比湖流域，以及极端干旱区的吐鲁番地区均得到较好的应用。

最近通过与欧洲和美国多个蒸散模型及系统的竞争，赢得了作为单一来源技术向埃及出口蒸散遥感监测（ETWatch）技术，为埃及遥感局开发并定制 ETWatch 系统的合同，用于估算埃及绿洲区的蒸散，为农业耗水管理提供蒸散数据。

二、ETWatch 模型

针对蒸散发模型参数化中的瓶颈问题，按不同下垫面和特征区域进行模型配置，集成不同地表参量参数化方法研究成果到 ETWatch 遥感估算模型系统中，建立了多尺度-多源数据协同的陆表蒸散遥感模型参数化方法，如图 3-5 所示。

在 ETWatch 模型中，利用关键地表参量以及能量平衡关键分量的参数化方法，结合高低分辨率晴天与阴天遥感 ET 估算方法，即可获得逐日的高低分辨率的遥感 ET 数据。以

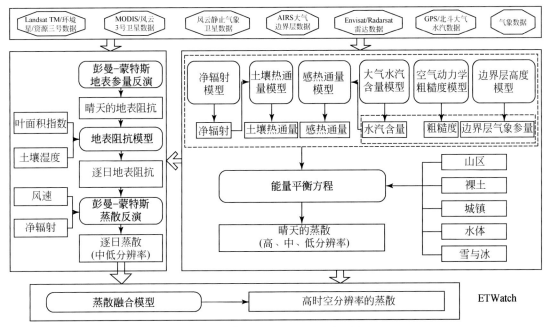

图 3-5 集成后的 ETWatch 流程图

黑河流域为例，ETWatch 参数化模型方法原理如下：

在晴天状况下：基于标准化的多源大气廓线遥感产品数据，结合已研究的大气边界层高度参数化方法获得影响黑河流域地表蒸散发的地表-大气间的边界层高度；在此高度范围内，基于云产品数据以及气象数据，结合已研究的净辐射与地表土壤热通量的参数化方法，获得逐日尺度的地表净辐射以及晴天状况下的地表土壤热通量数据；基于大气廓线产品数据以及地面气象站观测的气象数据，结合饱和水汽压差参数化方法，获得晴天状况下大气饱和水汽压差；基于雷达数据、数字高程模型数据，结合地表粗糙度参数化方法，获得晴天状况下地表空气动力学粗糙度；基于大气边界层高度数据、空气动力学粗糙度数据、饱和水汽压差数据以及净辐射数据，结合感热通量参数化方法，获得晴天状况下的感热通量数据。

根据能量平衡方程，对于不同的下垫面类型，如山区、裸土、城镇以及水体，充分考虑下垫面的不同动力和热力性质、土壤与植被水热性能差异，结合已确定的地表净辐射、地表土壤热通量、地表感热通量，可以获得晴天状况下的日尺度的高低分辨率遥感 ET 数据。

在阴天状况下：依托彭曼公式，联合已确定的晴天状况下的日遥感 ET 数据、气象数据、晴天状况下的地表阻抗以及蒸散发时间重建研究成果，即可获得阴天状况下的，不同下垫面类型下的低分辨率遥感 ET 数据。集成晴天状况下的遥感 ET 参数化估算方法与阴天状况下的遥感 ET 参数化估算方法，即可完成低分辨率遥感 ET 参数化估算模型的集成。借助于低分辨率月尺度遥感 ET 估算结果与晴天状况下的高分辨率遥感 ET 日结果数据，采用已有的 ET 融合模型，获得逐月尺度的高分辨率遥感 ET 数据。通过上述三个过程，即可获得高低分辨率遥感 ET 数据；ETWatch 参数化模型方法充分利用了多源遥感数据在反映时空特征的优势，基于陆表蒸散遥感模型中关键参量的遥感反演方法，通过关键参量的时空格局的准确表达，可提高流域尺度蒸散估算的可靠性、稳定性和时空连续性，更加真实地反映流域陆表蒸散的时空变化特征。

ETWatch 模型方法中关键地表参量以及能量平衡关键分量的参数化方法如下。

（一）地表净辐射遥感估算参数化方法研究

1. 风云日照时数的估算

云对日照时数会产生明显的影响，不同云对太阳辐射的削弱作用会导致地面日照时数长度的变化；本书采用 FY-2 卫星云分类产品数据（积雨云、密卷云、卷层云、高层云或雨层云等类别），针对不同云对太阳辐射的吸收、散射特性，经过与地面气象站点观测的日照时数数据的比较，采用 SCE-UA（shuffled complex evolution-University of Arizona）算法模拟出 FY-2 卫星不同云类型对应的日照时数影响因子；表 3-5 是黑河流域不同云类型的日照因子。

表 3-5　黑河流域云类型日照因子

云分类	云类型代码	日照因子
晴空海面/陆地	0/1	0.9
混合像元	11	0.21
高层云或雨层云	12	0.25
卷层云	13	0.51
密卷云	14	0.24
积雨云	15	0.13
层积云或高积云	21	0.35

在确定每种云类型对应的日照因子后，计算每个像元对应的在有云条件下的日照时数。

2. 净辐射的估算

把估算的日照时数数据代入净辐射的计算方法，即可估算出基于日照因子的日净辐射数据。

净辐射中短波辐射的计算方法取自 FAO 推荐的用于计算参考作物蒸散量的 Penman-Monteith 公式，公式如下：

$$R_n = (1-\alpha)R_s - R_{nl} \tag{3-37}$$

$$R_s = [a_s + b_s(n/N)]R_a \tag{3-38}$$

式中，R_s 为太阳短波辐射 $[MJ/(m^2 \cdot d)]$；n/N 为相对日照时间；R_a 为天文辐射 $[MJ/(m^2 \cdot d)]$；a_s 和 b_s 为经验常数；α 为通过 MODIS 数据计算的逐日地表反照率数据。根据式（3-37）计算太阳短波辐射结果。

地表净辐射计算中长波辐射的计算方法采用如下方法：

$$R_{\mathrm{nl}} = \sigma \left(\frac{T_{\max}^4 + T_{\min}^4}{2} \right) \left(0.33 + 0.01\mathrm{LAI} - 0.15\sqrt{e_a} \right) \left(0.84\frac{R_s}{R_{so}} + 0.15 \right), \quad \mathrm{LAI} < 3 \quad (3\text{-}39)$$

$$R_{\mathrm{nl}} = \sigma \left(\frac{T_{\max}^4 + T_{\min}^4}{2} \right) \left(0.36 - 0.15\sqrt{e_a} \right) \left(0.84\frac{R_s}{R_{so}} + 0.15 \right), \quad \mathrm{LAI} \geqslant 3 \quad (3\text{-}40)$$

式中，σ 为斯蒂芬-波尔兹曼常数；$T_{\max,\mathrm{K}}$ 和 $T_{\min,\mathrm{K}}$ 分别为 24 小时最高和最低气温（K），e_a 为实际的水汽压（kPa）；R_s/R_{so} 为相对太阳短波辐射；R_s 为太阳短波辐射 [MJ/(m² · d)]；R_{so} 为晴空太阳辐射 [MJ/(m² · d)]，其余为经验系数。

图 3-6 为 2008 年黑河流域 1km 分辨率地表净辐射的估算值与地面观测数据的对比图，两者之间的相关性较好，各站的决定系数都达到 0.69 以上。其中图中 "Rn-FY-2D cloud-type" 代表基于 FY-2D 的云类型估算的净辐，"Rn_ Interpolation method" 代表基于插值方法计算的净辐射。

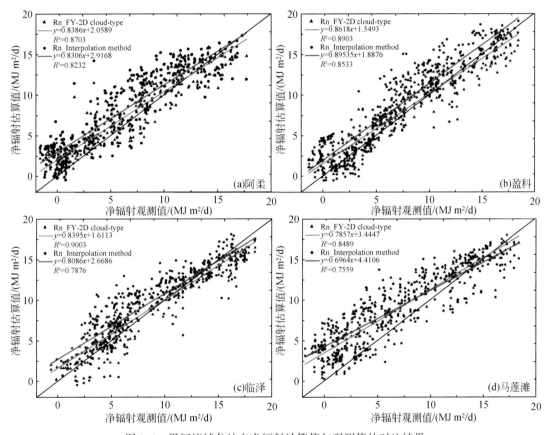

图 3-6　黑河流域各站点净辐射计算值与观测值的对比结果

黑河流域阿柔、盈科、临泽、马莲滩四个辐射站 2008 年的地表净辐射数据和基于日照因子估算的地表净辐射数据进行对比分析，得出 Pearson 相关系数、决定系数、均方根误差和平均相对误差（表 3-6）。

表 3-6　黑河流域各站估算净辐射精度分析

站点 \ 指标	R	R^2	RMSE/(W/m^2)	MRE/%
阿柔	0.83	0.70	33.27	−0.01
盈科	0.84	0.71	34.17	−0.05
临泽	0.83	0.69	32.68	−0.08
马莲滩	0.85	0.72	33.42	0.03

　　图 3-7 为估算的净辐射值与观测值的年内过程线，可以看出两者之间匹配较好，估算值与实际观测值保持一致的趋势。阿柔站的模型估算值与观测值的年内平均偏差为−2.31W/m^2，盈科站的模型估算值与观测值的年内平均偏差为−6.02W/m^2。

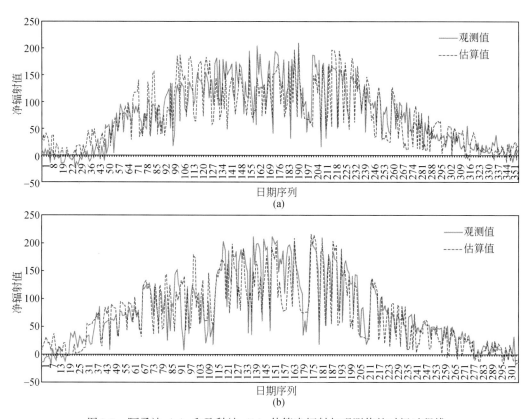

图 3-7　阿柔站（a）和盈科站（b）估算净辐射与观测值的时间过程线

　　图 3-8 的空间分布上看，基于日照因子估算的净辐射估算结果在空间上反映了日照时数的分布，而基于站点日照数据的估算结果没有体现出日照时数的空间分布特征。在 2008 年 7 月 6 日的 FY 日照时数时黑河流域东北地区存一个低值区，从而在估算的地表净辐射在这个地区值比其他地区小［图 3-8（c），（d）］。在 2008 年 3 月 14 日，黑河流域大部分地区都为晴空状态，只有在南部山区有云的分布，通过日照时数计算的地表净辐射在南部山区与基于站点日照时数的估算结果也存在差异，而在中部和北部地区差异不大［图 3-8（a），（b）］。

　　因此可以看出基于 FY 日照时数估算的地表净辐射数据估算方法可以更好地反映云相变化对辐射的影响，可以更好地反映地表的净辐射空间分布。

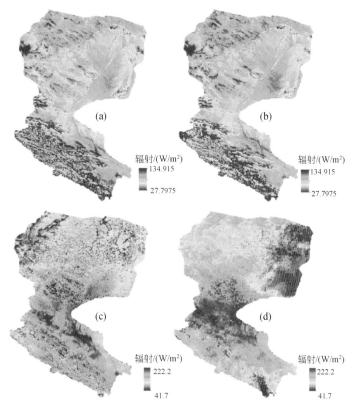

图3-8　黑河流域 FY 计算净辐射（b，d）与站点数据计算值（a，c）的空间分布

（二）地表土壤热通量遥感估算参数化方法研究

1. 卫星过境瞬时地表土壤热通量的估算方法

　　结合已有卫星过境瞬时地表土壤热通量估算方法，考虑土地质地类型变化对地表土壤热通量的影响，基于地表温度、地表植被指数、太阳高度角、地表短波红外数据拟合构建了新的区域遥感估算地表土壤热通量的算法：

$$\frac{G_{0-\mathrm{sat}}}{R_{n-\mathrm{sat}}} = \frac{T_s}{50}\ (0.4-0.12\mathrm{RVI}+0.014\mathrm{RVI}^2)(0.5b_3+0.76b_4+0.35)\ e^{-\frac{0.25}{\cos(\mathrm{soz})}} \tag{3-41}$$

式中，$G_{0-\mathrm{sat}}$ 为卫星过境瞬时土壤热通量；$R_{n-\mathrm{sat}}$ 为瞬时净辐射；T_s 为地表温度（K）；RVI 为比值植被指数（RVI=（Pnir/Pr）=（1+NDVI）/（1-NDVI））；b_3、b_4 为 modis 短波红外第 3 与第 4 波段反射率；soz 为太阳天顶角。

　　方法第一步是对遥感反演的地表温度进行订正（图3-9）。

　　地表温度经过上述标定、NDVI 经平滑后，利用式（3-41）计算了阿柔站和盈科站地表热通量（图3-10、图3-11）。以 MODIS 数据为基础，采用此模型方法计算了黑河流域2008年9月28日卫星过境瞬时土壤热通量与地面观测值进行相比，结果表示，新提出的估算方

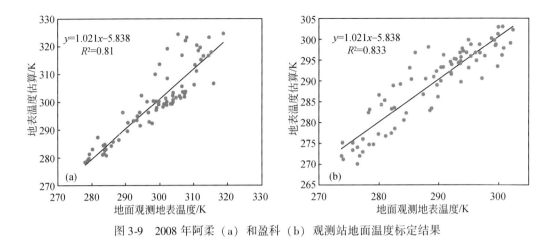

图 3-9　2008 年阿柔（a）和盈科（b）观测站地面温度标定结果

法的精度更高，能够更好地表达出植被区与非植被区地表土壤热通量的空间变化（图 3-12）。

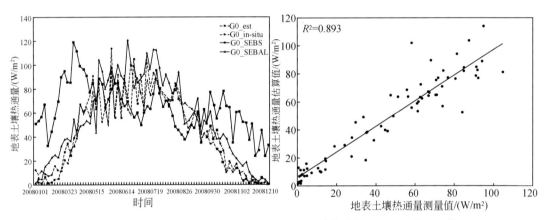

图 3-10　阿柔站卫星过境瞬时地表土壤热通量估算值与地面观测值的比较

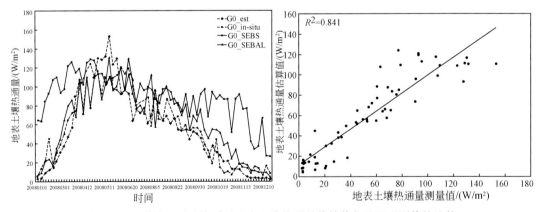

图 3-11　盈科站卫星过境瞬时地表土壤热通量估算值与地面观测值的比较

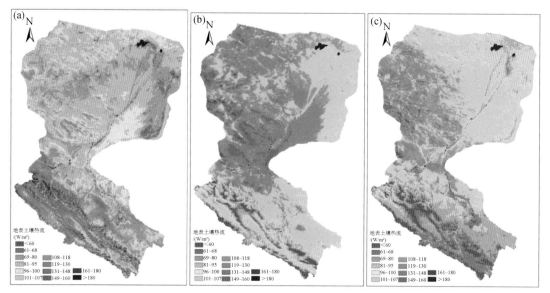

图 3-12　黑河流域卫星过境瞬时地表土壤热通量估算结果的空间分布

（a）基于 SEBS 模型中提出的方法计算结果；（b）基于 SEBAL 模型中提出的方法计算结果；（c）提出的方法计算结果

2. 日地表土壤热通量的估算方法

1）裸土或稀疏植被区算法

从土壤一维土壤热传导方程出发，采用一天多次过境的遥感数据模拟地表温度数据日变化过程以及地表真实土壤热惯量，然后基于模拟的地表温度日变化计算出裸土或植被覆盖区域的地表土壤热通量日变化过程：

$$G(z, t) = D_{h} \frac{\partial}{\partial z} T(z, t) = D_{h} \frac{1}{\sqrt{D_{h}}} \frac{\partial^{(1/2)}}{\partial t^{(1/2)}} \left[T(z, t) - T_{0} \right] = \sqrt{\frac{D_{h}}{\pi}} \int_{0}^{t} \frac{\mathrm{d}T(z, s)}{\sqrt{t - s}}$$

$$(3\text{-}42)$$

式中，s 为积分变量；z 为土壤表层下面的深度（m）；T 为土壤的温度（K）；D_{h} 为固定的土壤热扩散率量 [W/(m·K)]，假设 $z=0$，即该方程表示的是地表土壤热通量的计算表达式，$G(t) = G(0, t)$，$T(t) = T(0, T)$；即地表土壤热通量表达式可以写为

$$G(t) = \sqrt{\frac{D_{h}}{\pi}} \int_{0}^{t} \frac{\mathrm{d}T(s)}{\sqrt{t - s}}$$

$$(3\text{-}43)$$

而通过公式推导可知：

$$D_{h} = k\rho_{s} c_{s} = \Gamma^{2}$$

$$(3\text{-}44)$$

式中，k 为土壤热传导率 [W/(m·K)]；ρ_{s} 为土壤密度（kg/m³）；c_{s} 为土壤定压比热 [J/(kg·K)]；Γ 为地表真实土壤热惯量 [J/(m²·K·s⁰·⁵)]；$T(s)$ 为地表土壤温度（K）。

$$G(t) = \frac{\Gamma}{\sqrt{\pi}} \int_{0}^{t} \frac{\mathrm{d}T(s)}{\sqrt{t - s}}$$

$$(3\text{-}45)$$

式中，s 为积分变量；此计算方法只适合裸土区域的地表土壤热通量的计算。

　　2）茂密植被区算法

　　针对植被覆盖区域，通过辐射传输定理，可以计算出植被区域的地表土壤热通量；计算公式为

$$G(t) = \frac{\Gamma}{\sqrt{\pi}} \int_0^t \frac{\mathrm{d}T(s)}{\sqrt{t-s}} e^{[-\beta(\mathrm{LAI}/\cos\tau)]} \tag{3-46}$$

式中，LAI 为叶面积指数；τ 为太阳高度角，可由纬度与太阳赤纬相结合计算；β 为植被对辐射能量的消光系数，针对不同的植被类型数据，采用不同消光系数经验值（Chen and Cihlar，1996）。

　　当下垫面全部为裸土覆盖时，LAI 为 0，则裸土区域的算法与植被区域的算法相同。

　　3）特殊地表区算法

　　对待特殊地表类型，采用简化的方法估算日地表土壤热通量。

　　水体的日热通量的值为

$$G_0 = 0.226 R_n \tag{3-47}$$

式中，R_n 为日净辐射值。

　　雪与冰川表面的日热通量的值为

$$G_0 = 0.5 R_n \tag{3-48}$$

　　采用上述算法进行估算黑河流域的日地表土壤热通量；结合地面观测数据，进行验证，如图 3-13 与图 3-14 所示；图 3-13 反映的是阿柔高寒草地站 4 个典型晴天状况下模拟估算的地表土壤热通量与地面观测值（TDEC 法计算而得）的日变化过程，在 2009 年 6 月 12 日、7 月 13 日、8 月 9 日以及 8 月 27 日期间，地表土壤热通量估算值与地面观测值之间 R^2 分别为 0.981、0.956、0.966 以及 0.948，结果再次表明地表土壤热通量日变化过程估算结果与地面观测结果具有较好的一致性；图 3-14 反映的是盈科绿洲站 4 个典型晴天状况下模拟估算的地表土壤热通量与地面观测值（TDEC 法计算而得）的日变化过程，在 2008 年 4 月 24 日、5 月 27 日、6 月 2 日以及 8 月 2 日期间，地表土壤热通量估算值与地面观测值之间 R^2 分别为 0.981、0.971、0.945 以及 0.980，结果表明地表土壤热通量日变化过程估算结果与地面观测结果具有较好的一致性。

　　通过土壤热通量日过程变化的积分，可以获得区域尺度的黑河流域日地表土壤热通量的空间分布，图 3-15 展示了黑河流域 2008 年 8 月 22 日日地表土壤热通量空间分布，由于 8 月正值夏季，植被生长较为旺盛，黑河流域绿洲区域及上游的高上草地与林地生长较为旺盛，植被覆盖度较大，从图中直观地可以看出中下游绿洲区的日地表土壤热通量明显小于周边裸土、戈壁与沙漠区域，但是均为正值，主要是由于夏季土壤是热汇的过程，同时植被对太阳辐射产品的消光的作用；在黑河流域上游区域，由于气候条件的变化，以及下垫面类型的不同（高寒草地、冰川、森林等）的影响，日地表土壤热通量变化差异较大，在值域上明显小于中下游区域的日地表土壤热通量的值，一方面由于上游山区太阳辐射总体小于中下游区域，另一方面上游土壤与地表植被覆盖特征差异较大，不同于中下游的荒漠植被、裸土裸岩、绿洲植被；最大的日地表土壤热通量出现在湖泊水体上，最小的日地表土壤热通量出现在上游山区区域。

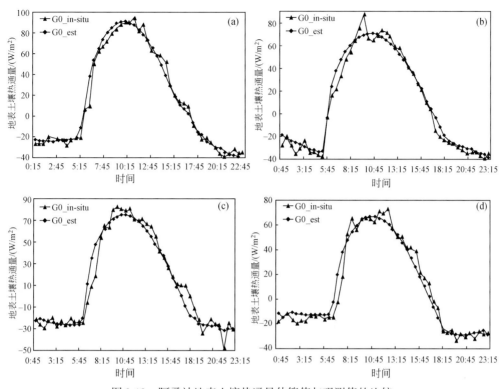

图 3-13　阿柔站地表土壤热通量估算值与观测值的比较

（a）2009 年 6 月 12 日；（b）2009 年 7 月 13 日；（c）2009 年 8 月 9 日；（d）2009 年 8 月 27 日

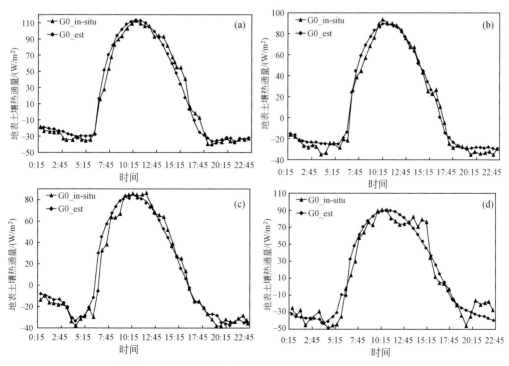

图 3-14　盈科站地表土壤热通量估算值与观测值的比较

（a）2008 年 4 月 24 日；（b）2008 年 5 月 27 日；（c）2008 年 6 月 2 日；（d）2008 年 8 月 2 日

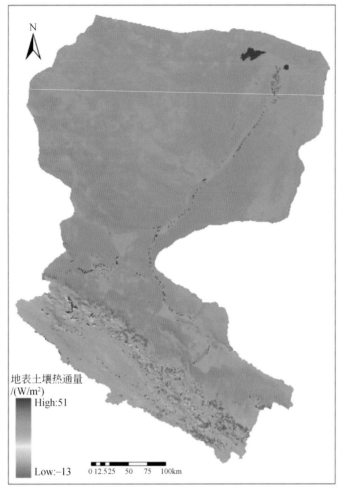

图 3-15　黑河流域 2008 年 8 月 22 日日地表土壤热通量空间分布

(三) 地表粗糙度遥感估算参数化方法研究

1. 基于 Monin-Obukhov 相似理论和地面气象梯度数据的空气动力学粗糙度计算

根据 Monin-Obukhov 相似理论, 综合考虑动力和热力相互作用的 Monin-Obukhov 长度来表征无量纲风速梯度和无量纲温度梯度, 并进行大气稳定度判定, 基于多层风速和空气湿度数据, 同时采用拟合和迭代, 计算空气动力学粗糙度和零平面位移高度, 目前该方法还在研究中, 将通过参考文献中的测试数据进行该方法计算的试验。

$$u = \frac{u_*}{k} \left[\ln\left(\frac{z-d}{z_0}\right) - \Phi_{\mathrm{m}}\left(\frac{z-d}{L}\right) \right] \qquad (3\text{-}49)$$

$$\theta = \frac{\theta_*}{k} \left[\ln\left(\frac{z-d}{z_{\mathrm{t}}}\right) - \Phi_{\mathrm{h}}\left(\frac{z-d}{L}\right) \right] + \theta_0 \qquad (3\text{-}50)$$

式中, d 为零平面位移高度; Z_0 为空气动力学粗糙度; u 和 θ 分别为水平风速和空气的位温；u_* 为摩擦速度（动力）；θ_* 为摩擦温度（热力）；L 为 Monin-Obukhov 长度，它反映了动力和热力的综合作用。

$$L = \frac{u_*^2}{\theta_* kg/T_0} \tag{3-51}$$

式中，g 为重力加速度；T_0 为某一参考高度；Φ_{m} (z/L) 和 Φ_{h} (z/L) 为大气稳定度订正函数，需要由实验来确定。结合地面定期实测作物高度数据，采用迭代和拟合同时进行，寻找相关系数最大的零平面位移对应的空气动力学粗糙度值。

2. 基于 MODIS BRDF 近红外模型参数的空气动力学粗糙度估算

MODIS BRDF 模型为基于 RossThick 核与 LiSparseR 核的线性组合来拟合地表的二向性反射特征，其简化表达式如下：

$$R(\theta, \vartheta, \varphi) = f_{\mathrm{iso}} + f_{\mathrm{vol}} K_{\mathrm{vol}}(\theta, \vartheta, \varphi) + f_{\mathrm{geo}} K_{\mathrm{geo}}(\theta, \vartheta, \varphi) \tag{3-52}$$

式中，R $(\theta, \vartheta, \varphi)$ 为二向反射率；θ 为入射天顶角；ϑ 为观测天顶角；φ 为太阳与遥感器观测的相对方位角；K_{vol} 和 K_{geo} 分别为体散射核和几何光学散射核，都是入射角和观测角的函数；f_{iso}，f_{vol}，f_{geo} 为各个核的系数，分别表示各向同性散射、体散射、几何光学散射所占的比重。

结合 MODIS BRDF 校正模型参数的实际表征能力（Eric et al., 2009），即通过几何光学散射与各向同性散射比值得到的面散射因子 R 对于地表粗糙度有较为明显的刻画，R 因子的构成如下：

$$R = \frac{f_{\mathrm{geo}}}{f_{\mathrm{iso}}} \tag{3-53}$$

通过分析黑河盈科时间序列 R 因子和实测空气动力学粗糙度的关系，发现近红外和短波红外 BRDF 模型参数对于空气动力学粗糙度均较为敏感，可见光波段则不敏感。因此，采用 MODIS BRDF 近红外波段模型参数产品，并根据 Eric Vermote 收集全球零散站点数据建立的统计关系模型，得到了每 8 天的空气动力学粗糙度地表几何结构分量 Z_0，该模型表达式如下：

$$Z_0 = e^{c_1 \times R + c_2} \tag{3-54}$$

式中，c_1 和 c_2 为模型标定系数。图 3-16 给出了时间序列空气动力学粗糙度植被几何结构分量的空间分布及其变化。

3. 基于 NDVI 的空气动力学粗糙度植被叶片动态长势分量估算

空气动力学粗糙度的传统估算方法即通过 NDVI 来估算，NDVI 本身是反映植被动态长势的遥感参数；

$$Z_{\mathrm{om}}^{V} = b_1 + b_2 \times \left(\frac{(\mathrm{NDVI}) > 0}{\mathrm{NDVI}_{\max}} \right)^{b_3} \tag{3-55}$$

式中，Z_{om}^{V} 为空气动力学粗糙度植被叶片动态长势分量；b_1 和 b_2 为模型标定系数。图 3-17 是基于时间序列 1km MODIS NDVI 获取的空气动力学粗糙度植被叶片动态长势分量的空间分布及其动态变化结果。

4. 基于 SAR 数据的空气动力学粗糙度微地貌分量估算

Marticorena 等通过在位于干旱和半干旱地区的突尼斯南部布置的 10 套空气动力学粗

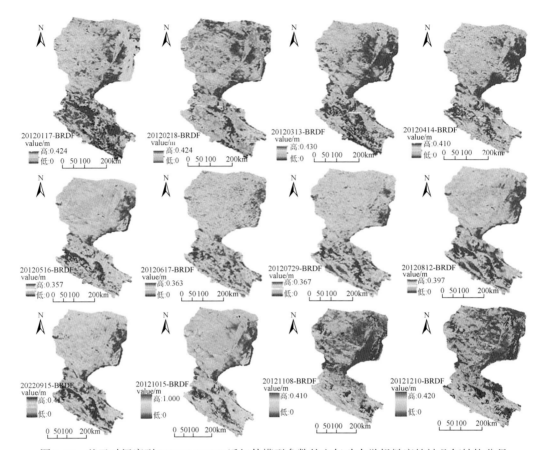

图 3-16　基于时间序列 MODIS BRDF 近红外模型参数的空气动力学粗糙度植被几何结构分量

糙度观测设备，结合 C 波段 ERS 数据进行了空气动力学粗糙度与 ERS 数据的相关性分析，得出如下公式用于从 C 波段雷达数据进行空气动力学粗糙度空间分布图计算：

$$Z_{om} = e^{d_1 \times \text{sigma}_0 + d_2} \tag{3-56}$$

式中，Z_{om} 为空气动力学粗糙度微地貌分量；d_1 和 d_2 为模型标定系数，该模型是针对干旱和半干旱地区通过实测数据建立的。

图 3-18 是基于 C 波段雷达数据直接反演的黑河全流域空气动力学粗糙度，在空间分布上较为合理，山区地形起伏明显，粗糙度明显大于平坦地区，农田地区粗糙度明显大于荒漠地区。

5. 基于多源遥感数据的空气动力学粗糙度综合估算

在上述基于多源遥感数据反演的空气动力学粗糙度不同分量的基础上，再引入数字高程模型的坡度信息，对反演结果进行地形改正，从而将地形因子考虑到模型当中，进而提出了空气动力学粗糙度综合参数化估算模型，表达如下：

$$A_{zom} = \left(Z_{om}^V + Z_{om}^{\text{nir}} \right) \cdot \left(1 + \frac{(\text{slope} - a_1) > 0}{a_2} \right) + Z_{om}^r \tag{3-57}$$

式中，A_{zom} 为综合空气动力学粗糙度；Z_{om}^V 为 NDVI 分量；Z_{om}^{nir} 为近红外 BRDF 模型参数分

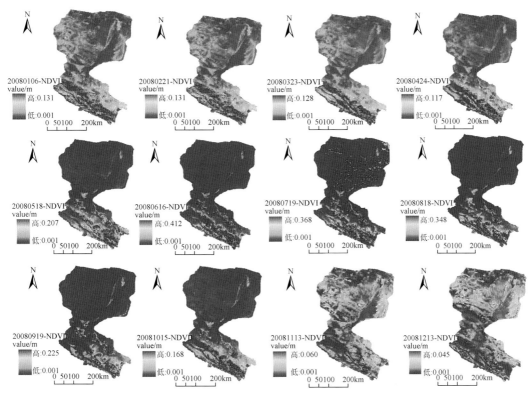

图 3-17　基于时间序列 MODIS NDVI 得到的空气动力学粗糙度植被表面叶片长势分量

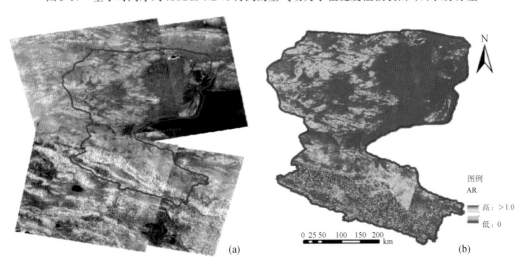

图 3-18　基于雷达数据的空气动力学粗糙度微地貌分量

（a）ASAR 雷达后向散射系数图像，C 波段，VV 极化；（b）基于雷达后向散射系数的空气动力学粗糙度地表微地貌分量

量；Z'_{om} 为雷达微地貌分量；slope 为地形坡度分量；a_1 和 a_2 为地形改正模型的标定系数。图 3-19 为时间序列综合空气动力学粗糙度反演结果。该模型综合考虑了植被（高度）、地表粗糙元和地形起伏的影响，充分反映了空气动力学粗糙度的时空特点，并将其集成到了 ETWatch 中，对提高 ET 计算精度起到了重要作用。

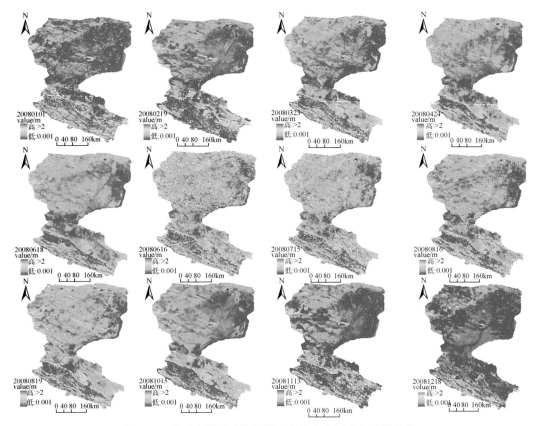

图 3-19　基于多源遥感数据得到的综合空气动力学粗糙度

（四）大气边界层高度遥感估算参数化方法研究

1. 大气廓线产品处理

下载的 MODIS MOD07 大气廓线数据为 HDF 格式文件，文件中包括 20 层（5hPa，10hPa，20hPa，30hPa，50hPa，70hPa，100hPa，150hPa，200hPa，250hPa，300hPa，400hPa，500hPa，620hPa，700hPa，780hPa，850hPa，920hPa，950hPa，1000hPa 等压面）或者 AIRS 大气廓线对应 100 层大气数据、海拔、温度和湿度信息。通过分层信息提取和多层信息插值（采用反距离加权、克里金差值和最小曲率差值法等）即可获取不同空间位置的边界层高度及该高度处的温湿度数据。图 3-20 为不同层露点温度和气温结果示例。

采用探空数据对 MODIS/AIRS 大气廓线产品各层的气压数据进行验证分析，如图 3-21 所示，处理后的 MODIS/AIRS 大气廓线产品数据的精度均较好。

2. 大气边界层高度遥感估算

通过对探空站以及 MODIS/AIRS 大气廓线数据的集成分析，发现在白天卫星过境时刻大气水汽混合比对边界层高度最为敏感，因而对晴朗日的大气廓线数，基于大气边界层理论，可按照水汽混合比梯度变化最大的高度为边界层高度的原则进行逐像元提取。

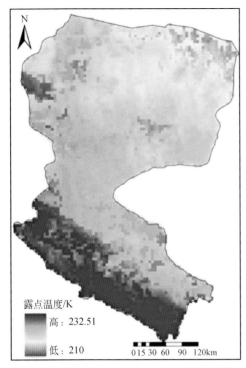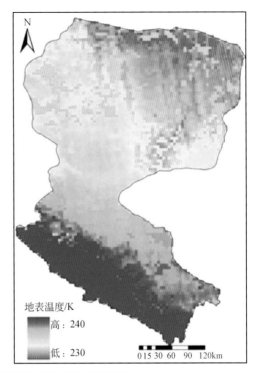

图 3-20 插值后的露点温度与插值后的地表温度

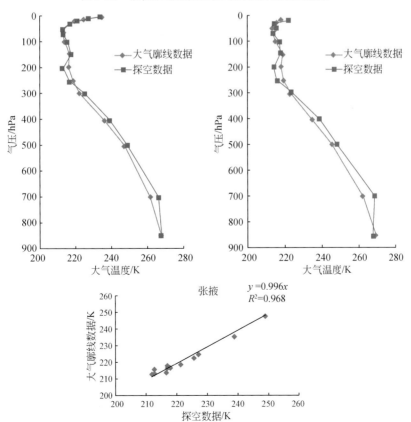

图 3-21 张掖与酒泉两站 MOD07 大气廓线产品数据与 GPS 探空数据对比结果

确定大气边界层高度后，可基于 MODIS/AIRS 大气廓线产品得到该边界层高度处的各风温湿压参量，如图 3-22 所示。

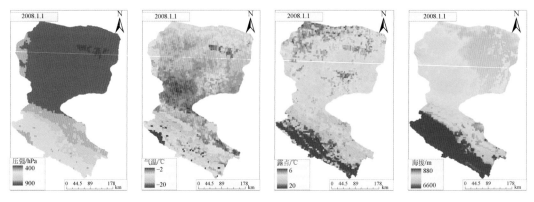

图 3-22　大气边界层处风温湿压参量

基于收集到的地表探空站观测的大气边界层高度数据，对遥感估算的大气边界层高度数据进行地面验证，如图 3-23 所示，去除异常值后，遥感估算的结果与地面观测结果相关性较好，且 RMSE 仅为 0.39，所示该方法估算的大气边界层高度精度较高。

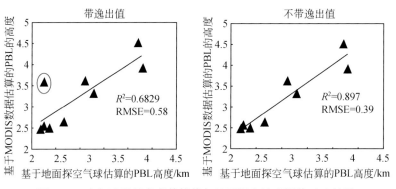

图 3-23　大气边界层高度估算值与地面探空站观测值对比结果

（五）近地表瞬时饱和水汽压差遥感估算参数化方法研究

根据 Smith（1966）关于大气柱大气可降水总量（TPW）与近地表露点温度（Tdew）之间的相关关系，近地表水汽压可以从遥感反演的大气可降水量估算得到。但这一算法是基于大气湿度廓线为标准廓线的假设条件下推导的，而对于日、时尺度而言，大气湿度廓线的典型分布如图 3-24 所示，即大气湿度廓线可能偏离标准廓线较远，这种情况在气候干燥的地区尤为常见。因此，对于日、时尺度的近地表水汽压遥感估算而言，在近地表湿度估算模型中引入大气湿度垂直分布信息将有望提高估算精度。

图 3-24 中，P_1 为标准廓线，$R = 1.05$，$A_1 = 0.92$，$A_2 = 0.46$；P_2 为近地表湿高空干燥的大气廓线，$R = 0.53$，$A_1 = 0.94$，$A_2 = 0.36$；P_3 为近地表干燥高空湿的大气廓线，$R = 3.53$，$A_1 = 0.8$，$A_2 = 0.85$。

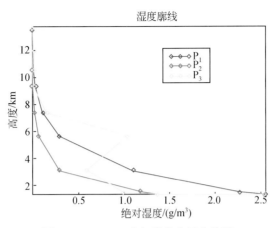

图 3-24 MODIS 大气廓线参量变化图

通过分析 MODIS 大气廓线产品数据、AIRS 大气廓线产品数据、地形数据，以及 MODIS 植被指数地表温度数据与基于地面气象站观测的饱和水汽压差值之间的关系，基于多源遥感数据的饱和水汽压差的估算方法流程图如图 3-25 所示（Zhang et al.，2014）。

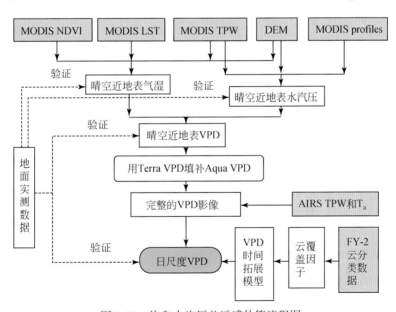

图 3-25 饱和水汽压差遥感估算流程图

根据 Houborg 和 Soegaard（2004）推荐算法，空气的绝对湿度（a）的计算公式为

$$a = e_a / \left[R_v \left(T_a + 273.15 \right) \right] \tag{3-58}$$

式中，a 为空气的绝对湿度；e_a 为水汽压；R_v 为水汽压常量，大小为 461.5J/（K·kg），T_a 为空气温度（℃）。从式（3-58）可推导出水汽压（e_a）与绝对湿度之间的换算关系：

$$e_a = 0.126 \cdot a \cdot \left(1 + T_a / 273.15 \right) \tag{3-59}$$

式中，T_a 为空气温度（℃）。由于大气柱大气可降水量（TPW）可由各个高度处的绝对湿度积分计算得到，因此，近地表的绝对湿度（a）可从 TPW 和大气湿度廓线估算得到。通过实验研究，我们提出如下估算模型：

$$a = \text{TPW} \cdot A_1 \cdot 10000 / (H_{500\text{hPa}} - H) / A_2 \tag{3-60}$$

式中，TPW 为大气可降水量（cm）；$H_{500\text{hPa}}$ 为大气压为 500hPa 处的高程；H 为地面高程；A_1 和 A_2 为两个表征大气湿度廓线的参数，其中 A_1 为地表到 500hPa 的柱内水汽含量与整个大气柱水汽总量的比值，A_2 为地表到 500hPa 的柱内平均水汽密度与近地表水汽密度的比值。通过对大样本探空数据进行研究，我们提出了估算 A_1 和 A_2 参数的模型，即

$$A_1 = c_0 + c_1 \cdot (1 - 0.5 (\text{RH}_{500} + \text{RH}_{400}) / \text{RH}_{\text{middle}}) \tag{3-61}$$

$$A_2 = c_2 + c_3 \ln R \tag{3-62}$$

$$R = \text{RH}_{\text{middle}} / \text{RH}_{\text{lowest}} \tag{3-63}$$

式中，RH_{400}、RH_{500} 分别表示大气廓线高度为 400hPa、500hPa 处空气的相对湿度；$\text{RH}_{\text{middle}}$ 为地表到 500hPa 的柱内平均相对湿度；$\text{RH}_{\text{lowest}}$ 为近地表的相对湿度。

为保证上述公式在区域尺度上的普适性，A_1 和 A_2 参数的估算模型，如表 3-7 所示。

表 3-7　计算参数 $\text{RH}_{\text{middle}}$，$A_1$ 和 A_2 的参考模型

最低层气压/hPa	计算 A_1 和 $A2$ 的公式	$\text{RH}_{\text{middle}} = \sum\limits_{i=1}^{n} w_i \cdot \text{RH}_i$
1000	$A_1 = 0.91 + 0.1 \ (1 - 0.5 \ (\text{RH}_{400} + \text{RH}_{500}) \ / \text{RH}_{\text{middle}})$ $A_2 = 0.41 + 0.22 \ln R$	$\text{RH}_{\text{middle}} = 0.16\text{RH}_{950} + 0.21\text{RH}_{920} + 0.28\text{RH}_{850}$ $+ 0.29\text{RH}_{700} + 0.07\text{RH}_{500}$
950	$A_1 = 0.9 + 0.1 \ (1 - 0.5 \ (\text{RH}_{400} + \text{RH}_{500}) \ / \text{RH}_{\text{middle}})$ $A_2 = 0.42 + 0.22 \ln R$	$\text{RH}_{\text{middle}} = 0.26\text{RH}_{920} + 0.34\text{RH}_{850} + 0.32\text{RH}_{700}$ $+ 0.08\text{RH}_{500}$
920	$A_1 = 0.9 + 0.1 \ (1 - 0.5 \ (\text{RH}_{400} + \text{RH}_{500}) \ / \text{RH}_{\text{middle}})$ $A_2 = 0.43 + 0.26 \ln R$	$\text{RH}_{\text{middle}} = 0.44\text{RH}_{850} + 0.45\text{RH}_{700} + 0.11\text{RH}_{500}$
850	$A_1 = 0.89 + 0.1 \ (1 - 0.5 \ (\text{RH}_{400} + \text{RH}_{500}) \ / \text{RH}_{\text{middle}})$ $A_2 = 0.45 + 0.22 \ln R$	$\text{RH}_{\text{middle}} = 0.39\text{RH}_{780} + 0.37\text{RH}_{700} + 0.24\text{RH}_{500}$
780	$A_1 = 0.88 + 0.1 \ (1 - 0.5 \ (\text{RH}_{400} + \text{RH}_{500}) \ / \text{RH}_{\text{middle}})$ $A_2 = 0.47 + 0.22 \ln R$	$\text{RH}_{\text{middle}} = 0.39\text{RH}_{700} + 0.36\text{RH}_{620} + 0.25\text{RH}_{500}$
700	$A_1 = 0.87 + 0.1 \ (1 - 0.5 \ (\text{RH}_{400} + \text{RH}_{500}) \ / \text{RH}_{\text{middle}})$ $A_2 = 0.57 + 0.22 \ln R$	$\text{RH}_{\text{middle}} = 0.49\text{RH}_{620} + 0.32\text{RH}_{500} + 0.19\text{RH}_{400}$
620	$A_1 = 0.65 + 0.1 \ (1 - 0.5 \ (\text{RH}_{400} + \text{RH}_{500}) \ / \text{RH}_{\text{middle}})$ $A_2 = 0.69 + 0.13 \ln R$	$\text{RH}_{\text{middle}} = 0.63\text{RH}_{500} + 0.37\text{RH}_{400}$
500	$A_1 = 0.62 + 0.1 \ (1 - 0.5 \ (\text{RH}_{400} + \text{RH}_{500}) \ / \text{RH}_{\text{middle}})$ $A_2 = 0.72 + 0.13 \ln R$	$\text{RH}_{\text{middle}} = 0.64\text{RH}_{500} + 0.36\text{RH}_{400}$

由于近地表饱和水汽压是用近地表气温计算得到，因此，近地表气温的估算是估算饱和水汽压差的一个关键问题。鉴于目前遥感反演的陆表温度（T_s）的精度已接近 1K，而近地表气温（T_a）与陆表温度之间具有物理意义明确的相关关系，二者之间关系主要受太阳辐射、地面高程、下垫面覆盖类型和大气湿度的影响，因此利用从遥感反演的陆表温度

反演近地表气温的方法。根据 Gordon 和 Voss（1999）的观点，大气条件在 50～100km 范围内可认为是近乎相同的，所以我们可以假设大气条件和日照条件在 1°×1° 地理格网中是相同的，这样，我们可以把整个研究区划分成若干个 1°×1° 网格，对于每一个网格，其各个像元的近地表气温可用下面的模式进行估算：

$$T_s - T_a = k_0 + k_1 \cdot \text{NDVI} + k_2 \cdot \text{TPW} \tag{3-64}$$

式中，T_s 为遥感陆表温度（℃）；T_a 为气温（℃）；NDVI 为归一化植被指数；TPW 为大气柱大气可降水总量（cm）；K_0、K_1、K_2 为模型系数。在这三个模型系数中，K_2 需要最先确定，其估算方法为：对落于某一 1°×1° 网格中的每个地面气象站，为其划定一个 5×5 像元窗区，计算所有窗区像元的 $\Delta T = T_s - T_a$，并统计得到 ΔT 的最小值 $\Delta T_{\min}$，若 $\Delta T_{\min} > 0$，则 $K_2 = 0$，若 $\Delta T_{\min} < 0$，则 $K_2 = \Delta T_{\min}/\text{TPW}$。当 K_2 确定后，公式中剩余系数 K_0 和 K_1 则可以用窗区像元的 T_s、T_a、TPW 和 K_2 值进行线性回归统计得到。最后可用此公式估算网格中其余像元的近地表气温。

在确定了近地表水汽压后，只需要确定地表饱和水汽压后，即可估算出饱和水汽压差的值。

$$\text{VPD} = e^*(T_a) e_a \tag{3-65}$$

式中，T_a 为卫星过境瞬时的地表温度。

采用同步地面气象站观测的气温和湿度等数据对遥感估算的近地表水汽压、气温和饱和水汽压差进行精度验证，结果如图 3-26 所示。从图中可以看出，两者相关性较高，说明遥感估算精度较高。基于上述估算方法，估算的 2013 年 8 月 5 日上午黑河流域 1km 尺度的近地表水汽压、气温和饱和水汽压差的空间分布结果如图 3-27 所示。

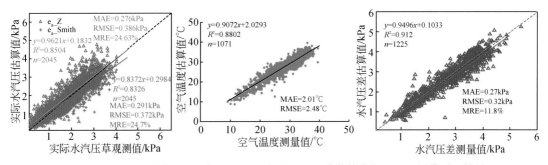

图 3-26　黑河流域水汽压、气温、饱和水汽压差遥感估算值与地面观测值对比结果

（六）感热通量遥感估算参数化方法研究

现有的感热通量估算中，均需要采用 KB-1 参数。目前所有的 KB-1 模型均存在很大的不确定性，导致区域感热通量估算偏差较大，直接影响了 ET 的估算精度。基于水汽压、土壤水分、空气动力学粗糙度、地表温度、边界层气温的感热通量遥感参数化方法，避免了 KB-1 参数，其参数化表达式如下。

$$H = \frac{\rho \cdot C_p \cdot (T_s - T_a) \cdot (e_s^* - e_s) \cdot f(\text{LAI})}{r_{\text{cmin}} \cdot (e_s - e_a) \cdot F_1^{-1} \cdot F_2^{-1} \cdot F_3^{-1} \cdot F_4^{-1}} \tag{3-66}$$

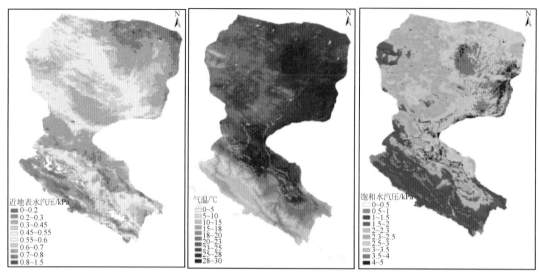

图 3-27 遥感估算的黑河流域水汽压、气温、饱和水汽压差空间分布

其中，H 为感热通量，有关其他各参数的计算公式如下所示：

$$e_s = \Omega \cdot h_{s,max} \cdot e_s^* + (1-\Omega) \cdot e_a \tag{3-67}$$

$$\Omega = (\Delta+\gamma)/[\Delta+\gamma \cdot (1+R_s/R_a)] \tag{3-68}$$

式中，e_s 为地表水汽压，通过地气耦合因子 Ω、地表饱和水汽、近地表实际水汽压 e_a 进行估算。地气耦合因子通过干湿度常数 γ 和饱和水汽压–空气温度曲率 Δ、地表气孔阻抗 R_s、地表空气动力学阻抗 R_a 进行估算。

空气动力学阻抗是基于风速 u，空气动力学粗糙度 z_{om} 估算的，并且考虑不同大气层结状况下的订正：

$$R_a^0 = \frac{\left[\ln\left(\dfrac{z-d}{z_{om}}\right)\right]^2}{u \cdot k^2} \tag{3-69}$$

$$R_a = \begin{cases} R_a^0/(1+\delta)^m & \text{stable} \quad (\delta<0) \\ R_a^0/(1+\delta)^n & \text{unstable} \quad (\delta>0) \end{cases} \tag{3-70}$$

式中，R_a^0 为中性条件下，R_a 为稳定与非稳定状态下的空气动力学阻抗；m 和 n 为常数，分别取 2 与 0.75；δ 为大气层结判定系数，当 δ 小于 0 时，大气处于稳定状态；当 δ 大于 0 时，大气处于不稳定状态。δ 的表达式为

$$\delta = 5 \cdot g \cdot (z-d) \cdot (T_s-T_a)/(T_a \cdot u^2) \tag{3-71}$$

式中，g 为重力加速度；T_s 与 T_a 分别为地表温度与参考高度空气温度；z 和 d 为参考高度与零平面位移高度。

地表气孔阻抗采用 Jarvis 模型进行估算，分别考虑下行短波辐射 $R_G^{\downarrow}$、地表水汽压差 VPD、土壤水分 SM、近地表空气温度 T_a 对植被冠层气孔阻抗的影响。

1. 短波辐射因子 F_1

$$F_1 = \frac{\frac{r_{cmin}}{r_{cmax}}+f}{f+1} \tag{3-72}$$

$$f = 0.55 \frac{R_G^{\downarrow}}{R_{GL}^{\downarrow}} \cdot \frac{2}{LAI} \tag{3-73}$$

式中，r_{cmin} 与 r_{cmax} 为最小和最大冠层阻抗，取决于植被类型；$R_{GL}^{\downarrow}$ 为标量辐射，取值为 100；LAI 为叶面积指数。

2. 土壤水分因子 F_2

$$F_2 = \begin{cases} 1 & SM > SM_{cr} \\ \dfrac{SM-SM_{wilt}}{SM_{cr}-SM_{wilt}} & SM_{wilt} \leqslant SM \leqslant SM_{cr} \\ 0 & SM < SM_{wilt} \end{cases} \tag{3-74}$$

式中，SM 为土壤实际含水量；SM_{wilt} 为萎蔫点含水量；SM_{cr} 为田间持水量，取决于土壤类型。

3. 近地层水汽压差因子 F_3

$$F_3 = 1 - C_v \times VPD \tag{3-75}$$

式中，VPD 为水汽压因子；C_v 为常数。

4. 冠层上方空气温度因子 F_4

$$F_4 = 1 - 0.0016 \times (298 - T_{na})^2 \tag{3-76}$$

式中，T_{na} 为近地表空气温度。

5. 感热通量遥感估算

充分利用下行短波辐射 $R_G^{\downarrow}$、地表水汽压差 VPD、土壤水分 SM、近地表空气温度 T_a 对植被冠层气孔阻抗的影响共计四个环境因子的信息，改进地表阻抗的计算公式为

$$R_s = \frac{LAI \times R_c}{0.3 \times LAI + 1.2} \tag{3-77}$$

式中，R_s 为地表气孔阻抗；LAI 为叶面积指数；R_c 的计算公式如下所示：

$$R_c = \frac{r_{cmin}}{LAI} \cdot F_1^{-1} \cdot F_2^{-1} \cdot F_3^{-1} \cdot F_4^{-1} \tag{3-78}$$

综合以上各因子信息，得到基于多环境因子的感热通量参数化公式如下：

$$H = \frac{\rho \cdot C_p \cdot (T_s - T_a) \cdot (e_s^* - e_s) \cdot f(LAI)}{r_{cmin} \cdot (e_s - e_a) \cdot F_1^{-1} \cdot F_2^{-1} \cdot F_3^{-1} \cdot F_4^{-1}} \tag{3-79}$$

式中，F_1 为辐射因子；F_2 为土壤水因子；F_3 为水汽压差因子；F_4 为温度因子；e_s 为地表水汽压；e_s^* 为地表饱和水汽压；e_a 为参考高度处实际水汽压；r_{cmin} 与 r_{cmax} 为最小和最大冠层阻抗；R_a^0 为中性条件下空气动力学阻抗；R_a 为非中性条件下订正后的空气动力学阻抗；$R_G^{\downarrow}$ 为下行短波辐射。

采用此感热量遥感估算方法进行估算黑河流域尺度感热能量，采用黑河大满农田站与阿柔草地站地面 LAS 观测的感热通量进行验证，如图 3-28 所示，表明感热通量估算精度较高。

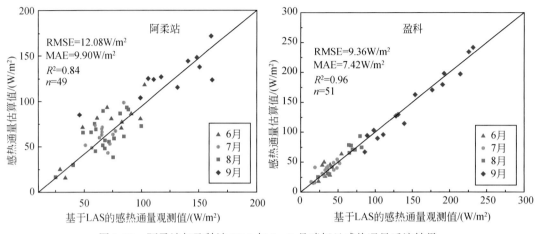

图 3-28　阿柔站与盈科站 2013 年 6～9 月晴好日感热通量反演结果

（七）蒸散发时间重建方法研究

结合影响蒸散发时间重建精度的环境因子分析结果，引入影响蒸散发时间重建的三个主要影响因子净辐射、土壤水、风速；构建地表阻抗模型：

$$r_{s,daily} = \frac{r_{min,clear} \times LAI_{clear} \times R_{n,clear} \times SM_{clear} \times U_{clear}}{R_{n,daily} \times LAI_{daily} \times SM_{daily} \times U_{daily}} \qquad (3-80)$$

式中，$r_{s,daily}$ 为逐日的地表阻抗；LAI_{clear} 为晴天的叶面积指数；SM_{clear} 为晴天的土壤水分值；LAI_{daily} 为经过 S-G 平滑后逐日的叶面积指数；SM_{daily} 为逐日的土壤水分值；R_{nclear} 为晴天的净辐射；U_{clear} 为晴天的风速；R_{ndaily} 为逐日的净辐射；U_{daily} 为经过插值后的逐日的风速。

地表阻抗模型公式代入 ETWatch 模型，重新估算出逐日蒸散数据；与地面 EC 观测的蒸散发数据进行对比，图 3-29 中展示结果显示，引入新的影响因子改进时间重建方法估

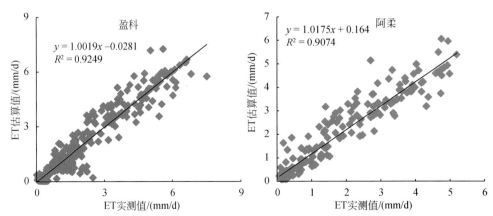

图 3-29　改进时间重建后的 2008 年盈科站与阿柔站蒸散发与地面观测值对比结果

算的地表蒸散发数据与地面观测值相关性较好。从图 3-30 与图 3-31 可以看出，时间重建方法估算的盈科绿洲站的蒸散发数据，不管是在作物生长季还是作物非生长季，与地面 EC 观测结果相比，均有较高的精度。

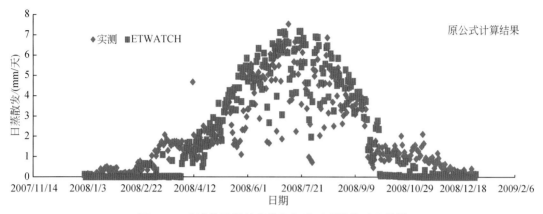

图 3-30 改进前盈科站蒸散发与地面观测值对比结果

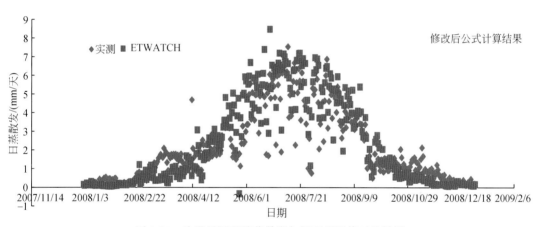

图 3-31 改进后阿柔站蒸散发与地面观测值对比结果

三、遥感蒸散发数据产品

基于上述各种模型，目前不同学者与机构已发布了相关的陆表蒸散发数据产品，包括全球陆表蒸散发数据产品与区域陆表蒸散发数据产品。如 MOD16 全球产品、NTSG 全球产品、MPI 全球产品、SSEBop 全球产品；区域陆表蒸散发数据产品包括 FAO 非洲–中东陆表蒸散发产品、黑河流域陆表蒸散发数据产品、海河流域蒸散发数据产品以及中国北方地区蒸散发数据产品。

MOD16 全球蒸散发产品由美国 Steven W Running 研究团队逐渐发展起来的（Nishida et al.，2003a，2003b；Mu et al.，2007，2011），空间分辨率为 1km，时间分辨率为 8 天，数据时间跨度为 2001 年至今，空间范围为全球陆表，但是在下垫面为沙漠、冰川、水体以及城区时，该数据集无数据。与全球通量网站 Fluxnet 地表通量观测数据相比，反演误差约为 0.4mm/d（Mu et al., 2011）。目前，MODIS16 全球蒸散产品已经在多个区域进行了检查（Loarie et al., 2011；Wang et al., 2014）。该数据集可在蒙大拿大学官网上直接进行下载，具体的数据网址为 http://files.ntsg.umt.edu/data/NTSG_Products/MOD16/。

NTSG 全球蒸散发产品是由美国蒙大拿大学陆地动态数值模拟研究组（Numerical Ter-radynamic Simulation Group，NTSG）研发，是基于 1983~2006 年 AVHRR 影像生产的数据产品，该产品空间分辨率为 8km 和 1°，空间范围为全球陆地，时间分辨率为月，数据跨度为 1983~2006 年。该产品月蒸散发数据值与全球代表性陆表覆被类型地区的地表通量塔观测值相比，均方根误差为 13.0~15.3mm/月（Zhang et al., 2010）。该数据集可在蒙大拿大学官网上直接进行下载，具体的数据网址为 http://www.ntsg.umt.edu/project/et。

MPI 全球蒸散发产品是由德国马普学会生物地球化学研究所（Max Planck Institute for Biogeochemistry）生产发布。产品空间分辨率为 0.5°，空间范围为全球陆表，时间分辨率为月，时间范围为 1992~2008 年。产品使用深度学习算法 MTE（model tree ensemble）将二氧化碳、水热通量的 FLUXNET 观测值升尺度到全球尺度（Jung et al., 2011）。MPI 的蒸散发值与 FLUXNET 的蒸散发观测值相比，决定系数为 0.91，均方根误差为 1.29MJ/（$m^2 \cdot d$），平均绝对误差为 0.64MJ/（$m^2 \cdot d$）。德国马普学会生物地球化学研究所为该数据集制作的专门的数据下载网站，具体为 http://www.bgc-jena.mpg.de/geodb/projects/Data.php。

SSEBop 全球蒸散发产品为美国地质调查局的 Senay 教授研发，截至 2017 年 6 月，该数据集已更新到第四版，数据空间分辨率为 1km，时间分辨率率为旬，时间跨度为 2003~2015 年，空间范围覆盖全球陆表，且每种土地覆被类型均有值（Senay et al., 2011）。该数据集可在 USGS 官网上直接下载，具体下载网址为 https://earlywarning.usgs.gov/fews/search。

FAO 非洲–中东陆表蒸散发产品是由荷兰 eLEAF 公司基于 SEBAL 模型研发的，目前该数据集提供两个分辨率蒸散发数据，分别为 250m 与 100m，时间分辨率为旬，数据集时间跨度为 2009 年 4 月至今。该数据集可在 FAO 官网上直接下载，具体下载网址为 http://www.fao.org/in-action/remote-sensing-for-water-productivity/wapor/en/#/catalog/2/en。

黑河流域陆表蒸散发数据产品目前有三个版本数据集，分别为基于 ETWatch 模型估算的黑河流域 2000~2014 年 1km 分辨率的与中游绿洲 2000~2014 年 30m 分辨率逐月蒸散发数据集（http://westdc.westgis.ac.cn/data/2930f170-4125-4027-aaf5-4680a9039520）、基于 ETMonitor 模型及 WRF 模式驱动数据估算了黑河流域 2009~2011 年逐日 1km 分辨率的蒸散发集（http://westdc.westgis.ac.cn/data/a3b5c9a4-1bd4-462f-a759-ae4bd392f84d），以及基于 ReDraw 模式制备的近地表大气驱动数据估算的黑河流域 2001~2010 年逐月蒸散发数据集（http://westdc.westgis.ac.cn/data/913e433b-ee6e-49ce-be41-06e20c3a15a8）。其中与黑河流域地面通量观测网络观测的通量数据对比分析表明，基于 ETWatch 模型估算的蒸散发数据集精度最高，目前该数据集已被国内 27 家科研院所 59 个课题组下载使用。

海河流域蒸散发数据产品是基于 ETWatch 模型估算的海河流域 2000~2016 年分辨率为 1km 逐日尺度蒸散发与海河流域 16 个重点县 2002~2016 年分辨率为 30m 逐月尺度的蒸散发数据集（ftp://ftp.post-eia.org.cn/）；中国北方地区蒸散发数据产品也是基于

ETWatch 模型估算的整个中国北方地区 2000～2015 年分辨率为 1km 的逐月尺度的蒸散发数据集（http://www.geodata.cn/data/index.html? word=％ E8％ 92％ B8％ E6％ 95％ A3％ E5％8F％91）；目前该两套数据集已被国内北京师范大学、中国水利水电科学研究院、中国科学院地理科学与资源研究所、中国科学院生态环境中心等单位共享使用。

　　总体来说，受模型区域的适用性，以及所依托的遥感数据集和气象数据集的时空代表性的影响，目前没有一套精度较高的全球遥感蒸散发数据产品数据可满足水资源管理与生态水文模型研究所使用；因此在流域水资源管理上，常采用精度更好的有针对性发布的区域尺度遥感蒸散发数据集。

四、遥感蒸散发模型存在的问题与展望

　　目前区域蒸散发的遥感估算模型涉及大量有关下垫面物理特征（如表反照率、植被覆盖度、地表温度、净辐射等）的参数。由于云、大气、太阳角、观测视角等外部因素的影响，遥感数据的有效性受到一定限制，加上地表参数反演误差的累积效应等，导致区域蒸散发遥感估算精度不高。随着一系列新卫星的升空，新的传感器尤其是多角度热红外波段和微波波段的开发，为蒸散模型提供更多的信息来源。不同时空分辨率和不同光谱分辨率的数据，将会加强遥感数据在地表能量平衡和水分循环研究中的应用。因此，加强下垫面物理特征与遥感信息关系的研究，揭示其内在规律，利用可见光、红外及微波等多源遥感数据进行蒸散模型输入数据的协同反演、参数化反演，提高地表参数的反演精度及时空连续性，并进而提高地表蒸散的估算精度是蒸散研究的一个重要方向。同时，现有模型仍需近地层参考高度处的气温、风速、湿度等参数的支持，但这些参数是遥感手段较难获取的或获得的数据质量有待提高，如何减小蒸散发模型对地面观测数据的依赖，使参数遥感化与参数化，是蒸散遥感研究的一个方向。

　　地表蒸散发估算中涉及的地表潜热通量与下垫面表面温度、下垫面饱和水汽压、参考高度空气水汽压、空气动力学阻抗、下垫面表面阻抗等有关。无论是吴炳方等（2011）提出的 ETWatch 参数化模型方法，还是其他模型，主要是采用能量平衡的方法，基于估算的净辐射、土壤热通量与感热通量的估算结果，反推出潜热通量。但是由于地表空气动力学温度难以获得，常采用假设地表辐射温度等于空气动力学温度的方式进行参数替代，同时引入对应的空气动力学阻抗的方式来计算感热通量；且在实际中净辐射、土壤热通量、感热通量与潜热通量之间并不总是平衡的，存在一定的能量平衡闭合率，所以这些假设前提的存在，使得潜热通量模型均是半经验半理论的方法。另外，目前的潜热通量模型中，有关土壤水分因子信息、地表粗糙度信息、辐射因子、饱和水汽压因子、空气温度因子、零平面位移、植被实际的高度等，遥感均能获得这些因子的相关信息，但表现形式有所不同，简单的引入或替代会导致潜热通量模型的不确定性。其根本原因在于缺乏对于地表潜热通量的作用机理与过程与遥感参数间的相互作用机理的深入理解，如何表征遥感获得的植被冠层温度和土壤温度两者对空气动力学温度的贡献，如何从遥感信息中获得植被与土壤的空气动力学粗糙度及对地表综合有效空气动力学粗糙度的贡献，遥感获得的地表辐射亮温、雷达后向散射系数、土壤水分信息直接与潜热通量的相互作用关系不明等。因此未来急需基于地表潜热通量的作用机理和过程，开展地面与遥感同步观测，研究地表潜热通量的遥感机理。

在复杂下垫面下，植株–群体–群落的生态过程差异很大，田间、坡面和小流域的水文过程也不同，蒸散模型中的关键地表与冠层参量受人类活动与水文、生态过程的共同影响，现有的地表湍流模型以及蒸散时间扩展模型存在一定的不确定性。且从能量平衡角度反映水热通量的蒸散模型，分辨率的提高受制于热红外遥感的地面分辨率，目前的热红外遥感数据的分辨率相比可见光遥感数据较低，而且发展速度也很慢，以百米级的热红外遥感数据为主，使得模型在复杂下垫面和复杂地形的应用中存在分辨率不足和精度缺陷（Anderson et al., 2012）。在可预见的将来，热红外分辨率的提高难度很大，只能提供 50m 左右分辨率的热红外遥感数据，与分米级的可见光遥感数据相差甚远，使得高时空分辨率地表蒸散估算受到一定的限制，难于满足现有灌区或地块尺度农业水资源利用与管理中对高精度高分辨率蒸散数据的需求。要进一步降低蒸散遥感的不确定性并解决高分辨率估算问题，需要从植株–群体–群落的生态过程、田间–坡面–流域的水文过程与能量通量的相互作用角度出发，充分利用可见光遥感的高分辨率数据来解决；因此需要从生态过程、水文过程与能量平衡的耦合角度，高分辨率、高精度地刻画流域蒸散过程。

同时在时间尺度上，由于遥感获取的是瞬时值，为获得长时间尺度（日、旬、月、季、年等）的信息，需要进行时间尺度扩展，但对于阴雨天及风速变化大时效果并不理想，如何将瞬时值或晴天值进行很好的时空尺度扩展，将会是遥感研究的重点。

新的观测手段的出现，如机载通量观测、通量矩阵的观测，以及像元尺度地表土壤水分的观测，有助于实现中分辨率遥感像元尺度及区域尺度上地表蒸散发模型的验证，同时也会促进对不同尺度的水热通量传输机理的深入认识。

第三节 土壤含水量

土壤水分是联系地表水和地下水的重要纽带，也是联系地球水圈和大气圈的关键要素；流域下垫面信息中以土壤湿度和冰川冻融对流域水循环的影响较大，因此，土壤水分的变化关系到水圈的状态，强烈地影响着地球陆地与大气的能量和水分交换，影响着陆表蒸散、区域及全球气象变化过程（Walker and Houser, 2004）。区域尺度的土壤水分成为流域水循环、流域水文模型、农作物生长监测和旱情监测等的重要参数（田国良，1991；郭华东，2000）。

冰雪覆盖面积及其时空分布信息对流域水文模拟有重要意义，而大多数冰雪覆盖地区难以实地观测，遥感技术为冰雪覆盖及其时空变化监测提供有效手段。地表土壤季节性冻融变化强烈影响着地表的热力学和水文特征，进而影响地气系统的水热交换、天气气候及地表径流过程，地表冻融过程及其参数特征是陆表过程、气候模式和全球变化等领域研究的重要内容，也是流域资源开发和工程建设设计中必须考虑的重要因素。

一、土壤水分监测方法总述

土壤水分，顾名思义是指土壤中所包含的水分，是地表植被吸收水分的主要来源，对农业生产和生态环境建设有重要意义，主要用土壤含水量来衡量。土壤含水量一般有重量含水量和体积含水量两种表示方式。土壤重量含水量是指土壤中水分的重量与干土重量的比值，土壤体积含水量是指土壤中水分占有的体积与土壤总体积的比值。

土壤含水量的监测方法有很多，最直接也是最准确有效的国际标准方法是烘干称重法（周健民，2013），该方法虽然精确，但是需要野外实地采样，而且是单点单时测量，缺乏空间分布和时间动态的连续性数据。与此同时，中子仪和时域反射仪也是常用的可以较快地定点测量不同深度的土壤含水量。中子仪由快中子发射源和慢中子检测器构成，快中子与土壤水中的氢原子碰撞时损失大量能量而变成慢中子，通过计算土壤中慢中子的密度和水分子之间的函数关系而推算出土壤水分含量（张学礼等，2005）。时域反射法是利用电磁波在不同介质中传播速度的差异，即介电常数，来测定土壤含水率的方法（张学礼等，2005）。虽然土壤介电常数受到土壤质地、温度、组分等多方面因素的影响，但是土壤水分是影响土壤介电常数的主要因素，可以认为同一土壤的介电常数与土壤含水率有特定的线性关系（Ulaby et al., 1986）。

常用的土壤含水量测量方法都会对土壤造成一定的破坏，而且在时间和空间尺度上仍然受到较大的限制。20世纪70年代后期，遥感技术的逐步出现为土壤水分的大尺度和长时序的观测提供了一种有效工具。遥感方法监测土壤水分的基础是获取地表反射或者发射的电磁波信号，利用电磁波信号来识别地表土壤水分状况（Ulaby et al., 1986）。任何物体（如地表物质）对外来的电磁波都有反射、吸收和透射作用，任何物体只要温度高于绝对零度，就会不断地向外发射电磁波。不同物体的反射、吸收、透射及发射电磁波的能力不尽相同，利用这些电磁波差异可探测和区别土壤含水量。在可见光–近红外波段，地物基本上都是以反射电磁波为主，土壤含水量是通过土壤反射率推算而来（Richardson and Wiegand，1977；詹志明等，2006）。在热红外遥感波段，地物以发射电磁波为主，土壤含水量通过土壤发射率推算得到（Waston et al., 1971；余涛和田国良，1997）。由于这两个波段的波长较短，能够影响电磁波主要是地物表面成分，所以这些波段也只能推算土壤表面的含水量（Price，1985）。在波长较长的微波波段，电磁波能够穿透地表探测一定厚度土壤属性，能够推算地表一定深度的土壤含水量。

在微波波段，微波传感器获取的信号与地表介电常数有密切关系，土壤和水的介电特性是微波监测土壤水分的理论基础（Ulaby et al., 1986）。通常空气的介电常数为1，干土的介电常数约为3，而水的介电常数为80，当土壤中水分增加时，土壤的介电常数迅速增长（Schmugge，1980）。一般来说，土壤的介电常数受到频率、温度、盐度、土壤体积含水量、土壤的体密度、土壤颗粒的形状、水中杂质的形状、束缚水和自由水在土壤中的比例等因素的影响，而最主要受频率、土壤体积含水量、土壤体密度以及土壤颗粒形状（沙土黏土百分比）的影响。主动微波传感器向目标物发射电磁波，依靠接收机接收到的回波信号来对目标物性质进行判断与识别，在微波与地表相互作用过程中，当传感器参数固定时，后向散射系数与土壤水分密切相关（Ulaby et al., 1986），同时，地表粗糙度、植被覆盖状况等因素也同样会对后向散射系数产生影响，从而干扰土壤水分信息的获取，需要分离信息或剔出干扰信息（田国良，1991；Shi et al., 2003；刘伟和施建成，2005）；被动微波辐射计依靠获取地表辐射的亮度温度来判断土壤水分，土壤湿度、地表温度、植被情况、地表粗糙度是最重要的影响辐射亮度温度的因素，其他因素如积雪、地形、土壤质地以及大气等的影响较小（Njoku and Entekhabi，1996；郭华东，2000；李震等，2002；刘伟和施建成，2005；鲍艳松等，2007）。微波能探测地表几厘米的土壤水分信息，如 C 波段或更短波长可以探测深度为 1cm，已有的研究表明低频入射波对土壤水分有较高的敏感度（Fung，1994；Ulaby et al.，1986），波长越长，穿透能力越强。更长的 L 波段探测土壤深度为 0~5cm（Dubois et al.，1995）。

二、多源遥感的土壤水分反演

（一）热红外遥感反演土壤水分

热红外遥感通过接收地表发射辐射，监测地表温度的变化，而引起土壤表层温度变化的内在因素是土壤热惯量（土壤的热特性），水分有较大的热容量和热传导率，使土壤水分较大的地表有较大的热惯量，因此可以通过热惯量法监测土壤水分。

热惯量是地表温度变化的内在因素，研究表明，对于同一类型的土壤，其含水量越高则热惯量越大，二者间存在正相关。因此可以通过遥感数据获取地表温度变化信息监测土壤水分。Price（1985）提出了表观热惯量的概念，通过卫星提供的可见光-近红外反射率和热红外辐射温度差可以计算热惯量并估算出土壤水分。Enland 等（1992）提出了辐射亮度热惯量（RTI）的概念，且认为 PRTI 对土壤水分的敏感性好于 PATI。土壤热惯量法是土壤热特性的综合性参数，定义为

$$P = \sqrt{\rho c \lambda} \tag{3-81}$$

式中，P 为热惯量（J/m^2·k·$S^{1/2}$）；ρ 为密度（kg/m^3）；c 为比热（J/kg·K）；λ 为热导率（J/m·s·K）。

由于原始热惯量模型中的参数 λ、ρ 和 c 无法直接利用遥感手段获取，因此，Price 等根据地表热量平衡方程和热传导方程，对土壤热惯量模式进行了改进（Kahle，1977），不考虑地理纬度的影响，可以用表观热惯量 ATI 来近似代替真实热惯量 P，直接建立表观热惯量 ATI 与土壤含水量间的遥感统计模式，该模式表达为

$$\text{ATI} = (1-\alpha) / (T_d - T_n) \tag{3-82}$$

式中，ATI 为土壤表观热惯量；T_d，T_n 分别为昼夜的最高、最低温度，可分别用 NOAA/AVHRR 卫星通道 4 的昼夜亮温 CH_4 和 NCH_4 求得

因此，可得经验线性公式：

$$W = A \times \text{ATI} + B \tag{3-83}$$

式中，W 为某层土壤湿度；A，B 分别为系数。

地表蒸散是土壤-植被-大气间能量相互作用和交换的体现。研究发现，实际蒸散与潜在蒸散的比值与土壤水分关系密切。当土壤水分供给充足时，蒸散作用较强，冠层温度处于较低状态；反之，蒸散作用较弱，冠层温度较高。Jackson 把土壤和植被看作一个整体，发展了基于单层模型的估算缺水状态模型，在较均一的环境条件下，作物缺水指数（CWSI）与平均日蒸散量有联系，定义为（Jackson et al.，1981）

$$CWSI = 1 - ET/ET_0 \tag{3-84}$$

式中，ET 为实际蒸散；ET_0 为潜在蒸散。

利用遥感数据可得到热红外温度，通过与日蒸散量的简单线性关系得到作物缺水指数（CWSI）。但是 CWSI 模式是以冠层能量平衡单层模型为理论基础的，在作物生长的早期，冠层稀疏时效果较差；作物缺水指数法所需的资料较多、计算复杂，地表气象数据主要来自地面气象站，实时性不强，地表气象数据确定外推的范围和方法也对作物缺水指数法的精度产生影响（张清等，2008）。

利用多通道热红外辐射计或者热红外影像可以直接推导土壤含水量。王合顺等提出由 ASTER 多通道数据（第 10~14 通道）加权和构成宽波段发射率（BBE）：

$$BBE = 0.197 + 0.025\, E_{10} + 0.057\, E_{11} + 0.237\, E_{12} + 0.333\, E_{13} + 0.146\, E_{14} \tag{3-85}$$

式中，$E_{10} \sim E_{14}$ 为 ASTER 卫星中第 10~14 通道。

然后利用 Mira 等研发的经验公式推导出土壤含水量：

$$E = a + b \times SSC + c \times \ln SSC \tag{3-86}$$

式中，a、b、c 为经验参数；E 为多通道热红外辐射计的发射率；SSC 为土壤体积含水量。该公式属于统计经验公式，对每个地点或者不同特征下垫面都有特定的参数值，普适性受到一定的限制。

（二）主动微波遥感反演土壤水分

主动微波遥感器向目标物发射电磁波，依靠接收机接收到的目标的反射回波信号来对目标物性质与状态进行判断，回波信号的强弱用后向散射系数来表示。在主动微波与地表相互作用过程中，当传感器参数固定时，后向散射系数与土壤水分密切相关。同时，土壤的表面粗糙度、植被覆盖状况等因素也会对后向散射系数产生影响，也影响土壤水分信息的准确获取。雷达观测地表得到的后向散射系数可以表示为

$$\sigma^0 = f\,(\lambda,\ \theta,\ p,\ M_v,\ V_{eg},\ S_r) \tag{3-87}$$

式中，λ，θ，p 为传感器参数，分别为波长、入射角、极化状态；M_v，V_{eg}，S_r 为地表参数，分别对应土壤水分、植被参数以及粗糙度参数。

因此，利用主动微波遥感监测土壤水分就是寻找雷达后向散射与土壤水分，植被参数以及粗糙度参数的关系。研究者通过消除或确定植被覆盖，地表粗糙度等的影响，得到土壤水分信息。

对于地表粗糙度的影响，Ulaby 和 Batlivala（1978）利用不同频率的雷达，在不同入射角情况下对平滑、中等粗糙、极粗糙三种粗糙程度的农田进行观测实验，结果表明，随雷达的频率、入射角的不同而改变，地表粗糙程度对雷达后向散射具有较明显的影响。

当地表为裸地，在几月内，地表粗糙度变化不大，此时，一定波长、固定入射角和极化方式的雷达后向散射系数值基本仅与土壤水分的变化相关（Bernard et al., 1982；Prevot et al., 1993；Ulaby et al., 1974）。很多研究者基于此方法估算了不同地理状况的土壤水分（Bayle et al., 2002；Ulaby and Batlivala, 1978）。

$$\sigma^0 = A + B \times m_v \tag{3-88}$$

当地表情况复杂，需要去除粗糙度的影响。因此，考虑通过对多频率、多极化、多入

射角雷达数据的综合处理来达到去除粗糙度影响的目的。目前，这方面的监测土壤水分模型主要有 Oh 模型（Oh et al.，1992，1994，2002）、Dubois 模型、Shi 模型（Shi et al.，1997）。此外，还有科学家利用多角度雷达数据的经验算法来估算土壤水分，如 Zribi 等（2000）利用 SIR-C、RADARSAT 以及直升机搭载的雷达传感器（ERASME），结合地表实测数据，提出一种基于不同角度（23°与 39°）后向散射值估算地表粗糙度的估算土壤水分方法。

对于植被覆盖对估算土壤水分的影响程度，取决于植被层在后向散射中所占贡献的大小。随着植被层致密度、高度、含水量的提高，雷达后向散射中来自于植被层的信号比例也将逐步提高，相比之下来自于土壤的信息则逐步减弱，这将导致土壤水分信息的提取变得更加困难。因此，如何更加准确地估算植被层的后向散射以及植被层对地表散射的影响程度是去除植被影响、获取土壤水分信息的关键。目前，针对这一复杂问题，普遍采用辐射传输理论来解决，建立了各种植被辐射传输模型。如水－云模型（Attema and Ulably，1978）、MIMICS 模型（Ulaby et al.，1990）、Karam 模型（Karam，1997）、植被 3-D 模型（Martinez et al.，2000）等。

主动微波遥感监测土壤水分，结果精度较高，且可以全天候使用，成为监测水分最灵活、最适用、最有效的方法。但成本较高，随着一系列携带主动微波传感器的卫星（ERS 系列、EOS-SAR、RADARSAT1-2、ENVISAT/ASAR、ADEOS、TRMM、GF-3、Sentinel-1 等）的发射升空，将使微波遥感的成本不断下降，逐渐被应用于实践。

（三）　被动微波遥感反演土壤水分

由于被动微波传感器获取的亮温与地表发射率有关，而地表发射率受介电常数的影响，介电常数又与土壤水分紧密联系，利用这一关系便能反演地表土壤水分。微波对地遥感观测具有全天时、全天候、多极化的特点，其对下垫面一定程度的穿透性能探测地表 0~5cm 的表层土壤水分。同时微波的穿透性使得其还能够探测到植被下层的土壤水分。因此被动微波遥感成为更高效、更合适的土壤水分监测手段。根据反演的方式不同，土壤水分反演算法大致可分为 3 种（陶静，2008）：直接统计法、基于正向模型的反演算法、基于神经网络的反演算法。

1. 直接统计法

通过土壤水分与影响因子的多种统计关系，反演地表土壤水分。例如，Hallikainen 等（1988）利用 SSM/I 数据和亮温阈值，发展各种分类规则来识别茂密植被、森林、水体、农田、干和湿的裸露土壤等，并分别建立经验线性估算法。研究发现，土壤水分和微波发射率、植被微波指数有关系，通过微波发射率和植被微波指数的组合修正土壤粗糙度和植被的影响，从而获得土壤水分信息。如 O'Neill（1985）建立了标准化 TB 与体积百分比土壤湿度之间的线性关系。Schmugge（1983）采用田间持水能力 FC（field capacity），作为土壤湿度的一个指示因子，建立了亮度温度与 FC 之间的线性关系。另外还有学者引入前期降雨指数 API（ancedented precipitation index）（Choudhury et al.，1987）和微波极化差指数 MPDI（microwave polarization difference index）（Jackson et al.，1982）等土壤湿度指示因子，建立 TB 与 API、MPDI 之间的线性关系，从而反演土壤水分。

2. 基于正向模型的反演算法

开始时输入地表参数初始值，通过辐射传输方程模拟卫星观测亮温，在给定的观测条件下（即观测角、极化和频率参数的组合），将模拟亮温与观测的实际亮温的加权差方和作为代价函数，通过一定的数学方法求解代价函数达到最小时的地表参数值（Njoke，1999），此时的地表参数则为反演值。正向模型以辐射传输方程为基础，目前大多数的正向模型都建立在零阶模型 $\omega-\tau$ 模型的基础上，求解代价函数的数学迭代方法，如 Quasi-Newton、Levenberg-Marquardt 等。目前基于正向模型的反演算法已成为反演土壤水分的主流算法，如 Njoku 和 Li（1999）、Njoku 等（2003）基于 $\omega-\tau$ 辐射传输方程，建立正向模型，利用 Levenberg-Marquardt 迭代法迭代求解土壤水分等参数，此算法已作为 AMR-E 反演土壤水分的基础算法。

3. 基于神经网络的反演算法

神经网络可以通过其自组织连接，捕捉到很复杂的非线性关系。该方法是通过物理过程直接反演，它需要以遥感观测值为输入，以要反演的地表参数为输出。利用神经网络进行反演，对正向模型选择一个合适的输入和输出数据集，然后以该数据集为基础，训练神经网络得到与前向模型相同的模型，最后就可以通过输入观测的亮温值，输出土壤水分值。例如，Liu 等（2002）已经通过微波辐射计观测值在 1.4GHz 和 10.65GHz 利用神经网络进行了土壤水分的反演。但是，当前向模型的逆影像不是凸的时候，神经网络反演方法经常会导致错误的结果（Davis et al.，1993）。

（四）高光谱遥感反演土壤水分

高光谱主要是指可见-近红外波段，这个波段区域的波长较短，地物对这个波段的电磁波以反射为主，所以高光谱对土壤含水量的反演主要是通过土壤反射率进行的。土壤水分的变化会引起土壤颜色、土壤颗粒结构、土壤空隙、土壤粗糙度等因素的变化，这些因素对土壤反射率都有一定的影响。高光谱可以探测土壤表层含水量的细微变化，增强了土壤含水量在时间和空间尺度上的监测能力。

高光谱对土壤水分的响应主要表现在土壤反射率或者土壤反射曲线特征。土壤含水量对土壤的反射光谱影响比较明显，尤其是当土壤含水率在一个相对小的范围内时。已有研究表明，土壤含水量和土壤反射率并非总是负相关关系，土壤水分增加导致土壤表面反射率降低，但是当土壤含水量达到一定程度后，土壤反射率会随着土壤水分的继续增加而增加，而且水分吸收波段对土壤反射光谱曲线的形状改变比较明显，主要在 1400nm 和 1900nm 波段处。

在土壤水分的高光谱反演的过程中，光谱反射曲线的处理方法有很多种，主要有去包络线法、一阶导数变换、二阶导数变换、对数变换、倒数变换等，最常用的是包络线法和一阶导数变换。包络线是紧紧包围在光谱曲线上的一个凸面外壳，去包络线是指同一波段上的原始光谱反射率与包络线反射率的比值。该方法可以有效地突出光谱曲线的吸收和反射特征，有助于提取去包络线曲线的吸收谷的波段位置，计算吸收深度、宽度、对称度和吸收峰整体面积等特征参数。一阶导数变换是指对原始光谱曲线进行求一阶导数而得到的曲线，一阶导数变换可以获取更精细的光谱形态变化信息，能够增强局部波段位置（如光谱曲线的极值点和拐点等）的光谱反射率对土壤含水量变化的响应差异。

可见光−近红外波段的范围在 350～2500nm，每个纳米波段都有一个对应的光谱反射率，光谱曲线变换后仍然需要一定的方法从大量光谱反射率信息中提取有效波段的数据，然后才能对土壤含水量进行建模。常用的方法主要有光谱指数法、偏最小回归二乘法、主成分分析法、多元回归分析法、BP 神经网络法等。光谱指数法是通过一定的波段算法将所有波段组合遍历，计算出每组波段算法中的结果及精度，再根据精度找出最佳波段组合，常用的波段运算有比值运算（$R\lambda_2/R\lambda_1$）、差值运算（$R\lambda_1-R\lambda_2$）、归一化运算（$R\lambda_1-R\lambda_2$）$/(R\lambda_1+R\lambda_2)$）等。王权等研究在土壤盐碱影响下土壤含水量的高光谱估算时发现，利用一阶导数光谱与 1300nm 和 1970nm 的波段差值运算可以得到较好的土壤水分估算模型。偏最小二乘法可以较好地解决自变量数目大和自变量共线性强两方面的问题，这两个问题极容易出现在光谱数据上，所以该方法对光谱数据处理有很大的应用潜能。较合理的建模流程是，首先用逐步回归分析法确定被选择参与建模的波段，去除冗余信息，然后利用交叉验证方法分析不同主成分模型的精度，减少自变量个数，最终确定精度最高的模型为最佳模型。Kaleita 等利用土壤反射率对土壤表层含水量进行监测，最终确定偏最小二乘法的精度最优，还指出光谱模型的性能与土壤类型有关，颜色较浅的土壤建模结果更好。光谱指数和偏最小二乘法是最常用且最有效的建模手段，已经广泛应用到其他土壤和植被参数的建模反演上。

（五）冰雪覆盖遥感监测

冰雪对其他地表覆盖类型对可见光、近红外波段有高反射率，可利用该波段进行冰雪覆盖监测和制图。但是由于云层的反射特性和冰雪类似，对该波段的冰雪覆盖制图有很大的影响。相比之下，微波技术可以克服气象气候等条件的限制，可以对冰雪覆盖实现全天时全天候探测。被动微波对复杂地表类型的反演效果较差，数据产品的空间尺度也较大，而主动微波的优势较为明显。将来的发展趋势更趋向于可见光、微波等多平台数据的融合。

冰川变化监测从根本上来说主要包含冰川面积变化、高程变化和体积变化监测，以及冰川运动速度监测。

冰川面积变化探测的核心内容为冰川边界提取，早期主要利用遥感图像分类获取（Brow et al.，1998），后来发展了光学图像比值阈值法、雪盖指数法和雷达干涉相干法（许君利等，2006）。比值阈值法基于冰雪在可见光波段的强反射率和在短波红外波段的强吸收率的特征，通过波段比值和阈值设定提取冰川边界。针对不同的传感器，Landsat ETM+和 TM 第 3 波段与第 5 波段的比值效果最好，SPOT 和 ASTER 第 1 波段和第 4 波段的比值效果较好（张世强等，2001）。雪盖指数法原理与比值阈值法相同，不同之处主要是其表达式由植被指数衍生而来（上官冬辉等，2004）。以上方法均基于光学遥感图像，当遇到有云地区时便无能为力。而雷达遥感具有全天时、全天候、部分穿透性及高分辨率的能力，在冰雪遥感中有广泛的应用前景。近年来随着雷达干涉技术的发展，通过雷达干涉数据处理获取相干系数信息，利用冰川与周围地物的相干系数差异（冰川地区失相干严重）来进行冰川边界提取（周建民等，2010）。

冰面高程的获取方式主要有以下几种：通过干涉雷达技术获取冰川表面 DEM，通过早期航空摄影得到的地形图数字化得到早期冰面高程信息，利用立光学或者雷达图像的立体像对，利用多平台激光高度计或雷达高度计来获得冰川表面剖面某一时相的高程信息，通过不同时期冰面高程数据的差分来获取高程变化信息。需要通过野外观测、交叉验证、已发表成果以及非冰川地区的高程变化等方式来对监测结果进行验证。有了冰川面积变化和高程变化结果，便可以进一步计算出冰川体积和物质变化量，结合径流观测，评估冰川消融量对当地水资源量的影响。

图 3-32 为 Vladimir B. Aizen 等利用 1977 年航空照片和 2000 年 SRTM 数据监测 Akshiirak 冰川表面高程变化结果，其中面积变化通过 1977 年航空照片和 2003 年 ASTER 卫星图像获取，图中显示冰川末端消融明显，越靠近冰川顶端，消融量越小，冰川整体呈现消融态势，从 4 条冰川剖面线的冰川高程变化情况来看，高程变化量级达到 50～100m。

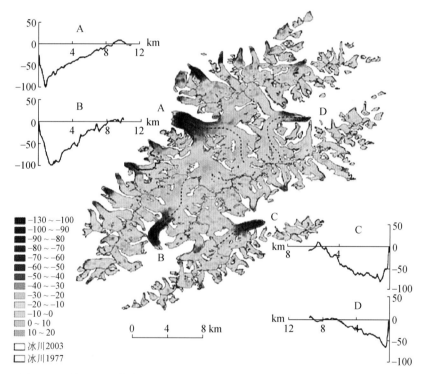

图 3-32　利用 1977 年航空照片和 2000 年 SRTM 数据监测 Akshiirak 冰川表面
高程变化（Vladimir et al.，2007）

微波成像仪（MWRI）是 FY3 卫星上的重要遥感仪器，是全功率双极化微波成像仪，利用该微波数据反演雪深有两种算法，一种是全球算法，一种是区域算法，都是半经验算法。全球算法的定义如下：

$$SD = FF \times \frac{[A \times (T_{b18v} - T_{b36v})]}{(1 - FD \times 0.6)} + (1 - EF) \times [A \times (T_{b10v} - T_{b36v}) + B \times (T_{b10v} - T_{b18v})]$$

$$(3-89)$$

式中，SD 为雪深（cm）；FF 为森林覆盖率；FD 为森林密度，参数 A 和 B 分别来自于：

$$A = 1 / \left[\lg^{(T_{b36v} - T_{b36h})} \right] \tag{3-90}$$

$$B = 1 / \left[\lg^{(T_{b18v} - T_{b18h})} \right] \tag{3-91}$$

雪水当量（SWE，mm）可以由 SD 计算得到：

$$SWE = 10 \times \rho \times SD \tag{3-92}$$

式中，ρ 为雪密度。

MWRI 区域算法是基于中国天气形式下多年累积算法下发展的，只适用于中国地区。考虑了有雪盖下的地表情况，每个卫星像素点的雪深是不同地表特征下雪深的加权之和，权重系数是不同地表各自占陆地的百分比，计算如下：

$$SD = F_{barren} \times SD_{barren} + F_{grass} \times SD_{grass} + F_{farmland} \times SD_{farmland} + F_{forest} \times SD_{forest} \tag{3-93}$$

式中，F_{barren}，F_{grass}，$F_{farmland}$，F_{forest} 为不同类型地表覆盖度，该算法中将陆地表分成 4 种类型：裸地，草地，耕地，森林。每一种地表类型中，利用陆地覆盖率大于 80% 的 MWRI 观测点资料得到回归方程，四种地表类型的雪深回归反演算法如下：

$$SD_{farmland} = -5.69 + 0.345 \times D_{18v36h} + 0.817 \times D_{89v89h} \tag{3-94}$$

$$SD_{grass} = 4.32 + 0.506 \times D_{18v36h} - 0.131 \times D_{18v18h} + 0.183 \times D_{10v89h} - 0.123 \times D_{18v89h} \tag{3-95}$$

$$SD_{barren} = 3.418 + 0.411 \times D_{36v89h} - 1.543 \times D_{10v89v} + 1.331 \times D_{10v89v} \tag{3-96}$$

$$SD_{forest} = 10.766 + 0.421 \times D_{18h36v} - 1.121 \times D_{18v18h} + 0.673 \times D_{89v89h} \tag{3-97}$$

式中，D 代表下标所示的 MWRI 两个通道之间的亮温差。

应用可见光、红外遥感数据探测多年冻土分布和活动层厚度，通过环境因子与冻土分布及其特征的相互关系来进行冻土制图。AVHRR 和 MODIS 热红外陆面温度数据可用于模拟夏季冻土活动层的动态变化，计算融化指数，估算活动层厚度。

应用主动微波遥感研究近地表冻融循环，利用 ERS-1、NSCAT 和 QuickScan 散射计数据可用于探测近地表土壤冻融状况，SAR 图像可以提供高空间分辨率近地表土壤冻融状态的起始时间、持续时间和空间变化等信息，但受限于 SAR 卫星的重放周期和数据获取政策的限制，目前难以达到运行化要求。

被动微波遥感由于对于土壤水分敏感且能提供全天候、宽覆盖范围、高时相分辨率的数据，在地表冻融监测中应用潜力巨大。主要包括两个方面：一是提高冻融判别的准确性和针对实际复杂地表的实用性及算法的实用化；二是冻土微波遥感的定量化，为流域水文生态及气候变化研究提高能够更好体现空间异质性的时间序列冻融数据产品。

Zhang 和 Amstrong（2001）研究了美国 1997～1998 年冬季近地表土壤冻融状况，其研究结果表明，在地表被积雪覆盖近地表土壤往往已冻结，在 1997～1998 年冬季，在积雪覆盖地表前，约有 79% 的时间土壤在白天都呈冻结状态。土壤开始冻结主要发生在 10～11 月，结束日期主要在次年的 3～4 月。

三、全球土壤水分产品

被动微波由于其独特的波段信息，已成为监测土壤水分非常重要的方法。近年来，随着微波辐射亮温以及辐射传输理论模型的大力发展，发射了 AMSR-E/AQUA、AMSR2/G-

COM1、MWRI/FY-3、SMOS 和 SMAP 等卫星，利用其携带的被动微波辐射计监测地表水分状况，发展了全球土壤水分产品。

（一）AQUA 土壤水分产品

2002 年 AMSR-E 搭载于 Aqua 升空，入射角为 55°，刈宽为 1445km，共有 6.9GHz、10.7GHz、18.7GHz、23.8GHz、36.5GHz 和 89GHz 6 个频率，每个频率均有 V 和 H 两个通道，可以获取 12 个通道测量地表亮温（Ashcroft and Frank，2000），称为 AMSR-E。Aqua 为太阳同步观测上午星，因此 AMSR-E 的赤道过境时间为下午 1:30（降轨）和凌晨 1:30（升轨）。AMSR-E 传感器的目的是致力于地球水的研究，每日观测地表冰、雪、水圈等的微波信息，获取相关水和能量循环的数据，有助于提高气候模型和检测预报全球变暖、台风等的精度。AMSR-E 是第一个能提供全球尺度土壤水分产品的传感器，这些土壤水分产品已广泛地应用于各种水文、气象、气候等方面。

AMSR-E 提供降水率、云中水分、水蒸气、温度廓线、海面温度分布、冰、雪和土壤含水量等多种产品。其中，土壤水分产品采用微波 10.65GHz 和 18.7GHz 频率的极化差指数，并考虑植被覆盖，地表粗糙度因素的影响，形成半经验回归方程（Njoku and Chan，2006）。AMSR-E 全球土壤水分产品有日产品、旬产品和月产品。产品数据分辨率为 25km×25km，采用统一的 EASE GRID 投影方式。AMSR-E 全球雪水当量（snow water equivalent，SWE）和积雪深度（snow depth，SD）产品有日产品，采用 EASE-Grid 投影，空间分辨率为 25km。数据下载网址为 http://nsidc.org/data/docs/daac/ae_land3_l3_soil_moisture.gd.html。

（二）FY3 土壤水分产品

中国的 FY3 卫星也搭载了微波辐射计 MWRI，该辐射计参数设置与 AMSR-E 类似，算法为基于 AMSR-E 基础上改进的。发展对应的土壤水分监测方法，形成日、旬和月的土壤水分产品。亮温数据以及部分产品数据对外免费开放。

FY3 卫星以近极地太阳同步轨道围绕地球运行，轨道高度 836km，轨道倾角 98.75°，轨道周期 101.6min。多星运行能够每天多次获取全球覆盖遥感观测数据，大大提高了卫星数据的应用时效。星上均搭载有全功率双极化微波成像仪（MWRI），以圆锥扫描方式进行观测，天线视角 45°，刈幅宽度 1400km，中心频点设置为 16.65GHz、18.7GHz、23.8GHz、36.5GHz 和 89GHz，都有垂直和水平两种极化探测模式。MWRI 天线头部由尺寸为 977.4mm×897mm 的二维偏置抛物面反射镜和 4 个独立的馈电喇叭组成，其中 18.7GHz 和 23.8GHz 两个频率接收器共享一个馈源。MWRI 定标系统设计为端对端的全光路定标，两个直径为 860mm 和 1300mm 的准光学反射镜分别安装在热源和冷空观测位置，用来获取冷热定标观测数据。FY3 卫星的目标是获取地球大气环境的三维、全球、全天候、定量、高精度数据。访问网址 https://suzaku.eorc.jaxa.jp/GCOM_W/data/data_w_dpss.html 下载土壤水分产品数据。

（三）GCOM-W1 土壤水分产品

AMSR2 是 AMSR-E 的后续传感器（Imaoka et al.，2010），主要的改进为采用直径为

2.0m 更大的天线，而 AMSR-E 为 1.6m，增加了 C 波段（7.3GHz），以减轻射频干扰，完善了标定系统等（Okuyama and Imaoka，2015）。AMSR2 搭载于全球观计划 GCOM-W1 卫星，JAXA 发展了基于 AMSR2 的土壤水分算法，自 2012 年 5 月起提供逐日产品。JAXA 已经在蒙古国、泰国、澳大利亚、美国等许多国家开展了大量的 AMSR2 土壤水分产品标定和验证工作（Kachi et al.，2008；Kaihotsu et al.，2013；Oki et al.，2012）。产品精度为 $0.1m^3/m^3$，期望精度为 $0.05m^3/m^3$。可以通过访问网址 https://suzaku.eorc.jaxa.jp/GCOM_W/data/data_w_dpss.html 下载土壤水分产品数据。

（四）SMOS 土壤水分产品

SMOS 计划的主要目的是监测土壤水分和海洋盐度。SMOS 是一个 L 波段被动微波传感器，该传感器可以提供 0°~55° 的多角度、双极化的、全球范围的观测。因而为全球范围的土壤水分反演提供了有效手段。

SMOS 是土壤水分和海洋盐度的简称，该计划的主要任务是监测全球范围的土壤水分和海洋盐度的变化，这两个变量是天气和气候模型的两个重要输入参数。SMOS 的第二个任务是对雪冰地区的观测，以提供雪冰层的特性。SMOS 的荷载是 MIRAS，一个 L 波段、二维、双极化、被动微波干涉辐射计；其空间分辨率为 50km，在中心 FOV 为 30km，辐射分辨率为 0.8~2.2k，角度分辨率为 0°~50°，时间分辨率为 3 天，太阳同步圆形轨道。产品数据下载网址为 http://www.catds.fr/Data/Official-Products-from-CPDC。

（五）SMAP 土壤水分产品

SMAP（soil moisture active passive，SMAP）计划为满足水循环科学应对自然灾害的应用要求首批地球观测卫星之一，是 NRC 地球科学十年调查提出的四个任务中的一个。主要由 NASA 喷气推进实验室研发，以及 GSFC（goddard space flight center）参与，已于 2015 年发射（Entekhabi et al.，2010）。SMAP 的最大特点就是同时搭载了主动和被动微波传感器，它包括一个辐射计和一个雷达，并且都工作在 L 波段。这种设计可用来同时获取地表的发射和散射信息，并且由于 L 波段对地表和植被层的穿透能力较 C 波段和 X 波段更强，SMAP 具备穿透中等覆盖程度的植被来探测地表土壤水分状况的能力。SMAP 利用 L 波段雷达和辐射计（1.20~1.41GHz）共享 6m 长天线，同时测量地表发射和散射，提高对中度植被覆盖的地表的感应能力（Entekhabi et al.，2010）。每两三天提供高时空分辨率的全球土壤水分和冻融状态数据，SMAP 计划观测数据可以增强模型模拟和数据同化能力，提高深层土壤水分和生物系统碳循环监测能力，提高洪水和干旱灾害的监测能力。但不幸的是 2015 年 7 月 7 日，一个涉及雷达高功率放大器（HPA）的异常问题导致 SMAP 雷达停止传送雷达波。目前只有辐射计仍在轨运行，提供亮温数据以及产品。

SMAP 遥感卫星直接探测浅层土壤水分（0~5cm），同时为了满足更多应用需求，利用模型反演 1m 内的土壤不同层的水分含量。将 SMAP 卫星观测到的表层土壤水分数据与土壤水分同化系统结合，估算 1m 内深层土壤水分，并生产和发布 4 级产品，空间分辨率为 9km 的深层土壤水分数据集（Reichle et al.，2008）。4 级产品模型派生的数据增值产品，支持关键的 SMAP 数据应用需求，更直接地解决科学驱动的实际问题。产品数据下载网址为 https://earthdata. nasa. gov/。

（六）ESA 土壤水分产品

ESA 基本气候变量（ECV）全球监测计划之一的气候变化倡议（CCI），2010 年启动，为期 6 年。CCI 计划为全球气候观测系统和其他国际组织需求提供基本气候变量数据库。土壤水分 CCI 的目标是利用主动和被动微波数据生产完整、一致的全球土壤水分数据集。该项目利用 C 波段散射仪（ERS-1/2 散射仪、METOP 高级散射仪）、多频率辐射计（SMMR、SSM/I、TMI、AMSR-E、Windsat）以及土壤湿度和海洋盐度（SMOS）任务计划、合成孔径雷达（SAR）和雷达高度计（图 3-33），进行土壤水分长时间序列恢复和重建。

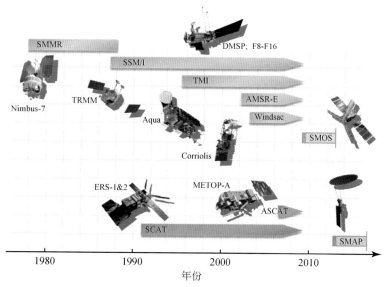

图 3-33　生产 ECV 土壤水分数据集所使用的主动和被动微波传感器
（来源：https://www. esa-soilmoisture-cci. org/index. php? q＝node/93）

为了充分利用现有的欧洲和国际计划，并确保诸如 SMOS 等新型传感器可以非常容易地集成，ECV 生产系统的设计尽可能模块化。可以最大限度地利用 ESA、EUMETSAT、NASA、JAXA 等机构已经建立的针对不同卫星和传感器的土壤水分数据服务。相关信息和数据下载可登录 ESA 网址，访问气候变化倡议土壤水分数据集。当前可下载的数据产品级别为 CCI SM v04. 2。产品数据下载网址为 http://www. esa-soilmoisture-cci. org/node/93。

（七）H-SAF 土壤水分产品

欧洲气象卫星开发组织（EUMETSAT）成立于 1986 年，是一个欧洲政府间组织，EUMETSAT 支持下的"业务水文和水管理的卫星应用设施"（H-SAF）始于 2005 年，H-SAF 作为 EUMETSAT SAF 网络的一部分（图 3-34），H-SAF 由意大利空军气象部门（ITAF USAM）领导，由来自 11 个国家的 21 名成员组成。H-SAF 获取和处理由 EUMETSAT 和其他地球静止轨道和极轨的地球观测卫星数据，生成用于水文应用的高质量数据集和产品。H-SAF 与其他欧洲和国际计划（包括 GMES）的目标相吻合，为山洪、森林火灾、山体滑坡和干旱等灾害监测和管理以及改善水资源管理的举措提供序列数据。基于当前和未来的卫星数据提供的新的反演产品，具有足够的时间和空间分辨率，以满足水文业务需求，主要有降水、土壤水分和积雪等产品。Metop ASCAT 土壤湿度时间系列产品（SM-OBS-4/H25）来自 SM-OBS-1/H16，空间分辨率为 25 ~ 34km，时间采样频率为 1 ~ 2 天。该产品更新两次，并通过 H-SAF 的 FTP 进行分发。Metop ASCAT Level 2 土壤水分产品数据来源于 SM-OBS-1/H16 和 SM-OBS-1/H07，EUMETSAT 自 2009 年 5 月起实时发布，土壤水分深度为 0 ~ 2cm，空间分辨率为 25 ~ 34km 和 50km，通过 EUMETSAT 网络进行数据推送。产品数据下载网址为 http://hsaf. meteoam. it/user_support. php。

图 3-34　EUMETSAT SAF 网络（来源：http://hsaf. meteoam. it/user_support. php）

（八）冰雪冻融产品

由于地表积雪与地表其他地物在各个波段的反应差别较大，MODIS 科学组单独研制了积雪产品。MODIS 积雪产品的编号是 MOD10，有 6 个子产品系列：产品 1 是 MOD10_1.2，其空间分辨率为 500m，扫描宽度为 2330km，该产品能够区分监测区的积雪和其他地表物体，产品的每个像素中心的经纬度是已知的，所以没有投影坐标系也能够被精确定位。产品 2 是 MOD101.2G，是将产品 1 的各个像素地理定位到正弦地图投影坐标系上得到的。产品 3 是 MOD10A1，是用产品 2 经过评分算法再处理而得到的。产品 4 是 MOD10C1，是将产品 3 转换成 0.05°空间分辨率的 CMG 栅格文件而得到的。产品 5 是 MOD10A2，是用 MOD10A1 产品合成的 8 日雪盖产品。产品 6 是 MOD10C2，是用 MOD10C1 产品合成的 8 日雪盖产品，数据下载网址为 https://giovanni. gsfc. nasa. gov/giovanni/。

美国国家冰雪中心提供全球每天冻融产品数据的下载，其数据下载网址为 https://nsidc. org/data/nsidc-0477#。其中，1979 年 1 月 1 日 ~ 2016 年 12 月 31 日的数据主要基于 scanning multichannel microwave radiometer（SMMR）、the special sensor microwave/imager（SSM/I）和 the special sensor microwave imager/sounder（SSMIS）三颗卫星的被动微波辐射

计获取的辐射亮温得到。2002 年 6 月 19 日~2016 年 9 月 27 日的数据还可通过 advanced microwave scanning radiometer-earth observing system（AMSR-E）和 the advanced microwave scanning radiometer 2（AMSR2）协同反演得到。上述数据产品的地理覆盖范围为南北纬 86.7167°和东西经 179.9999°，空间分辨率为 25km×25km，数据格式包括 GeoTIFF、HDF 和 GIF，目前为 V4 版本（Kim et al.，2017a，2017b）。

全球陆地冰川遥感计划（global land ice measurement from space，GLIMS）是一项利用遥感技术定期监测全球约 20 万条冰川的国际倡议，主要利用 Advanced Spaceborne Thermal Emission and Reflection Radiometer（ASTER）和 Landsat，以及历史资料，数据的获取时间从 1850 年 1 月至 2018 年 3 月（Abrams et al.，2015；Raup and Kargel，2012），后续还会持续更新，其数据产品下载网址为 http://www.glims.org/maps/glims。

四、展望

目前，利用遥感数据监测地表土壤水分、冰川、冻融状态监测技术得到了大力发展，也取得一定的成果。尤其是主被动微波的大力发展，主被动微波联合观测卫星计划 SMAP 实施，可以提供高时间、空间分辨率的土壤水分、积雪、冻融状态数据集，为减灾、环境、农业等领域提供更精确的数据，但 9km 级别的土壤水分产品数据，对于一些应用需求仍显不足，提高数据分辨率仍是卫星观测技术的突破口和未来方向。随着未来遥感数据共享的大趋势，更多的高分辨率主动微波数据可用，随着主被动遥感数据联合反演算法的改进和成熟，以及热红外遥感土壤水分反演算法的成熟，未来百米级分辨率土壤水分、积雪和冻融状态监测成为可能。

单一波段无法充分探测土壤水分变化特点，需要多波段、多传感器相结合；而且表层土壤水分无法满足某些实际需求，如旱灾监测、水资源管理等。深层土壤水分反演是一个难点，通过基于土壤水分平衡模型的同化方法是一个研究方向，但深层土壤水分区域差异更大、受区域气候、水文特点影响较大，因此需要借助数据库提供基础信息和先验知识，多源遥感数据和数据库结合是土壤水分遥感监测的未来趋势。

在积雪方面的遥感监测中，不同土地利用类型对积雪产品精度有不同的影响，耕地和草地的积雪识别精度比较接近。光学遥感监测积雪时，林冠对积雪信息的部分屏蔽，林下积雪覆盖特征很难被检测到，常用的线性光谱混合模型在森林区域很难得到较高的精度。如何处理森林覆盖对微波遥感的回波补偿或剔除是难点。云层厚度对积雪的监测有遮挡作用，很大程度上影响探测器对积雪的监测精度。积雪深度较小时，影像表现的一般是积雪与地物的混合状态，不能准确识别积雪面积，积雪分类精度较低。随着雪深的增加，影像像元以积雪为主，地物对积雪分类精度的影响也较小，对积雪估测的影响也较小。

冰川探测方面，冰川面积的探测主要受限于云层和积雪覆盖的影响，可考虑采用光学和微波相结合的方法进行提取。相对于面积而言，冰川体积和物质平衡的变化更加能够反映气候变化的响应，探测难度也更大，随着雷达数据的共享，可采用干涉 SAR 和极化干涉 SAR 获取冰川多时相的 DEM 来进行探测。此外，冰川运动速度的变化也是冰川监测的重要内容，目前主要还是集中在方法层面的研究，需要发展具备普适性的方法，来对中国和全球冰川进行常规动态监测。

冻融方面，目前不同冻融判别算法的阈值确定不一，还存在比较强的主观性，需要发展结构化、透明化方法来更加科学地进行阈值的确定。目前的观测最多能到日尺度，对于一天之内的冻融循环还无法监测，这是后续冻融卫星设计时需要考虑的问题。此外，冻融监测目前的分辨率还比较粗，未来需要通过主被动微波协同来提高监测的空间分辨率。

第四节　水　　面

遥感能及时快速地识别地表水体，监测水体水面面积和水位动态变化。近几十年来，不同空间分辨率、时间分辨率和光谱分辨率卫星遥感影像成为地表水面变化监测的理想数据源，而大量用于海洋高程监测的卫星高度计数据则被广泛应用于内陆水体水位信息获取。其中，按照传感器的类型，用于地表水面探测和监测的遥感技术主要有光学遥感和微波遥感两大类。其中，光学遥感由于数据的易获得性、易处理性以及合适的时间或空间分辨率，应用更为广泛和普遍。用于水位监测的遥感数据有雷达高度计和激光高度计两种。

一、水面信息遥感提取

（一）水面遥感监测原理

水面遥感监测的实质是将水体信息与其他信息区分开来。由于水体和陆地接受太阳辐射相互作用以后，对太阳辐射的反射、吸收、散射、透射的特征差异很大，从而使其在遥感图像上的反映也迥然不同，成为区分水体和其他地物的重要基础。

在可见光和近红外波段内，水体识别主要基于水体、植被、土壤等地物的光谱反射差异。水对近红外和中红外波长的能量吸收最多，该波段内的能量很少被反射，而植被和土壤对可见光波段反射极少，但对近红外反射却很高。因此，用遥感数据中的近红外和可见光波段可以方便地解决地表水域定位和边界确定等问题。微波遥感对水体鉴别也有很高的灵敏度，陆地的地表覆盖和起伏的地形，使入射微波产生较强的后向散射，被雷达天线接收，形成较明亮的影像；而水体强烈吸收微波，形成暗黑色的影像，故水陆界限分明，可以清晰地得到水面覆盖信息。地物后向散射特性的差异是主动微波遥感观测水体的基本原理（王海波和马明国，2009）。

（二）水面光学遥感提取方法

目前，基于光学遥感数据的水体识别方法主要有单波段阈值法、谱间关系法、多波段运算法、神经网络分类法、决策树分类法和混合像元分解法等。单波段阈值法是利用水体在近红外波段反射率较低，易与其他地物区分的特点，通过在近红外波段设定阈值来区分水体与其他地物，该方法简单易行，但存在较多混淆信息，识别精度相对较低（Lu et al., 2011；杨莹和阮仁宗，2010）。谱间关系法又称波段组合法，通过对波段进行组合运算来增强水陆反差，从而找出组合图像上水陆分界明显的影像，由于综合利用了其他波段的信息，因此比单波段阈值法的解译效果好，应用也广泛（殷青军和杨英莲，2005；张明华，2008）。多波段运算法包括比值法、差值法、水体指数法等，它通过对波段进行算术运算来构建水体识别的数学模型，由阈值法直接实现水体信息的提取（徐涵秋，2005；王秋燕等，2012；李博和周新志，2009；曹荣龙等，2008）。神经网络分类法是模拟生物神经网络的人工智能技术具有并行处理、非线性、容错性、自适应和自学习的特点，因而广泛应用于模式识别、信号处理和遥感分类，案例研究表明神经网络法比阈值法具有更高的精度和效率（梁益同和胡江林，2001）。决策树分类法是在充分分析水体信息和其他地物直接光谱特征差异的基础上，建立分层分类树，基于知识先分类后提取的方法。决策树分类法充分利用了水体和其他地物的光谱特性差异，可以有效地提取水体信息，但此方法需要一定的先验知识，如同时知道水体的大小、形状、位置和纹理特征（都金康等，2001）。混合像元分解法根据每一像元在各个波段的像元值来估算像元内各典型地物的比例，将水体信息的提取逐渐由像元过渡到亚像元，提高了分类精度（胡争光等，2007；张洪恩等，2006）。

（三）水面微波遥感提取方法

利用微波遥感技术进行水体的提取，其中主动式合成孔径雷达（SAR）是主要形式。其原理是利用湖泊水体和其他地物之间后向散射特性差异来识别水体。

传统 SAR 图像水体检测方法往往是基于灰度的单一阈值分割方法。它是主动式微波遥感提取水体信息的一种最为常用的技术，常用于洪水区域的提取（Sanyal and Lu，2004）。通常，通过一个二值算法设置一个雷达后向散射阈值，来计算确定每个像元是否是水体。雷达后向散射是传感器入射角和 DN 值的函数。阈值的设置依据研究区域和影像的总体光谱特征决定。

阈值法对某些低噪声、图幅较小的 SAR 图像的水体检测有较好效果，然而由于雷达反射回波信号的影响，SAR 图像中通常都存在大量乘性噪声，因此单纯采用基于灰度的方法会由于噪声而影响水体目标检测的效果。另外，对于较大范围的 SAR 图像，图像中的灰度分布十分复杂，采用阈值分割方法的错分概率很大（程明跃等，2009）

利用主动微波遥感提取水体信息的关键技术是 SAR 影像中阴影以及斑块噪声的去除。阴影与水体的混淆，加上雷达图像独有的斑块噪声的干扰，使得从雷达图像上准确提取水体较为困难。由于传统的单纯依靠阈值法进行湖泊水体信息提取误差较大。在实际应用过程中，研究人员常采用 Lee 滤波、Kuan 滤波、Frost 滤波和 Gamma-MAP 滤波等方法进行影像斑点噪声的处理（窦建方等，2008；朱俊杰等，2005）。

为了克服采用传统阈值法的局限，发展了基于 SAR 图像中的纹理特征分析方法（程明跃等，2009；朱俊杰等，2006）、机器学习分类法（程明跃等，2009）、数学形态学法（张怀利等，2009）、图像分割算法（朱俊杰等，2005）、决策树分类（彭顺风等，2008）等多种方法，并综合应用多种分类法，实现不同方法的优势互补。此外，有些学者利用 SAR 和光学影像上信息的互补，对各自图像上的水体和阴影进行复合处理，从而从 SAR 图像上准确地提取出水体范围（杨存建和周成虎，2001；郑伟等，2007）。

（四）水面数据的表达方法

水面遥感提取结果的常用表达方式有多种，如面积、水体边界、面积占比等，为了科学地反映不同时间、不同区域水面的分布特征，研究人员还提出了水面出现概率（water occurrence）、水面变化强度（change intensity）、水面的季节性（seasonality）、转化（transitions）、最大水体边界（maximum water extent）等表达方式（Pekel et al., 2016）。

1. 水面出现概率

该指标表示一定时期内水面在不同区域出现的总概率，即总的变化，包括年际、年内变化情况。其计算方法是把不同年同一个月提取的水面数据集进行空间加和，再除以该月有效的水面数据数量，即得到月尺度水面出现概率数据。一个时间段内的水面出现概率则为所有月度数据的平均值。

2. 水面变化强度

该指标用于描述两个不同时间段不同区域水面增加、减少或保持不变的情况。选用两个时间段 (t_1, t_2) 具有相同有效水面数据的月份，先计算对应月份水面出现概率数据的差异 $[(t_1-t_2)/(t_1+t_2)]$，再求所有月份的平均值，即为水面变化强度。

3. 水面的季节性

该指标用于反映水面的年内变化特征，包括永久性水面、季节性水面，以及有水月份等信息。永久性水面是指全年都被水覆盖的区域，季节性水面是指一年中有部分月份被水覆盖的区域。其计算方式为直接将一年中 12 个月的水面数据进行空间加和，并通过水面像元的数量来反映不同区域水体的季节性特征。

4. 转化

该指标用于反一个时间段内第一年和最后一年之间季节性的变化，包括无水区、季节性水体和永久性水体三类。通过两个时段的混淆矩阵分析，得到未变化永久水面、新增永久水面、退化的永久水面、未变化季节性水面、新增季节性水面、退化的季节性水面、永久水面转换成季节性水面、季节性水面转换成永久水面等类型。

5. 最大水体边界

该指标表示一个时间段内区域内出现过水面的区域。其计算方式为不同时期水面数据或运算，即某一个像元类只要出现过一次水面信息，则这个像元点标记为水面。逐像元遍历所有数据即得到最大水面分面数据。

（五）水面遥感提取技术的发展趋势

近年来，随着大范围、长时间序列数据集应用需求的出现，水面信息遥感提取出现了输入数据源多样、监测覆盖范围广、数据处理量大等特点，这给前述的基于典型区数据发展的水面遥感提取方法带来了挑战，即如何将试验小区发展的方法进行大范围推广应用。以 MODIS 影像为例，研究人员先后提出了归一化差异水体指数（NDWI）（Rogers and Kearney, 2004）、地表水体指数（LSWI）、混合水体指数（CIWI）（莫伟华等, 2007）、单波段阈值分割（李晓东等，2012）和多波段 HSV 变换法（Pekel et al.，2011）等。使用这些方法进行水体边界提取的关键步骤是确定分割阈值。现有的阈值确定方法有人机目视判断和样本统计分析（Pekel et al.，2011）两种。前者依赖主观经验，提取结果不稳定，且不适用于大范围、大数据量研究；后者虽然能通过广泛抽样统计得到较为精确的结果，但整景影像或整个区域采用统一的阈值会在局部区域产生较大误差。为了克服这些问题，有研究人员提出了"全域–局部"分布迭代的提取方法（Wang et al.，2014），将全域分割、全域分类、局部分割与分类等计算过程有机结合，并通过在局部尺度构建迭代算法实现了水体精确提取。卢善龙等（2016）通过引入数值高程数据以及影像上的时间过程信息，提出了一种结合水面缓冲区边界分析和逐个水体确定分割阈值的水面自动提取方法，并利用该方法提取了 2000～2012 年青藏高原每 8 天 1 期的面积大于 $1km^2$ 湖泊水面数据集（图 3-35）。上述案例分析表明，未来对于其他卫星遥感数据源和水面提取方法的大范围推广应用而言，同样需在现有方法的基础上，通过辅助数据引入或多方法的综合来满足具体应用需求。

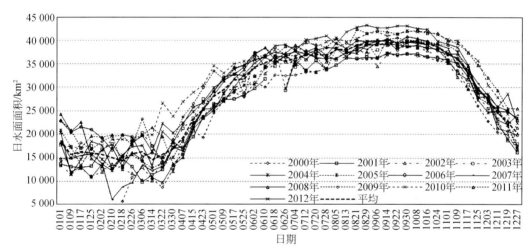

图 3-35　利用 MODIS 影像提取的 2000～2012 年青藏高原大于 $1km^2$ 湖泊每 8 天的
水面面积时间序列图（卢善龙等，2016）

（六）水面数据集

过去 20 年，为了满足国家、大洲乃至全球能量和水循环模拟及分析研究需求，研究人员利用卫星遥感数据源解译和制作了许多全球和区域地表水数据集，如 NASA 喷气推进实验室 1999 年在 EOS/AM-1 数字高程数据基础上制作的全球 1km 水面掩膜数据集，美国地质调查局 2002 年制作的全美河流和其他水体水面数据集，美国波士顿大学 2004 年基于 MODIS 数据制作的全球 1km 水面掩膜数据集，Lehner 和 Doll（2004）制作的 1km 分辨率全球湖泊湿地数据集，NASA 喷气推进实验室于 2005 年基于 SRTM 数据制作的 90m 分辨率全球水面矢量数据集（SWBD），马里兰大学利用 SWBD 数据集和 MODIS 250m 分辨率数据制作的全球 250m 分辨率地表水面栅格数据集（Carroll et al.，2009），中国科学院计算机网络信息中心科学数据中心利用 Landsat TM/ETM+影像制作的 30m 空间分辨率中国内陆水体水面数据集，以及国家基础地理信息中心利用美国陆地卫星 Landsat TM/ETM+、国产环境减灾星（HJ-1）影像完成 2000 年、2010 年 30m 空间分辨率全球陆表水体数据成果（廖安平等，2014）等。中国科学院南京地理与湖泊研究所制作的中国 1∶10 万湖泊数据集，中国科学院遥感应用研究所制作的 30m 分辨率湿地数据集（Niu et al.，2012）也属于这一范畴。然而，这些数据集存在时空分辨率低、不同数据间空间位置匹配不准、空间不连续等问题。

为了满足空间分辨率一致和时间过程连续的数据应用需求，直接以中等空间分辨率单一传感器遥感影像为数据源进行水面提取成为当前研究的理想选择。全球环境与安全监测计划 GEOLAND2 工作组以 MODIS 和 SPOT Vegetation 地表反射率影像为基础，制作了 1km 分辨率（时间分辨率为 10 天）非洲大陆 1998 ~ 2012 年水面数据集（Water Bodies V1.3）（Smets et al.，2011）；美国马里兰大学利用 250m MODIS 植被指数产品（MOD13）提取了加拿大 2000 ~ 2009 年每 16 天一期的水面数据集（Carroll et al.，2011）；Huang 等（2014）利用 MODIS MOD09A1 产品数据，提取了澳大利亚墨累–达令河流域 2000 ~ 2010 年每 8 天的 500m 分辨率水面数据集；Mueller 等（2016）利用 Landsat 存档卫星资料，制作了澳大利亚 1987 ~ 2014 年 25m 空间分辨率地表水面数据集（WOfS）。在青藏高原地区，Song 等（2014）和卢善龙等（2016）利用 MODIS MOD09A1/MOD09Q1 产品，分别提取了青藏高原 2000 ~ 2011 年、2000 ~ 2012 年每 8 天的 250m 分辨率水面数据集。

近年来在前述数据集的基础上，各国科学家纷纷推出了时空分辨率更为连续的水面数据集产品。其中最具代表意义的是欧洲联合研究中心（JRC）Pekel 等（2016）发表的全球 1984 ~ 2015 年 30m 空间分辨率地表水数据集（global surface water dataset），该数据集包括水面出现概率（water occurrence）、水面变化强度（change intensity）、季节性（seasonality）、转化（transitions）、最大水体边界（maximum water extent），充分反映了不同区域不同时间水面的空间分布及时间变化特征，该数据集公开发表后得到了全球用户的广泛好评并广为应用。目前该数据集可以通过 USGS（http://earthexplorer.usgs.gov）和 Google Earth Engine（https://earthengine.google.com）进行下载或直接编程使用。

此外，法国 CNRS 中心利用 GIEMS 数据集，通过降尺度制作了全球 1995 年至今的湖泊水面数据集（Fluet-Chouinard et al.，2015），该数据集可以通过 Estellus 网络平台进行下载（http://www.estellus.fr/index.php？static13/giems-d15）。比利时 VITO 基于 PROBA-V 影像，发展了全球 1999 年至今的每 10 天 300m/1000m 地表水体数据集。德国宇航中心利用 MODIS TERRA 和 AQUA 250m 日影像，制作了全球每天的水体制图产品（Global WaterPack），不过目前该数据集只有 2013 ~ 2015 年的数据（Klein et al.，2017）。

二、水位遥感监测

20 世纪 90 年代卫星高度计数据的出现，给内陆水体水位监测提供了新的技术手段。1992 年，Topex/Poseidon（T/P）卫星成功发射之后，其高度计数据一直被广泛用来监测全球大型湖泊水位变化。Ponchaut 和 Cazenave（1998）利用 1993 ~ 1996 年数据建立了非洲和北美六大湖泊水位与降雨数值关系；Mercier 等（2002）利用 1993 ~ 1999 年 T/P 数据获取了非洲 12 个湖泊的水位变化信息。分别于 1991 年和 1995 年发射成功的 ERS-1 和 ERS-2 卫星高度计产品跟 T/P 数据一样，被用来监测内陆湖泊水位变化，该数据能在下垫面类型复杂区域快速获取监测目标的变化（Gao et al.，2013）。2001 年、2008 年 Jason-1 和 Jason-2 卫星发射成功后，其高度计产品逐渐取代了 T/P 数据。2002 年，携带有第二代雷达高度计（RA-2）的 ENVISAT 卫星成功发射，该传感器设备能密集获取地面回波数据，因此，同样被大量用于内陆湖泊水位变化监测。而且其水位监测精度可达厘米级（Da Silva，2010；Munyaneza，2009；Medina，2008）。2010 年，带有高级测高仪的 Cryosat-2 发射升空，该传感器的出现极大地丰富了卫星高度计产品数据集。上述这些高度计卫星给时空过程连续的内陆水域水位监测提供了可靠的长时间序列数据集。然而，由于它们的回波足迹面积一般在 2km 左右，无法对中小型湖泊进行有效监测，限制了它们的应用。2003 年，携带 GLAS 激光高度计的 ICESat 卫星发射后，极大地改善了这一问题。该传感器地面足迹的直径为 70m，能获取大部分中小型湖泊或河流的水位变化信息（Zhang，2018）。

（一）水位提取方法

1. 雷达高度计水位提取方法

利用雷达高度计数据提取水面水位时，虽然使用不同数据源会有差异，但基本方法大同小异。以 ENVISat RA-2 为例，方法包括 6 个步骤（Gao et al.，2013）：①遴选研究水域区内的有效卫星雷达足迹点；②提取每个足迹点的卫星高度、卫星到水面的距离及相应的物理修正参数、大地水准面；③异常值去除，对于 RA-2 而言，每一个有效足迹点中，会有 20 个 18Hz 高程测量值，这些值是明显的异常值，需要去除，然后对剩下的 1Hz 数据求平均得到每个足迹范围内卫星离水面的距离；④1Hz 范围数据进行物理校正，包括对流层校正、电离层校正、固体地球潮汐校正、极潮汐校正和逆压力校正；⑤计算每个足迹区 1Hz 回波范围对应的水位，计算方法为卫星高程减去校正后的水面到卫星的距离，再减去大地水准面高程；⑥对同一水域区的所有水位数据求均值，得到单个水体水位值。

2. 激光高度计水位提取方法

基于激光高度计数据的水位提取方法与雷达高度计数据类似，分为数据遴选、异常值去除、星地距离均值和水位计算：①选择完全落在同一水域的激光足迹数据；②利用随机样本一致性处理算法软件（random sample consensus algorithm，RANSAC）去除异常数据；③计算同一水域内所有有效激光足迹点到载荷平台的距离，求取平均值；④以卫星所在高程减去水面至卫星的距离，再减去大地水准面即为最终所需的水面水位数据。

（二）水位遥感提取应用

目前，将卫星高度计数据全面用于地表水监测的典型应用是由法国 LEGOS 实验室建立的全球地表水位数据库（http://www.legos.obs-mip.fr/en/soa/hydrologie/hydroweb/index.html），该数据库中包含了全球大型河流、湖泊和湿地水位时间序列数据。系统中的水位数据，全部基于卫星雷达高度计数据进行获取。所使用的卫星高度计数据包括 Topex/Poseidon、ERS-1/ERS-2、ENVISAT、Jason-1 和 GFO（卢善龙等，2010）。系统中发布了欧洲、亚洲、非洲和南北美洲 100 个湖泊以及 250 个大型漂流水位时间序列数据（图 3-36）。

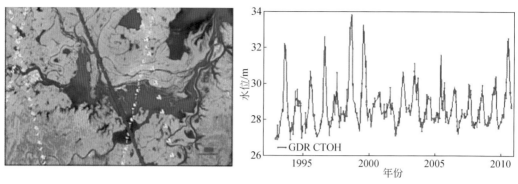

图 3-36　法国 LEGOS 实验室 Hydroweb 发布的洞庭湖近几十年雷达高度计足迹分布
及水位变化监测时间序列

近年来国内有不少研究人员利用 ICESat GLAS 数据对青藏高原 2003 年以来的湖泊水位开展了全面监测，并建立了相应的数据集。Zhang（2018）监测了高原区 111 个湖泊 2003～2009 年的水位变化，而 Song 等（2014）提取了高原区 105 个典型湖泊 2003～2009 年水位变化，并分析了水位的季节和转折变化特征。

第五节　水　储　量

一、重力卫星概述

21 世纪是人类利用卫星跟踪卫星（SST）和卫星重力梯度（SGG）技术提升对地球重力场认知能力的新纪元。重力卫星 CHAMP（challenging minisatellite payload for geophy sical research and application）、GRACE（gravity recovery and climate experiment）和 GOCE（gravity field and steady-state ocean circulation explorer）的成功升空以及美国 GRACE Follow-On、欧洲 E. MOTION（earth system mass transport mission）和中国的 Post-GRACE 的即将发射昭示着人类将迎来一个前所未有的卫星重力探测时代。

已发射和计划发射的重力卫星如表 3-8，在已经发射的重力卫星中，CHAMP 是由德国宇航中心和德国地学中心联合发起和研制。观测的是低轨卫星处重力位的一阶导数，可恢复较高精度的中长波重力场，但这种高低跟踪模式对沿轨重力变化不敏感，不能提供近轨空间重力场精细结构信息。

表 3-8　重力卫星概述（已发射和计划发射）

卫星名称	研制机构	所属国家	发射时间	卫星寿命	轨道高度	轨道倾角	星间距离	空间分辨率
CHAMP	德国	德国	DLR 与 GFZ 2000 年 7 月 15 日	5～10 年	454～300km	87°	—	285km
GRACE	NASA 和 DLR	美国和德国	2002 年 7 月 13 日	5～10 年	500～300km	89°	220km	166km

续表

卫星名称	研制机构	所属国家	发射时间	卫星寿命	轨道高度	轨道倾角	星间距离	空间分辨率
GOCE	ESA	欧盟	2009 年 3 月 17 日	20 个月	250km	96.5°	—	80km
GRACE Fellow-on	NASA	美国	2015 ~ 2020 年	大于 2 年	250km	89°	50km	55km
E. MOTION	ESA	欧盟	2018 年	大于 7 年	373km	75° ~ 90°	200km	小于 200km
Post-GRACE	—	中国	2020 ~ 2030 年	5 ~ 10 年	300 ~ 400km	87° ~ 90°	50 ~ 100km	约 200km

GRACE（Tapley et al., 2004）重力卫星是由美国国家航空航天局和德国宇航中心联合研发，目标为获取高精度的全球重力场以及时变重力场，也可探测大气和电离层状况。GRACE 重力卫星工程管理由美国喷气推进实验室负责，科学数据处理、分发与管理由美国喷气推进实验室、得克萨斯大学空间研究中心（CSR）和德国地学中心（GFZ）共同承担。GRACE 双星于 2002 年 3 月 17 日在俄罗斯北部的 Plesetsk 发射成功，而后进行了 6 个多月的校准，对仪器校准，数据收发的软硬件调试，并利用地面数据验证。在卫星观测阶段，由于大气阻力等的影响，两颗卫星间的间距将在 170 ~ 270km 变化，为了保持星间距离在期望的间距 220km 左右，地面站将每 30 ~ 60 天对双星进行一次必要的调整，同时为了保证每颗卫星上的 K 波段微波天线老化过程的一致性，在观测期间，GRACE 的 A 和 B 卫星将交换前后位置一次，两颗卫星的高度将从任务开始阶段的 500km 下降到最终的 300km，为了保证整个任务的五年生命期，在必要的时候将对两颗卫星的高度进行一次提升。为保证两颗卫星的星载测量系统不受卫星形变的影响，GRACE 卫星的所有科学仪安置在热膨胀系数非常低的弹性高压碳纤材料制成的平台上。GRACE 卫星计划的一个主要目标为监测 15 ~ 30 天或更长时间尺度长波重力场的时变特征。大地水准面年变化的期望精度为 0.01 ~ 0.001mm/a。

GOCE 是 ESA 研制的重力卫星，它的主要技术特点是装载有卫星重力梯度仪（gradiometry），简称 SGG。同时采取 SST-hl 技术，即利用 GPS /GLON ASS 精密测定轨道位置。基本原理是利用一个卫星内一个或多个固定基线（大约 70cm）上的微分加速度仪来测定 3 个互相垂直方向的重力张量的几个分量，即测出加速度仪测试质心之间的空中三向重力加速度差值，然后计算时变重力场。

当前，由于 CHAMP 和 GOCE 卫星已经停止运行，GRACE 卫星也超过预期服务时间，任务随时可能终止，GRACE Follow-on 于 2018 年 5 月 22 日发射（GRACE-FO 卫星）。2013 年 11 月 22 日 ESA 发射的三颗卫星，SWARM-A、SWARM-B、SWARM-C 组成 SWARM 星座，可弥补 GRACE 卫星重力观测的空白，有利于保持地球时变重力场监测的时空完整性。

基于重力卫星获取的高精度重力场和大地水准面模型在固体地球、海洋、冰层研究以及大地测量应用中具有重要性。基于重力场变化数据，可以估算全球尺度、区域尺度以及多个流域尺度的水储量变化，监测冰盖质量平衡、海平面上升以及海洋环流等。由于重力卫星对各种深度的水储量同样敏感，因此，也可以将其与水平衡方程、水文模型结合估算土壤水含量、地下水储量变化以及蒸散发等。

二、水储量监测技术

流域水储量的变化来自降雨、地表蒸散发、土壤水分、地表径流、地表下渗等多个过程的总和，对全球和局地水循环有重要影响。流域地表水储量变化影响区域气候变化、流域水循环状况，现代重力卫星观测技术克服了长期以来点观测技术的缺陷，可以监测面上大尺度、高时间分辨率的地表水储量空间变化。

GRACE 卫星通过测量地球重力场的变化来反演陆地水储量变化。地球重力场变化主要受潮汐（包括海潮、固体潮和地球自转产生的极潮），非潮汐的大气和海洋物质变化以及陆地水储量变化的综合影响，对 GRACE 数据处理，剔除潮汐以及非潮汐的大气和海洋的影响，在不考虑计算误差和模型扣除造成的误差外，该时变地球重力场反映在季节变化尺度上陆地水储量变化信息。对 GRACE 数据的地球重力场解算以及大地水准面的确定是计算陆地水储量变化的重要步骤。大地水准面定义为（Wahr et al., 2004）

$$N(\vartheta, \varphi, t) = a \sum_{l=0}^{\infty} \sum_{m=0}^{l} P_{lm}(\cos\vartheta) \left[C_{lm}(t)\cos m\varphi + S_{lm}(t)\sin m\varphi \right] \quad (3\text{-}98)$$

式中，l，m 分别为重力场的阶数和次数；a 为地球赤道半径；θ 为纬度（0°~180°）；φ 为东经；$C_{lm}(t)$ 和 $S_{lm}(t)$ 为时变地球重力场系数；$P_{lm}(\cos\vartheta)$ 是归一化的勒让德函数。根据勒让德函数的数学特性，重力场模型空间分辨率取决于其球谐函数展开的阶数，当阶数为 l 时，重力场的空间分辨率为 $\pi \cdot a/l \mathrm{km}$（$a$ 为地球赤道半径）。若 GRACE 的阶数 l 为 100，则其分辨率约为 200km。由地球系统质量重新分布导致的重力场变化可表示为（Chen et al., 1999）

$$\begin{Bmatrix} \Delta C_{lm} \\ \Delta S_{lm} \end{Bmatrix} = \{3/[4\pi a \rho_E(2l+1)]\} \int \Delta\rho(r, \vartheta, \varphi) P_{lm}(\cos\vartheta) \left(\frac{r}{a}\right)^{l+2} \begin{Bmatrix} \cos m\varphi \\ \sin m\varphi \end{Bmatrix} \sin\vartheta \mathrm{d}\vartheta \mathrm{d}\varphi \mathrm{d}r$$

$$(3\text{-}99)$$

式中，ρ_E 为地球平均密度（5517kg/m³）；$\Delta\rho$ 为某一位置的密度分布随时间的变化。由此通过 $C_{lm}(t)$ 和 $S_{lm}(t)$ 可以求解 $\Delta\rho$，即推算出重力场模型。

但是，由式（式 3-99）可知，通常情况反演得出的 $\Delta\rho$ 不唯一。因为地球表面的质量变化（密度变化）主要发生在 10~15km 大气厚度内（包括大气、海洋、冰、地表水和地下水等），地球平均半径为 6378km，远远大于大气厚度，因此，在重力场反演时可采用薄层近似原则，即假设密度变化发生于地球表面无限薄的一层内，$(r/a) \approx 1$，在此近似下式（3-99）可简化为：

$$\begin{Bmatrix} \Delta C_{lm} \\ \Delta S_{lm} \end{Bmatrix}_1 = \{3/[4\pi a \rho_E(2l+1)]\} \int \Delta\sigma(\vartheta, \varphi) P_{lm}(\cos\vartheta) \begin{Bmatrix} \cos m\varphi \\ \sin m\varphi \end{Bmatrix} \sin\vartheta \mathrm{d}\vartheta \mathrm{d}\varphi \quad (3\text{-}100)$$

式中，$\Delta\sigma$ 为表面密度变化 $\Delta\sigma(\vartheta, \varphi) = \int \Delta\sigma(r, \vartheta, \varphi)\mathrm{d}r$。由于固体地球并非刚体而是弹性体，表面载荷的变化导致整体地球响应，因此表面负载的变化还导致重力场的间接变化，这一部分变化由 LOVE 数理论描述。直接与间接变化的总和为 $\begin{Bmatrix} \Delta \tilde{C}_{lm} \\ \Delta \tilde{S}_{lm} \end{Bmatrix} = (1+k_1)$

$\begin{Bmatrix} \Delta C_{lm} \\ \Delta S_{lm} \end{Bmatrix}_1$ ，其中 k_1 是 l 阶负荷 LOVE 数。如果对表面密度变化 $\Delta\sigma$ 也作球谐函数展开，即有

$$\Delta\sigma(\vartheta,\ \varphi) = a\rho_{\mathrm{W}} \sum_{l=0}^{\infty} \sum_{m=0}^{l} P_{lm}(\cos\vartheta)(\Delta\tilde{C}_{lm}\cos m\varphi + \Delta\tilde{S}_{lm}\sin m\varphi) \quad (3\text{-}101)$$

式中，ρ_{W} 为水的密度，则可推导出：

$$\begin{Bmatrix} \Delta\tilde{C}_{lm} \\ \Delta\tilde{S}_{lm} \end{Bmatrix} = \frac{\rho_{\mathrm{E}}}{3\rho_{\mathrm{W}}} \frac{2l+1}{1+k_l} \begin{Bmatrix} \Delta\tilde{C}_{lm} \\ \Delta\tilde{S}_{lm} \end{Bmatrix}_1 \quad (3\text{-}102)$$

这样可以从重力场系数变化直接得到唯一地表面密度变化值，这是时变重力场反演地表质量重新分布的最基本方程。由于重力场模型不可能给出从 0 至无穷所有阶次的系数而必须截止于一定阶次，由式（3-102）知，表面密度变化球谐展开的系数也只能计算到截止阶次。由此产生的误差称为截止误差，区别于重力场模型系数误差。考虑到模型系数误差随阶数 l 增大而迅速增加，并且高阶项对表面密度的贡献不可忽略，得到的表面密度变化 $\Delta\rho(\vartheta,\ \varphi)$ 的精度对于单点而言是较低的。但是这里我们感兴趣的一般并不是单点的表面密度变化，而是某区域的总质量变化，即对密度变化的积分：

$$\Delta\bar{\sigma} = \int \Delta\sigma(\vartheta,\ \varphi) u(\vartheta,\ \varphi) \mathrm{d}\Omega / \Omega \quad (3\text{-}103)$$

其中，区域特征函数 $u(\vartheta,\ \varphi)$ 在积分区域内为 1，而在区域外为 0，Ω 为区域的面积。由于 $u(\vartheta,\ \varphi)$ 在积分区域的边界不连续，研究者（Wahr et al., 2004）采用一个平滑的函数来代替它，这样就减少球谐展开高阶系数的误差对积分的贡献，但其缺点是求得的平均表面密度的物理意义不明。即将 $u(\vartheta,\ \varphi)$ 替换为

$$w(\vartheta,\ \varphi) = \int W(\vartheta,\ \varphi,\ \vartheta_1,\ \varphi_1) u(\vartheta,\ \varphi) \Omega_1 \quad (3\text{-}104)$$

这里平滑核定义为

$$W(\vartheta,\ \varphi,\ \vartheta_1,\ \varphi_1) = W(\gamma) = \frac{b}{2\pi} \frac{\exp[-b(1-\cos\gamma)]}{1-\exp(-2b)},\ b = \frac{\ln 2}{1-\cos(r/a)} \quad (3\text{-}105)$$

γ 为 $\cos\gamma = \cos\theta\cos\theta_1 + \sin\theta\sin\theta_1\cos(\varphi-\varphi_1)$，而平均半径 r 为平滑核的自由参数。

简言之，利用 GRACE 卫星观测数据，包括星载加速度和卫星轨道数据解算每月 GRACE 卫星的星间速度；选取合适的地球重力场模型，计算地球重力场以及球谐系数；将大地水准面随时间的变化量表达为球谐系数的变化量；通过计算地球表面密度来得到地球表面等效水柱高（即水厚度）。

为了得到更合理的时变重力场以及因大气和水引起的地表荷载的变化，应对时变重力场进行平滑处理。自 1981 年 Jekeli 将平滑技术用于球谐函数的滤波器（Jekeli，1981）以来，该技术已广泛应用于地球物理、大地测量等地学学科。Wahr 等在 1998 年研究了只对球谐函数的阶数部分滤波的高斯平滑（Wahr et al., 1998），Han 等研究了对球谐函数阶和次同时滤波的非各向同性滤波器（Han et al., 2005）。

GRACE 重力场在 30 阶以下低频部分的误差曲线较为缓和，并且误差值较小；在 30 ~ 60 阶的中频部分误差曲线陡然上升，误差值也相应增大（周新等，2008）。引入高斯平滑函数对重力场进行滤波处理后可以降低中频部分误差的影响。对于各向同性高斯滤波器而

言，平滑函数随着平滑半径的选取滤波效果也随之不同，即随着平滑半径的增加，高斯平滑核函数收敛速度加快。由此可见，应选择适当的平滑半径，使得平滑函数能够将重力场中频部分的误差影响降低，增加低频部分多占的权重。对于非各向同性高斯滤波器，与各向同性滤波器相同，可以选取较大的平滑半径（如 1000km），使平滑函数快速衰减，降低时变重力场中频部分阶误差的影响，提高经度方向的滤波效果；选择较小的平滑半径（如 400km），增加重力场同阶低次部分的权重，提高纬度方向的分辨率。

胡小工等（2006）利用 2002 年 4 月至 2003 年 12 月共 15 个月的 GRACE 时变重力场数据揭示了全球水储量的明显季节性变化，并重点分析了中国长江流域水储量的变化，结果表明长江流域水储量周年变化幅度可达到 3.4cm 等效水柱高，其最大值出现在春季和初秋时节。根据 GRACE 时变重力场反演的水储量变化与两个目前最好的全球水文模型的符合相当好，其差别小于 1cm 等效水柱高。翟宁等（2009）利用 GRACE 数据得到年信号变化，并利用最小二乘拟合分别估计时间序列上的周年信号、半年信号，为了减少因 GRACE 的轨道几何形状对重力场 C20 项不是很敏感产生的精度问题，采用卫星激光测距技术得到的 C20 项代替 GRACE 的 C20 项。在周年信号上对反演结果的质量有明显改善，与 CPC 水文模型更接近。区域空间滤波方法（Wahr et al., 1998）可以最大程度地减少卫星测量误差和遗漏引起的误差，利用 EOF 重构在黄河，长江流域的水储量变化，振幅可以达到 4~5cm。

利用 GRACE 数据反演陆地水储量的变化可以监测流域内的地下水变化，从总的水储量变化信息中分离出地下水的变化，这里假设水储量变化主要由地下水，积雪和土壤水分的变化引起，依据的公式为

$$P - \mathrm{ET_{soil}} - R - D = \Delta S + \Delta S_{\mathrm{now}} \tag{3-106}$$

式中，P 为降水量；$\mathrm{ET_{soil}}$ 为土壤水分蒸腾蒸发；R 为表面流失；D 为深层渗透；ΔS 为土壤水分变化；ΔS_{now} 为积雪变化。

引入改进的 GRACE 数据噪声滤波算法（Swenson et al., 2006）以及使用 GRACE Level-1B 数据进行解算（在计算月变水储量时，与 Level-2 级数据比较，Level-1B 数据更好）（Rowlands et al., 2005），并且利用改进的路面模型（Rodell and Houser, 2004），用此方法可以更好地分解 GRACE 的水储量信息。但是，在全球很多地区，没有地下水测量站点或者由于某种原因，地下水信息不对外公开，因此，极大地影响该方法的验证以及进一步研究。

三、数据产品

流域尺度上的水储量变化可以更好地理解流域水循环，监测流域水资源以及环境变化。首先针对中国长江、黄河和海河三大流域，长江流域地处中国中南部，总面积约 190 万 km²，每年夏天的雨季会带来强降雨，使得该地区水储量变化表现出很强的季节周期。黄河流域总面积约 79.5 万 km²，该流域气候、降水、蒸发等差异明显，流域内气候大致可分为干旱、半干旱和半湿润气候，流域水文特征变化明显，流域内降水历时、强度均有较大差异。海河流域总面积 31.82 万 km²，流域属于温带东亚季风气候区。四季气候变化较大，气温差异明显，降水量季节性较强，且多暴雨，但因历年夏季太平洋副热带高压的进

退时间、强度、影响范围等很不一致，致使降水量的变差很大，地表水储量变化较大。

将 GRACE 数据解算得到的每月平均水厚度减去 75 个月长时间序列的月平均水厚度，计算陆地水储量的逐月变化（月距平值），由于 GRACE 重力场的高阶球谐系数的误差较大，为了减小反演水储量变化的误差，对 120 阶次的 GRACE 时变重力场截断到 60 阶；高斯平滑函数对重力场进行滤波处理后可以降低中频部分误差的影响，通过比较不同平滑半径的平滑核结果，发现较大的平滑半径可以滤掉更多的误差，这里采用平滑半径为 500km 的平滑核。利用 75 个月的 GRACE 月时变重力场数据可计算得到中国逐月水储量结果；以 2005 年为例，中国南北、东西地区水储量变化趋势有较大差异，呈现明显的季节性。如中国南部地区在 1 月和 4 月水储量减少，7 月和 10 月的水储量增加；而中国北方以及西部地区在 1 月和 4 月水储量增加，7 月和 10 月的水储量减少，整个中国区域地表水储量有明显的季节性变化，表现出较强的水文变化信息。

同样，Ramillien 等（2005）利用 GRACE 逐月重力场卫星数据（2002～2004 年），采用最小二乘法反演（Ramillien et al.，2004）监测全球大陆水储量变化，估计热带地区的八大流域的水储量变化；并通过水平衡方程［式（3-107）］计算了平均的土壤水分蒸发蒸腾量。

$$\frac{\mathrm{d}V}{\mathrm{d}T} = P - E - R \tag{3-107}$$

式中，V 为陆地水储量；P 为降雨；E 为蒸散；R 为流域平均径流。

GRACE 数据计算的土壤水分蒸发蒸腾量的振幅与全球水文模型（WGHM）的结果基本一致（图 3-37），但是由于 GRACE 数据和模型输入参数受影响的因素较多，部分地区结果难以准确确定。GRACE 水储量结果与水文模型结合，为监测大流域内土壤蒸散发提供了新的途径。

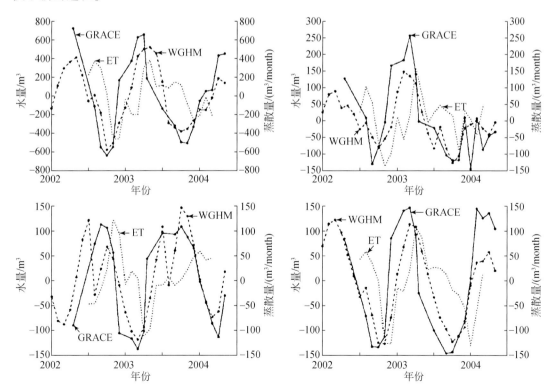

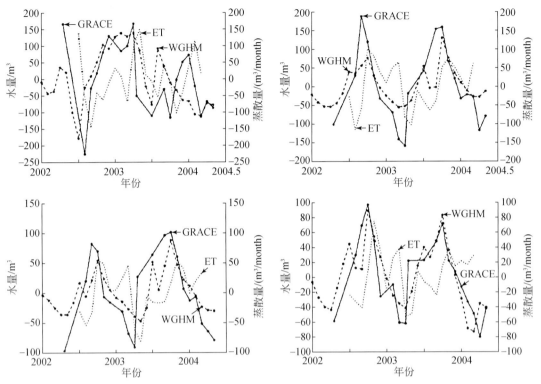

图 3-37　GRACE 和 WGHM 水文模型计算的水储量变化以及与计算的
土壤蒸散发（ET）比较（Ramillien et al.，2005）

陆地水储量包括地下水、土壤水分和冻土、地表水、积雪和冰，以及湿生物量。地表水储量变化主要由积雪和冰以及土壤水分以及地表水的变化引起（Rodell and Famiglietti，2001；Bates et al.，2007）。区域干旱可以定义为该地区不寻常的干燥天气长时间引起的地表水储量严重短缺造成的。因此可以利用农业作物影响，陆地水储量的测量和成分可以定量化干旱程度。Zaitchik 等（2008）发展了 GRACE 同化系统（GRACE-DAS），通过整合 GRACE 估计的路表水储量到路面模型（Koster et al.，2000），使用 Ensemble Kalman Smoother Algorithm（ENKS）方法减小 GRACE 和 CLSM 整合误差。GRACE-DAS 可以提供每天约 40km 分辨率数据（图 3-38）。由于 GRACE 可以监测大面积全球区域冠层–积雪–土壤垂直空间内水储量的变化。NASA 已经建立一个项目，将 GRACE-DAS 产品与 USDM 和 NADM 结合，提高旱情监测的能力。

利用 GRACE 重力卫星数据，对冰川均衡调整理论进行深入研究，结合 GPS 观测网络建立了水储量监测模型（Wang et al.，2012）。该产品结果被验潮站和井中水位观测数据证实。在北美中部的加拿大大草原（艾伯塔、萨斯喀彻温和马尼托巴省）、五大湖地区，发现过去十年陆地水量剧增，每年增加（43.0±5.0）×10⁹t，在北欧斯堪的纳维亚半岛南部也发现陆地水量增加（图 3-39，图 3-40），每年增加（2.3±0.8）×10⁹t。最大的水量增加出现在萨斯喀彻温省，每年达 20mm，揭示加拿大草原 1999～2005 年发生极端干旱后的水量恢复过程。

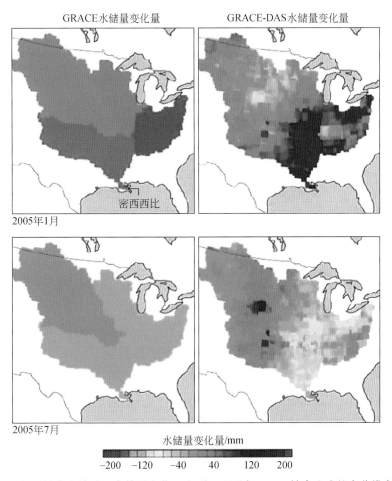

图 3-38 GRACE 得到的大流域陆地水储量变化（左列）以及与 CLSM 结合生成的高分辨率结果（右列）

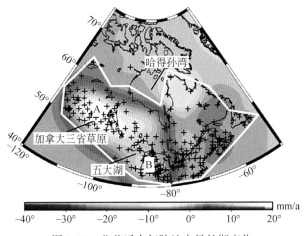

图 3-39 北美近十年陆地水量长期变化

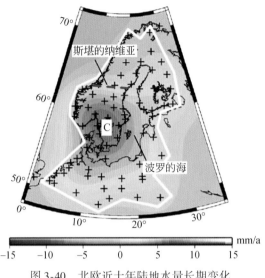

图 3-40　北欧近十年陆地水量长期变化

塔里木河流域是中国最大的内陆河流域，面积约 104 万 km²，空间范围为 73°E ~ 93°E，35°N ~ 45°N。该流域降水不足，蒸发蒸腾较强，属于大陆干旱气候，其表现为炎热夏季和寒冷冬季。Yang 等（2017）利用 GRACE 重力卫星数据监测 2002 ~ 2015 年期间该流域的陆地水储量变化（图 3-41），借助经验正交函数（EOF）和多元线性回归（MLR）分析，结果表明：GRACE 卫星监测的陆地水储量在 2009 ~ 2010 年期间发现了显著的增长趋势，在 2005 ~ 2008 年出现显著下降趋势。2002 ~ 2015a，该流域空间平均的线性趋势 EOF 结果表明水储量年变化为 1.6±1.1mm/a，而在北部地区出现显著降低，为 4.1±1.5mm/a。就季节变化而言，MLR 结果显示水分亏缺发生在 2007 ~ 2009 年，水储量变化可能与过度开采水资源、人口增加、减少供水等有关，会影响湖泊或水库水位（图 3-42）。

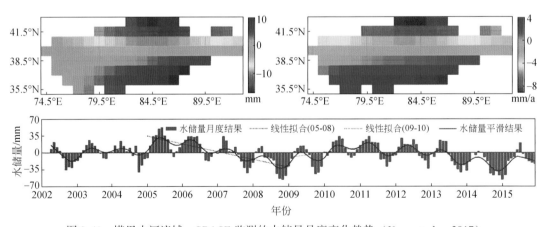

图 3-41　塔里木河流域，GRACE 监测的水储量月度变化趋势（Yang et al. , 2017）

位于美国中部的北部高原地区（the northern high plain），空间范围为 38°N ~ 41°N 和 96°W ~ 106°W（图 3-43），面积为 500 000km²，是饮用水、农业和工业用水的重要来源。美国灌溉的地下水总量中大约 30% 来自高原地区。

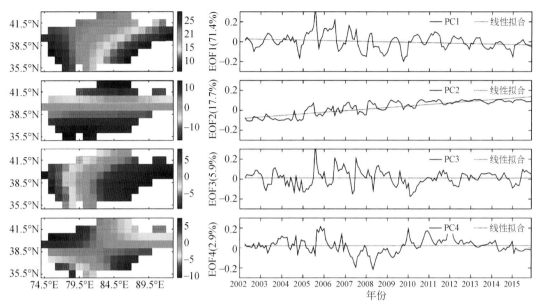

图 3-42　塔里木河流域，GRACE 监测的水储量四个主成分分量年度变化趋势（Yang et al.，2017）

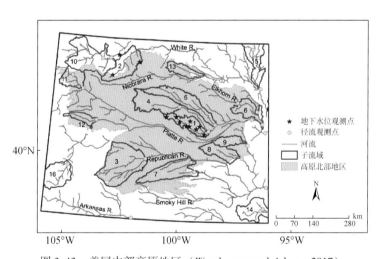

图 3-43　美国中部高原地区（Wondwosen and Adam，2017）

　　基于 GRACE 重力卫星数据监测的陆地水储量，利用非参数的人工神经网络模型，综合卫星获得的水文变量（如土壤湿度）信息，建立了 GRACE 卫星的水储量降尺度方法。将该模型用于研究区水储量变化量（TWSA）结果表明，人工神经网络预测每月的水储量变化量存在不确定性，保守估计误差约为 34mm（图 3-44）。即使在如 6000km² 的小流域内，基于该方法监测的地下水变化量与实测的地下水位值相关性较好，相关系数达 0.85（图 3-45）。与标准 GRACE 卫星数据提取的 TWSA 相比，该方法与 Noah-TWSA 结果的吻合度更高。基于 ANN 的水储量降尺度结果综合反映了气候变化和人类对水储量的影响，更精细的水储量结果改善地方和区域水资源管理决策和应用，尤其是在缺乏水文监测网络的地区。

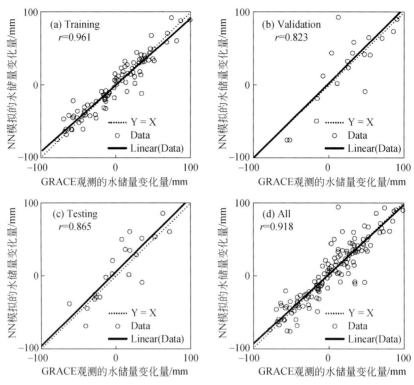

图 3-44　ANN 模拟结果与 GRACE 卫星监测的水储量结果对比（Wondwosen and Adam，2017）

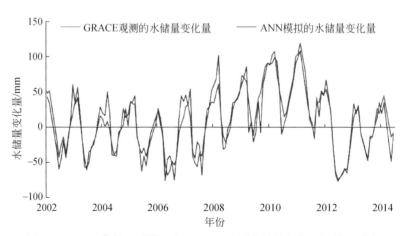

图 3-45　ANN 模拟（蓝线）和 GRACE 监测水储量变化（红线）月度
时间序列（Wondwosen and Adam，2017）

四、展望

利用 GRACE 重力卫星数据解算地球重力场模型，求解大地水准面来监测全球或区域陆地水储量的变化。GRACE 卫星数据解算过程中存在误差，地球重力场模型的模拟精度不高以及应用到流域尺度水储量变化监测存在新的难点等问题。

受 GRACE 关键载荷测量精度的限制，而且地球重力场时变信号相对静态信号较弱，因此 GRACE 卫星仅能测量长波时变地球重力场（空间分辨率为 400km），无法高精度和高空间分辨率地感测中长波段时变地球重力场信号。采用更高精度的激光干涉星间测距仪和非保守力补偿系统的下一代卫星重力测量计划有利于进一步提高中长波段地球重力场时变信号的探测精度和空间分辨率，进而为地震学、海洋学、冰川学、水文学等研究领域提供精确的地球重力场信息。

利用 GRACE 数据可以理解全球或较大流域的水循环，整合 GRACE 数据到水文、气候模型中，可以提高和改进模型的模拟精度，但是较低的分辨率阻碍了在中小尺度流域和水库中的水储量监测及应用。近来，由于测量高程和地形的卫星的大力发展，可以利用多个卫星，多源数据监测中小尺度水面的水储量变化信息。通过获取水面的面积、高程、水下地形等时空变化信息，实现大范围时空变化的水面水储量监测。

总之，单一卫星数据无法获取目标的所有信息，需要结合不同传感器数据对地物的敏感特性，综合多源数据信息，实现对流域水储量的变化进行探测。对较小区域，由于大尺度的 GRACE 数据无法较准确监测到小区域地表水储量的变化信息，GRACE 数据无法较好地反映小流域地表水文信息。降雨数据可以使用 TRMM 卫星，尤其是更先进的 GPM 计划实施，可以获取更稳定、高精度的降水量，蒸散同样可以通过高分辨率遥感数据反演得到，水文信息的其他要素（如径流、下渗等）的影响也很重要，也需要联合遥感数据和水文模型进行估算。如何修正 GRACE 数据以及建立 GRACE 与降雨、蒸散等水文因素的精确关系，使地表水储量结果在水文、气候等模型中发挥重要作用，需要以后更深入的研究。

当前，已经有丰富的 MODIS、FY-3、ASTER、Landsat、TM、HJ-1 A/B、SPOT、GF 系列等低中高分辨率多光谱遥感影像，能有效反映晴朗天气状况下地表水面变化时空过程，ERS、RADARSAT、ENVISAT 等微波遥感影像则可对极端天气下的地表水面进行监测；各种卫星雷达高度计数据的综合可以实现对全球大型河流、湖泊水位进行有效监测；而且差分 GPS 可以对水面水下地形进行探测。综合利用上述数据，可以大力开展河流、湖泊等水面的动态变化监测，实现流域水体水储量估算，为流域水循环、水资源变化动态监测提供新的思路和方向。

第六节　流域水循环展望

流域水循环模拟是水文学机理、流域水资源管理的重要组成部分。从物理机理的角度解释水循环模拟是众多学者追求的目标，经过几十年的发展，水循环模拟从经验式向半分布式，乃至到全分布式模拟转化。

随着计算机数字模拟技术的不断进步，集总式、半分布式、分布式水文模型不断涌现，涵盖宏观、大、中、小、微观尺度流域模拟，如陆面模式可变下渗能力（variable infiltration capacity，VIC）（Liang et al.，1994）水文模型、土壤与水评估模型（soil and water assessment tool，SWAT）（Arnold et al.，1998）、MIKE SHE 模型（Refshaard et al.，1995）等。就水资源计算与评价而言，各类模型耦合了大气水、地表水、土壤水与地下水的相互转化，就水循环而言，各类模型都能用于径流、蒸散、土壤水、地下水等过程模拟，为人类认知水循环的整个过程，理解人类活动对水循环过程的影响，有效评估流域水资源的可利用量、优化流域水资源配置提供了有效工具。模型的功能越强，结构就越复杂，模型所需要的输入参数就越多，仅靠有限的地面观测站点无法满足模型驱动、标定等的数据需求，造成模型与现实数据采集之间的鸿沟（Grayson et al.，2002）。

　　以观测最为直接的降水为例，一般认为雨量筒计量的方式最为准确，以雨量筒实测降水量通过空间插值的是获得面上降水量的最主要方式，雨量筒布设越密，获得的面状降水量就越准确，但现实状况是，受地形、气候、人力、物力等外在因素的制约，许多具有重要水文意义的大江大河区、冰雪区、荒漠区、热带雨量区，以及财力较为匮乏的发展中国家，地面降水观测站点的数据普遍不足（Beesley et al.，2009；夏军，2002），因此，仅靠地面观测的手段不足以认知水循环的各过程。以地下水储量监测为例，当前观测也仅局限于人类活动聚集的区域，通过地下水位观测井的方式洞悉地下水储量的变化，而在人类活动较弱的地区，或在经费不发达的区域，尚缺乏足够的观测设备。以陆表蒸散发为例，基于陆表能量平衡的蒸散发过程耦合了陆表与大气的相互作用，当前主要采用蒸渗仪、LAS、涡度相关仪等仪器开展监测，仅局限于有人看护的试验站使用。即使是在地面观测密集的区域，由于观测的对象的特征时刻发生改变，次观测仅能反映观测对象的瞬时特征，如植被参数等。

　　除驱动参数获取困难之外，对流域水循环过程由决定性作用的流域下垫面也无时无刻在发生改变。如地表覆被，植被覆盖度、叶面积指数等植被参量变化十分显著，其既包含地表覆被随季节的变化过程，如植被生长、凋落等，同时也包含人类活动多地表覆被状况的改变，如城市扩张导致的不透水面扩张、农作物播种与收割等过程；以地形、地貌为例，随着城市的不断扩张，城市微地形、地貌无时无刻在发生不断改变；以河流、水系为例，由于河流的侵蚀切割作用、人类拦河筑坝等活动都在改变河流的形态与物理属性。仅依靠传统的方法，很难有效、及时反映下垫面的变化过程。

　　要素获取的代表性、时效性等限制直到遥感技术的出现，才逐步得到有效的解决。当前，多源遥感数据的不断涌现，中、低分辨率卫星数据及其产品的开放共享，如今水循环过程所涉及的重要变量都有相应的卫星数据作为支撑。以降水为例，自 1998 年开始，TRMM 卫星就源源不断地为南北纬50°之间的广大区域提供时间分辨率为 3h，空间分辨率为 0.25°等不等分辨率的降水产品（Huffman et al.，2007），有效解决了宏观尺度水循环过程模拟降水驱动数据的获取瓶颈，2014 年 TRMM 的后继卫星全球降水测量（GPM）卫星发射升空，在 TRMM 的基础上，GPM 采用多星联动组网的方式开展降水监测，具备提供空间分辨率为 0.1°、时间分辨率为 1h、覆盖范围为南北纬60°之间的降水数据（Smith et al.，2007），此外，GPM 还具备比 TRMM 更敏感的降水强度探测能力，有效弥补 TRMM 高估弱降水强度、低估强降水事件的缺陷。以水循环的重要参量蒸散为例，以 SEBAL（Bastiaanssen et al.，1998）、SEBS（Su，2002）、ETWatch（Wu et al.，2008）等以遥感数据为驱动数据，以能量平衡为核心的区域尺度蒸散模型的不断涌现，就有较高精度的时间尺度为日、旬、月与年，空间分辨率为1km、250m与30m的精细ET数据不断涌现，该数据可为流域水文模型蒸腾蒸散过程的模拟提供充足的参数标定数据源；以地表土壤为例，采用微波技术监测评估土壤水含量的技术日臻成熟，可利用的主被动微波遥感数据源层出不穷，如NASA的SMAP土壤水卫星（Entekhabi et al., 2010）等，可为水文模型土壤水过程模拟提供充足的数据支撑。对于地下水，GRACE重力卫星（Yeh et al., 2006）通过重返周期内地表重力的改变为有效地监测地下水含量的变化提供了支持，当前该技术为揭示美国加利福尼亚州、大平原地区（Strassberg et al., 2009）、中国华北平原（Feng et al., 2013）、印巴交界处的印度河平原（Rodell et al., 2009）、中东地区（Joodaki et al., 2014）地下水储量变化与地下水水位下降程度监测提供了有力的支撑。

对流域下垫面所涉及的各类要素而言，当前已经涌现出多种多样的遥感产品，以地表覆被为例，如NASA MODIS土地覆被产品、中国国家基础地理信息中心研发的空间分辨率为30m的Global Land（Chen et al., 2015）、中国科学院遥感与数字地球研究所研发的空间分辨率为30m的ChinaCover产品（吴炳方等，2014）为下垫面土地覆被要素的更新提供了新的数据源；随着云计算与并行技术的不断进步，当前，大区域尺度乃至全球尺度的土地覆被要素更新已成为可能，如2013年美国马里兰大学的利用Google Earth Engine平台仅用数天的时间就完成2001~2012年全球空间分辨率为30m的森林数据制图（Hansen et al., 2013）；与此同时，土地覆被中变化较为显著的植被要素，如植被覆盖度、叶面积指数、生物量等参数都已经有成熟的算法与产品。

遥感技术的出现，有效解决了传统观测代表性不足、时效性滞后的现实问题。遥感客观、真实、重返性强的特征为深入剖析水循环各过程深层次机理的认知，有利于探究水的各相态转变过程，以及水的相态转变导致的热量转换过程提供了有力支撑。

（1）遥感参量作为水文模型的输入参数。快速有效获取水文模型驱动所需的各类参数是遥感的最大优势，因此，以遥感监测变量作为水文模型的直接输入参数是当前最常见的方式，特别在人迹罕至，但又具有重要水文意义的大江大河的源区已经得到普遍应用。如TRMM卫星遥感降水产品的出现，推动了全球水文模拟的发展，如Su等（2008；2011）在南美的拉普拉塔地区以TRMM研究产品与近实时产品为驱动，以VIC模型为手段，对该地区的产汇流过程进行了模型；Scheel等（2011）在南美的安第斯山中部区域探讨了基于TRMM近实时降水产品开展水文模拟的有效性；Tong等（2014）在中国青藏高原区利用TRMM、GPCC、CMORPH、PERSIANN等遥感降水产品开展径流模拟研究。Chormanski等（2008）在比利时的Scheldt子流域利用遥感监测的不透水面盖度有效提升径流模拟的效果。全球土地覆被遥感产品的出现，解决了水文模型模拟下垫面不均一的问题，土地覆被已经成为SWAT模型划分水文响应单元的重要参考依据，基于遥感技术反演的叶面积指数、地表粗糙度、土壤含水量等都已经成为水文模型参数确定的重要依据。

（2）遥感参量作为水文模型水循环输出结果的检验标准。遥感参量的另一重要用途，是检验水文模拟的准确度。Parajka和Blöschl（2008）利用MODIS雪产品对半分布式的径流模型HVB的模拟进行了验证与标定（Parajka and Blöschl, 2008），标定之后模型模拟的雪的覆盖度误差由7.1%下降至5.6%，纳什系数由0.67提升至0.70，即利用MODIS遥感的雪产品标定模型参数之后，有效提升了模型模拟的精度。Immerzeel等（2007）在印度 Bhima 流域上游，利用 SEBAL 算法反演的遥感蒸散发（ET）数据（Immerzeel et al.，2007），采用 Gauss-Marquardt-Levenberg 算法率定 SWAT 模型蒸散发模拟的结果，经模型标定之后，模型模拟的实际蒸散发与实测蒸散发之间的决定系数 R^2 由 0.40 提升至 0.81。Li 等（2009）利用遥感监测的潜水蒸发数据标定 MODFLOW 2000 模型在中国新疆博斯腾湖水文模拟的效果，模型标定之后，蒸发模拟的效果改善明显。Gao 等（2016）在开展黑河流域上游生态水文过程耦合机理及模型研究时，有关分布式水文模型模拟的蒸散发数据，采用 ETWatch 模型估算的黑河流域长时间序列蒸散发数据进行对比，结果表明两个数据集在空间与时间上具有较好的一致性（Qin et al.，2016；Gao et al.，2016）。郑春苗在开展黑河流域中下游生态水文过程的系统行为和调控与华北地区地表水和地下水模型研究时，采用 ETWatch 模型估算的黑河流域长时间序列蒸散发数据对 MIKE SHE 模型参数进行率定，最终模拟的蒸散发数据与遥感估算结果在空间与时间上具有较好的一致性（Qin et al.，2013；Tian et al.，2016）。随着更高时空分辨率遥感数据的不断涌现，遥感产品作为分布式水文模型的输入数据的可利用性与作为水文过程模拟结果验证产品的可信度将大为提升，必将水文模型与水循环的研究推向一个新的高度。

遥感产品本身就为水循环提供了独特的数据产品，精度不仅仅取决于原始遥感影像的质量，也取决于遥感反演算法的精度，空间分辨率越高、时间越快、畸变越小的遥感数据源的不断涌现，原始遥感影像的质量将大为改善，因此，进一步提升遥感反演方法的精度至关重要，如降水、蒸散、冰雪盖度、水储量等，一方面需要加强对各类要素形成的机理过程的认识，另一方面，可借鉴当前较为成熟的分布式水文模型的要素模拟方法与原理，提升反演精度，从而提升水循环模拟的精度。由于水循环各过程的输出结果在很大程度上可以利用遥感方法反演，因此高精度的遥感变量监测结果反过来可作为检验当前水文机理认知是否正确的手段。拟发射的全球水循环观测卫星（WCOM）（Shi et al.，2014）将研发主、被动多波段微波传感器为基础的、多波段同步、主被动联合、多变量系统观测的新型有效载荷和卫星平台以及多参数高精度协同反演的理论和方法，形成比当前国际上任何卫星对水循环关键要素（包括土壤水分、雪水当量、地表冻融状态、和海水盐度）更高精度的观测能力以及对其他环境影响因素（包括大气校正、地表温度、和粗糙度）的校正能力。后者不但减小了水循环关键变量卫星遥感观测的不确定度，而且进一步提供在给定时刻的大气降水和海洋蒸发信息，实现对水循环系统更加全面的观测能力。从而实现大幅度提高水循环各关键参数的观测精度和水循环过程的系统观测能力的目标，以满足水循环系统研究的整体精确性、时空一致性和动态特征分析以及相关模型模式发展的科学需要。

遥感产品能解决水文模型的输入参数与输出结果的不确定性，但是流域是一个自然过程与人类社会活动高度耦合的复杂系统，物理机制再精细的水文模型，都很难精细刻画自然与人类耦合的复杂系统对水循环过程的作用机制。在今后相当长的一段时间内，流域水循环过程的模拟要达到尽善尽美的地步还遥不可及。回归到水循环的本质，随着遥感监测技术的不断发展，水循环的关键变量，如降水、土壤水、蒸散、地下水储量、地表水储量等都能用遥感来探测。因此，构建完全由遥感数据驱动的产水量模型已经曙光初现。以流域最为关切的产水量为例，$O = P - ET - \Delta S$，P，ET，ΔS 都已能遥感来监测，Bastiaanssen 等（1998）在尼罗河流域，就综合利用遥感降水、蒸散、地下水储量、水文数据合算了尼罗河各子流域的产水情景。该方法的优点是避免了自然与人类耦合复杂系统机理解释不清，不能响应复杂系统快速变化的影响的弊端。特别是随着云计算的不断发展，特别是谷歌云、亚马逊云等为代表的，拥有完善基础设施与强大计算能力的商业公司逐步开发应用平台，通过云端的服务，任何人都可以直接调用水循环关键变量的数据，构建适应于自身流域的流域水循环模型。

参 考 文 献

鲍艳松，刘良云，王纪华．2007．综合利用光学微波遥感数据反演土壤湿度研究．北京师范大学学报（自然科学版），43（3）：228~233．

曹荣龙，李存军，刘良云，等．2008．基于水体指数的密云水库面积提取及变化监测．测绘科学，33（2）：158~160．

陈新芳，陈镜明，安树青，刘玉虹，方秀琴，王书明．2006．不同大气校正方法对森林叶面积指数遥感估算影响的比较．生态学杂志，7：769~773．

程明跃，叶勤，张绍明，等．2009．基于模糊加权 SVM 的 SAR 图像水体自动检测．计算机工程，35（2）：219~221．

都金康，黄永胜，冯学智，等．2001．SPOT 卫星影像的水体提取方法及分类研究．遥感学报，5（3）：214~219．

窦建方，陈鹰，翁玉坤．2008．基于序列非线性滤波 SAR 影像水体自动提取．测绘通报，（9）：37~39．

傅抱璞．1992．地形和海拔高度对降水的影响．地理学报，47（4）：302~314．

郭华东．2000．雷达对地观测理论与应用．北京：科学出版社．

胡小工，陈剑利，周永宏，黄城，廖新浩．2006．利用 GRACE 空间重力测量监测长江流域水储量的季节性变化．中国科学（D 辑：地球科学），36（3）：225~232．

胡争光，王祎婷，池天河，等．2007．基于混合像元分解和双边界提取的湖泊面积变化监测．遥感信息，22（3）：34~38．

李博，周新志．2009．基于 MODIS 数据的川西山区河道水体提取方法研究．地理与地理信息科学，25（2）：59~62．

李晓东，肖建设，李凤霞，等．2012．基于 EOS/MODIS 数据的近 10a 青海湖遥感监测．自然资源学报，22（11）：1962~1970．

李震，郭华东，施建成．2002．综合主动和被动微波数据监测土壤水分变化．遥感学报，6（6）：484~484．

梁益同，胡江林．2001．NOAA 卫星图像水体信息神经网络识别方法的探讨．应用气象学报，12（1）：85~90．

廖安平，陈利军，陈军，何超英，曹鑫，陈晋，彭舒，孙芳蒂，宫鹏．2014．全球陆表水体高分辨率遥感制图．中国科学（D 编：地球科学），44（8）：1634~1645．

刘伟．2005．植被覆盖地表计划雷达土壤水分反演与应用研究．北京：中国科学院．

刘伟，施建成．2005．应用极化雷达估算农作物覆盖地区土壤水分相对变化．水科学进展，16（4）：596~601．

刘雅妮，武建军，夏虹．2005．地表蒸散遥感反演双层模型的研究方法综述．干旱区地理，28（1）：65~71．

刘元波，吴桂平，柯长青，等．2016．水文遥感．北京：科学出版社．

柳树福，熊隽，吴炳方．2011．ETWatch 中不同尺度蒸散融合方法．遥感学报，15（2）：62~69．

卢静 . 2014. 基于遥感时间信息的地表蒸散发估算方法研究 . 北京：中国科学院 .

卢善龙, 吴炳方, 闫娜娜, 等 . 2010. 河川径流遥感监测研究进展 . 地球科学进展, 25 (8)：908～914.

卢善龙, 肖高怀, 贾立, 张微, 罗海静 . 2016. 2000～2012 年青藏高原湖泊水面时空过程数据集遥感提取 .
　　国土资源遥感, 28 (3)：181～187.

莫伟华, 孙涵, 钟仕全, 等 . 2007. MODIS 水体指数模型（CIWI）研究以及应用 . 遥感信息, 93, 16～21.

莫兴国 . 1995. 土壤–植被–大气系统水分能量传输模拟与实验 . 地理研究, 14 (3)：108～108.

莫兴国 . 1997. 冠层表面阻力与环境因子关系模型及其在蒸散估算中的应用 . 地理研究, 16 (2)：
　　81～88.

莫兴国 . 1998. 土壤–植被–大气系统水分能量传输模拟和验证 . 气象学报, 56 (3)：323～332.

莫兴国, 林忠辉 . 2000. 基于 Penman-Monteith 公式的双源模型的改进 . 水利学报, (5)：6～11.

彭顺风, 李凤生, 黄云 . 2008. 基于 RADARSAT-1 影像的洪涝评估方法 . 水文, 28 (2)：34～37.

上官冬辉, 刘时银, 丁永建, 丁良福, 李刚 . 2004. 玉龙喀什河园区 32 年来冰川变化遥感监测 . 地理学
　　报, 59 (6)：855～862.

谈戈 . 2004. 无资料地区水文预报研究的方法与出路 . 冰川冻土, 26 (2)：192～196.

陶静 . 2008. AMSR-E 土壤水分反演研究 . 北京：北京师范大学 .

田国良 . 1991. 土壤水分的遥感监测方法 . 环境遥感, 6 (2)：89～98.

田国良, 等 . 2006. 热红外遥感 . 北京：电子工业出版社 .

田辉, 等 . 2007. 复杂地形下黑河流域的太阳辐射计算 . 高原气象, 4：666～676.

王海波, 马明国 . 2009. 基于遥感的湖泊水域动态变化监测研究进展 . 遥感技术与应用, 24 (5)：
　　674～684.

王磊 . 2007. 植被覆盖地区被动微波辐射计土壤水分反演算法研究 . 北京：中国科学院 .

王秋燕, 陈仁喜, 徐佳, 等 . 2012. 环境一号卫星影像中水体信息提取方法研究 . 科学技术与工程,
　　12 (3)：3051～3056.

吴炳方, 熊隽, 闫娜娜, 杨雷东, 杜鑫 . 2008. 基于遥感的区域蒸散量监测方法——ETWatch . 水科学进
　　展, 19 (5)：671～678.

吴炳方, 熊隽, 卢善龙 . 2009. 海河流域遥感蒸散模型：方法与标定 . GEF 海河流域水资源与水环境综合
　　管理国际研讨会论文集 .

吴炳方, 熊隽, 闫娜娜 . 2011. ETWatch 的模型与方法, 遥感学报, 15 (2)：224～239.

吴炳方, 苑全治, 颜长珍, 等 . 2014. 21 世纪前十年的中国土地覆盖变化 . 第四纪研究, 34 (4)：
　　723～731.

夏军 . 2002. 全球变化与水文科学新的进展与挑战 . 资源科学, 24 (3)：1～7.

辛晓洲, 柳钦火, 田国良 . 2007. 利用土壤水分特征点组分温差假设模拟地表蒸散 . 北京师范大学学报
　　（自然科学版）, 43 (3)：221～227.

辛晓洲 . 2003. 用定量遥感方法计算地表蒸散 . 北京：中国科学院 .

熊隽 . 2010. 遥感蒸散模型的时间重建方法研究 . 地理科学进展, 27 (2)：53～59.

熊隽, 吴炳方, 柳树福, 闫娜娜, 吴方明 . 2011. ETWatch 中的参数标定方法 . 遥感学报, 15 (2)：
　　47～54.

徐涵秋 . 2005. 利用改进的归一化差异水体指数（MNDWI）提取水体信息的研究 . 遥感学报, 9 (5)：
　　589～596.

许君利, 刘时银, 张世强, 上官冬辉 . 2006. 塔里木盆地南缘喀拉米兰河克里雅河流内流区近 30a 来的冰
　　川变化研究 . 冰川冻土, (03)：10～16.

杨存建, 周成虎 . 2001. 利用 RADARSAT SWA SAR 和 LANDSAT TM 的互补信息确定洪水水体范围 . 自然

灾害学报，10（2）：79~83.

杨莹，阮仁宗.2010. 基于 TM 影像的平原湖泊水体信息提取的研究. 遥感信息，25（3）：60~64.

殷青军，杨英莲.2015. 基于 EOS/MODIS 数据的青海湖遥感监测. 湖泊科学，17（4）：356~360.

余涛，田国良.1997. 热惯量法在监测土壤表层水分变化中的研究. 遥感学报，1（1）：24~31.

翟宁，王泽民，伍岳，等.2009. 利用 GRACE 反演长江流域水储量变化. 武汉大学学报（信息科学版），
　　34（4）：436~439.

詹志明，秦其明，阿布都瓦斯提·吾拉木，汪冬冬.2006. 基于 NIR-Red 光谱特征空间的土壤水分监测新
　　方法. 中国科学（D 辑：地球科学），36（11）：1020~1026.

张洪恩，施建成，刘素红.2006. 湖泊亚像元填图算法研究. 水科学进展，17（3）：376~380.

张怀利，倪国强，许廷发.2009. 从 SAR 遥感图像中提取水域的一种双模式结合方法. 光学技术，1：
　　77~79.

张明华.2008. 用改进的谱间关系模型提取极高山地区水体信息. 地理与地理信息科学，24（2）：
　　14~16.

张清，周可法，赵庆展，等.2008. 区域土壤水分遥感反演方法研究. 新疆地质，26（1）：107~116.

张仁华.1996. 实验遥感模型及地面基础. 北京：科学出版社.

张仁华，孙晓敏.2002. 以微分热惯量为基础的地表蒸发全遥感信息模型及在甘肃沙坡头地区的验证. 中
　　国科学（D 辑），32（12）：1041~1050.

张仁华，孙晓敏，苏红波，等.1999. 遥感及其地球表面时空多变要素的区域尺度转换. 国土资源遥感，
　　（3）：51~58.

张仁华，孙晓敏，刘纪远，等.2001. 定量遥感反演作物蒸腾和土壤水分利用率的区域分异. 中国科学
　　（D 辑：地球科学），31（11）：959~968.

张世强，卢健，刘时银.2001. 利用 TM 高光谱图像提取青藏高原喀喇昆仑山区现代冰川边界. 武汉大学
　　学报（信息科学版），26（5）：435~440.

张学礼，胡振琪，初士立.2005. 土壤含水量测定方法研究进展. 土壤通报，36（1）：118~123.

赵英时.2003. 遥感应用分析原理与方法. 北京：科学出版社.

郑伟，刘闯，曹云刚，等.2007. 基于 Asar 与 TM 图像的洪水淹没范围提取. 测绘科学，32（5）：
　　180~182.

周建民，李震，邢强.2010. 基于雷达干涉失相干特性提取冰川边界方法研究. 冰川冻土，32（1）：
　　133~138.

周健民.2013. 土壤学大辞典. 北京：科学出版社.

周新，邢乐林，邹正波，李辉.2008. GRACE 时变重力场的高斯平滑研究. 大地测量与地球动力学，
　　28（3）：41~45.

朱彩英.2003. SAR 图像结合 TM 图像反演空气动力学地表粗糙度研究. 北京：中国科学院.

朱俊杰，郭华东，范湘涛.2005. 高分辨率 SAR 图像的水体边缘快速自动与精确检测. 遥感信息，5：
　　29~31.

朱俊杰，郭华东，范湘涛，等.2006. 基于纹理与成像知识的高分辨率 SAR 图像水体检测. 水科学进展，
　　17（4）：525~530.

Abdellaoui A，Becker F，Olory-Hechinger E.1986. Use of meteosat for mapping thermal inertia and
　　evapotranspiration over a limited region of Mali. Journal of Applied Meteorology，25：1489~1506.

Abrams，Michael，Hiroji T，Glynn H，Koki I，David P，Tom C，Jeffrey K.2015. The Advanced Spaceborne
　　Thermal Emission and Reflection Radiometer（ASTER）after fifteen years：Review of global products.
　　International Journal of Applied Earth Observation and Geoinformation，38：292~301.

Adler R F, Huffman G J, Keehn P R. 1994. Global tropical rain estimates from microwave-adjusted geosynchronous IR data. Remote Sensing Reviews, 11 (1-4): 125~152.

Allen R G, Pereira L S, Raes D, Smith M. 1998. Crop evapotranspiration-Guidelines for computing crop water requirements-FAO Irrigation and drainage paper 56. Fao, Rome, 300 (9): D05109.

Allen R G, Tasumi M, Morse A, Trezza R. 2005. A landsat based energy balance and evapotranspiration model in Western US water rights regulation and planning. Irrigation and Drainage Systems, 19 (3-4): 251~268.

Allen R G, Tasumi M, Trezza R. 2007. Satellite-based energy balance for mapping evapotranspiration with internalized calibration (METRIC) -model. Journal of Irrigation and Drainage Engineering, 133: 380.

Anderson M C, Norman J M, Diak G R, et al. 1997. A two source time integrated model for estimating surface fluxes using thermal infrared remote sensing. Remote Sensing of Environment, 60: 195~216.

Anderson M C, Allen R G, Morse A, et al. 2012. Use of Landsat thermal imagery in monitoring evapotranspiration and managing water resources. Remote Sensing of Environment, 122 (1): 50~65.

Arnold J G, Srinivasin R, Muttiah R S, Williams J R. 1998. Large Area Hydrologic Modeling and Assessment: Part I. Model Development. JAWRA, 34 (1): 73~89.

Ashcroft P, Frank J. Wentz. 2000. Algorithm Theoretical Basis Document (ATBD): AMSR Level 2A Algorithm, Remote Sensing Systems.

Ashouri H, Hsu K L, Sorooshian S, et al. 2015. PERSIANN-CDR: Daily precipitation climate data record from multisatellite observations for hydrological and climate studies. Bulletin of the American Meteorological Society, 96 (1): 69~83.

Attema E P W, Ulaby F T. 1978. Vegetation modeled as water cloud. Radio Science, 13: 357~364.

Bastiaanssen W G M, Menenti M, Feddes R A, et al. 1998. A remote sensing surface energy balance algorithm for land (SEBAL). 1. Formulation. Journal of Hydrology, 212: 198~212.

Bateni S M, Entekhabi D, Castelli F. 2013. Mapping evaporation and estimation of surface control of evaporation using remotely sensed land surface temperature from a constellation of satellites. Water Resources Research, 49 (2): 950~968.

Bates P, Han S, Alsdorf D, Seo K. 2007. Influence of the Amazon floodwave on the intra-basin variability of GRACE water storage estimates. American Geophysical Union Fall Meeting, San Francisco, CA, 10-14 December.

Bayle F, Wigneron J P, Kerr Y H, Waldteufel P, Anterrieu E, Orlhac J C, Chanzy A, Marloie O, Bernardini M, Sobjaerg S, Calvet J C, Goutoule J M, Skou N. 2002. Two-dimensional synthetic aperture images over a land surface scene. IEEE Transactions on Geoscience and Remote Sensing, 40: 710~714.

Beesley C, Frost A, Zajaczkowski J. 2009. A comparison of the BAWAP and SILO spatially interpolated daily rainfall datasets. 18th World IMACS/MODSIM Congress, Cairns, Australia. 13: 17.

Bernard R, Martin P H, Thony J L, Vauclin M, Vidal-Madjar D. 1982. C-band radar for determining surface soil moisture. Remote Sensing of Environment, 12: 189~200.

Bonan G B. 1996. Land surface model (LSM version 1.0) for ecological, hydrological, and atmospheric studies: Technical description and users guide. Technical note, National Center for Atmospheric Research, Boulder, CO (United States), Climate and Global Dynamics Division.

Brown D G, Lush D P, Duda K A. 1998. Supervised classification of types of glaciated landscapes using digital elevation data. Geomorphology, 21: 233~250.

Brunsell N A. 2006. Characterization of land surface precipitation feedback regimes with remote sensing. Remote Sensing of Environment, 100 (2): 200~211.

Brutsaert W, Sugita M. 1992. Application of self-preservation in the diurnal evolution of the surface energy budget to determine daily evaporation. Journal of Geophysical Research, 97 (D17): 18377~18318, 18382.

Burman R, Pochop L O. 1994. Evaporation, evapotranspiration and climatic data. Journal of Hydrology, 190 (1): 167~168.

Caparrini F, Castelli F, Entekhabi D. 2003. Mapping of land atmosphere heat fluxes and surface parameters with remote sensing data. Boundary-Layer Meteorology, 107 (3): 605~633.

Carlson T N, Buffum M J. 1989. On estimating total daily evapotranspiration from remote surface temperature measurements. Remote Sensing of Environment, 1989, 29 (2): 197~207.

Carlson T N, Gillies R R, Perry E M. 1994. A method to make use of thermal infrared temperature and NDVI measurements to infer surface soil water content and fractional vegetation cover. Remote Sensing Review, 52: 45~59.

Carroll M L, Townshend J R, DiMiceli C M, et al. 2009. A new global raster water mask at 250m resolution. International Journal of Digital Earth, 2 (4): 291~308.

Carroll M L, Townshend J R, DiMiceli C M, et al. 2011. Shrinking lakes of the Arctic: Spatial relationships and trajectory of change. Geophysical Research Letters, 38: L20406.

Cheema M J M, Bastiaanssen W G M. 2012. Local calibration of remotely sensed rainfall from the TRMM satellite for different periods and spatial scales in the Indus Basin. International Journal of Remote Sensing, 33 (8): 2603~2627.

Chen F, Liu Y, Liu Q, et al. 2014. Spatial downscaling of TRMM 3B43 precipitation considering spatial heterogeneity. International Journal of Remote Sensing, 35 (9): 3074~3093.

Chen J L, Wilson C R, Eanes R J, et al. 1999. Geophysical contributions to satellite nodal residual variation. J Geophy Res., 104 (B10): 23237~23244.

Chen J M, Cihlar J. 1996. Retrieving leaf area index of boreal conifer forests using landsat TM Images. Remote sensing of Environment, 55: 153~162.

Chen J M, White P. 2008. Quantitative retrieval of surface properties from optical remote sensing: Advancing applications with models. Canadian Journal of Remote Sensing. Special issue.

Chen J, Chen J, Liao A, et al. 2015. Global land cover mapping at 30m resolution: A POK-based operational approach. ISPRS Journal of Photogrammetry and Remote Sensing, 103: 7~27.

Chen M, Xie P, Janowiak J E, et al. 2002. Global land precipitation: A 50-yr monthly analysis based on gauge observations. Journal of Hydrometeorology, 3 (3): 249~266.

Chen M, Shi W, Xie P, et al. 2008. Assessing objective techniques for gauge-based analyses of global daily precipitation. Journal of Geophysical Research: Atmospheres, 113 (D4).

Chen Y H, Li X B, Li J, et al. 2005. Estimation of daily evapotranspiration using a two-layer remote sensing model. International Journal of Remote Sensing, 26 (8): 1755~1762.

Chormanski J, Van de Voorde T, De Roeck T, et al. 2008. Improving distributed runoff prediction in urbanized catchments with remote sensing based estimates of impervious surface cover. Sensors, 8 (2): 910~932.

Choudhury B J, Tucker C J, Golus R E, Newcomb W W. 1987. Monitoring vegetation using Nimbus-7 scanning multichannel microwave radiometer's data. International Journal of Remote Sensing, 8 (3): 533~538.

Chávez J L, Neale C M U, Prueger J H, Kustas W P. 2008. Daily evapotranspiration estimates from extrapolating instantaneous airborne remote sensing ET values. Irrigation Science, 27 (1): 67~81.

Cleugh H A, Leuning R, Mu Q, Running S W. 2007. Regional evaporation estimates from flux tower and MODIS satellite data. Remote Sensing of Environment, 106 (3): 285~304.

Colaizzi P, Evett S, Howell T, Tolk J. 2006. Comparison of five models to scale daily evapotranspiration from one time of day measurements. Transactions of the ASAE, 49 (5): 1409~1417.

Crow W T, Kustas W P. 2005. Utility of assimilating surface radiometric temperature observations for evaporative fraction and heat transfer coefficient retrieval. Boundary-Layer Meteorology, 115 (1): 105~130.

Da Silva J S, et al. 2010. Water levels in the Amazon basin derived from the ERS-2 and ENVISAT radar altimetry missions. Remote Sensing of Environment, 114 (10): 2160~2181.

Dai Y X, Zeng R E, Dickinson, et al. 2003. The common land model. Bulletin of the America, Meteorological Society, 84 (8): 1013~1024.

Davis D T, Chen Z, Tsang L, Hwang J N, Chang A T C. 1993. Retrieval of snow parameters by iterative inversion of a neural network. IEEE Transactions on Geoscience and Remote Sensing, 31 (4): 842~851.

Diak G R, Whipple M S. 1993. Improvements to models and methods for evaluating the land surface energy balance and effective roughness using radiosonde reports and satellite measured skin temperature data. Agricultural and Forest Meteorology, 63 (3-4): 189~218.

Dickinson R E, Henderson-Sellers A, Kennedy P J, et al. 1996. Biosphere-atmosphere transfer scheme (BATS) for the NCAR Community Climate Model, Technical Notes TN 275 TST R, NCAR, Boulder, CO.

Duan Z, Bastiaanssen W G M. 2013. First results from Version 7 TRMM 3B43 precipitation product in combination with a new downscaling-calibration procedure. Remote Sensing of Environment, 131: 1~13.

Dubois P C, Vanzyl J, Engman T. 1995. Measuring Soil- Moisture with ImagingRadars. Ieee Transactions on Geoscience and Remote Sensing, 33 (4): 915~26.

Ebert E E, Janowiak J E, Kidd C. 2007. Comparison of near- real- time precipitation estimates from satellite observations and numerical models. Bulletin of the American Meteorological Society, 88 (1): 47~64.

Enland A W, Galantowicz J F, Schretter. 1992. The radio brightness thermal inertia measure of soil moisture. IEEE Trans Geosci Remote Sensing, 30 (1): 132~139.

Entekhabi D, Njoku E G, O'Neill P E, et al. 2010. The soil moisture active passive (SMAP) mission. Proceedings of the IEEE, 98 (5): 704~716.

Eric F V, Christopher J, François- Marie B. 2009. Towards a Generalized Approach for Correction of the BRDF Effect in MODIS Directional Reflectances. IEEE Trans. Geoscience and Remote Sensing, 47 (3): 898~908.

Fang J, Du J, Xu W, et al. 2013. Spatial downscaling of TRMM precipitation data based on the orographical effect and meteorological conditions in a mountainous area. Advances in Water Resources, 61: 42~50.

Feng W, Zhong M, Lemoine J M, et al. 2013. Evaluation of groundwater depletion in North China using the Gravity Recovery and Climate Experiment (GRACE) data and ground-based measurements. Water Resources Research, 49 (4): 2110~2118.

Ferraro R R. 1997. Special sensor microwave imager derived global rainfall estimates for climatological applications [J]. Journal of Geophysical Research: Atmospheres, 102 (D14): 16715~16735.

Ferraro R R, Weng F, Grody N C, Zhao L. 2000. Precipitation characteristics over land from the NOAA-15 AMSU sensor. Geophysical Research Letters, 27 (17): 2669~2672.

Fluet-Chouinard E, Lehner B, Rebelo L M, Papa F, Hamilton S K. 2015. Development of a global inundation map at high spatial resolution from topographic downscaling of coarse-scale remote sensing data. Remote Sensing of Environment, 158: 348~361.

Fung A K. 1994. Microwave scattering and emission models and their applications. Norwood, MA: Artech House, 573.

Funk C, Peterson P, Landsfeld M, et al. 2015. The climate hazards infrared precipitation with stations—a new environmental record for monitoring extremes. Scientific Data, 2: 150066.

Galleguillos M, Jacob F, et al. 2011. Mapping daily evapotranspiration over a Mediterranean vineyard watershed. IEEE Geoscience and Remote Sensing Letters, 8 (1): 168~172.

Gao B, QinY, Wang Y H, Yang D W, Zheng Y R. 2016. Modeling Ecohydrological Processes and Spatial Patterns in the Upper Heihe Basin in China. Forests, 7: 10.

Gao L, Liao J, Shen G. 2013. Monitoring lake-level changes in the Qinghai-Tibetan Plateau using radar altimeter data (2002~2012). Journal of Applied Remote Sensing, 7 (073470): 1~21.

Gao Y C, Liu M F. 2013. Evaluation of high-resolution satellite precipitation products using rain gauge observations over the Tibetan Plateau. Hydrology and Earth System Sciences, 17 (2): 837~849.

Glenn E P, Huete A R, Nagler P L, Hirschboeck K K, Brown P. 2007. Integrating remote sensing and ground methods to estimate evapotranspiration. Critical Reviews in Plant Sciences, 26 (3): 139~168.

Glenn E P, Nagler P L, Huete A R. 2010. Vegetation index methods for estimating evapotranspiration by remote sensing. Surveys in geophysics, 31 (6): 531~555.

Gordon H R, Voss K J. 1999. MODIS normalized water-leaving radiance algorithm theoretical basis document (MOD 18) Version 4. NASA Contract Number NAS503163, 1999.

Grayson R B, Blöschl G, Western A W, et al. 2002. Advances in the use of observed spatial patterns of catchment hydrological response. Advances in Water Resources, 25 (8): 1313~1334.

Groisman P V, Legates D R. 1994. The accuracy of United Sates precipitation date. Bulletin of the American Meteorological Society, 75 (2): 215~227.

Gómez M, Olioso A, Sobrino J, Jacob F. 2005. Retrieval of evapotranspiration over the Alpilles/ReSeDA experimental site using airborne POLDER sensor and a thermal camera. Remote Sensing of Environment, 96 (3): 399~408.

Hallikainen M T, Jolma P A, Hyypa J M. 1988. Satellite microwave radiometry of forest and surface types in Finland. IEEE Transactions on Geoscience and Remote Sensing, 26 (5): 622~628.

Han S C, et al. 2005. Non-isotrop ic filtering of GRACE temporal gravity for geophysical signal enhancement. Geophysicsl Journal International, 163: 18~25.

Hansen M C, Potapov P V, Moore R, et al. 2013. High-resolution global maps of 21st-century forest cover change. Science, 342 (6160): 850~853.

Harmsen E W, Mesa S E G, Cabassa E, et al. 2008. Satellite sub-pixel rainfall variability. International Journal of Systems Applications, Engineering & Development, 2 (3): 91~100.

Harris I, Jones P D, Osborn T J, Lister D H. 2014. Updated high-resolution grids of monthly climatic observations-the CRU TS3. 10 Dataset. International Journal of Climatology, 34: 623~642.

Hou A Y, Kakar R K, Neeck S, et al. 2013. The global precipitation measurement mission. Bulletin of the American Meteorological Society, 95 (5): 701~722.

Houborg R M, Soegaard H. 2004. Regional simulation of ecosystem CO2 and water vapor exchange for agricultural land using NOAAAVHRR and Terra MODIS satellite data. Application to Zealand, Denmark, Remote Sens. Environ. , 93, 150~167.

Hsu K L, Gupta H V, Gao X, et al. 1999. Estimation of Physical Variables from Multichannel Remotely Sensed Imageery Using a Neural Network: Application to Rainfall Estimate. Water Resources Research, 35: 1605~1618.

Huang C, Chen Y, Wu J. 2014. Mapping spatio-temporal flood inundation dynamics at large riverbasin scale using time-series flow data and MODIS imagery. International Journal of Applied Earth Observation and Geoinformation, 26: 350~362.

Huffman G J, Adler R F, Arkin P, et al. 1997. The global precipitation climatology project (GPCP) combined precipitation dataset. Bulletin of the American Meteorological Society, 78 (1): 5 ~ 20.

Huffman G J, Bolvin D T, Nelkin E J, et al. 2007. The TRMM multisatellite precipitation analysis (TMPA): Quasi-global, multiyear, combined-sensor precipitation estimates at fine scales. Journal of Hydrometeorology, 8 (1): 38 ~ 55.

Hughes D A. 2006. Comparison of satellite rainfall data with observations from gauging station networks. Journal of Hydrology, 327 (3): 399 ~ 410.

Hunink J E, Immerzeel W W, Droogers P. 2014. A High-resolution Precipitation 2-step mapping Procedure (HiP2P): Development and application to a tropical mountainous area. Remote Sensing of Environment, 140: 179 ~ 188.

Imakoa K, Kachi M, Fujii H, Murakami H, Hori M, Ono A, Igarashi T, Nakagawa K, Oki T, Honda Y, Shimoda H. 2010. Global change observation mission (GCOM) for monitoring carbon, water carbon, water cycles, and climate change. Porc. IEEE 98, 717 ~ 734.

Immerzeel W W, Quiroz R A, De Jong S M. 2005. Understanding precipitation patterns and land use interaction in Tibet using harmonic analysis of SPOT VGT-S10 NDVI time series. International Journal of Remote Sensing, 26 (11): 2281 ~ 2296.

Immerzeel W W, Gaur A, Droogers P. 2007. Remote sensing and hydrological modeling of the Upper Bhima Catchment. IWMI Research paper, 2007 (3): 1926 ~ 1931.

Immerzeel W W, Droogers P. 2008. Calibration of a distributed hydrological model based on satellite evapotranspiration. Journal of Hydrology, 349 (3): 411 ~ 424.

Immerzeel W W, Droogers P, De J S M, Bierkens M F P. 2009. Large scale monitoring of snow cover and runoff simulation in Himalayan river basins using remote sensing. Remote Sensing of Environment, 113 (1): 40 ~ 49.

Jackson R D, Reginato R J, Idso S B. 1977. Wheat canopy temperature: A practical tool for evaluating water requirements. Water Resources Research, 13: 651 ~ 656.

Jackson R D, Idso S B, Reginato R J. 1981. Canopy temperature as a crop water stress indicator. Water Resource Research, 17: 1133 ~ 1138.

Jackson R D, Hatfield J, Reginato R, Idso S, Pinter P J. 1983. Estimation of daily evapotranspiration from one time-of-day measurements. Agricultural Water Management, 7 (1-3): 351 ~ 362.

Jackson T J, Schmugge T J, Wang J R. 1982. Passive microwave sensing of soil moisture under vegetation canopies. Water Resources Research, 18: 1137 ~ 1142.

Jekeli C. 1981. Alternative methods to smooth the Earth's gravity field. Report No. 327, Department of Geodetic Science, Ohio State University, Ohio: 130 ~ 142

Jia S, Zhu W, Lü A, et al. 2011. A statistical spatial downscaling algorithm of TRMM precipitation based on NDVI and DEM in the Qaidam Basin of China. Remote Sensing of Environment, 115 (12): 3069 ~ 3079.

Jiang L, Islam S. 1999. A methodology for estimation of surface evapotranspiration over large areas using remote sensing observations. Geophysical Research Letters, 26 (17): 2773 ~ 2776.

Jiang L, Islam S. 2001. Estimation of surface evaporation map over southern Great Plains using remote sensing data. Water Resources Research, 37 (2): 329 ~ 340.

Jiang L, Islam S, Guo W, Jutla A S, Senarath S U S, Ramsay B H, Eltahir E A B. 2009. A satellite-based daily actual evapotranspiration estimation algorithm over South Florida. Global and Planetary Change, 67 (1-2): 62 ~ 77.

Joodaki G, Wahr J, Swenson S. 2014. Estimating the human contribution to groundwater depletion in the Middle

East, from GRACE data, land surface models, and well observations. Water Resources Research, 50（3）: 2679~2692.

Joyce R J, Janowiak J E, Arkin P A, et al. 2004. CMORPH: A method that produces global precipitation estimates from passive microwave and infrared data at high spatial and temporal resolution. Journal of Hydrometeorology, 5（3）: 487~503.

Jung M, Reichstein M, Margolis H A, et al. 2011. Global patterns of land atmosphere fluxes of carbon dioxide, latent heat, and sensible heat derived from eddy covariance, satellite, and meteorological observations. Journal of Geophysical Research, 116: G00J07.

Kachi M, Imaoka K, Hideyuki F, Akira S, Marehito K, Yukiei I, Norimasa I, Keizo N, Haruhisa S. 2008. Status of GCOM-W1/AMSR2 development and science activities. PIE Remote Sensing, Cardiff, Wales, United Kingdom. Proceedings Volume 7106, Sensors, Systems and Next-Generation Satellites XII: 71060.

Kahle A B. 1977. A simple thermal model of the Earth's surface for geologic mapping by remote sensing. Journal of Geophysical Research, 82（11）: 1673~1680.

Kaihotsu I, Fujii H, Koike T. 2013. Preliminary evaluation of AMSR 2 L3 soil moisture products using in Situ observation data in Mongolia. AGU Fall Meet Abstr, 06: 1152~1160.

Kamble B, Kilic A, Hubbard K. 2013. Estimating crop coefficients using remote sensing based vegetation index. Remote Sensing, 5（4）: 1588~1602.

Karam M A. 1997. A physical model for microwave radiometry of vegetation. IEEE Transactions on Geoscience and Remote Sensing, 35: 1045~1058.

Kim H W, Hwang K, Mu Q, et al. 2012. Validation of MODIS 16 global terrestrial Evapotranspiration products in various climates and land cover types in Asia. KSCE Journal of Civil Engineering, 16: 229~238.

Kim Y, Kimball J S, Glassy J, Du J. 2017a. An extended global earth system data record on daily landscape freeeze-thaw determined from satellite passive microwave remote sensing. Earth System Science Data, 9: 133~147.

Kim Y, Kimball J S, Glassy J, McDonald K C. 2017b. MEaSUREs Global Record of Daily Landscape Freeze/Thaw Status, Version 4. [Indicate subset used]. Boulder, Colorado USA. NASA National Snow and Ice Data Center Distributed Active Archive Center. doi: https://doi.org/10.5067/MEASURES/CRYOSPHERE/nsidc~0477.004.

Klein I, Gessner U, Dietz A J, Kuenzer C. 2017. Global WaterPack-A 250m resolution dataset revealing the daily dynamics of global inland water bodies. Remote Sensing of Environment, 198: 345~362.

Koster R D, Suarez M J, Ducharne A, Stieglitz M, Kumar P. 2000. A catchment-based approach to modeling land surface processes in a general circulation model 1. Model structure. Journal of Geophysical Research Atmospheres, 105: 24809~24822.

Kubota T, Shige S, Hashizume H, et al. 2007. Global precipitation map using satellite-borne microwave radiometers by the GSMaP project: Production and validation. IEEE Transactions on Geoscience and Remote Sensing, 5（7）: 2259~2275.

Kummerow C, Hong Y, Olson W S, et al. 2001. Evolution of the Goddard profiling algorithm (GPROF) for rainfall estimatin from passive microwave sensors. J. Appl. Meteor, 40: 1801~1820.

Kustas W, Choudhury M S, Moran R J, et al. 1989. Determination of sensible heat flux over sparse canopy using thermal infrared data. Agricultural and Forest Meteorology, 44: 197~216.

Kustas W, Norman J. 1996. Use of remote sensing for evapotranspiration monitoring over land surfaces. Hydrological sciences journal, 41（4）: 495~516.

Kustas W, Norman J. 1997. A two-source approach for estimating turbulent fluxes using multiple angle thermal infrared observations. Water Resources Research, 33 (6): 1495 ~ 1508.

Kustas W, Schimugge T, Humes K, Jackson T, Parry R, Weltz M, Moran M. 1993. Relationships between evaprorative fraction and remotely sensed vegetation index and microwave brightness temperature for semiarid rangelands. Journal of Applied Meteorology, 32 (12).

Kustas W, Perry E, Doraiswamy P, Moran M. 1994. Using satellite remote sensing to extrapolate evapotranspiration estimates in time and space over a semiarid rangeland basin. Remote Sensing of Environment, 49 (3): 275 ~ 286.

Kustas W, Diak G R, Norman J M. 2001. Time difference methods for monitoring regional scale heat fluxes with remote sensing. Water Science and Application, 3: 15 ~ 29.

Lehner B, Doll P. 2004. Development and validation of a global database of lakes, reservoirs, and wetlands. Journal of Hydrology, 296: 1 ~ 22.

Lhomme J P, Chehbouni A. 1999. Comments on dual source vegetation-atmosphere transfer models. Agricultural and Forest Meteorology, 94 (3-4): 269 ~ 273.

Lhomme J P, Monteny B, Amadou M. 1994. Estimating sensible heat flux from radiometric temperature over sparse millet. Agricultural and Forest Meteorology, 68 (1-2): 77 ~ 91.

Li J. 2004. Modeling Heat Exchanges at the Land Atmosphere Interface Using Multi-Angular Thermal Infrared Measurements. Wageningen University.

Li J, Su Z B, van den Hurk B, et al. 2003. Estimation of sensible heat flux using the Surface Energy Balance System (SEBS) and ATSR measurements. Physics and Chemistry of the Earth, 28: 75 ~ 88.

Liang X, Lettenmaier D P, Wood E F, Burges S J. 1994. A Simple hydrologically Based Model of Land Surface Water and Energy Fluxes for GSMs. Journal of Geophysical Research Atmospheres, 99 (14): 14415 ~ 14428.

Liang X, Wood E F, Lettenmaier D P. 1996. Surface soil moisture parameterization of the VIC-2L model: Evaluation and modification. Global and Planetary Change, 13 (1): 195 ~ 206.

Liu S F, Liou Y A, Wang J R, Wigneron J P, Lee J B. Retrieval of crop biomass and soil moisture from measured 1.4 and 10.65 brightness temperatures, IEEE Transactions on Geoscience and Remote Sensing, 2002, Vol. 40, No. 6, 1260 ~ 1268.

Loarie S R, Lobell D B, Asner, et al. 2011. Direct impacts on local climate of sugar-cane expansion in Brazil. Nature Climate Change, 1: 105 ~ 109.

Long D, Singh V P. 2012. A two source trapezoid model for evapotranspiration (TTME) from satellite imagery. Remote Sensing of Environment, 121 (0): 370 ~ 388.

Lu J, Li Z L, Wang H M, Tang R L, Tang B H, Jelila L, Wu H, Yu G R, 2012, Evaluation of SEBS-estimated evapotranspiration using a largeaperture scintillometer data for a complex underlying surface, IEEE International Geoscience and Remote Sensing Symposium, E-ISBN: 978-1-4673-1159-5, 1112 ~ 1115.

Lu S L, Wu B F, Yan N N, et al. 2011. Water body mapping method with HJ-1A/B satellite imagery. International Journal of Applied Earth Observation and Geoinformation, 13: 428 ~ 434.

Maes W H, Steppe K. 2012. Estimating evapotranspiration and drought stress with ground based thermal remote sensing in agriculture: a review. Journal of Experimental Botany, 63: 4671 ~ 4712.

Margulis S A, Kim J, Hogue T. 2005. A comparison of the triangle retrieval and variational data assimilation methods for surface turbulent flux estimation. Journal of Hydrometeorology, 6 (6): 1063 ~ 1072.

Martinez J M, Floury N, Le Toan T, Beaudoin A, Hallikainen M T, Makynen M. 2000. Measurements and modeling of vertical backscatter distribution in forest canopy. IEEE Transactions on Geoscience and Remote Sensing, vol. 38, 710 ~ 719.

Matthew R, Chen J L, Kato H, et al. 2007. Estimating groundwater storage changes in the Mississippi River basin (USA) using GRACE. Hydrogeology Journal, 15: 159~166.

Medina C E, Gomez-Enri J, Alonso J J, et al. 2008. Water level fluctuations derived from ENVISAT radar altimeter (RA-2) and in~situ measurements in a subtropical waterbody: Lake Izabal (Guatemala). Remote Sensing of Environment, 112 (9): 3604~3617.

Menenti M, Choudhury B J. 1993. Parameterization of land surface evapotranspiration using a location dependent potential evapotranspiration and surface temperature range. Exchange Processes at the Land Surface for a Range of Space and Time Scales, 212: 561~568.

Meng C, Li Z L, Zhan X, Shi J, Liu C. 2009. Land surface temperature data assimilation and its impact on evapotranspiration estimates from the Common Land Model. Water Resources Research, 45: W02421.

Mercier F, Cazenave A, Maheu C. 2002. Interannual lake level fluctuations (1993–1999) in Africa from Topex/Poseidon: connections with ocean-atmosphere interactions over the Indian Ocean. Global Planet. Change, 32 (2~3): 141~163.

Min Q, Lin B. 2006. Remote sensing of evapotranspiration and carbon uptake at Harvard forest. Remote Sensing of Environment, 100 (3): 379~387.

Moran M S, Clarke T R, Inoue Y, et al. 1994. Estimating crop water deficit using the relation between surface air temperature and spectral vegetation index. Remote Sensing Environment, 49: 246~263.

Moran M S, Rahman A F, Washburne J C. 1996. Combining the Penman-Monteith equation with measurements of surface temperature and reflectance to estimate evaporation rates of semiarid grassland. Agricultural and Forest Meteorology, 80: 87~109.

Mu Q, Heinsch F A, Zhao M, et al. 2007. Development of a global evapotranspiration algorithm based on MODIS and global meteorology data. Remote Sensing of Environment, 111: 519~536.

Mu Q, Zhao M, Running S W. 2011. Improves to a MODIS global terrestrial evapotranspiration algorithm. Remote Sensing of Environment, 115: 1781~1800.

Mueller N, Lewis A, Roberts D, et al. 2016. Water observations from space: Mapping surface water from 25 years of Landsat imagery across Australia. Remote Sensing of Environment, 174: 341~352.

Munyaneza O, et al. 2009. Water level monitoring using radar remote sensing data: application to Lake Kivu, central Africa. Physics and Chemistry of the Earth, 34 (13-16): 722~728.

Murray T, Verhoef A. 2007. Moving towards a more mechanistic approach in the determination of soil heat flux from remote measurements: I. A universal approach to calculate thermal inertia. Agricultural and Forest Meteorology, 147 (1-2): 80~87.

Nagler P, Morino K, Murray R S, Osterberg J, Glenn E. 2009. An empirical algorithm for estimating agricultural and riparian evapotranspiration using MODIS enhanced vegetation index and ground measurements of ET. I. Description of Method. Remote Sensing, 1 (4): 1273~1297.

Nemani R R, Running S W. 1989. Estimation of regional surface resistance to evapotranspiration from NDVI and thermal IR AVHRR data. Journal of Applied Meteorology, 28 (4): 276~284.

Nichols W E, R H Cuenca. 1993. Evaluation of the evaporative fraction for parameterization of the surface energy balance. Water Resources Research, 29 (11): 3681~3690.

Nishat S, Guo Y, Baetz B W. 2007. Development of a simplified continuous simulation model for investigating long term soil moisture fluctuations. Agricultural Water Management, 92 (1-2): 53~63.

Nishida K, Nemani R R, Glassy J, et al. 2003a. Development of an evapotranspiration index from Aqua/MODIS for monitoring surface moisture status. IEEE Transactions on Geoscience and Remote Sensing, 41: 493~501.

Nishida K, Nemani R R, Running S W, et al. 2003b. An operational remote sensing algorithm of land surface e-vaporation. Journal of Geophysical Research, 108（D9）: 4270.

Niu Z, Zhang H, Wang X, et al. 2012. Mapping Wetland Changes in China between 1978 and 2008. Science Bulletin, 57（22）: 2813 ~ 2823.

Njoke E G. 1999. AMSR Land Surface Parameters（ver. 3）. Algorithm Theoretical Basis Document（ATBD）, NASA.

Njoku E G, Entekhabi D. 1996. Passive microwave remote sensing of soil moisture. Remote Sensing of Environment, 184（1）: 135 ~ 151.

Njoku E G, Li L. 1999. Retrieval of L and Surface Parameters Using Passive Microwave Measurements at 6 ~ 18GHz. IEEE Transactions on Geoscience and Remote Sensing, 3（7）: 79 ~ 93.

Njoku E G, Chan S K. 2006. Vegetation and surface roughness effects on AMSR-E land observations. Remote Sensing of Environment, 100: 190 ~ 199.

Njoku E G, Jackson T J, Lakshmi V, Chan T K, Nghiem S V. 2003 Soil moisture retrieval from AMSR-E. IEEE Transactions on Geoscience and Remote Sensing, 41（2）: 215 ~ 229.

Norman J M, Kustas W P, Humes K S. 1995. Source approach for estimating soil and vegetation energy fluxes in observations of directional radiometric surface temperature. Agricultural and Forest Meteorology, 77: 263 ~ 293.

Norman J M, Kustas W P, Prueger J H, Diak G R. 2000. Surface flux estimation using radiometric temperature: A dual temperature-difference method to minimize measurement errors. Water Resources Research, 36（8）: 2263 ~ 2274.

Oh Y, Sarabandi K, Ulaby F T. 1992. An empirical model and an inversion technique for radar scattering from bare soil surfaces. IEEE Transactions on Geoscience and Remote Sensing, 30（2）: 370 ~ 381.

Oh Y, Sarabandi K, Ulaby F T. 1994. An inversion algorithm for retrieving soil moisture and surface roughness from polarimetric radar observation. Proc IEEE Geosci Remote Sensing Symp.

Oh Y, Sarabandi K, Ulaby F T. 2002. Semi-empirical model of theensemble-averaged differential Mueller matrix for microwave backscattering frombare soil surfaces. Ieee Transactions on Geoscience and Remote Sensing, 40（6）: 1348 ~ 55.

Oki T, Imaoka K, Kachi M. 2012. Products and science from GCOM-W1. Proceeding of the SPIE-The international Society for Optical Engineering, 8528, 8, article id. 852816.

Okuyama A, Imaoka K. 2015. Intercalibration of advanced microwave scanning radiometer-2（AMSR2）brightness temperature. IEEE Trans. Geosci. Remote Sens. , 53（8）, 4568 ~ 4577.

O'Neill P E. 1985. Microwave Remote Sensing of Soil Moisture: A comparison of results from different truck and aircraft platforms. International Journal of Remote Sensing, 6（7）: 1125 ~ 1134.

Parajka J, Blöschl G. 2008. The value of MODIS snow cover data in validating and calibrating conceptual hydrologic models. Journal of Hydrology, 358（3）: 240 ~ 258.

Park N W. 2013. Spatial downscaling of TRMM precipitation using geostatistics and fine scale environmental varia-bles. Advances in Meteorology, 917 ~ 925.

Pekel J, Ceccato P, Vancutsem C, et al. 2011. Development and application of multi-temporal colorimetric trans-formation to monitor vegetation in the desert locust habitat. IEEE Journal of Selected Topics in Applied Earth Observationsand Remote Sensing, 4（2）: 318 ~ 326.

Pekel J, Andrew C, Noel G, Alan S B. 2016. High-resolution mapping of global surface water and its long-term changes. Nature, 540: 418 ~ 422.

Peter F. 2018. Shining a light on global winds: The Aeolus satellite uses powerful lidar to measure wind speeds-

［News］. IEEE Spectrum, 55（9）: 9~11.

Peterson T C, Vose R S. 1997. An overview of the Global Historical Climatology Network temperature database. Bulletin of the American Meteorological Society, 78（12）: 2837~2849.

Piao S, Mohammat A, Fang J, et al. 2006. NDVI-based increase in growth of temperate grasslands and its responses to climate changes in China. Global Environmental Change, 16（4）: 340~348.

Ponchaut F, Cazenave A. 1998. Continental lake level variations from Topex/Poseidon（1993-1996）. Earth and Planetary Science, 326（1）: 13~20.

Prevot L, Champion I, Guyot G. 1993. Estimating surface soil moisture and leaf area index of a wheat canopy using a dual-frequency（C and X bands）scatterometer. Remote Sensing of Environment, 46: 331~339.

Price J C. 1977. Thermal inertia mapping: a new view of the earth. Journal of Geophysical Research Atmospheres, 82（18）: 2582~2590.

Price J C. 1980. The potential of remotely sensed thermal infrared data to infer surface soil moisture and evaporation. Water Resources Research, 16（4）: 787~795.

Price J C. 1985. On the analysis of thermal infrared imagery: the limited utility of apparent thermal inertia. Remote Sensing of Environment, 18（1）: 59~73.

Price J C. 1990. Using spatial context in satellite data to infer regional scale evapotranspiration. IEEE Transactions on Geoscience and Remote Sensing, 28: 940~948.

Priestley C H B, Taylor R J. 1972. On the assessment of surface heat flux and evaporation using large-scale parameters. Monthly Weather Review, 100（2）: 81~92.

Prigent C, Tegen I, Aires F, Marticoréna B, Zribi M. 2005. Estimation of the aerodynamic roughness length in arid and semi-arid regions over the globe with the ERS scatterometer, Journal of Geophysical Research, Atmospheres, 110: D9.

Qin H H, Cao G L, Kristensen M, Zheng C M. 2013. Integrated hydrological modeling of the North China Plain and implications for sustainable water management. Hydrology and Earth System Sciences, 17（10）: 3759~3778.

Qin Y, Lei H M, Yang D W, et al. 2016. Long-term change in the depth of seasonally frozen ground and its eco-hydrological impacts in the Qilian Mountains-northeastern Tibetan Plateau. Journal of Hydrology, 542: 204~221.

Qiu G Y, Yano T, Momii K. 1996. An improved methodology to measure evaporation from bare soil based on comparison of surface temperature with a dry soil. Journal of Hydrology, 210: 93~105.

Qiu G Y, Shi P J, Wang L M. 2006. Theoretical analysis of a soil evaporation transfer coefficient. Remote Sensing of Environment, 101: 390~398.

Quiroz R, Yarlequ C, Posadas A, et al. 2011. Improving daily rainfall estima tion from NDVI using a Wavelet Transform. Environmental Modelling & Software, 26（2）: 201~209.

Raffy M, Becker F. 1985. An inverse problem occurring in remote sensing in the thermal infrared bands and its solutions. Journal of Geophysical Research, 90（D3）: 5809~5819.

Raffy M, Becker F. 1986. A stable iterative procedure to obtain soil surface parameters and fluxes from satellite data. IEEE Transactions on Geoscience and Remote Sensing, 24（3）: 327~332.

Ramillien G, Cazenave A, Brunau O. 2004. Global time-variations of hydrological signals from GRACE satellite gravimetry. Geophysical Journal International, 158: 813~826.

Ramillien G, Frappart F, Cazenave A, Guntner A. 2005. Time variations of land water storage from an inversion of 2 years of GRACE geoids. Earth and Planetary Science Letters, 235: 283~301.

Rango A. 1994. Application of remote sensing methods to hydrology and water resources. Hydrological Sciences Journal, 39 (4): 309 ~ 320.

Rasmussen M O, Sørensen M K, Wu B, Yan N, Qin H, Sandholt I. 2014. Regional scale estimation of evapotranspiration for the North China Plain using MODIS data and the triangle approach. International Journal of Applied Earth Observation and Geoinformation, 31: 143 ~ 153.

Raup B H, Kargel J S. 2012. Global Land Ice Measurements from Space (GLIMS) . A247 ~ A260 U S. Geological Survey Professional Paper, 247 ~ 260.

Refshaard J C, Storm B, Singh V P, She M. 1995. Computer models of watershed hydrology. 809 ~ 846.

Reichle R H. 2008. Data assimilation methods in the earth sciences. Advance Water Resources, 31: 1411 ~ 1418.

Reichle R H, Crow W T, Keppenne C L. 2008. An adaptive ensemble Kalman filter for soil moisture data assimilation. Water Resources Research, 44 (3): 258 ~ 260.

Richardson A J, Wiegand C L. 1977. Distinguishing vegetation from soil background information. Photogrammetric Engineering and Remote Sensing, 43 (12): 1541 ~ 1552.

Robinson A R, Lermusiaux P F. 2000. Overview of data assimilation. Harvard Reports in Physical/Interdisciplinary Ocean Science, 62: 1 ~ 13.

Rodell M, Famiglietti J S. 2001. An analysis of terrestrial water storage varations in Illinois with implications for the Gravity Recovery and ClimateExperiment (GRACE), Water Resour Res, 37 (5), 1327 ~ 1339.

Rodell M, Houser P R. 2004. Updating a land surface model with MODIS derived snow cover. J Hydrometeorol, 5: 1064 ~ 1075.

Rodell M, Houser P R, Jambor U, et al. 2004. The global land data assimilation system. Bulletin of the American Meteorological Society, 85 (3): 381 ~ 394.

Rodell M, Velicogna I, Famiglietti J S. 2009. Satellite-based estimates of groundwater depletion in India. Nature, 460 (7258): 999 ~ 1002.

Roerink G J, Su Z, Menenti M. 2000. S-SEBI: A simple remote sensing algorithm to estimate the surface energy balance. Physics and Chemistry of the Earth, Part B: Hydrology, Oceans and Atmosphere, 25 (2): 147 ~ 157.

Rogers A S, Kearney M S, 2004. Reducing signature variability in unmixing coastal marsh thematic mapper scenes using spectral indices. International Journal of Remote Sensing, 25 (12): 2317 ~ 2335.

Rowlands D D, Luthcke S B, Klosko S M, Lemoine F G R, Chinn D S, McCarthy J J, Cox C M, Anderson O B. 2005. Resolving mass flux at high spatial and temporal resolution using GRACE inter-satellite measurements. Geophysical Research Letters, 32 (4), 189 ~ 201.

Ryu Y, Baldocchi D D, Black T A, et al. 2012. On the temporal upscaling of evapotranspiration from instantaneous remote sensing measurements to 8-day mean daily sums. Agricultural and Forest Meteorology, 152: 212 ~ 222.

Sanyal J, Lu X X. 2004. Appliation of remote sensing in flood management with special reference to monsoon asia: a review. Natural Hazards, 33: 283 ~ 301.

Sapiano M R P, Arkin P A. 2009. An intercomparison and validation of high resolution satellite precipitation estimates with 3-hourly gauge data. Journal of Hydrometeorology, 10 (1): 149 ~ 166.

Schamm K, Ziese M, Becker A, et al. 2014. Global gridded precipitation over land: A description of the new GPCC First Guess Daily product. Earth System Science Data, 6 (1): 49 ~ 60.

Scheel M L M, Rohrer M, Huggel C, et al. 2011. Evaluation of TRMM Multi-satellite Precipitation Analysis (TMPA) performance in the Central Andes region and its dependency on spatial and temporal resolution. Hydrology and Earth System Sciences，15（8）：2649～2663.

Schmugge T J. 1980. Effect of texture on microwave emission from soils . IEEE Transactions on Geoscience and Remote Sensing，18（4）：353～361.

Schmugge T J. 1983. Remote sensing of soil moisture：recent advances. IEEE Transactions on Geoscience and Remote Sensing，21：336～344.

Schneider U，Fuchs T，Meyer-Christoffer A，et al. 2008. Global precipitation analysis products of the GPCC. Global Precipitation Climatology Centre（GPCC），DWD，Internet Publication，2008，112.

Seguin B，Itier B. 1983. Using midday surface temperature to estimate daily evaporation from satellite thermal IR data. International Journal of Remote Sensing，4（2）：371～383.

Sellers P J，Bounoua L，Collatz G J，et al. 1996. Comparison of radiative and physiological effects of doubled atmospheric CO_2 on climate. Science，b（271）：1402～1406.

Senay G B，Budde M，Verdin J P. 2011. Enhancing the Simplified Surface Energy Balance（SSEB）approach for estimating landscape ET：Validation with the METRIC model. Agricultural Water Management，98：606～618.

Shi J C，Wang J，Hsu A Y，ONeill P E，Engman E T. 1997. Estimation of bare surface soil moisture and surface roughness parameter using L-band SAR image data. IEEE Transactions on Geoscience and Remote Sensing，35：1254～1266.

Shi J C，Chen K S，Li Q，et al. 2003. A Parameterized Surface Reflectivity Model and Estimation of Bare Surface So il Mo isture w ith L 2band Radiometer . IEEE Transactions on Geoscience and Remote Sensing，40（12）：2674～2686.

Shi J，Dong X，Zhao T，et al. 2014. WCOM：The science scenario and objectives of a global water cycle observation mission//2014 IEEE Geoscience and Remote Sensing Symposium：3646～3649.

Shi Y，Song L，Xia Z，et al. 2015. Mapping annual precipitation across mainland China in the period 2001～2010 from TRMM3B43 product using spatial downscaling approach. Remote Sensing，7（5）：5849～5878.

Shuttleworth W J，Wallance J S. 1985. Evaporation from space crops—an energy combination theory. Quarterly Journal of the Royal Meteorological Society，111：839～855.

Shuttleworth W J，Gurney R J. 1990. The theoretical relationship between foliage temperature and canopy resistance in sparse crop. Quarterly Journal Royal Meteorology Society，116：497～519.

Smets B，D'Andrimont R，Claes P. 2011. BioPar Product User Manual Water Bodies（WB）Version 1 from SPOT/VEGETATION data.

Smith E A，Asrar G，Furuhama Y，et al. 2007. International global precipitation measurement（GPM）program and mission：An overview//Measuring precipitation from space. Springer Netherlands，4：611～653.

Smith W L. 1966. Note on the relationship between precipitable waterand surface dew point. Journal of Applied Meteorology，5：726～727.

Sobrino J，Gomez M，Jimenez Munoz J，Olioso A. 2007. Application of a simple algorithm to estimate daily evapotranspiration from NOAA-AVHRR images for the Iberian Peninsula. Remote Sensing of Environment，110（2）：139～148.

Song C，Huang B，Ke L，Richards K. 2014. Seasonal and abrupt changes in the water level of closed lakes on the Tibetan Plateau and implications for climate impacts. Journal of Hydrology，514：131～144.

Song C，Jia L，Menenti M. 2013. Retrieving high-resolution surface soil moisture by downscaling AMSR-E brightness temperature using MODIS LST and NDVI data. IEEE Journal of Selected Topics in Applied Earth Observations and Remote Sensing，7（3）：935～942.

Strassberg G，Scanlon B R，Chambers D. 2009. Evaluation of groundwater storage monitoring with the GRACE satellite: Case study of the High Plains aquifer, central United States. Water Resources Research, 45 (5): 1011 ~ 1022.

Su F G, Hong Y, Lettenmaier D P. 2008. Evaluation of TRMM Multisatellite Precipitation Analysis (TMPA) and its utility in hydrologic prediction in the La Plata Basin. Journal of Hydrometeorology, 94 (4): 622 ~ 640.

Su Z. 2002. The Surface Energy Balance System (SEBS) for estimation of turbulent heat fluxes. Hydrology and Earth System Sciences Discussions, 6 (1): 85 ~ 100.

Su Z, Abreham Y, Wen J, et al. 2003. Assessing relative soil moisture with remote sensing data: theory, experimental validation, and application to drought monitoring over the North China Plain. Physics and Chemistry of the Earth, 28: 89 ~ 101.

Su Z, Wen J, Dente L, et al. 2011. The Tibetan Plateau observatory of plateau scale soil moisture and soil temperature (Tibet-Obs) for quantifying uncertainties in coarse resolution satellite and model products. Hydrology and earth system sciences, 15 (7): 2303 ~ 2316.

Sugita M, Brutsaert W. 1991. Daily evaporation over a region from lower boundary layer profiles measured with radiosondes. Water Resources Research, 27 (5): 747 ~ 752.

Suleiman A C. 2004. Hourly and daytime evapotranspiration from grassland using radiometric surface temperatures. Agronomy Journal, 96 (2): 384.

Sun J. 1999. Diurnal variations of thermal roughness height over a grassland. Boundary-LayerMeteorology, 92 (3): 407 ~ 427.

Sun Q, Miao C, Duan Q, et al. 2018. A review of global precipitation data sets: Data sources, estimation, and intercomparisons. Reviews of Geophysics, 56 (1): 79 ~ 107.

Swenson S, Wahr J. 2006. Post-processing removal of correlated errors in GRACE data. Geophysical Research Letters, 33 (8): 621 ~ 635.

Tan S, Wu B, Yan N, et al. 2017. An ndvi-based statistical et downscaling method. Water, 9 (12): 995.

Tang R, Li Z L, Tang B. 2010. An application of the Ts-VI triangle method with enhanced edges determination for evapotranspiration estimation from MODIS data in arid and semi-arid regions: Implementation and validation. Remote Sensing of Environment, 114 (3): 540 ~ 551.

Tang R. 2011. Retrieval of land surface evapotranspiration from remotely sensed surface temperature-fractional vegetation cover characteristic space. Ph. D Chinese Academy of Sciences.

Tang R, Li Z L, Sun X. 2013. Temporal upscaling of instantaneous evapotranspiration: An intercomparison of four methods using eddy covariance measurements and MODIS data. Remote Sensing of Environment, 138: 102 ~ 118.

Tapley B D, Bettadpur S V, Watkins M, Reigber C. 2004a. The gravity recovery and climate experiment: mission overview and early results. Geophysical Research Letters, 31 (9): 4.

Tapley B D, Bettadpur S V, Ries J C, Thompson P F, Watkins M M. 2004b. GRACE measurements of mass variability in the Earth system. Science, 305: 503 ~ 505.

Tasumi M, Trezza R, Allen R G, et al. 2003. US Validation tests on the SEBAL model for evapotranspiration via satellite. 2003 ICID Workshop on Remote Sensing of ET for Large Regions, 17: 91 ~ 105

Teng H, Shi Z, Ma Z, et al. 2014. Estimating spatially downscaled rainfall by regression kriging using TRMM precipitation and elevation in Zhejiang Province, southeast China. International Journal of Remote Sensing, 35 (22): 7775 ~ 7794.

Tian F, Qiu G Y, Yang Y, et al. 2013. Estimation of evapotranspiration and its partition based on an extended three-temperature model and MODIS products. Journal of Hydrology, 498: 210 ~ 220.

Tian Y, Zheng Y, Zheng C. 2016. Development of a visualization tool for integrated surface water- groundwater modeling. Computers & Geosciences, 86 (1): 1~14.

Timmermans W J, Kustas W P, Anderson M C, French A N. 2007. An intercomparison of the surface energy balance algorithm for land (SEBAL) and the two source energy balance (TSEB) modeling schemes. Remote Sensing of Environment, 108 (4): 369~384.

Tong K, Su F, Yang D, et al. 2014. Evaluation of satellite precipitation retrievals and their potential utilities in hydrologic modeling over the Tibetan Plateau. Journal of Hydrology, 519: 423~437.

Ulaby F T, Cihlar J, Moore R K. 1974. Active microwave measurement of soil water content. Remote Sensing of Environment, 3: 185~203.

Ulaby F T, Batlivala. 1978. Microwave backscatter dependence on surface roughness, soil moisture and soil texture: Part I-bare soil. IEEE Transactions on Geoscience and Remote Sensing, 16: 286~295

Ulaby F T, Moore R K, Fung A K. 1986. From Theory to Applications. Vol. III, Microwave Remote Sensing, Active and Passive, Addison Wesley, 1097.

Ulaby F T, Dubois P C, Van Zyl J. 1996. Radar mapping of surface soil moisture. Journal of Hydrology, 184 (1~2): 57~84.

Ulaby F T, Sarabandi K, McDonald K, Whitt M, 1990. Michigan microwave canopy scattering model. International Journal of Remote Sensing, 11: 1223~1253.

Vermote E, Justice C O, Bréon F M. 2009. Towards a generalized approach for correction of the BRDF effect in MODIS directional reflectances. IEEE Transactions on Geoscience and Remote Sensing, 47 (3): 898~908.

Verstraeten W, Veroustraete F, Feyen J. 2008. Assessment of evapotranspiration and soil moisture content across different scales of observation. Sensors, 8 (1): 70~117.

Vinukollu R K, Wood E F, Ferguson C R, Fisher J B. 2011. Global estimates of evapotranspiration for climate studies using multi-sensor remote sensing data: Evaluation of three process based approaches. Remote Sensing of Environment, 115 (3): 801~823.

Vladimir A B, et al. 2007. Glacier changes in the Tien Shan as determined from topographic and remotely sensed data. Global and Planetary Change, 56, 3-4: 0~340.

Wahr J, Molenaar M, Bryan F. 1998. Time variability of the Earth's gravity field: hydrological and oceanic effects and their possible detection using GRACE. Journal of Geophysical Research Atmospheres, 103 (B12): 30205~30230.

Wahr J, Swenson S, Zlotnicki V, et al. 2004. Time-variable gravity from GRACE: first results. Geophysical Research Letters, 31 (11): L11501.

Walker J P, Houser P R. 2004. Requirements of a global near surface soil moisture satellite mission: accuracy, repeat time, and spatial resolution. Advances in Water Resources, 27 (8): 785~801.

Wan Z, Zhang Y, Zhang Q, Li Z L. 2004. Quality assessment and validation of the MODIS global land surface temperature. International Journal of Remote Sensing, 25 (1): 261~274.

Wang H S, Jia L L, Steffen H, et al. 2012. Increased water storage in North America and Scandinavia from GRACE gravity data. Nature Geoscience, 6: 38~42.

Wang H, Guan H, Gutierrez-Jurado H, et al. 2014. Examination of water budget using satellite products over Australia. Journal of Hydrology, 511: 546~554.

Wang K, Li Z, Cribb M. 2006. Estimation of evaporative fraction from a combination of day and night land surface temperatures and ndvi: a new method to determine the priestley-taylor parameter. Remote Sensing of Environment, 102 (3): 293~305.

Wang K, Wang P, Li Z, Cribb M, Sparrow M. 2007. A simple method to estimate actual evapotranspiration from a combination of net radiation, vegetation index, and temperature. J. Geophys. Res, 112: D15107.

Wang K, Dickinson R E. 2012. A review of global terrestrial evapotranspiration: Observation, modeling, climatology, and climatic variability. Reviews of Geophysics, 50 (2): RG 2005.

Waston K, Rowen L C, Offield T W. 1971. Application of thermal modeling in geologic interpretation of IR images. Remote Sensing of Environment, 3: 2017~2041.

Wetzel P J, Atlas D, Woodward R H. 1984. Determining soil moisture from geosynchronous satellite infrared data: A feasibility study. Journal of Climate and Applied Meteorology, 23 (3): 375~391.

Willmott C J, Matsuura K. 2001. Terrestrial Air Temperature and Precipitation: Monthly and Annual Time Series (1950-1999), http://climate. geog. udel. edu/ ~ climate/html_pages/README. ghcn_ts2. html.

Wondwosen M S, Adam M M. 2017. Improved methods for estimating local terrestrial water dynamics from GRACE in the Northern High Plains. Advances in Water Resources, 110: 279~290.

Wu B F, Xiong J, Yan N N, Yang L D, Du X. 2008. ETWatch for monitoring regional evapotranspiration with remote sensing. Advances in Water Science, 19 (5): 671~678.

Wu B F, Yan N N, Xiong J, Bastiaanssen W G M, Zhu W W, Stein A. 2012. Validation of ETWatch using field measurements at diverse landscapes: a case study in Hai Basin of China. Journal of Hydrology, 436~437: 67~80.

Wu B F, Xing Q, Yan N N, Zhu W W, Zhuang Q F. 2015. A linear relationship between temporal multiband MODIS BRDF and aerodynamic roughness in HiWATER wind gradient data. IEEE Geoscience and Remote Sensing Letters, 12: 507~511.

Wu B F, Liu S F, Zhu W W, Yu M Z, Yan N N, Xing Q. 2016. A method to estimate sunshine duration using cloud classification data from a geostationary meteorological satellite (FY- 2D) over the Heihe River Basin. Sensors, 16 (11): 1859.

Wu B F, Liu S F, Zhu W W, Yan N N, Xing Q. 2017. An improved approach for estimating daily net radiation over the Heihe River Basin. Sensors, 17: 86.

Wu B F, Zhu W W, Yan N N, et al. 2016. An improved method for deriving daily evapotranspiration estimates from satellite estimates on cloud-free days. IEEE Journal of Selected Topics in Applied Earth Observations and Remote Sensing, 9 (4): 1323~1330.

Wu B, Xiong J, Yan N N, Yang L D, Du X. 2008. ETWatch for monitoring regional evapotranspiration with remote sensing. Advances in Water Science, 19 (5): 671~678.

Xie P P, Arkin P A. 1997. Global precipitation: A 17-year monthly analysis based on gauge observations, Satellite estimates, and numerical model output. Bull Amer Meteror Soc, 78 (11): 2539~2558.

Xiong J, Wu B F, Yan N N, Zeng Y. 2010. Estimation and validation of land surface evaporation using remote sensing in North China. IEEE Journal of Selected Topics in Applied Earth Observations and Remote Sensing, 3 (3): 337~344.

Xiong Y J, Qiu G Y. 2014. Simplifying the revised three-temperature model for remotely estimating regional evapotranspiration and its application to a semi arid steppe. International Journal of Remote Sensing, 35: 2003~2027.

Xu G, Xu X, Liu M, et al. 2015. Spatial downscaling of TRMM precipitation product using a combined multifractal and regression approach: Demonstration for South China. Water, 7 (6): 3083~3102.

Xu S, Wu C, Wang L, et al. 2015. A new satellite-based monthly precipitation downscaling algorithm with nonstationary relationship between precipitation and land surface characteristics. Remote Sensing of Environment,

162：119~140.

Xu T, Liang S, Liu S. 2011. Estimating turbulent fluxes through assimilation of geostationary operational environmental satellites data using ensemble Kalman filter. Journal of Geophysical Research, 116 (D9)：D09109.

Yang P, Xia J, Zhan C S, et al. 2017. Monitoring the spatio-temporal changes of terrestrial water storage using GRACE data in the Tarim River basin between 2002 and 2015. Science of the Total Environment, 595：218~228.

Yeh P J F, Swenson S C, Famiglietti J S, et al. 2006. Remote sensing of groundwater storage changes in Illinois using the Gravity Recovery and Climate Experiment (GRACE). Water Resources Research, 42 (12)：56~68.

Yin Z Y, Zhang X, Liu X, et al. 2008. An assessment of the biases of satellite rainfall estimates over the Tibetan Plateau and correction methods based on topographic analysis. Journal of Hydrometeorology, 9 (3)：301~326.

Yu M Z, Wu B F, Yan N N, Xing Q, Zhu W W. 2017. A method for Estimating the Aerodynamic Roughness Length with NDVI and BRDF Signatures Using Multi-Temporal Proba-V Data. Remote Sensing, 9 (1)：6.

Zaitchik B F, Rodell M, Reichle R H. 2008. Assimilation of GRACE terrestrial water storage data into a land surface model：results for the Mississippi River Basin. Journal of Hydrometeorology, 9 (3)：535~548.

Zhang G Q. 2018. Changes in lakes on the Tibetan Plateau observed from satellite data and their responses to climate variations. Progress in Geography, 37 (2)：214~223.

Zhang H M, Wu B F, Yan N N, et al. 2014. An improved satellite-based approach for estimating vapor pressure deficit from MODIS data. Journal of Geophysical Research：Atmospheres, 119：12256~12271.

Zhang K, Kimball J S, Nemani R R, Running S W. 2010. A continuous satellite-derived global record of land surface evapotranspiration from 1983-2006. Water Resources Research, 46, W9522.

Zhang L, Lemeur R. 1995. Evaluation of daily evapotranspiration estimates from instantaneous measurements, Agricultural and Forest Meteorology, 74 (1-2)：139~154.

Zhang R, Tian J, Su H, Sun X, Chen S, Xia J. 2008. Two improvements of an operational two layer model for terrestrial surface heat flux retrieval. Sensors, 8：6165~6187.

Zhang T J, Amstrong R L. 2001. Soil freeze/thaw cycles over snow-free land detected by passive microwave remote sensing. Geophysical Research Letters, 28 (5)：763~766.

Zheng X, Zhu J. 2015. A methodological approach for spatial downscaling of TRMM precipitation data in North China. International Journal of Remote Sensing, 36 (1)：144~169.

Zhou X, Bi S, Yang Y, et al. 2014. Comparison of ET estimations by the three-temperature model, SEBAL model and eddy covariance observations. Journal of Hydrology, 519：769~776.

Zhu W W, Wu B F, Yan N N, et al. 2014. A method to estimate diurnal surface-soil heat flux from MODIS data for a sparse vegetation and bare soil. Journal of Hydrology, 511：139~150.

Zribi M, Ciarletti V, Taconet O. 2000. Validation of a rough surface model based on fractional brownian geometry with SIRC and ERASME radar data over orgeval. Remote Sensing of Environment, 73：65~72.

第四章　流域水资源可消耗量遥感

水是流域经济社会可持续发展的基本要求，是美好的生态环境得以保持的根基，也是万物繁衍生息的基础。有效的管理水资源则是上述目标能否实现的关键。纵观流域水循环的整个过程，只有蒸散发（ET）是水的真正消耗，当 ET 超越流域水资源的承载上限将诱发河湖萎缩、地下水超采、生态环境恶化等一系列问题。在水资源日渐匮乏的情势下，流域耗水管理中控制并减少流域 ET，设定合理的流域目标 ET（秦大庸等，2008），开展"ET 管理"已成为流域水资源管理的重要内容（王浩等，2009；刘家宏等，2009）。ET 不仅受气候、地形、植被等自然特征影响，同时，也受耕地开垦、灌溉等人类活动影响（Pan et al.，2017），具有"自然–人工"二元属性。根据诱发的原因，ET 可分解为自然 ET 与人类活动 ET，其中自然 ET 是地表自然过程消耗的降水量，而人类活动 ET（Wu et al.，2014；Wu et al.，2018）则是由耕作、灌溉、水库水面蒸发等人类活动新增的耗水量（Bastiaanssen and Feddes，2005；Van Eekelen et al.，2015）。自然 ET 属于不可控 ET，其大小取决于气候、土壤、地形等自然特征（Bastiaanssen et al.，2014）。人类活动 ET 属于可控 ET，其因人类活动而起，又因人类活动强弱而改变。"ET 管理"就是要控制或削减人类活动产生的 ET，将其控制在合理的范围内，从而实现流域水资源可持续消耗的目标。降水、土地覆被、蒸散等遥感监测方法的蓬勃发展，为流域人类活动水资源消耗量评估、生态环境可持续条件下水资源估算提供了技术支撑。本章结合国内外的最新研究进展和笔者多年实践，介绍流域人类活动可耗水量估算方法、流域耗水平衡方法以及具体案例，以期为流域耗水管理提供有益参考。

第一节　流域耗水平衡

利用 ET 进行水资源管理建立在流域水资源供给和消耗关系基础之上，它依据的是水文学水平衡原理，立足于水循环全过程，管理全部的水汽通量。即以有限的水资源消耗量为上限，通过采取工程、农艺、管理、政策、生物等措施手段减少蒸发蒸腾量（ET），达到资源性节水、改变流域内地下水超采的现状、逐步实现地下水采补平衡、维持一定适宜的生态基流，最终实现宏观总量控制、微观定额管理的要求。利用 ET 进行水资源管理的实质是在传统水资源管理需求的基础上进行更深层次的调控和管理，也是对水循环过程中真实耗水的一种管理。

一、流域耗水平衡方法

（一）水平衡原理

不仅地球是一个系统，一个流域或一个区域，一直到水–土–植被结构，都是一个系统。在这些系统中发生的水文循环，年复一年，永不休止，这是自然界服从物质不灭定律的必然结果，而水平衡是水文循环遵循物质不灭定律的具体体现，或者说，水平衡是水文循环得以存在的支撑。

水平衡可以在全流域进行也可以在某个区域内进行。水循环的过程是：降水下来后，一部分形成地表径流（对流域而言有入流和出流——包括用去的水），还有一部分渗入地下形成地下水（也有入流和出流——开采），形成地表、地下和土壤水的蓄变量，而在地面又以各种蒸散发形式回到空中，人类的生产生活活动也会产生耗水回到大气中。

对于流域而言，水平衡的定量表达式可以表示为

$$W_1(P+I) = W_0(R+ET) + \Delta W \tag{4-1}$$

式中，P 为时段内流域上的降水量；I 为时段内从地表、地下流入流域的水量；R 为时段内的径流量（从地表、地下流出流域的水量）；ET 为时段内流域的蒸散发量，以及生活和生产过程中产生的生物能和矿物能耗水；ΔW 为时段内的流域蓄水量的变化，包括地表、地下和土壤水；W_1 为给定时段内进入系统的水量；W_0 为给定时段内从系统中输出的水量；ΔW 为给定时段内系统蓄水量的变化量，当 ΔW 为正值时，表明时段内系统蓄水量增加，反之，蓄水量则减少。

其中总径流 R 包括地表径流 R_s、河川基流 R_g 和地下潜流 U_g；总耗水 ET 包括地表蒸散发（植被散发 E_z、水面蒸发 E_w、土壤蒸发 E_s、生产和生活用水消耗 E_c）和潜水蒸发 E_g；ΔW 包括地表蓄变量 ΔW_k、地下调蓄变量 ΔW_g 和土壤蓄变量 ΔW_s。因此，流域的整个水量平衡方程可转化为下式：

$$P+I = R_s+R_g+U_g+E_z+E_w+E_c+E_s+E_g+\Delta W_k+\Delta W_g+\Delta W_s \tag{4-2}$$

流域水循环图见图4-1：

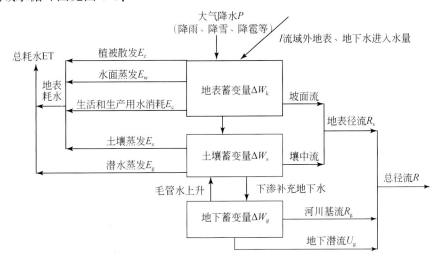

图 4-1 流域水循环图

式（4-2）是对流域水量平衡的基本描述。但是，很多变量在实际工作中难以完全测出，如地下潜流 U_g、土壤蓄变量 ΔW_s、地下蓄变量 ΔW_g 和各项蒸发等。因此，在实际应用时，可以根据已经产生的水资源量的分配、消耗和排泄建立新的水量平衡方程。

（二）流域耗水平衡表达式

对于一个闭合流域，式（4-1）变成更简单的形式，见式（4-3）：

$$P+I=R+ET+\Delta W \tag{4-3}$$

I 表示为进入流域的入境水量，包括地表水和地下水流入量，以及跨流域调水量。R 表示为流出流域的出境水量。一个流域的降水是所有水量来源的根本，从图 4-1 可以看出，这些元素的进出、来去应该平衡，才能维持流域生态平衡，如果不平衡，就会对流域生态造成破坏。流域水资源平衡，就是要求在一定时期内保持流域的水量收支相等。如果要以水资源可持续利用保障经济社会持续发展，就要使流域蒸散发量与出境水量之和等于流域降水量与入境水量之和。

流域水平衡的最直接应用是计算区域/流域蓄变量（吴炳方等，2011）。通常以一年为周期的土壤蓄变量近似不变，那么区域蓄变量 ΔW 相当于地下水蓄变量，因此该方法可以确定区域内有无地下水超采，从而对地下水的超采情况予以监督。

降水和径流通过观测站的数据可以得到，耗水平衡的关键是区域总耗水量的计算。根据水汽由液态到气态过程能源的不同，总耗水量可以表达为三项之和，如式（4-4）。

$$E=ET+Q_m+Q_b \tag{4-4}$$

其中 ET 为区域蒸散发，为太阳能源引起的蒸发，这部分可以通过遥感估算得到。其不仅包括了自然状态下地表的蒸散发过程，如农田、森林、水面、裸露地表等的蒸发，也包括了人类生产（工业和农业）和生活用水过程中及用后所产生的一系列蒸发、散发。流域内也有矿物能和生物能消耗所引起的水分消耗。石油和煤的燃烧引起的水分蒸发即是矿物能引起的耗水，这部分耗水量就是矿物能耗水 Q_m；人或动物排汗的能量来源则是储存在体内的生物能，因生物能损耗而产生的耗水称之为生物能耗水 Q_b；具体的计算方法可参见第二节中详细的计算公式。

如果流域存在跨流域调水和入海流量，可分别归并在入境和出境流量中。通过各分量数据的收集和计算，可得到较长时间段内的流域蓄变量，它反映了流域的地下水超采情况，可对流域的地下水超采情况进行监督。因此基于耗水平衡的蓄变量估算方法为地下水超采提供了重要的知识和参考信息。

二、耗水平衡案例

（一）海河流域耗水平衡

基于遥感数据、降雨、径流及统计数据，应用上述方法，进行了海河流域 2001～2012 年的耗水平衡分析（表 4-1）。结果表明，海河流域 2001～2012 年平均降水量为 1133.3 亿 m³，平均耗水量为 1171.3 亿 m³，流域水量收支明显不平衡，总体处于亏缺状态，蓄变量平均为−51.5 亿 m³，而 1985～1998 年海河流域地下水平均年超采量为 50.2 亿 m³（海河志编纂委员会，1998），流域地下水位呈现持续下降的趋势，且下降幅度增加，流域水资源开发利用方式一直处于不可持续发展的态势。

表 4-1　2001~2012 年海河流域耗水平衡分析表　　　　（单位：$10^9 m^3$）

年份	降水	入境水量	实际耗水量						入海水量	蓄变量
			遥感 ET			工业耗水	生活耗水	耗水量总计		
			自然耗水	农田人类活动耗水	居民地耗水					
2001	94.69	3.88	74.86	31.93	2.09	3.65	2.04	110.98	0.00	−16.00
2002	92.84	4.64	74.08	29.11	2.04	3.65	2.04	107.33	0.18	−13.62
2003	130.4	3.61	86.97	38.68	2.95	3.65	2.04	130.7	2.18	−2.46
2004	118.7	4.23	77.35	34.87	2.75	3.65	2.04	117.07	3.71	−1.44
2005	109.3	3.73	73.84	28.38	2.42	3.65	2.04	106.74	2.49	0.21
2006	102.1	4.63	78.87	32.09	2.48	3.65	2.04	115.54	1.39	−13.79
2007	112.6	4.28	80.04	30.89	2.34	3.65	2.04	115.37	1.71	−3.79
2008	125.6	4.33	82.46	39.38	3.23	3.65	2.04	127.17	1.94	−2.77
2009	113.8	4.51	77.71	32.99	3.28	3.65	2.04	116.08	1.59	−2.95
2010	114.2	4.62	86.67	28.35	3.17	3.65	2.04	120.29	1.52	−6.58
2011	115.8	3.95	82.94	28.75	3.29	3.65	2.04	117.08	1.84	−2.76
2012	129.9	4.02	83.33	32.2	3.53	3.65	2.04	121.16	5.08	4.09
平均	113.33	4.20	79.93	32.30	2.80	3.65	2.04	117.13	1.97	−5.15

2001~2012 年间流域蓄变量年际间变化波动较大，尽管 2005 年流域蓄变量增加约 2.1 亿 m^3，也无法弥补 2001~2002 年流域极显著的水资源量缺口，2006~2007 年的连续干旱使得流域区域蓄变量继续减少。相关研究表明 2002~2008 年间地下水年亏空为 8.3 × $10^9 m^3$（Famiglietti，2014）。采用地下水模型研究表明海河流域的年地下水亏空为 5 × $10^9 m^3$（Cao et al.，2013），结合水文模型与田间观测结果研究表明 2002~2008 海河流域的年均地下水亏空为 6.5 × $10^9 m^3$（Kendy et al.，2004），而利用耗水平衡方法得到的 2002~2008 年多年平均蓄变量下降 53.8 亿 m^3，与几个研究结果的区域蓄变量变化趋势一致。但耗水平衡方法主要用到降雨、蒸散数据，利用人口和工业产值估算的生活耗水数据，以及流域出口的流量数据，而不需要地下水观测数据。

表 4-1 表明，流域耗水量以太阳能消耗为主，约占总实际耗水量的 98.2%，工业耗水量、人和牲畜耗水量占水资源消耗总量的比重很低，占 1.8%。自然耗水量占耗水量的 69.5%，人类活动的耗水量占 31.5%，说明流域内降水的大部分是被森林、草地和湿地等自然系统消耗掉的。在人类活动耗水量中，以农田耗水量为主，2001~2012 年间农田耗水量平均为 323 亿 m^3，占据主导地位，占人类活动耗水量的 86.8%。这里有两个方面的数据需要引起重视，一是人类消耗的水资源量只占降雨量的 31.5%，大部分降雨被自然界消耗了；二是农业耗水量占比高达 86.8%，远比人们的常识要高。

农田（农业区）是流域水资源消耗的主要大户，而这部分农田耗水量是可控的，主要依赖于灌溉活动引起。而相较于林业、草地等自然活动的耗水，种植作物增加的耗水量是可控的，这也是水管理中提出发展节水灌溉技术，建立节水型农业的主要原因。

（二）吐鲁番市耗水平衡

利用 2006~2008 年的遥感数据，采用 ETWatch 模型对吐鲁番市的 ET 进行了监测。吐鲁番市盆地是吐鲁番市水资源汇集和消耗的主体区域，结合土地覆被、降水和径流统计数据，进行了吐鲁番市盆地区的耗水平衡分析（表4-2）。结果表明，2006～2008年吐鲁番盆地来水总量平均为12.02亿m³，实际耗水总量平均为14.24亿m³，吐鲁番盆地水量收支不平衡，蓄变量平均为−2.31亿m³，总体处于亏缺状态，表明水资源开发利用方式处于不可持续发展的态势，但吐鲁番市下辖的三个区县存在差异，高昌区和鄯善县蓄变量为负值，表明这两个县水资源过度开发利用是导致整个盆地水资源利用不可持续的主要区域。

表4-2　2006～2008年吐鲁番盆地耗水平衡分析表　　　　　　（单位：$10^8\,\text{m}^3$）

| 区域 | 水资源量 | | | | 实际耗水量 | | | | | 出境流量 | 区域蓄变量 |
| | | | | | 太阳能 | | 矿物能 | 生物能 | | | |
	绿洲与平原区降水	地表水资源量	地下水天然补给量	总计	自然活动耗水	农田耗水	工业耗水	生活耗水	总计		
吐鲁番市	2.87	8.74	0.41	12.02	7.82	6.20	0.15	0.07	14.24	0.08	−2.31
高昌区	1.13	3.04	0.20	4.37	3.27	2.24	0.01	0.03	5.54	0.00	−1.17
鄯善县	1.09	2.23	0.10	3.42	2.77	2.24	0.14	0.02	5.17	0.00	−1.76
托克逊	0.65	3.47	0.11	4.23	1.78	1.72	0.01	0.02	3.53	0.08	0.62

吐鲁番水资源主要源于14条河流，从山区流入盆地的地表水资源量占盆地来水总量的73%，盆地绿洲和平原区的降水量约占24%。盆地区实际耗水总量大于水资源量，存在地下水超采问题。在实际耗水量组成中，自然活动耗水占总耗水量的54.9%，包括沙漠、湖泊、湿地、荒漠等自然生态系统的耗水量；人类活动占比为45.1%，盆地区人类活动耗水对于整个盆地的水收支影响较大，比海河流域的要大。在人类活动耗水组成中，农田耗水占比高达96.5%，工业耗水量、人和牲畜耗水量占比很低，表明农田耗水在整个盆地区的耗水平衡过程中起到举足轻重的作用，对其耗水的合理控制是解决该区域地下水超采的关键环节。

表4-2同时显示了吐鲁番盆地区三个县的耗水平衡分析结果，从耗水组成来看，与盆地的结构是类似的，自然活动耗水占比在50.5%～59.0%范围内变化，而农田耗水量在人类活动耗水的占比为93.3%～98.4%。高昌区和鄯善县水资源量小于实际耗水量，区域蓄变量为负，面临着地下水超采的水资源问题，需要对这两个县的农业发展和规划给予高度重视。

第二节　流域人类活动可耗水量

本节主要介绍流域人类活动可耗水量的概念、表达式与估算方法，以期抛砖引玉，共同推动流域耗水管理的发展。

一、流域人类活动可耗水量的概念与表达式

（一）流域降水总量

准确核算流域水资源总量是流域水资源管理的前提。针对水资源日益突出的问题，2014年，国家水利部颁布了《最严格水资源管理制度》，确立了2030年水资源开发利用

控制总量红线与用水效率红线等目标（表4-3）。水文模型是流域水资源总量估算的通用方法。数十年来，几代水文学家在模型研制、改进、优化等方面持续奋斗，费尽心血，然而该方法仍然满足不了实际要求，水问题反而越来越严重。其主要原因是，现有方法高度依赖地面观测资料，因高强度人类活动干扰，流域下垫面无时不刻在发生显著变化，改变产汇流机制，地面观测信息不能及时有效地反映流域下垫面的异质性变化，从而导致水文模型径流模拟的失真。现有方法只关注产流，在气候变化条件下，生态系统结构和功能发生明显变化，径流系列由稳态转变为非稳态，尤其在干旱和半干旱地区，径流仅占降水的20%～30%，下垫面的微小变化都可能会导致径流的显著变化。

表4-3　最严格水资源管理制度红线目标

红线	指标	目标		
		2015 年	2020 年	2030 年
水资源开发利用控制红线	全国用水总量/亿 m³	6350	6700	7000
用水效率控制红线	万元工业增加值用水量（以 2000 年不变价计）/（万元/m³）	比 2010 年下降30%	65	40
	农田灌溉水有效利用系数	0.53	0.55	0.6
水功能区限制纳污红线	重要江河湖泊水功能区水质达标率/%	60	80	95

在传统水文模型估算失效的状况下，全国用水总量的多少缺少了可核查的工具，根据国家水资源公报公布的数据，2012 年、2013 年、2014 年、2015 年、2016 年全国用水总量分别为6131.2 亿 m³、6183.4 亿 m³、6095.0 亿 m³、6103.2 亿 m³、6040.2 亿 m³，远远低于国家划定的 2015 年、2020 年、2030 年用水总量控制目标，也就是说"目标提前实现"，与日渐进展的用水现实不相符合。在产水、用水不确定性强的状况下，从耗水的角度评估耗水红线目标的实现，不失为一种合理的方法。在此背景下，笔者提出了流域人类活动可持续耗水量（available consumable water，ACW）的概念。即在没有外来水资源补给，流域生态环境可持续条件下，流域内人类活动可消耗的一切形式的水资源量（Wu et al.，2014）。其满足流域地下水不超采、自然生态系统保持完好、河流物种多样性得以保持、地表水与地下水的联系不发生破坏四个条件。

（二）流域人类活动可耗水量的表达式

依据定义，流域人类活动可耗水量即是流域降水总量，扣除流域自然活动蒸散发与外出径流量后，剩余的水资源量，其表达式如（4-5）所示。

$$\text{ACW} = P - \text{ET}_n - Q \tag{4-5}$$

式中，P 为流域内的降水量；ET_n 为假设没有人类活动干预之下，纯粹由自然生态系统产生的耗水量，其不以人的意志为转移，依据土地覆被的自然与社会属性，ET_n 分为来自天然林、灌、草、水域和未利用地在太阳辐射与植物生理过程产生的耗水量，以及人工地物中不以人类活动为转移的降水消耗量，人类活动最直接的作用是改变了陆表土地覆被的形态与利用方式，从而导致耗水形势的动态更迭；Q 为不可控径流量，即在当前水利工程设施前提下，超越流域拦蓄能力无法被利用而流走的剩余水量，如未被拦截的洪水等，对于封闭流域而言，不可控径流量为零，就流域内部的各子流域而言，不可控径流量则是子流域的实际外流水量，该概念与黄万里（1989a，1989b）曾倡导的河川径流量相似，即流域用水的剩余量。流域可耗水量是包含丰、平、枯时间序列的多年平均值，其中降水是流域可耗水量唯一的来源。

二、可耗水量的计算方法

流域降水总量、自然耗水量与不可控径流量是流域人类活动可持续耗水量计算的三大要素，其核算的具体方法如下。

（一）流域降水总量

降水是流域水资源产生的唯一来源，准确估算降水量是核算流域人类活动水资源可消耗量的关键。当前，流域降水总量的估算方法可概括为雨量站实测数据空间插值法、降水量遥感监测，以及二者融合的方法。

雨量站实测数据空间插值法是估算流域降水总量最常用的方法，当流域内地形较均一、雨量站数量充足，且空间分布均匀时，流域降水总量可用空间插值的方法，将站点的降水监测值拓展为时空连续的降水空间分布场。空间插值法的选择对流域降水量的估算有重要影响，反距离法、有理多项式法、薄板样条法、克里金法是当前常用的降水空间插值方法。大量研究表明，降水量的空间分布及大小与地形密切相关，将地形因子引入插值过程能有效提升降水空间插值的准确度，澳大利亚国立大学芬纳研究所开发的 AUSPLINE 软件（Hutchinson，1995）就将高程因子引入到样条插值过程中，有效提升了降水空间插值的精度。降水的空间插值方法没有绝对的好坏之分，其最终插值结果通常采用交叉验证的方法进行评价，即在降水空间插值的过程中，将流域内的降水实测数据集分为插值样本与精度校验样本，前者用于拟合空间插值的降水场，而后者则主要用于评估插值结果的误差。

雨量站实测数据空间插值法显著依赖站点的数量、空间分布，当流域雨量站数量不足，或者空间分布不均匀时，空间插值获得的流域尺度降水量存在较大的不确定性，特别是在山区、经济条件欠发达的区域，雨量站数量的不足将增加降水插值结果的不确定性。遥感降水估算产品能大体反映降水强度的空间分布态势，但是其空间分辨率较粗，降水量的绝对性存在一定的误差。因此，综合遥感降水产品估算、站点实测降水量精度较高的优势，采用空间融合的方法，获得精度相对较高的估算结果（Cheema and Bastiaanssen，2012）。

地理差异分析、地理比值校验法是两种简单有效的雨量站实测降水量与遥感估算降水量融合的方法，其主要的步骤如下：①获取监测年内时空连续的遥感降水产品，如 TRMM、GPM 等降水产品；②比较流域内可用的雨量站实测降水量与对应遥感降水产品格网单元的降水的一致性；③计算站点实测降水量与遥感格网降水量的差值（或者比值）；④以差值（比值）为基准，采用空间插值法，计算二者的误差场；⑤求得将第一步中遥感降水产品与误差场之和，则是最终的流域降水值。

（二）自然蒸散量

流域的总蒸散量（ET）可分为自然耗水量与人类活动耗水量。其中，自然耗水量

（ET_n）指的是流域内不因人类活动而改变的水资源消耗量，而人类活动耗水量（ET_h）指的是流域内人类活动而新增加的水资源消耗量，即人类实际耗水量，表达式为

$$ET = ET_n + ET_h \qquad\qquad (4\text{-}6)$$

人类活动耗水与自然耗水互为依赖关系，求解出其中的任一量值，就能推演出另一值。自然蒸散量的估算是流域人类活动可耗水量估算的重点，也是当前流域耗水管理的前沿研究，目前的方法可归纳如下。

1）"ET 总量监测–经验统计"结合的估算方法

自然 ET 占流域总 ET 可表达为 $ET_n = \omega \times ET$，因此，通过求解总的 ET 与系数 ω，就能厘清人类活动 ET 的大小。

ET 总量遥感估算方法。随着对地观测技术的不断进步，遥感驱动的 ET 监测模型蓬勃发展，陆续涌现出 SEBAL 模型（Bastiaanssen et al.，1998a，1998b）、SEBS 模型（Su，2002）、METRIC 模型（Allen et al.，2007）、MODIS 全球 ET 估算方法 RS-PM（Mu et al.，2007）、ETWatch 模型（吴炳方等，2008）、简化版 SEBS 模型-SSEBop（Senay et al.，2011）、ETMonitor 模型（Hu and Jia，2015）等方法，为流域总的 ET 估算提供了有效手段。遥感监测的 ET 是瞬时 ET，可采用蒸发比不变法将瞬时 ET 扩展至日 ET，但是遥感数据受到卫星重返周期、大气条件和云覆盖的限制，只有在晴好日才能通过拓展获取高质量的 ET，而阴雨、多云天则无法获取。因此，非晴好日的 ET 拓展成为 ET 遥感监测的热点，并衍生了诸多方法，如地表阻抗重建法（熊隽等，2008）、作物系数法、冠层阻力法、参考蒸发比、太阳辐射比等（刘国水等，2011；Xu et al.，2015）。上述方法都是对 ET 计算的关键变量进行时间重建，然后结合晴好日的 ET 监测结果，拓展非晴好日的 ET，从而获得时空连续的 ET 数据集。

基于经验统计的自然 ET 估算方法。自然 ET 可表征为特定系数 ω 与总降水量的乘积（Gerrits et al.，2009），影响 ω 的因素众多，如土壤、植被类型、气象要素等，一般采用经验统计方法，如联合国粮食及农业组织、美国农业部将自然 ET 视为有效降水，并采用有效降水经验估算法核算流域自然 ET（Karimi and Shahedi，2013）；部分研究直接采用基于经验的固定阈值核算自然 ET，如 Bastiaanssen 等（2014）在综合遥感技术估算尼罗河流域水资源可用量时，对蒸散大于降水的子流域，就将 ω 设定为 0.7 核算自然 ET，Zeng 等（2019）在开展艾比湖流域人类活动耗水与湖泊生态环境保护权衡研究时，考虑到艾比湖地区极端干燥的气候特征，将 ω 取值为 1 进行自然 ET 的核算。

该方法为自然 ET 的甄别提供了可借鉴的思路，但也存在有待改进之处：①逐日连续遥感 ET 的时间重建方法，在时间重建的过程中，下垫面的差异，关键参量的甄别、参量时间重建方法的选择与参数设置尤为重要，它们的差异对非晴好日 ET 的重建有何影响，还需要进一步探索；②经验统计的不确定性，影响 ω 的因素众多，经验统计法具有随机性、缺乏机理支撑，固定阈值核算自然 ET 的方法存在以偏概全的弊病，增加了自然 ET 估算的不确定性，从而导致了人类活动 ET 计算的误差。

2）"ET 总量监测–土地覆被性质"结合的推演方法

土地覆被是自然与人类活动综合作用的结果，研究表明土地覆被变化的 60% 与人类活动相关，40% 是地球系统自然作用的结果（Song et al.，2018）。土地覆被/土地利用的变

化，如城市扩张、土地开垦、植树造林、农田管理等都将改变人类活动 ET 的大小（Karimi et al., 2013）。因此，从土地覆被的性质出发，将土地覆被区分为自然类、人类活动扰动类，在此基础之上，进一步甄别 ET 的性质，也成为潜在可行的自然 ET 探测方法。

该方法的关键是根据人类活动的影响将土地覆被归类，如 WA+水资源管理框架（Karimi et al., 2013）将土地覆被/土地利用划分为保护类、未利用类、人类改造类、人类管控类，据此提出与人类管控类 ET、农田灌溉类 ET 的概念。该框架为尼罗河流域 ET 类别的划分，流域水资源管理提供了有效支撑（Bastiaanssen et al., 2014）；更概括的方法，可将土地覆被分为自然类与人类活动类，并据此将 ET 分为自然土地覆被 ET（Wu et al., 2018）与人工土地覆被 ET，其中自然土地覆被 ET 则视为自然 ET，人工土地覆被 ET 是自然本底 ET 与人类活动新增 ET 的结合体。

在土地覆被类别区分的基础上，可借助土地覆被情景还原的方法估算人工土地覆被的自然本底 ET，进而求解人类活动新增 ET。如将农用地区分为种植作物的耕地与未种植作物的休耕/撂荒地，即假定休耕/撂荒地上产生的 ET 是耕地自然 ET，并采用休耕地/撂荒地遥感识别（张森等，2015）与地统计空间拓展法，解算农田区总的自然 ET，进而求解人类活动新增 ET（王浩，2016；Wu et al., 2018）。

笔者对"ET 总量监测–土地覆被性质"结合的方法做了初步探索。该方法依托遥感蒸散发数据、中国土地覆被（ChinaCover）数据，通过 ChinaCover 数据的一级类的定义，将流域范围内的自然耗水量表达如下：

$$\mathrm{ET_n = ET_{for} + ET_{gra} + ET_{wet} + ET_{fal} + ET_{urb} + ET_{bar}} \tag{4-7}$$

式中，$\mathrm{ET_n}$ 为流域总的自然耗水量；$\mathrm{ET_{for}}$、$\mathrm{ET_{gra}}$、$\mathrm{ET_{wet}}$、$\mathrm{ET_{bar}}$ 分别为自然林地、草地、湿地与水体、其他自然地物的耗水量；$\mathrm{ET_{fal}}$ 为农田自然耗水量，即假定农田撂荒情景下的耗水量；$\mathrm{ET_{urb}}$ 为居民地自然耗水量，即不透水面的降水截留蒸发与人工地物的降水消耗量。

（1）自然土地覆被的耗水量

$\mathrm{ET_{for}}$、$\mathrm{ET_{gra}}$、$\mathrm{ET_{wet}}$、$\mathrm{ET_{bar}}$，其由流域的气候类型、气象条件、地形条件、土地覆被类型、植被的生理过程、土壤属性等共同决定。采用空间统计法，通过叠加自然土地覆被类型与流域蒸散发栅格数据，即可获得自然土地覆被类型的耗水量。

（2）农田自然耗水量

农田总耗水量（$\mathrm{ET_{agri}}$）包含农田撂荒情景下消耗的降水量（$\mathrm{ET_{fal}}$），即农田自然耗水量，以及因作物种植新增的耗水量（$\mathrm{ET_{crop}}$）。

$$\mathrm{ET_{agri} = ET_{fal} + ET_{crop}} \tag{4-8}$$

$\mathrm{ET_{crop}}$ 又可进一步分为灌溉行为产生的耗水量（$\mathrm{ET_{crop\_irri}}$），作物种植新增的降水消耗量（$\mathrm{ET_{crop\_rain}}$）。

$$\mathrm{ET_{crop} = ET_{crop\_irri} + ET_{crop\_rain}} \tag{4-9}$$

农田自然耗水量即假定是农田撂荒情境下消耗的降水量，其计算方法如下：首先利用遥感技术监测未种植耕地的空间分布；其次通过空间分析的方法叠加未种植耕地区与遥感蒸散栅格数据，获得未种植耕地的耗水量；最后采用地统计空间插值的方式，外推每个耕地像元中的不可控耗水量 $\mathrm{ET_{fal}}$（图 4-2）。

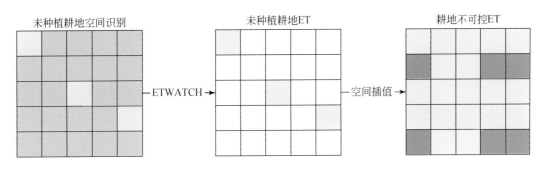

图 4-2　耕地不可控 ET 提取示意图

摞荒地的识别可根据作物长势随物候的变化规律进行识别（张森等，2015）。首先，基于 MODIS 归一化植被指数（NDVI）时间序列数据，采用 SG 平滑方法剔除时间序列中的异常值并填补缺失值，从而形成时间连续的 NDVI 序列数据集合；其次，利用拉格朗日算法，提取时间序列中 NDVI 的极值点；最后，利用采集的摞荒地耕地样本，通过训练的方式，构建摞荒地识别的阈值决策树，提取农田作物种植状况信息地识别方法，其整体识别精度达 96% 以上。耕地复种指数（范锦龙和吴炳方，2004）也可作为摞荒地识别的依据，当一年内耕地的复种指数为 0 时，该地块就能判定为摞荒地或休耕地。以海河流域为例，该区域作物类型以冬小麦–夏玉米轮作主（图 4-3），可以根据作物轮作的特征，进行摞荒地的遥感监测识别。

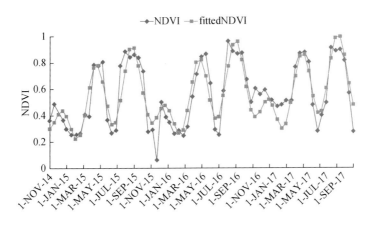

图 4-3　海河流域冬小麦–耕地轮作 NDVI 曲线

农田作物种植可概括夏粮、秋粮、夏粮–秋粮轮作三种情景。夏粮情景，以冬小麦为例，则在前年的 11 月将形成 NDVI 的极大值，在次年的 6 月收割时，NDVI 将快速回落；秋粮情景，因农田翻耕的发生，4 月末，NDVI 处于明显的低谷值，之后，因作物的发育，NDVI 逐步增加并达到最大值，之后，因作物叶绿素的流失与作物收割，NDVI 逐步降低；夏粮–秋粮轮作情景，随着作物的播种即更迭将出现明显的峰谷变化趋势。如果农田区像元的 NDVI 时间变化序列不符合上述三种变化，则判断为摞荒地。

（3）居住地自然耗水量

居住地 ET 的自然耗水量，可按照下垫面透水率分为不透水面与透水面分开计算。其中，不透水面自然 ET 是降水产流之后，因太阳辐射消耗的残余降水量，如道路、屋顶、广场等建筑物；透水面的自然耗水量则是在不种植任何绿化植被的情境下，消耗的降水量，如人工水体、草坪、森林等。居住地由于面积较小，且空间分布较为分散，其是透水面与不透水面的混合体，其自然耗水量表达如下：

$$\mathrm{ET_{urb}} = \left[P^*(1-r) \right] \times \mathrm{ISC} + \mathrm{ET_{fal}} \times (1-\mathrm{ISC}) \tag{4-10}$$

式中，P 为不透水面的降水量；r 为不透水面的产流系数；ISC 为居住地的不透水面盖度，即研究区内不透水面占研究区的比例；$\mathrm{ET_{fal}}$ 为居住地透水面不种任何植被情景下的耗水量。透水面与不透水面不可控 ET 产生的方式差异巨大，因此，居住地自然耗水量核算的核心在于不透水面及不透水面盖度的提取。关于不透水面提取的方法详情请见本书的第二章不透水面遥感章节。依托耦合数据与计算能力的云计算，欧盟联合研究中心研制了数期全球 30m 空间分辨率的居住地产品（Pesaresi et al.，2015；2016），也可作为不透水区自然耗水量计算的基础数据源。

上述概念与方法，有利于把握 ET 的"自然–人工"二元属性，提升流域水资源管理的针对性。但是，上述方法也存在不足：①该法只能从大体上对流域 ET 进行初步区分，而甄别人类活动 ET 的计算方法还有待进一步完善；②土地覆被情景还原的限制，摞荒地点识别与地统计空间插值结合的方法，在降水丰富的湿润区，休耕与摞荒地识别难，增加了地统计方法空间拓展的不确定性，导致人类活动 ET 核算的误差。

（三）人类活动耗水量

人类活动耗水量是流域耗水管理调控的重点，总 ET 与自然 ET 差值法、GRACE 反演 ET 与 LSM 预测 ET 差异法是评估人类活动耗水量的主要方法。

1）总 ET 与自然 ET 差值法

人工耗水量按照人类活动的耗水产生的动力来源，可分为太阳辐射新增的耗水量（$\mathrm{ET_{sol}}$），如农田、居住地等，因工业生产化石燃料燃烧产生的耗水量（Q_m），因人畜生理机能维持产生的耗水量（Q_b）（吴炳方等，2011）。

$$\mathrm{ET_h} = \mathrm{ET_{sol}} + Q_\mathrm{m} + Q_\mathrm{b} \tag{4-11}$$

（1）太阳辐射新增耗水量

依据式（4-6），人类活动耗水量中的太阳辐射新增耗水量，即是总的 ET 与流域自然耗水量的差值，其表达式如下：

$$\mathrm{ET_h} = \mathrm{ET} - \mathrm{ET_a} \tag{4-12}$$

式中，ET 可采用遥感监测技术进行估算；$\mathrm{ET_n}$ 的估算方法见自然蒸散发的估算过程。

（2）矿物能 ET

矿物能 ET，即工业耗水量，主要取决于工业的类型、工业的年产量以及工业的年耗水量（吴炳方等，2011）。

工业耗水量主要包括输水损失和生产过程中蒸发、渗漏、产品带走和厂区生活消耗的水量。工业水表计量的取水量除用于生产后，一部分循环利用回到生产系统，还有一部分排放出来或经过处理后排放。工业耗水量常依据工业类别，采用抽样调查方式，依据抽样对象产值占行业的比例，核算行业的耗水量，最后，按照行业汇总获得流域内的工业总耗水量，其表达式如下：

$$Q_m = \sum_{i=1}^{n} P_i \times Co_i \tag{4-13}$$

式中，i 为区域内的工业类型；P_i 为该类工业的产量或产值；Co_i 为该类工业的耗水系数，如 t/m^3 或者万元$/m^3$。

（3）生物能 ET

生物能 ET，即生活耗水量，即人类与家畜通过排汗等消耗的水量。生活耗水量基于人口（牲畜）数量、人口（牲畜）耗水系数计算（吴炳方等，2011），公式如下：

$$Q_b = \sum_{i=1}^{n} P_i \times Co_i \tag{4-14}$$

式中，Q_b 为生物能 ET 即生活耗水量（年排汗量）；P_i 为人或动物的数量；Co_i 为天排汗系数，用每人/牲畜每年的排汗量表示，单位为 m^3/人（畜）。排汗系数需要通过畜牧业部门查找标准数据，同时还要通过实验自行观测获取。在实际操作过程中，可以以社区为单元，通过调查取水量、排水量的差异，结合社区人口数量，计算得到耗水系数。

2）GRACE 反演 ET 与 LSM 预测 ET 差异法

人类活动难以用参数进行定量刻画，数据收集困难，导致多数陆表水文模型（LSM）的 ET 模拟结果只能反映自然状态下的蒸散发，而不能反映人类活动的影响（Hanasaki et al.，2008a，2008b）。而重力恢复与气候实验卫星（GRACE）数据已经广泛应用于自然与人类活动共同作用下的地表水、土壤水以及地下水储量的变化探测（Rodell et al.，2009；Feng et al.，2013；Castle et al.，2014；Famiglietti，2014），根据水平衡原理，蒸散发可表示为 $ET = P - Q - \Delta S$，因此，以 GRACE 数据为驱动的水平衡残差法也可用于估算大流域尺度 ET（Rodell et al.，2004；Castle et al.，2016），并且在一定程度上代表自然与人类活动综合作用下的蒸散发值。所以，通过比较 GRACE 反演的 ET 与 LSM 预测 ET 的差值，在一定程度上也可表示人类活动新增的 ET，即 $ET_h = ET_{GRACE} - ET_{LSM}$。

基于上述假设，Castle 等（2016）通过比较基于 GRACE 的 ET、MODIS 反演的 ET 与北美陆地同化系统模型预测 ET 的差异，核算了科罗拉多河流域人类活动引起的 ET 量，解析出人类活动对该流域年总 ET 的贡献率为 12%，在灌溉高峰期的 7 月，贡献度则高达 38%；在国内，Pan 等（2017）采用类似的方法，通过比较 GRACE 反演的 ET 与 GLDAS 模型预测的 ET 差值，大致解算出人类活动对海河流域 ET 的贡献率为 12%。

该方法拓展了人类活动 ET 甄别求解的思路，将之前的经验统计方法推进到具有一定物理意义的理论方法，但是也存在不足之处：①空间分辨率，GRACE 的空间分辨率为 1°，即约 100km，较粗的空间分辨率导致该方法只能用于大流域尺度人类活动 ET 的监测，无法用于小流域尺度耗水管理；②误差的累积效应，水平衡法估算的 ET，间接引入了降水、陆表水储量、外出径流量的测量误差，可能会导致误差的累积传递，增加了估算结果的不确定性；③数据的后继可利用性，GRACE 自 2002 年发射升空后，2017 年已经完成使命，且在2013年之后数据缺失愈发严重，在后继卫星发射之前，无法再用于新时期人类活动 ET 的核算。

（四） 不可控径流量

不可控径流量主要指当前水利工程条件下无法利用的水资源量，如超过水库洪水库容的洪峰流量，以及因地理位置无法获取的径流（Wu et al., 2018）。不可控径流量并非一成不变，其与流域水利工程措施、季节性洪水水量大小等密切相关。在当前情景下，可直接采用河川水量监测断面的实测径流量表示。

第三节　海河流域可耗水量评估

海河流域是我国水资源问题最为突出的流域，该流域是我国人类活动最为强烈的区域，传统的水文模型估算方法在该地区面临严重的挑战，由此而产生的水资源量估算不准是加剧流域水资源危机的重要原因。本节基于流域可耗水量评估方法，从耗水的角度，对海河流域（不包括滦河、徒骇马颊河）人类活动可耗水量进行了评估。

一、研究区简介

海河流域是我国重要的粮食生产基地，工业中心，同时也是全国的政治、科教文化中心。该区域的气候特征以温带季风气候为主，冬春干燥少雨，夏秋炎热多雨。冬小麦–夏玉米轮作是该区域的主要种植方式，占该地区农田面积的69%（Yang and Tian, 2009）。流域多年平均降水量500mm，其中70%集中在6月、7月、8月三个月（Yang et al., 2006）。因降水不足，灌溉是农作物生长发育的重要保障，据海河水利委员会2012年公报，农业灌溉用水占流域总用水的64.4%。自1980年以来，流域的灌溉农田面积增加了30%~50%，如今流域灌溉耕地面积占总耕地面积的比例在70%以上，灌溉用水占地下水开采量的70%，山前平原区则高达87%（图4-4）。因地下水常年入不敷出，如今该地区成为全国，乃至全球地下水问题最为突出的区域，亟待采取有效的水资源管理措施，促进流域水资源的可持续开发利用。

二、数据

本书使用的主要数据包含遥感与站点降水数据集、遥感蒸散、中国土地覆被与流域年径流数据集。

降水数据集：本书采用地理差异校正方法，研制了海河流域 TRMM 与站点融合的 2001~2012年降水数据集［图4-5（a）］。其中，TRMM 3B43月降水数据，其空间分辨率为0.25°，TRMM 年降水数据由 TRMM 3B43 合成而来。雨量站监测数据包含流域范围内53个国家基准站的年降水数据集。比较雨量站与其对应格网的 TRMM 年降水量，二者的决定系数 R^2 在0.60~0.82，二者具有较好的一致性。为进一步提升年降水的估算精度，

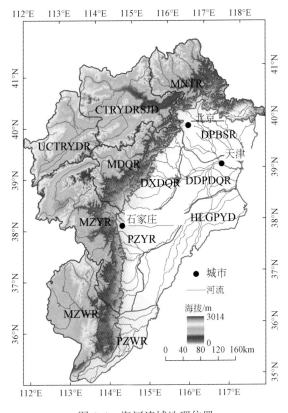

图 4-4　海河流域地理位置

MNTR：北三河山区；CTRYDRSJD：永定河册田水库至三家店区间；UCTRYDR：永定河册田水库以上；MDQR：大清河山区；MZYR：子牙河山区；MZWR：漳卫河山区；PZWR：漳卫河平原；PZYR：子牙河平原；HLGPYD：黑龙港及运东平原；DXDQR：大清河淀西平原；DDPDQR：大清河淀东平原；DPBSR：北三河下游平原

本节采用地理差异校正法，校核得到最终的年降水数据集，并采用双线性空间插值的方法将其采样为空间分辨率为 1km 的降水栅格数据。

　　蒸散发数据集：2001 ~ 2012 年蒸散数据 ［图 4-5（b）］由 ETWatch 估算而成，其空间分辨率为 1km。ETWatch 由数据获取、数据预处理、ET 监测、ET 应用和数据管理模块构成（吴炳方等，2008）。该模型采用遥感监测、再分析、站点实测数据为输入数据，基于能量平原残差法计算 ET，该模型包含净辐射、土壤热通量、空气动力学粗糙度、大气边界层高度、水汽压差、显热通量、地表阻抗、裸土、水面、冰雪 ET 计算、ET 融合模块，该模型具有较强的鲁棒性，在海河流域开展了大量的验证，流域尺度的年误差不超过1.8%，田间尺度的误差在 3.0% ~ 9.0%（Wu et al.，2012）。

　　土地覆被产品来自 2000 年、2005 年、2010 年中国土地覆被数据集，该数据集的空间分辨率为 30m，一级类精度高于 94%（Wu，2017），二级类精度高于 86%（Ouyang et al.，2016）。为与降水、蒸散的分辨率空间保持一致，本节采用众值采样法，将其重采样成空间分辨率为 1km 的土地覆被产品。

　　流域年径流数据集：流域 2001 ~ 2012 年的入海流量数据由海河水利委员会流域水资源公报获得。

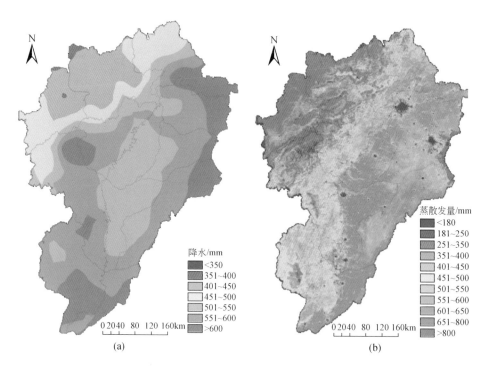

图 4-5 2001～2012 年海河流域年均降水与蒸散发空间分布

三、结果

农田耗水是导致海河流域地下水危机的重要原因。研究结果表明，2001～2012 年期间，海河流域农田总的耗水量为 $66.18 \times 10^9 \mathrm{m}^3$，农田耗水量由农田自然耗水量、农田作物生长新增灌溉用水和降水组成，各项计算结果见表 4-4。农田新增耗水量即农田总耗水量与自然耗水量的差值，其大小为 $33.88 \times 10^9 \mathrm{m}^3$，农田新增的耗水量中，一部分是由作物种植新增的降水消耗量，另一部分为农作物消耗的灌溉水量，在本书中，灌溉耗水数据由海河水利委员会提供。作物种植新增的降水消耗量则是作物新增总耗水量与农作物消耗的灌溉水量的差值。研究表明，2001～2012 年，海河流域人类活动产生的农田耗水量中，42.45% 来自农田灌溉，57.55% 来自降水，灌溉是农作物新增耗水的主要来源，而农作物消耗的降水量也不容忽视。

表 4-4 2001～2012 年海河流域农业耗水量分解表 （单位：$10^9 \mathrm{m}^3$）

年份	农田总 ET	农田自然 ET	农田人类活动 ET		
			总值	灌溉*	降水
2001	63.44	31.51	31.93	15.20	16.73
2002	63.79	34.68	29.11	15.17	13.94
2003	73.35	34.67	38.68	14.16	24.52

年份	农田总 ET	农田自然 ET	农田人类活动 ET		
			总值	灌溉*	降水
2004	67.97	33.10	34.87	13.26	21.61
2005	61.91	33.53	28.38	12.91	15.47
2006	66.12	34.03	32.09	14.19	17.90
2007	65.60	34.71	30.89	13.04	17.85
2008	72.53	33.15	39.38	13.53	25.85
2009	64.61	31.62	32.99	13.49	19.50
2010	64.47	36.12	28.35	13.32	15.03
2011	63.73	34.98	28.75	13.17	15.58
2012	66.68	34.48	32.20	13.10	19.10
平均值	66.18	33.88	32.30	13.71	18.59
比例	100	51.2	48.8	42.45	57.55

* ET_{crops_irri} 数据来自海河水资源公报

研究表明，海河流域 2001～2012 年流域降水量为 $113.30 \times 10^9 m^3$，自然耗水量为 $79.92 \times 10^9 m^3$，不可控外流量为 $1.44 \times 10^9 m^3$，人类活动可耗水量为 $31.97 \times 10^9 m^3$（表 4-5）。自然耗水量占流域年均降水量的 70.52%，这意味着流域大部分的降水最终都被自然地物与人工地物的背景消耗。人类活动可耗水量仅占流域总降水的 28.21%。人类活动可耗水量年际变化较大，2002 年仅为 $18.61 \times 10^9 m^3$，而 2003 年则高达 $42.64 \times 10^9 m^3$。

表 4-5　海河流域 2001～2012 年降水、自然耗水、不可控外流量与 ACW　　（单位：$10^9 m^3$）

年份		2001	2002	2003	2004	2005	2006	2007	2008	2009	2010	2011	2012	均值
降水		94.69	92.84	130.40	118.70	109.30	102.10	112.60	125.60	113.80	114.20	115.80	129.90	113.30
自然 ET	森林	25.35	22.95	30.68	27.01	24.42	27.24	27.13	31.09	28.91	31.95	29.62	30.74	28.09
	草地	14.54	13.01	17.68	13.41	12.16	13.77	14.43	14.10	13.07	14.47	14.22	13.84	14.06
	水体	2.35	2.18	2.58	2.36	2.30	2.37	2.26	2.34	2.39	2.37	2.33	2.40	2.35
	耕地	31.51	34.68	34.67	33.10	33.53	34.03	34.71	33.15	31.62	36.12	34.98	34.48	33.88
	城镇	0.91	1.03	1.07	1.24	1.24	1.22	1.27	1.52	1.45	1.52	1.52	1.60	1.30
	其他	0.20	0.23	0.29	0.23	0.19	0.23	0.24	0.26	0.27	0.24	0.27	0.27	0.24
	总计	74.86	74.08	86.97	77.35	73.84	78.87	80.04	82.46	77.71	86.67	82.94	83.33	79.92
自然 ET/降水比/%		79.06	79.79	66.68	65.16	67.54	77.24	71.08	65.65	68.31	75.89	71.61	64.15	70.52
入海量		0	0.15	0.83	1.40	1.04	0.93	0.92	1.94	1.59	1.52	1.84	5.08	1.44
可耗水量		19.83	18.61	42.64	39.95	34.44	22.31	31.65	41.2	34.46	26.01	31.05	41.49	31.97
可耗量/降水比值/%		20.94	20.04	32.69	33.66	31.50	21.85	28.10	32.80	30.29	22.78	26.8	31.94	28.21

人类活动可耗水量与降水息息相关，其总体上随着降水的增加而增加，随着降水的减少而减少。2001～2012 年，人类活动可耗水量与降水之间的决定系数高达 0.87。自然耗

水量也是影响人类活动可耗水量的关键，而土地覆被类型则是影响自然耗水量的关键。

2001～2012 年，流域降水量与可耗水量随着时间变化而动态波动（图 4-6，图 4-7）。流域年降水量也呈现明显的丰、枯变化，平均降水量为 113.33×10⁹m³，其中 2003 年的降水量最大，为 130.44×10⁹m³，2002 年降水最小，其值为 92.84×10⁹m³。本节将研究期分为 2001～2006 年、2007～2012 年两个时段，2001～2006 年的平均年降水量为 108.02×10⁹m³，2007～2012 年增加至 118.65×10⁹m³，相比 2001～2006 年增加 10.63×10⁹m³。人类活动可耗水量随着降水丰枯而动态变化，2001～2006 年可耗水量为 29.62×10⁹m³，2007～2012 年增加至 34.31×10⁹m³，相比 2001～2006 年增加了 4.69×10⁹m³。人类活动可耗水量的增加量相比降水的增加量少 5.97×10⁹m³，说明海河流域人类活动耗水目前还处于增强的变化趋势。

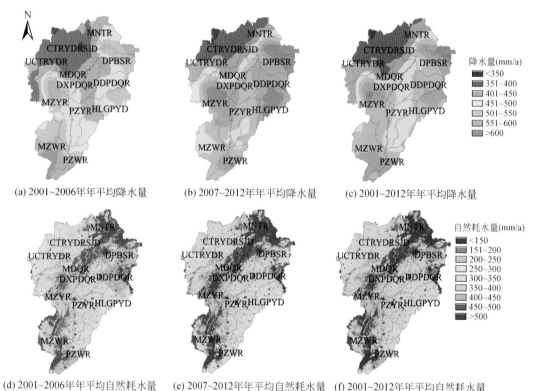

图 4-6　海河流域降水量与自然耗水量

四、精度评价

2001～2012 年海河流域人类活动可耗水量为 31.97×10⁹m³。同期，海河水利委员会公布的年均水资源量为 19.42×10⁹m³。本节计算的人类活动可耗水量比流域水资源公报公报的结果高 12.55×10⁹m³。二者差异主要是流域人类活动可耗水量不仅仅包括水资源开采量，还包括农作物消耗的降水量，该值的大小为 18.59×10⁹m³，并没有包含在水资源公报

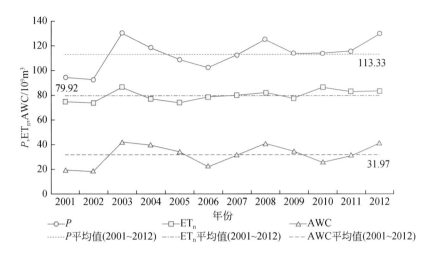

图4-7　2001~2012年海河流域降水、自然耗水、可耗水量时间过程线

中。如果从流域人类活动可耗水量中扣除作物消耗的降水量，则2001~2012年流域人类活动可耗水量值仅为$13.38 \times 10^9 \mathrm{m}^3$，比水资源公报公报的结果少$6.04 \times 10^9 \mathrm{m}^3$，这清晰地表明，如果以流域人类活动可耗水量扣除农作物消耗的降水为水资源控制的总量，该方法将比当前公报公布的结果更加节水。因此，如果用流域人类活动可耗水量代替公报结果，必然将导致人类活动水资源分配量的缩减，而增加流域的生态环境用水量。

如果流域没有作物种植，流域将有$18.59 \times 10^9 \mathrm{m}^3$能用于地下水补给、水面与湿地维持。当前，该部分的水资源完全被作物消耗，从而直接导致了流域河湖萎缩、地下水不断超采的局面。相关的研究表明，海河流域水面面积由1960年的$5964 \mathrm{km}^2$缩减至2007年的$3762 \mathrm{km}^2$。基于2007年的Landsat TM遥感影像，1960年的锁眼遥感影像，2007年相比1960年水面面积缩减$2755 \mathrm{km}^2$。与此同时，流域的湿地面积从20世纪50年代的$10000 \mathrm{km}^2$缩减至2005年的$1000 \mathrm{km}^2$（Jun et al.，2005），卢善龙等（2011）发现海河流域的自然湿地面积由1980年的$5360 \mathrm{km}^2$缩减至2007年的$4331 \mathrm{km}^2$。尽管上述研究表明湿地面积缩小有差异，但同时都表明了海河流域湿地流失的速度十分惊人。湿地与陆表水体面积的大幅度缩减，也间接表明流域农田的扩展消耗过量水资源的事实。

在当前研究中，海河流域每年的入海流量仅为$1.44 \times 10^9 \mathrm{m}^3$，该数值明显地小于流域生态环境维持改善的需水量。合理的入海流量应包含维持河流生态环境与海岸带水质的水量，同时需要包含洗盐与污染稀释的水资源量。Wu等（2014）的研究表明，海河流域的合理流量应该维持在$3.45 \times 10^9 \mathrm{m}^3$，该值显著高于本书中的不可控流量。

第四节　讨论与展望

一、流域可耗水量对水资源管理的启示

本章从耗水管理控制的视角提供了一种新的流域水资源总量的核算方法。该方法充分

发挥了遥感数据易获取的优势，克服了下垫面土地覆被类型复杂多变的困难。遥感数据的应用，特别是气象参量与蒸散数据大尺度获取的能力，以及与耗水强度息息相关的土地覆被获取，减少了模型参数的不确定性。本方法根据土地覆被类型区分耗水成分的方案，可以很容易地解释耗水产生的来源，即自然耗水与人类活动新增耗水。

可耗水量是流域内所有人类干预措施后的流域人类可耗水量的上限。对自然景观的任何新的人为干预都可能改变这种平衡，如植树造林可能导致人类活动可耗水量的减少，而森林向农业的转变可能会增加可耗水量。同样，水坝可能会滞留更多的洪水，从而增加可用水量。一旦自然景观保持稳定，可耗水量就是人类活动可以消耗的最大水量。

可耗水量是农业、工业或生活用水中可以消耗的水量。供水量在没有蒸发之前，可以通过循环往复利用多次使用。一旦确定了特定活动的耗水量，水资源开发规划和水管理就变得更具可追溯性和专用性，通过追溯耗水的时空变化过程，可提升流域耗水管理的针对性与可控性。可耗水量包括一切形式的人类活动可消耗的水资源量，而基于供水的方法（如当前水管理计划中所使用的）仅部分考虑人类活动，如工业、生活和灌溉等，而不包括农业或人工林种植新增的耗水量，因此，当前基于供水管理的水资源管理模式是不可持续的，往往会导致耗水的增加，加剧流域水资源进展的局面。

可耗水量源自降雨和自然 ET，不需要水文数据，计算简单方便。河流有很强的人为干预行为，如水坝、回水和退水等，而其对可耗水量的估算几乎没有影响，但供水需要还原后的真实河川径流进行模型参数率定，会严重影响供水量估算和模拟的不确定性。可耗水量计算简单，并不涉及复杂的地表水、地下水交换过程，从而可以减少流域下垫面的变化导致水文过程变化的不确定性。

可耗水量随着生态恢复而减少，这与可持续发展是一致的。与取水量计算不同，可耗水量与流域的生态过程直接相关。可耗水量实际上随着生态恢复而减少，在生态恢复和人类消费之间的权衡方面，可耗水量显然与决策更加密切。可耗水量的概念超出了 ET 管理或 ET 可控的范畴，将水消耗限制在适当的水平。如果流域的水资源透支，人类活动产生的 ET 消耗超过可耗水量，这意味着多余的水必须来自地下水或者是跨流域调水，这将加剧流域地下水危机。

可耗水量与水资源量不同。可耗水量比传统的水资源量大，因为它还包括作物消耗的雨水。如果从可耗水量中排除来自雨水的作物 ET，则可耗水量将小于传统的水资源量。以海河流域为例，从消费的角度来看，传统的水资源量高估了 25% 的供水量。

二、不足与展望

1）进一步加强流域人类活动耗水量估算方法研究

降水、ET 与土地覆被是流域人类活动耗水量估算的关键要素，随着新型传感器、新技术的不断发展，完善关键要素的反演对于提升流域人类活动可耗水量的估算意义重大。如降水卫星 GPM，可提供频次、空间分辨率更高，降水估算更加精度的降水量，其与地面降水观测的融合可提升流域降水估算的精准度；另外，哨兵系列、Landsat 8 系列卫星的发射，在空间分辨率、光谱探测强度等方面都有显著的增加，其可为高精度 ET 估算、土地覆被的监测提供强有力的数据支撑。

近年来，对地观测云计算与机器学习技术取得了长足的进步，如由谷歌、卡内基梅隆大学和美国地质调查局联合开发的 Google Earth Engine（Gorelick et al.，2017）提供了 PB 级数据与百万台计算节点的计算能力，为遥感大数据的信息提取提供了新的手段，并衍生了全球/大洲尺度森林（Hansen et al.，2013）、陆表水体（Pekel et al.，2016）、耕地（Xiong et al.，2017）等产品。云计算的发展，有望推动土地覆被遥感制图从年频次监测跃升至近实时监测，提升土地覆被产品的失效性；另外，云计算与机器学习的进步，借助强大的计算能力，能够深入挖掘因子与现象的联系，构建鲁棒性更强的预测模型，有望为 ET 中人类活动贡献度的甄别及其驱动机制的分析提供强大支撑。

2）加强人类活动 ET 动态变化驱动机制研究

认知人类活动 ET 动态变化的驱动机制，甄别导致其变化的驱动力与主导要素，对于提升耗水管理的针对性、审视现有的节水措施成效、提升人类活动 ET 调控的效果具有重要的启示意义。

耕地扩张、不当的植树造林、作物种植密度与强度的增长等是导致人类活动 ET 增长的重要驱动。如中国黄土高原地区因持续大规模的植树造林，在植被恢复变绿、水土流失减轻的同时，显著增加了区域耗水量（Feng et al.，2016）；科尔沁沙地为防风固沙种植的阔叶林，反而加剧了区域水资源的耗竭强度（Yan et al.，2011）；吐鲁番盆地近年来景观林、路网防护林的建设导致人类活动 ET 增长了 25%（Tan et al.，2018）；艾比湖流域随着过去几十年来耕地扩张、路网人工防护林的迅速扩张，二者的耗水占人类活动总耗水的 97%，加剧了湖面萎缩的剧烈程度（Zeng et al.，2019）。在诸多因素中，农业灌溉是最大的影响要素，研究表明农业耗水占全球人类活动水资源消耗量的 75%～85%（Foley et al.，2005）。

上述研究为揭示人类活动耗水产生的驱动力与驱动机制提供了有益参考，同时也带来了流域工程节水效果的反思，如今越来越多的事实证明，以提高用水效率为目的的工程节水措施并没有减少 ET 的消耗量，反而显著减少了灌溉水的回流量（Jensen，2007；Ward and Pulido-Velazquez，2008），加剧了区域水资源消耗强度、上下游间水资源冲突（Perry，2007；Grafton et al.，2018）。因此，在可持续耗水量的概念下，加强人类活动耗水产品的机制研究，可进一步丰富流域耗水管理的内涵，提升流域耗水管理的效果。

参 考 文 献

范锦龙，吴炳方 . 2004. 复种指数遥感监测方法 . 遥感学报，8（6）：628～636.

黄万里 . 1989a. 丰富的中国水资源 . 科技导报，7（8902）：18～21.

黄万里 . 1989b. 增进我国水资源利用的途径 . 自然资源学报，4（4）：362～370.

海河志编纂委员会 . 1998. 海河志（第二卷）. 北京：中国水利水电出版社

刘国水，刘钰，许迪 . 2011. 基于蒸渗仪的蒸散量时间尺度扩展方法对比 . 遥感学报，15（2）：271～280.

刘家宏，秦大庸，王明娜，等 . 2009. 区域目标 ET 的理论与计算方法 . 应用实例 . 39（2）：318～323.

卢善龙，吴炳方，李发鹏 . 2011. 海河流域湿地格局变化分析 . 遥感学报，15（2）：349～371.

秦大庸，吕金燕，刘家宏，等 . 2008. 区域目标 ET 的理论与计算方法 . 科学通报，53（19）：2384～2390.

王浩 . 2016. 基于不可控蒸散的人类可持续耗水量遥感估算方法研究 . 测绘学报，45（4）：504～504.

王浩，杨贵羽，贾仰文，等. 2009. 以黄河流域土壤水资源为例说明以 "ET 管理" 为核心的现代水资源管理的必要性和可行性. 中国科学 (E 辑：技术科学)，39 （10）：1691 ~ 1701.

吴炳方，熊隽，闫娜娜，等. 2008. 基于遥感的区域蒸散量监测方法——ETWatch. 水科学进展，19 （5）：671 ~ 678.

吴炳方，闫娜娜，蒋礼平，等. 2011. 流域耗水平衡方法与应用. 遥感学报，15 （2）：281 ~ 297.

熊隽，吴炳方，闫娜娜，等. 2008. 遥感蒸散模型的时间重建方法研究. 地理科学进展，27 （2）：53 ~ 59.

张淼，吴炳方，于名召，等. 2015. 未种植耕地动态变化遥感识别——以阿根廷为例. 遥感学报，19 （4）：550 ~ 559.

Allen R G，Tasumi M，Morse A，et al. 2007. Satellite-based energy balance for mapping evapotranspiration with internalized calibration （METRIC） —Applications. Journal of Irrigation and Drainage Engineering，133 （4）：395 ~ 406.

Bastiaanssen W G，Menenti M，Feddes R A，Holtslag A A M. 1998a. A remote sensing surface energy balance algorithm for land （SEBAL）. Part1. Formulation. Journal of hydrology，212：198 ~ 212.

Bastiaanssen W G，Pelgrum H，Wang J，Ma Y，Moreno J F，Roerink G J，Vanderwal T，1998b. A remote sensing surface energy balance algorithm for land （SEBAL）. Part 2：Validation. Journal of hydrology，212：213 ~ 229.

Bastiaanssen W G，Feddes R A. 2005. A new technique to estimate net groundwater use across large irrigated areas by combining remote sensing and water balance approaches，Rechna Doab，Pakistan. Hydrogeology Journal，13 （5-6）：653 ~ 664.

Bastiaanssen W G，Karimi P，Rebelo L M，et al. 2014. Earth observation-based assessment of the water production and water consumption of Nile Basin agro-ecosystems. Remote Sensing，6 （11）：10306 ~ 10334.

Cao G，Zheng C，Scanlon B R，Liu J，Li W. 2013. Use of flow modeling to assess sustainability of groundwater resources in the North China Plain. Water Resources Research，49 （1）：159 ~ 175.

Castle S L，Thomas B F，Reager J T，et al. 2014. Groundwater depletion during drought threatens future water security of the Colorado River Basin. Geophysical Research Letters，41 （16）：5904 ~ 5911.

Castle S L，Reager J T，Thomas B F，et al. 2016. Remote detection of water management impacts on evapotranspiration in the Colorado River Basin. Geophysical Research Letters，43 （10）：5089 ~ 5097.

Cheema M J M，Bastiaanssen W G M. 2012. Local calibration of remotely sensed rainfall from the TRMM satellite for different periods and spatial scales in the Indus Basin. International Journal of Remote Sensing，33 （8）：2603 ~ 2627.

Famiglietti J S. 2014. The global groundwater crisis. Nature Climate Change，4 （11）：945 ~ 948.

Feng W，Zhong M，Lemoine J M，et al. 2013. Evaluation of groundwater depletion in North China using the Gravity Recovery and Climate Experiment （GRACE） data and ground-based measurements. Water Resources Research，49 （4）：2110 ~ 2118.

Feng X，Fu B，Piao S，et al. 2016. Revegetation in China's Loess Plateau is approaching sustainable water resource limits. Nature Climate Change，6 （11）：1019.

Foley J A，DeFries R，Asner G P，et al. 2005. Global consequences of land use. Science，309 （5734）：570 ~ 574.

Foster S，Garduno H. 2004. Quaternary Aquifer of the North China Plain—assessing and achieving groundwater resource sustainability. Hydrogeology Journal，12 （1）：81 ~ 93.

Gerrits A M J，Savenije H H G，Veling E J M，et al. 2009. Analytical derivation of the Budyko curve based on rainfall characteristics and a simple evaporation model. Water Resources Research，45 （4）：1 ~ 15.

Gorelick N，Hancher M，Dixon M，et al. 2017. Google Earth Engine：Planetary-scale geospatial analysis for everyone. Remote Sensing of Environment, 202: 18 ~ 27.

Grafton R Q, Williams J, Perry C J, et al. 2018. The paradox of irrigation efficiency—higher efficiency rarely reduces water consumption. Science, 361 (6404): 748 ~ 750.

Hanasaki N, Kanae S, Oki T, Masuda K, Motoya K, Shirakawa N, Shen Y, Tanaka K. 2008a. An integrated model for the assessment of global water resources- Part 1: Model description and input meteorological forcing. Hydrology and Earth System Sciences, 12 (4): . 1007 ~ 1025.

Hanasaki N, Kanae S, Oki T, Masuda K, Motoya K, Shirakawa N, Shen Y, Tanaka K. 2008b. An integrated model for the assessment of global water resources- Part 2: Applications and assessments. Hydrology and Earth System Sciences, 12 (4): 1027 ~ 1037.

Hansen M C, Potapov P V, Moore R, et al. 2013. High- resolution global maps of 21st- century forest cover change. Science, 342 (6160): 850 ~ 853.

Hu G, Jia L. 2015. Monitoring of evapotranspiration in a semi-arid inland river basin by combining microwave and optical remote sensing observations. Remote Sensing, 7 (3): 3056 ~ 3087.

Hutchinson M F. 1995. Interpolating mean rainfall using thin plate smoothing splines. International Journal of Geographical Information Systems, 9 (4): 385 ~ 403.

Jensen M E. 2007. Beyond irrigation efficiency. Irrigation Science, 25 (3): 233 ~ 245.

Jun X, Meng Y L, Shao F J. 2005. Water security problem in North China: research and perspective. Pedosphere, 15 (5): 563 ~ 575.

Karimi M, Shahedi K. 2013. Hydrological drought analysis of Karkheh River basin in Iran using variable threshold level method. Current World Environment, 8 (3): 419.

Karimi P, Bastiaanssen W G, Molden D. 2013. Water Accounting Plus (WA+)—a water accounting procedure for complex river basins based on satellite measurements. Hydrology and Earth System Sciences, 17 (7): 2459 ~ 2472.

Kendy E, Zhang Y, Liu C, Wang J, Steenhuis T. 2004. Groundwater recharge from irrigated cropland in the North China Plain: case study of Luancheng County, Hebei Province, 1949–2000. Hydrological Processes, 18 (12): 2289 ~ 2302.

Molden D. 2007. Water for Food, Water for Life: A Comprehensive assessment of water management in agriculture, London: EarthScan.

Mu Q, Heinsch F A, Zhao M, et al. 2007. Development of a global evapotranspiration algorithm based on MODIS and global meteorology data. Remote sensing of Environment, 111 (4): 519 ~ 536.

Ouyang Z, Zheng H, Xiao Y, et al. 2016. Improvements in ecosystem services from investments in natural capital. Science, 352 (6292): 1455.

Pan Y, Zhang C, Gong H, et al. 2017. Detection of human-induced evapotranspiration using GRACE satellite observations in the Haihe River basin of China. Geophysical Research Letters, 44 (1): 190 ~ 199.

Pekel J F, Cottam A, Gorelick N, et al. 2016. High- resolution mapping of global surface water and its long-term changes. Nature, 540 (7633): 418.

Perry C. 2007. Efficient irrigation; inefficient communication; flawed recommendations. Irrigation and drainage, 56 (4): 367 ~ 378.

Pesaresi M, Ehrlich D, Ferri S, et al. 2015. Global human settlement analysis for disaster risk reduction. The International Archives of Photogrammetry, Remote Sensing and Spatial Information Sciences, 40 (7): 837.

Pesaresi M, Corbane C, Julea A, et al. 2016. Assessment of the added-value of sentinel-2 for detecting built-up areas. Remote Sensing, 8 (4): 299.

Rodell M, Famiglietti J S, Chen J, et al. 2004. Basin scale estimates of evapotranspiration using GRACE and other observations. Geophysical Research Letters, 31 (20).

Rodell M, Velicogna I, Famiglietti J S. 2009. Satellite-based estimates of groundwater depletion in India. Nature, 460 (7258): 999~1002.

Senay G B, Budde M E, Verdin J P. 2011. Enhancing the Simplified Surface Energy Balance (SSEB) approach for estimating landscape ET: Validation with the METRIC model. Agricultural Water Management, 98 (4): 606~618.

Song X P, Hansen M C, Stehman S V, et al. 2018. Global land change from 1982 to 2016. Nature, 560 (7720): 639.

Su Z. 2002. The Surface Energy Balance System (SEBS) for estimation of turbulent heat fluxes. Hydrology and Earth System Sciences, 6 (1): 85~100.

Tan S, Wu B, Yan N, et al. 2018. Satellite-Based water consumption dynamics monitoring in an extremely arid area. Remote Sensing, 10 (9): 1399.

Van Eekelen M W, Bastiaanssen W G M, Jarmain C, et al. 2015. A novel approach to estimate direct and indirect water withdrawals from satellite measurements: A case study from the Incomati basin. Agriculture, Ecosystems & Environment, 200: 126~142.

Ward F A, Pulido-Velazquez M. 2008. Water conservation in irrigation can increase water use. Proceedings of the National Academy of Sciences, 105 (47): 18215~18220.

Wu B. 2017. Land Cover Atlas of the People's Republic of China (1: 1, 000, 000). SinoMaps Press: Beijing: 12.

Wu B, Yan N, Xiong J, Bastiaanssen W G, Zhu M, Stein W. 2012. Validation of ETWatch using field measurements at diverse landscapes: A case study in Hai Basin of China. Journal of hydrology, 436: .67~80.

Wu B, Jiang L, Yan N, et al. 2014. Basin-wide evapotranspiration management: concept and practical application in Hai Basin, China. Agricultural Water Management, 145: 145~153.

Wu B, Zeng H, Yan N, Zhang M. 2018. Approach for estimating available consumable water for human activities in a River Basin. Water Resources Management, 32 (7): 2353~2368.

Xiong J, Thenkabail P S, Gumma M K, et al. 2017. Automated cropland mapping of continental Africa using Google Earth Engine cloud computing. ISPRS Journal of Photogrammetry and Remote Sensing, 126: 225~244.

Xu T, Liu S, Xu L, Chen Y, Jia Z, Xu Z. 2015. Temporal upscaling and reconstruction of thermal remotely sensed instantaneous evapotranspiration. Remote Sensing, 7 (3), 3400~3425.

Yan Q L, Zhu J J, Hu Z B, et al. 2011. Environmental impacts of the shelter forests in Horqin Sandy Land, Northeast China. Journal of Environmental Quality, 40 (3): 815~824.

Yang Y, Tian F. 2009. Abrupt change of runoff and its major driving factors in Haihe River Catchment, China. Journal of Hydrology, 374 (3): 373~383.

Yang Y, Watanabe M, Zhang X, et al. 2006. Optimizing irrigation management for wheat to reduce groundwater depletion in the piedmont region of the Taihang Mountains in the North China Plain. Agricultural Water Management, 82 (1): 25~44.

Zeng H, Wu B, Zhu W, et al. 2019. A trade-off method between environment restoration and human water consumption: a case study in Ebinur Lake. Journal of Cleaner Production, 217: 732~741.

第五章　流域耗水管理

随着全球气候变化和强人类活动的加剧，已很少有天然流域存在，流域水循环物理过程与转化机制也相应地发生了深刻改变。现有水资源评价方法高度依赖地面观测，重点关注占降水量 20%～30%（湿润地区占 60%）的地表和地下径流量，而对占降水量 70%～80% 的流域蒸散耗水关注甚少，未能全面覆盖水循环要素，因此不能很全面地提供精确的水资源信息，满足不了全面掌握水资源开发利用总体状况、强化水资源科学管控的迫切需要。随着水循环遥感技术的不断成熟，特别是降水和蒸散发定量反演模型精度的提高，在水资源遥感与管理的应用方面取得了突破性进展，其中一个重要的创新性成果是耗水管理理念的提出。耗水管理是对"供水管理"和"需水管理"的补充和完善，是科技进步的产物，也是水资源管理理念的一次飞跃。耗水管理着眼于控制水资源的消耗（ET 为主），强调目标 ET 总量控制，通过减少耗水量，提高水分生产率，从实现水资源的可持续与高效利用。Wu 等（2014）通过对海河流域耗水管理实践的总结提出了耗水管理的四个步骤：流域尺度的耗水平衡分析、基于可持续目标进行目标可耗水量（ET）的计算、ET 在各种用水户间的分配以及节水潜力评价与节水效果监督。农业作为用水和耗水大户，成为解决水资源短缺问题最为关注的对象。Grafton 等（2018）针对灌溉效率的悖论中论述了"高的灌溉效率很少降低耗水量"这一问题。节水灌溉农业发展将农业耗水总量控制和高效用水两个问题一同考虑，亟须通过技术创新走出一条全新的节水高效农业发展之路。本章着重介绍利用遥感技术在农业耗水管理方面取得显著成效的研究应用，包括区域作物水分生产率、农业节水潜力评估及灌区耗水管理的研究应用综述。

第一节　水分生产率

水资源是有限的，经济社会发展与水资源的不相适应，使工农业、生活各部门之间用水需求的矛盾加剧。农业是最大的水资源消耗产业，全球占 70%，在亚洲和太平洋地区高达 90%（Ahmad et al.，2009）。全球应对水资源危机的一个重要方法是提高用水效率和效益，通过农业节水量改善用水产业之间矛盾激化的现状。面临严峻的水资源问题，我国水资源规划逐步提出了全面建设节水型社会，提高水的利用效率和效益，以水资源的可持续利用支撑经济社会可持续发展的战略方针。用水效率的指标详见第三节灌溉效率，本节重在用水效益-水分生产率指标，即如何用更少的水生产更多的粮食。

水分生产率（water productivity）的研究对于我国粮食安全保障和解决流域水资源问题都有着重要的意义。水分生产率是表征和评价农业灌溉用水管理水平和节水发展的一个重要指标，也是评价不同作物、不同农业气象环境、不同管理措施对产量-水量关系的影响的重要指标。传统指标在节水效果评估及水资源调配决策中存在局限，不适用于大尺度节水效果评价，水分生产率指标反映水的产出效率，可用于不同尺度及条件下节水效果的比较（崔远来等，2007），这正是水资源管理的重要目标之一。

一、水分生产率定义

　　水分生产率是衡量一个系统将水资源转化为物质量和服务的能力。Molden 等（2010）将其定义为产品生产过程中单位水资源量的农林牧副渔等农业系统的净收益。收益可以是产量（kg）、经济价值（元）或营养价值（卡路里），水资源量投入根据评价目的和数据可获取性有多种计算方法，可以是灌溉水量、毛/净流入量、蒸散、降水等。利益相关者可以依各自特定目的采取不同定义的水分生产率进行水资源利用效率的评估。例如，灌溉管理者更关心的是单位灌溉水量的作物产量，而流域开发机构管理者更关注的是流域总用水量对应的经济价值。到 2020 年养活约 9 亿人口，全球粮食安全面临着巨大的压力。农业在未来仍然会占据用水大户的位置，特别是在发展中国家，因此水分生产率在农业领域应用较广泛。

　　农业上，对水分生产率常用的定义是指在一定的作物品种和耕作栽培条件下，单位水资源量所获得的产量或产值，单位为 kg/m³ 或元/m³。根据水资源量的差异，通常划分为广义的水分生产率和狭义的水分生产率概念，广义与狭义水分生产率的最大区别在于前者考虑了降水、渗漏以及径流损失等；根据尺度的差异，又划分为作物尺度、田间尺度和区域尺度的水分生产率。

　　狭义的水分生产率还有作物水分生产率和灌溉水分生产率。作物水分生产率指作物消耗单位水量的产出，其值等于作物产量（指经济产量或干物质产量）与作物净耗水量、蒸散或蒸腾量之比值（吴路萌和陆成汉，2005；Unkovich et al.，2010；徐凤英等，2013）。上述水分生产率的常见计算公式如下：

$$\text{CWP} = \frac{Y}{\text{ET}} \tag{5-1}$$

$$\text{CWP} = \frac{Y}{T} \tag{5-2}$$

$$\text{CWP} = \frac{Y_{\text{CO}_2}}{T} \tag{5-3}$$

式中，CWP 为某一作物的水分生产率（kg/m³）；Y 为某一作物单位面积的产量（kg）；Y_{co2} 为作物冠层的 CO_2 通量（mg/m²）；ET 为某一作物的蒸散（m³）；T 为某一作物的蒸腾量（m³）。在作物尺度，蒸腾为唯一的输出项，产量可以是干物质产量，也可以是经济产量，有时也会用观测 CO_2 通量来表达；在田间尺度，不仅要考虑作物的蒸腾量，还要包括土壤的蒸发量。

　　传统灌溉水分生产率指单位灌溉水量所能生产的农产品的数量灌溉水分生产率，计算公式如下。

$$\text{WP}_I = \frac{Y}{\text{Irr}} \tag{5-4}$$

式中，WP_I 为某一作物的灌溉水分生产率（kg/m³）；Y 为某一作物单位面积的产量（kg）；Irr 为某一作物生长期的灌溉水量（m³）。灌溉水量有毛灌溉水量和净灌溉水量两种，毛灌溉水量是指从水源引入的用于灌溉的水量，包括作物正常生长所需灌溉的水量、渠系输水损失水量和田间灌水损失水量。作物正常生长所需灌溉的水量称为净灌溉用水量。

广义的水分生产率计算中水资源量是指区域耗水量，不仅考虑灌溉，还需要考虑降水、渗漏和地表径流损等，从田间尺度渗漏和地表径流损失的水资源可能通过水循环在区域尺度得到重复利用，因此计算公式如下：

$$WP = \frac{Y}{W+P+U-D\pm\Delta} \tag{5-5}$$

式中，WP 为某一区域的水分生产率（kg/m³）；Y 为某一区域内作物的总产量（kg）；W 为进入该区域内的总水量（m³）；P 为该区域降水量（m³）；U 为地下水补给量以及侧渗的总水量（m³）；D 为该区域出流量（m³）；Δ 为储水量变化量（m³）。

二、水分生产率估算方法

无论是狭义/广义水分生产率，还是作物/田间/区域尺度水分生产率，其估算过程都重在对两个输入参量的计算上。长期以来，作物水分生产率估算主要是针对田间和作物尺度，即狭义水分生产率，主要原因有两个：一是受制于数据的可获取性，无论是产量，还是作物蒸散（蒸腾）等水量数据，均可以从实验站通过试验获取，水分生产率研究的成果大都集中在小尺度范围；二是提高水分利用效率曾有相当长的一段时间重在工程措施实施，如以毛灌溉用水量为输入的灌溉水分生产率，通过工程节水技术方式使得灌溉取水量大幅度减少，很大程度上减少了渗漏损失，因此显著提高了灌溉水分利用效率，由于忽略了渗漏和径流损失后的水再利用过程，如果以作物水分生产率来评价其在提高水分利用率方面的效果并不明显。随着水文模型的发展，在区域尺度由于下点面差异较大，即使依赖于模型也存在很大的不确定性。

（一）作物尺度的作物水分生产率

作物尺度的水分生产率关注的是作物本身，估算方法以田间试验和模型模拟为主。作物产量的方法有两种：一是传统的收获称重法来得到，可以是干物质总量，也可以是经济产量。二是作物生长模型模拟，主要以荷兰和美国所发展的模型影响较大。荷兰代表性的作物模型有 BACROS 模型（De Wit，1978）、SUCROS 模型（Van Keulen et al.，1982）、MACROS（Penning de Vires et al.，1989）和 WOFOST（Hijmans et al.，1994），优势主要是机理性强，可以模拟气候变化和不同管理措施对作物生长的影响。美国有代表性的作物模型为 Ruthie 教授等在 20 世纪 80 年代初建立的谷类作物模拟模型 CERES 和用于模拟棉花生长发育和产量的过程的棉花模拟模型 GOSSYM，优势在于综合性和应用性强，可以模拟作物管理措施对作物生长的影响。

植被蒸腾的测量方法有两种：一是田间观测，包括田间水量平衡法、波文比-能量平衡法、涡动相关（EC）法以及同位素等方法，Yunus 等（2000）基于茎秆液流及微型蒸渗仪实测数据估算了澳大利亚干旱区葡萄园 3~5 月的作物蒸腾与土壤蒸发；Zeggaf 等（2008）基于实测数据利用波文比能量平衡法对日本干旱区玉米生长季中典型天气下的作物蒸腾及土壤蒸发进行了区分；同位素法基于"植物根系吸收的水分经由根部向上运输至叶片或幼嫩的未栓化的枝条之前其同位素组成与其吸收的土壤水同位素组成一致"这一理论，提出并应用于蒸散组分研究中。石俊杰等（2012）利用水稳定同位素分析仪对玉米不同高度大气水汽稳定同位素的观测，结合 Keeling Plot 方法分析了玉米田地表蒸散组分变化过程，与基于 EC 与微型蒸渗仪的估算方法结果误差范围为 $-0.02 \sim 0.08$，同位素法测得玉米生育期蒸腾占蒸散总量的 81%。另一种是模型模拟法，最有代表的就是双作物系数法（FAO-56）和 Shuttleworth-Wallace（S-W）双源模型。Er-Raki 等是利用双作物系数法区分了摩洛哥干旱区橄榄树的作物蒸腾与土壤蒸发；Odhiambo 和 Irmak 利用 S-W 双源模型估算了内布拉斯加州滴灌条件下大豆农田作物蒸腾。赵丽雯等（2015）在临泽站利用 2009 年观测的土壤蒸发、叶片气孔导度、EC 观测，应用 S-W 双源模型估算得到玉米的作物蒸腾量占蒸散总量的 73%，土壤蒸发量占 27%。

（二）田间尺度的作物水分生产率

田间尺度的水分生产率不仅关注作物，还关注土壤蒸发。与作物尺度的水分生产率估算方法中的一个重要区别在于遥感技术的应用方面。

农作物产量除了收获观测以及作物模型模拟外，基于遥感信息构建作物单产估算模型的方法多种多样：基于遥感光谱指数的简单统计相关模型、"潜在–胁迫"模型，以及干物质–产量模型等（徐新刚，2007）。基于遥感光谱指数的简单统计相关模型主要指利用单产直接与遥感光谱指数进行简单相关统计分析来估算作物单产，另外也有研究直接建立遥感指数与产量三要素，单位面积植株数（穗数）、每株（穗）平均粒数和穗粒重的统计关系模型；"潜在–胁迫"模型是通过将影响作物单产形成的因素分为潜在部分（主要为作物的生物学参数，如叶面积指数、叶绿素浓度、株高等）和胁迫部分（水分、温度、日照等环境参数），先模拟作物在正常的环境状态下的单产状况，再考虑各种制约因素的影响得到单产的增减波动，最终获取作物的实际单产；干物质量–产量模型是通过遥感信息估算作物地面上干物质量，然后根据作物地上干物质量与果实部分的比值关系得到作物单产的思路来建立的。遥感技术在干物质量的统计相关模型发展中发挥了重要的作用。物理模型包括过程模型和光能利用率模型，其中过程模型基于植物生长的生理生态学机理，通过对植物生物学特征和生态系统的动态变化与功能（植被冠层光合作用、蒸腾作用、土壤水条件、碳氮变化等）等的模拟来估算自然植被的净第一性生产力，如 TOPOPROD 和 BEPS 模型。光能利用率模型，则以 C-FIX 和 CASA 模型为代表，通过对植被光合作用过程中所受到各种外界条件的影响，对光能转化效率的胁迫作用的量化表述，来估算植被净第一性生产力。

蒸散的测量方法有很多，作物尺度的观测方法均适用于田间尺度，包括水量平衡法、波文比–能量平衡法、涡动相关实测法等。模型模拟以水量平衡为原理的水文模型和以能量平衡原理为基础的遥感蒸散模型两个发展方向为主。遥感技术在蒸散估算模型方面的研究进展详见第三章第二节，本节主要介绍水文模型方面的发展。水文模型中对于蒸散的估算主要采用参考蒸散与作物系数法来计算，如 SWAP、SWAT、DSSAT 模型均采用该方法。参考作物蒸散量是指高度一致（~12cm）、生长旺盛、水分充足、叶面阻力为 70s/m、反射率为 0.23、完全覆盖地面的开阔绿色草地的蒸散量，常见估算方法有 FAO Penman-Monteith 公式、Hargreaves 公式、Priestley-Taylor 公式等。作物系数估算方法包括田间观测、模型以及遥感估算法。田间观测利用实际蒸散与参考蒸散比值计算得到；模型方法代表是 FAO56 给出的针对单作物系数和双作物系数的估算流程（Allen et al., 1998）。单作物系数考虑作物蒸腾与土壤蒸发的综合影响，双作物系数法则将两者分开考虑。FAO56 提供了各种作物不同阶段标准状况下的作物系数（K_c）和基本作物系数（K_{cb}）的日过程线，以此为参考，利用实际气候、土壤水分、作物等情况对其进行标定，得到实际的作物系数值；利用遥感冠层光谱植被指数进行作物系数的估算，李贺丽等（2013）利用 Field SpecHandheld 野外光谱仪观测的数据反演了 8 个常用的植被指数，与冬小麦作物系数结果的比较分析表明冠层光谱植被指数与 K_c 相关性较弱，而与 K_{cb} 具有很强的相关性，特别是在有氮素胁迫情况下。

（三）　区域尺度的作物水分生产率

区域尺度的作物水分生产率的估算主要依靠水文/作物模型和遥感模型来解决。水文/作物模型方法估算作物水分生产率，由于模型中过多的参数输入，受到数据资料的限制在区域尺度空间代表性会显著降低。为了解决空间的变异问题，引入遥感和 GIS 技术可以解决部分问题。最简单的是将作物分布图、DEM 数据引入；之后随着遥感技术方法的深入，LAI、干物质量、蒸散以及表层土壤含水量均可用于模型参数的标定，有助于模拟作物水生产率的空间分布。Vazifedoust 等（2008）利用灌溉、土壤和作物数据以及 SWAP 模型，估算了伊朗半干旱区域小麦、玉米、向日葵和甜菜的水分生产率。Amor 等（2002）应用 DSSAT 模型模拟了菲律宾拉瓦格流域水稻、玉米和花生的水分生产率。Liu 等（2008）开发了基于 GIS 的 EPIC 模型（GEPIC 模型），可以模拟全球尺度的作物水生产力，并分析了世界各个国家或地区的作物水生产率的差异。

目前，与区域作物水分生产率相关的发布产品主要有区域蒸散和生物量，但是水分生产率产品很少。随着蒸散和生物量发布产品的多元多样化，水分生产率产品的形成和发布是必然。FAO 在 2017 年建立了水分生产率产品的试运行版本[①]，现发布的有 2010 ~ 2016 年非洲及近东地区 250m 分辨率的水分生产率产品，水分生产率是年地上生物量与年蒸腾量的比值。

三、存在问题和展望

在水资源危机日益严重的当下，水分生产率的提高意味着以较少的水资源生产更多的食物或者获取更多的收益，是缓解水资源压力、保障粮食安全的一个重要途径。水分生产率研究已经成为国内外研究的热点，其估算研究方法经历了从单一观测技术到多技术的阶段。

以观测手段为主的水分生产率估算方法，能很好地反映作物生长过程中的水量消耗和

[①]　http://www.fao.org/in-action/remote-sensing-for-water-productivity/database/database-dissemination-wapor/en/

光合作用产物的积累的变化，揭示作物各个阶段水–产量–水分生产率的相互关系，然而对于区域尺度问题的分析和决策存在片面性；以水文/作物模型为主的手段，在点尺度可以很好地模拟水分生产率，同时可以评估各种措施对环境的影响，因此优势在于提出作物水分生产率提高策略以及应对气候变化的研究，然而在区域尺度水分生产率由于简化参数因子、最小水文分析单元等的限制不可避免地存在空间合理表达的问题，加大了分析评估结果的不确定；遥感技术在水分生产率的时空表达有着绝对的优势，但是仅限于过去和现状水分生产率的监测，且监测时间频次方面对于灌溉指导、水分生产率提高措施实施以及环境影响的评价方面都有不足。

因此，水分生产率的研究需要各种手段的支撑。未来将遥感技术与模型的紧密结合是水文生产率研究的一个重要发展方向，既发挥遥感空间细致表达的优势，提高模型模拟最小单元的空间分辨率，又能从作物生长机理过程理解耗水和产量形成过程，才能更全面更系统地提出解决措施。

第二节　节水潜力与节水效果

段爱旺等（2002）通过对农业节水途径的分析，给出了狭义和广义节水潜力的定义。狭义节水潜力是在满足作物基础用水的条件下，通过各类节水技术措施的实施，可以从现有灌溉用水总量中直接减少的数量。广义节水潜力是在保证现有生产面积上产出的农产品总量不变的基础上，依靠田间农艺节水技术措施的实施，可以使基础用水量减少的数值。基础用水量可以表达为在没有地下水补给、没有盐碱危害、没有病虫危害、供肥充足的条件下，满足生产目标需求、保证作物正常生长发育所需要实际消耗的水量。

节水潜力传统的计算方法是把实施节水灌溉措施后的毛灌溉用水量与实施节水措施前的毛灌溉用水量的差值，作为节水量或节水潜力（崔远来等，2010）。这种方式比较简单，可以通过对实施区域对取水口取水量进行量测，可以计算得到。段爱旺等（2002）对狭义节水潜力的计算，用节水措施实施后的实际灌溉水量与灌溉需水量的差异计算得到。其中实际灌溉水量采用观测统计的方式，而灌溉需水量是基于 FAO56 推荐的作物需水量与有效降水的差值计算得到。以用水量为输入的灌溉效率是评价节水效果一个常见的指标。然而，各国旨在提高灌溉效率的各项措施实施最终并没有达到节水的目标。Grafton 等（2018）提出了"灌溉效率悖论"，利用流域水循环机理和水资源核算方法，通过各国或流域的研究表明提高灌溉效率一般不会减少耗水量，会导致更多的农田耗水量、更多的地下水抽取量，甚至更高的单位面积农田耗水量。在我国，农田灌溉水有效利用系数从 2000 年的 0.43 提高到 2016 年的 0.542，灌溉效率显著提高，然而中国多个流域的回归水量呈减少趋势，特别是北方干旱半干旱地区，依然面临严重的节水困境。

随着对节水措施的逐步深入认识，本节重在针对耗水量减少的节水潜力评价方法进行总结和回顾，主要有两类：一是基于水量平衡的节水潜力评估，该方法的核心是计算毛、净灌溉减少的节水量；二是基于遥感的节水潜力评估，该方法核心是提高水分生产率的节水量计算。

一、基于水量平衡的节水潜力评估

对于一个特定区域，无论是田间还是区域尺度，在不考虑外来水流入，只考虑降水和灌溉时，某一时段内土壤水量平衡方程如下：

$$\Delta W_{\mathrm{s}} = P + I - R - D + G - \mathrm{ET} \tag{5-6}$$

式中，ΔW_{s} 为土壤水变化量；P 为时段内区域降水量；I 为灌溉水量；R 为降水/灌溉产生的径流量和土壤侧向流出量；D 为渗漏量；G 为地下水补给量；ET 为作物蒸腾和土壤蒸发量。

刘路广等（2011）考虑取水、耗水和回归水 3 个方面，提出了基于水量平衡法的农业理论节水潜力的计算方法。对河南省开封市柳园口灌区农业理论节水潜力为 4636.59 万 m^3，其中基于调整 ET 的非充分灌溉下的农业耗水理论节水潜力最大，提高灌溉水利用系数计算的农业取水理论节水潜力次之，农业回归水理论节水潜力最小。雷波等（2011）提出了基于灌区尺度的农业灌溉节水潜力评估方法，从传统的灌溉水有效利用系数入手，借助于农业灌溉可回收利用水量和不可回收利用水量的划分将节水潜力分为毛节水量和净节水量，通过计算净灌溉定额和毛灌溉定额，结合灌溉水利用系数，评估了徒骇马颊河流域节水灌溉率提高 20% 和 40% 的节水潜力，结果表明毛节水量达到 17.89 亿 m^3，而净节水量只有 0.55 亿 m^3，说明工程措施的节水效果有效。造成毛节水量和净节水量如此大的差异，源于被认为"节约"的水多被用于扩大灌溉面积、社会或环境消耗。节水灌溉效率提高并不意味着真正的节水，关注与作物生长直接相关的净节水量或耗水量的减少，才能正确合理评估节水潜力。

综上所述，土壤水平衡方法理论基础较好，但是考虑要素较多，尤其是区域尺度分析，不仅要考虑灌溉水利用系数，对于回归水还需要考虑回归水利用系数，这些系数的使用给节水潜力评价带来很大的不确定性。

二、基于遥感的节水潜力评估

遥感技术最开始用于节水潜力评估就是作物种植面积信息的提供，在区域节水潜力估算时，早期大多依靠地面观测数据，因此在区域外推时使用的是作物播种面积的统计信息。随着遥感蒸散模型以及单产模型的发展，为节水潜力估算提供了新的途径。利用遥感蒸散数据，基于节水措施典型区实施前后的蒸散的差异比较，结合区域实施规划，可以评估单项措施实施可能的节水潜力。发展最快的是基于水分生产率的节水潜力估算方法。通常利用遥感估算的水分生产率结果，按照区域农田或作物水分生产率水平达到一定标准计算得到节水潜力，计算公式如下：

$$W_{\mathrm{s}} = \sum_{i=1}^{n} \frac{\mathrm{CY_c}}{\mathrm{CWP_c}} - \frac{\mathrm{CY_c}}{\mathrm{CWP_{co}}} \tag{5-7}$$

式中，n 为区域的分区个数；i 为第 i 个分区，可以是行政分区，也可以是水资源功能分区；W_{s} 为某一区域农田（作物）的节水潜力；$\mathrm{CY_c}$ 为某一区域农田（作物）总产量；$\mathrm{CWP_c}$ 为低于临界水分生产率区域的农田（作物）水分生产率；$\mathrm{CWP_{co}}$ 为某一区域农田（作物）水分生产率目标值。

彭致功等（2009）基于遥感估算的水分生产率数据与 ETWatch 计算的 ET 数据，通过两者关系确定水分生产率最大时的 ET 定额，按照实际 ET 像元值调整到 ET 定额状态下计算的水量即为节约的水量，大兴区夏玉米和冬小麦节水量分别为 1176.8 万 m³ 和 369.3 万 m³。李泽民（2014）在内蒙古河套灌区，分别以全灌区水分生产率水平达到目前灌区水分生产率整体水平一半（累积频率达到 50%）和一半以上（累积频率达到 70%）为近期和远期目标，得出河套灌区近期的葵花、小麦和玉米 3 种主要作物总节水潜力近期为 5.22 亿 m³，远期为 18.45 亿 m³。

直接基于水分生产率的比较，计算方法简单，易理解。然而这种节水潜力计算结果的指导意义较弱，达到同等条件下的水分生产率，该采取什么样的节水措施成效较好，哪些节水措施效果较差？这些问题都不容易回答。从实践指导意义来看，未来需要典型区各种节水措施效果的准确数据，不仅限于实验数据，还包括大量的大田观测数据成果，来服务于节水潜力的评估。Yan 等（2015）利用遥感的作物分布制图信息，结合不同农艺节水措施的地面试验节水效果数据，通过对节水量、产量以及水分生产率变化的分析，进行这些措施可能的组合方式研究，得到在维持当前产量水平不变的前提下，海河流域综合措施实施的节水潜力可达到 41 亿 m³，与地下水超采量相比，仍然有约 1/3 的水资源量缺口。上述方法的计算公式如下：

$$W_{S_c} = \sum_{i=1}^{m} \Delta \text{ET}_i \times A_i \qquad (5\text{-}8)$$

式中，W_{S_c} 为区域内农田总节水潜力；ΔET_i 为第 i 种作物因农田措施实施引起蒸散的减少量，该信息可以从地面观测或典型区措施实施前后 ET 变化得到；A_i 为第 i 种作物的作物面积，研究区的作物种植结构信息可以利用多期遥感影像采用面向对象的分类方法获取。

综上所述，基于水量平衡的节水潜力评估方法发展较早，在节水指标评价体系构建方面有很好的研究基础，同时可以获取地下水开采量等信息，但是输入参数过多，使得其评估结果直接受到数据源限制；遥感技术已经开始用于节水潜力评估中，虽然还处于应用初期，但是方法从耗水角度出发，如耗水减少量和水分生产率，可以有效地评估流域或区域水系统的流失量，避免回归水的影响，在区域尺度节水评估方面潜力巨大。

Grafton 等（2018）通过对各国或流域的节水问题的分析总结，提出应对节水困境的四条政策建议：①从农场到流域尺度，都需要设立水资源账户，进行全面综合的水资源核算，记录和公开不同尺度水资源量的变化；②必须减少灌溉水资源的引用量，并对面积进行总量控制；③对水资源价值评估，确保对提高灌溉效率进行补贴所产生的公共利益大于成本；④更加深入分析和理解灌溉效率政策对灌溉者行为的影响机制。

第三节　灌区耗水管理

就全球耕地分布而言，灌溉耕地占全球总耕地面积的 18%[1]，雨养耕地占全球总耕地

---

[1]　Food and Agriculture Organization of the United Nations（FAO）：FAO Statistical Databases（FAOSTAT），http://faostat. fao. org/，2005.

面积的 82%，灌溉耕地粮食产量占全球粮食总产量的 40%[1]，雨养耕地占全球粮食总产量的 60%。我国灌溉耕地占全国总耕地面积的约 70%，雨养耕地占 30%，灌溉对于维持全国粮食安全具有重要的意义。但与此同时，我国水资源并不丰富，特别是在华北平原、海河流域的粮食主产区，为维持国家粮食安全做出了巨大贡献。但是，该区域是我国灌溉强度最大同时又是我国水资源最为匮乏的区域之一，灌溉水源中的很大一部分来自地下水。由于地下水的长期过度开采，当前海河流域已经成为全球地下水超采最为严重的区域，并且形成了世界上面积最大的漏斗区。针对海河流域地下水严重超采的现实，提升灌区灌溉用水的管理水平，减少灌区水资源的消耗，提升灌溉粮食产量意义重大。

一、灌溉需水量

根据作物的物候期，在恰当的时机对作物进行灌溉，可以有效地提升作物产量，同时减少灌溉水的浪费。

农田灌溉需水量的估算方法主要由传统的基于作物种植结构与灌溉定额的农业统计法、FAO-56 方法、作物模型法和遥感法。FAO-56 方法是通过参照 ET 与作物系数的乘积来估算作物需水量，该方法简单实用，操作简单，该方法的缺点是机理过于简单，仅一个作物系数不足以反映作物栽培环境对耗水的影响。作物模型法，如 EPIC 模型、WOFOST 模型，在田间尺度具备较强的农田需水量模拟能力，但是在较大的区域尺度上，因模型参数获取验证的困难，导致模型的应用受到较大的局限。随着遥感 ET 监测技术的不断发展，借助遥感 ET 蒸散技术计算作物需水量正日益受到重视。彭致功等（2018）提出了利用遥感 ET 与作物种植结构，联合 FAO 作物系数模型，进行作物耗水量的估算，在吐鲁番地区提出了取水量与耗水量转换因子的计算方法，将遥感 ET 技术应用于实际灌溉水量的估算。中国科学院遗传与发育生物学研究所农业资源研究中心杨永辉团队基于 ETWatch 生产的遥感蒸散数据，发展了基于水分平衡的灌溉需水量空间分布监测方法（马林等，2011；Yang et al.，2014）。

（一）基于遥感 ET 的灌溉需水量估算方法

农田灌溉水量与作物种植结构、作物耗水量，以及取水转换系数有关。农田灌溉水量的计算公式如下：

$$I = \frac{\sum_{i=1}^{n} a_i \mathrm{ET}_i}{\eta} \tag{5-9}$$

式中，ET_i 为第 i 种作物的耗水量；a_i 为第 i 种作物的种植面积，可以利用单位面积 ET 和作物种植结构进行估算；η 取水量与耗水量的转换系数。不同作物的耗水量可以利用长时间序列遥感估算的平均作物 ET 得到，作物种植面积可以从作物种植结构分布数据中统计

---

[1] United Nations Commission on Sustainable Development（UNCSD）：Comprehensive assessment of the freshwater resources of the world，Report E/CN. 17/1997/9，http：//www. un. org/esa/sustdev/sdissues/water/water documents. htm，1997.

得到。关键是转换系数的计算。

影响由取水量到耗水量转换的关键因子有水源条件、灌溉技术、管理水平、土壤质地、地形地貌、作物种类等。由于吐鲁番地区属于灌溉农业，农作物耗水全部来自灌溉，在该特定条件，其转换系数计算公式如下：

$$\eta = \frac{ET}{Q} \tag{5-10}$$

式中，Q 为单位面积灌溉定额；ET 为单位面积耗水量。通过对典型地块不同土壤类型不同灌溉方式的作物实际用水量信息获取，以及灌溉控制面积信息，经处理分析得到每种作物的单位面积灌溉定额。

基于遥感 ET 的灌溉需水量估算方法虽然简单有效，但是转换系数需要根据不同地区不同土壤类型、灌溉方式等进行观测获取。当前物联网技术、GIS 技术的发展为灌溉量信息的获取提供了便捷。

（二）基于田间水平衡的灌溉需水量估算方法

基于田间水平衡的方法反演作物的灌溉需水量。该方法包含如下假设条件：①土壤初始含水量：假定土壤的初始含水量为土壤有效含水量的60%；②假设地表径流横向运动为0；③假定当土壤含水量不足土壤有效含水量40%时，需要灌溉。

土壤初始含水量：由于初始土壤含水量（SW_0，mm）数据难以获得，故设土壤含水量的初始值为土壤有效含水量（SW_h，mm）的60%。

$$SW_0 = 0.6 \times SW_h \tag{5-11}$$

$$SW_h = h \times (SW_c - SW_w) \tag{5-12}$$

式中，h 为土壤厚度（mm）（模型中设为800mm）；SW_c 和 SW_w 分别为田间持水量和萎蔫系数（mm）。灌溉需水量根据 ETWatch 中的农田蒸散量（ET）计算。首先计算土壤含水量，如式（5-11）：

$$SW_{i+1} = SW_i - ET_i + P_i \tag{5-13}$$

式中，所有变量中下标 i 表示第 i 天；SW_i 为土壤含水量（mm）；ET_i 为蒸散量（mm）；P_i 为降水量（mm）。由于海河流域平原区地势较平坦，假设地表径流为零，故公式中忽略了地表径流项。

模型将根据土壤含水量情况判断三个过程，当 $SW_i > h \times SW_c$ 时，土壤水产生深层渗漏，渗漏量 Dr_{i+1}（mm）和土壤含水量 SW_{i+1} 分别为

$$Dr_{i+1} = SW_{i+1} - h \times SW_c \tag{5-14}$$

$$SW_{i+1} = h \times SW_c \tag{5-15}$$

当 $(h \times SW_w + 0.4 \times SW_h) < SW_{i+1} < SW_c$ 时，土壤水视为可满足农作物生长需要，无渗漏量发生也无需灌溉；当 $SW_{i+1} < (h \times SW_w + 0.4 \times SW_h)$ 时，农田需要灌溉 RIA_{i+1}（mm）为：

$$RIA_{i+1} = h \times SW_c - SW_{i+1} \tag{5-16}$$

$$RIA = RIA + RIA_{i+1} \tag{5-17}$$

RIA 为灌溉需水量，根据上述原理，依次在计算时期内循环，具体计算流程如图 5-1 所示。

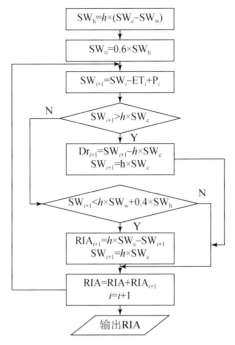

图 5-1　农田灌溉需水量计算流程

　　由土壤灌溉需水量的计算方法可知，土壤田间持水量（SW_c）、凋萎系数（SW_w）与有效含水量（SW_h）是计算基于 ET 的土壤灌溉需水量的三个基本参数。

　　华盛顿州立大学的 Saxton 和 Rawls（2006）依据 1722 个土壤样本的黏土（C）、沙土（S）与有机质含量（OM），通过回归分析提出了田间持水量公式：

$$\Theta_{33t} = -0.251S + 0.195C + 0.011OM + 0.006(S \times OM) - 0.027(C \times OM) + 0.452(S \times C) + 0.299$$
$$(5-18)$$

$$SW_c = \Theta_{33t} + 1.283 \times \Theta_{33t}^2 - 0.374 \times \Theta_{33t} - 0.015 \tag{5-19}$$

　　凋萎系数公式的计算方法：

$$\Theta_{1500t} = -0.024S + 0.487C + 0.006OM + 0.005(S \times OM) - 0.013(C \times OM) + 0.068(S \times C) + 0.031$$
$$(5-20)$$

$$SW_h = \Theta_{1500t} + 0.14 \times \Theta_{1500t} - 0.02 \tag{5-21}$$

式中，S 为土壤中沙的含量；C 为土壤中黏土的含量；OM 为土壤有机质的含量；SW_c 为土壤田间持水量；SW_h 为土壤凋萎系数。

　　由于该方法是建立在大量田间观测实验的基础之上，如今，已被公认为土壤田间持水量、凋萎系数计算的经典方法。在该方法的基础之上，美国农业部与华盛顿州立大学联合开发了土壤田间持水与凋萎系数模型（图 5-2），可以方便快捷地计算土壤属性信息。

　　精准把握作物的需水过程，是逐步实现精准灌溉、实现作物高产与稳产的关键。无论是基于遥感 ET 的灌溉需水量估算方法，还是基于田间水平衡的方法，都充分利用了遥感监测技术覆盖范围广、时间重返频率高、准确客观的优势，同时摆脱了作物系数不宜确定

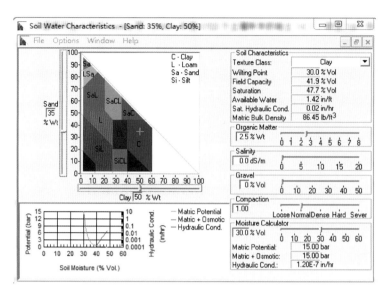

图 5-2　土壤田间持水量、凋萎含水量估算模型

的缺陷，具备作物灌溉需水量近实时监测的能力。随着甚高分辨率遥感卫星的不断发射，地块尺度精细 ET 数据生产的瓶颈将得以克服，基于精细遥感 ET 监测数据与传感器网络技术的精准灌溉技术指日可期。

二、灌溉效率

Israelsen 等（1950）从农田灌溉工程设计的角度首次提出灌溉效率的概念，其定义为作物消耗的灌溉水量占由地表、地下供给渠道或取水口总的灌溉供水量的比例，并用此指标评价区域的灌溉节水潜力，也是评价节水效果与水资源管理水平的重要指标。灌溉效率在我国称为灌溉水利用系数，其表示储存在作物根系层的灌溉水量与自水源引水量的比值，是输水与灌水两个过程的综合水分利用效率。灌溉水利用率的提升一方面有利于减少灌溉水的渗漏损失，另一方面有利于提升农户种植的信心与意愿。2011 年中央一号文件要求实施最严格的水资源管理制度，明确提出到 2020 年与 2030 年，灌溉水利用系数（灌溉效率）提高到 0.55 与 0.6 以上的目标。灌溉渠道越级现象普遍，灌溉回水的重复利用，是灌溉效率核算面临的主要难点。围绕灌溉效率估算的核心问题，当前主要方法包含实地测量法、分布式模型模拟法与遥感蒸散监测法。

（一）实地测量法

实地测量法包含连乘法与首尾法。连乘法是各级渠系水利用系数与田间水利用系数的乘积（水利部科技司，1997），当灌区有完整的干、支、斗、农渠系时，监测设备完善，劳动力充足，可采用该方法测量灌溉效率（Jensen，2007）。而当前灌区渠系纵横交错，存在越级现象时，如干渠的灌溉供水直接跨越支渠，到农渠时，连乘法则失去效用，汪富贵（1999）基于越级现象，提出了修正渠系控制面积的连乘法。高传昌等（2001）提出了区分渠系串、并联特征的连乘修正法，完善了连乘法的理论基础与计算方法。灌溉效率算法的改进，在理论上丰富了灌溉效率的内涵，但在实际测量过程中，因受灌溉回水重复利用（雷波等，2011）与监测设备不足的制约，精确测量大型灌区每条渠系的灌水利用系数几乎是不可能的（蒋磊等，2013），到达田间的灌溉水有多少被作物吸收利用，需要复杂的农田土壤–植物–大气系统（SPAC）研究确定（杨永辉等，2012）。首尾法通过测定渠首的总引水量与区域作物综合灌溉定额估算灌溉水利用率，该方法克服渠系结构错综复杂与监测设备不完善导致的渠系水利用系数测定的不确定性问题，但是，在实际测量中作物的实际灌溉面积与作物的灌溉定额难以确定（Loeve et al.，2004；崔远来和熊佳，2009），其仅适合于观测设施齐全的区域。

（二）分布式水文模型模拟法

随着分布式水文模型的不断发展，基于 DEM 的分布式水文模型在理论上可以模拟任意尺度的灌水量，因此，基于分布式模型的灌溉水量计算发展成为确定灌溉水重复利用量，计算灌溉水利用系数的新途径，该方法借助分布式水文模型中流域与流域之间的拓扑关系，通过径流模拟的方式，确定核算单元实际的灌溉供水量，有效克服了灌溉回水对灌溉效率核算的扰动，采用该方法，还可以分析不同尺度灌溉效率差异产生的原因，不同尺度灌溉效率转化的途径。

Immerzeel 等（2008）利用 SWAT 模型在印度 Bhima 上游地区模拟不同尺度灌溉来水量的变化，谢先红和崔远来（2010）亦利用 SWAT 模型在漳河灌区模拟不同尺度的灌溉排水量的变化，Rebecka 等在中亚咸海流域开展了相似的研究。基于分布式水文模型的方法克服了复杂的渠系结构特征导致灌溉回水重复利用的问题，提升了灌溉效率评估的科学性。但分布式水文模型结构复杂，输入参数众多，适用于人为干扰较少的自然流域，还需要长时间序列的基础数据与观测数据支撑，但实际上，灌区下垫面复杂，模型率定所需的实测数据难以获得（彭致功等，2011），加之当前灌区人为活动强烈，评价单元的自然水文过程被破坏，呈现显著的自然–人工二元特征，极大地影响了模型的率定效果（吴炳方和卢善龙，2011），妨碍了基于分布式水文模型的灌溉水利用系数计算方法的普及。

（三）基于遥感蒸散的监测方法

纵观灌溉水的使用过程，只有到达田间并被作物蒸腾蒸发作用消耗的水量才是灌溉水的有效利用，灌溉效率计算的核心即是确定灌溉水蒸腾蒸发的比例。而遥感 ET 为该问题的解决提供了快捷通道，并进一步促进了基于 ET 的灌溉效率估算方法。ET 不仅能有效刻画蒸散的时空过程，而且监测的精度不断提高（刘钰和彭志功，2009），近年来，高分辨率遥感 ET 数据融合的方法日臻成熟，地块尺度耗水遥感监测的方法逐步完善，如STARMF 融合方法（柳树福等，2011；Gevaert and García-Haro，2015），因此，从耗水的角度，基于遥感 ET 监测技术，成为解决灌溉效率计算瓶颈的新方法。

1. 基于遥感 ET 的干旱区灌溉效率估算方法

就干旱区而言，由于降水相对较少，因此，可以近似认为作物总耗水量与监测期内总的降水量之差即是灌溉水的有效利用量。蒋磊等（2013）基于此假设条件，在河套平原区提出了以遥感 ET 为核心，以田间水平衡方法为纽带的干旱区灌溉水利用率估算方法，其核心计算步骤如下。

灌区尺度 ET 遥感估算：利用能量平衡方法，估算灌区尺度总的耗水量。

水平衡方法的建立：将土壤饱和带和非饱和带视为研究对象，规避了由于水势梯度作用引起的根系层下界面水分迁移（深层渗漏或补给）量，对于研究对象建立水量平衡方程为

$$\Delta W_1 + \Delta W_2 = P_N + P_1 + I - ET_N - ET_1 - D - R \tag{5-22}$$

式中，I 为时段内灌区毛灌溉水量；P_N，P_1 分别为时段内非灌溉地、灌溉地的降水量；ET_N，ET_1 分别为时段内非灌溉地与灌溉地的蒸散发量；D 为时段内灌区退水，排水量 ΔW_1，ΔW_2 为时段内土壤非饱和带、饱和带含水量的变化。在干旱区的平原区，假定地表不产生径流、年内土壤非饱和带含水量和饱和带含水量年际变化忽略不计，水平衡方程可以简化为

$$I - D = (ET_1 - P_1) + (ET_N - P_N) \tag{5-23}$$

式中，$I - D$ 为灌区净引水量；$(ET_1 - P_1)$ 为灌溉地消耗的灌溉水量；$(ET_N - P_N)$ 为非灌溉地消耗的灌溉水量，如灌溉水流经的渠道及田间渗漏、地下水流动、潜水蒸发等。因此，灌区灌溉水利用率可以进一步简化为

$$\eta_e = (ET_1 - P_1) / (I - D) \tag{5-24}$$

在干旱地区，由于降水较小，因此，假定灌溉作物上方发生的降水量全部用于蒸发，总的耗水量与降水量之间的差值为灌溉水的有效消耗量。上述方法中，ET_1，P_1，I，D 均为实测资料。

上述方法适用于干旱或者极端干旱区的条件，有效克服了灌溉水重复利用，渠系越级等现象对灌溉效率核算的影响，为遥感估算灌溉效率提供了有效的解决手段。蒋磊等（2013）采用上述方法，在内蒙古的河套平原分析了 2000 ~ 2010 年河套灌区灌溉效率，并分析了灌溉方式的改进、不同情景降水量的变化对灌溉效率的影响。

2. 基于遥感 ET 与植被覆盖度的相对灌溉效率估算方法

Huang 等（2012）在徒骇马颊河流域，通过区域农业耗水量的有效性与无效性，提出了水资源的相对利用率评估方法。该方法将农田水资源消耗中由作物冠层截留蒸发与植被蒸腾耗水量视为灌溉水的有效利用，而将其他的耗水量视为水资源的无效利用。在此基础上，提出相对灌溉效率（RWUE）的概念，即作物冠层截留蒸发与植被蒸腾耗水量（ET_H）占农田总耗水量（ET_T）的比例，其计算公式如下：

$$RWUE = \frac{ET_H}{ET_T} \tag{5-25}$$

其中总耗水量可以采用遥感 ET 模型监测获取，而作物冠层截留蒸发与蒸腾假定其与作物的覆盖度呈线性关系，进行分解。即相对灌溉效率的表达式可简化为

$$RWUE = \frac{ET_A f_{veg}}{ET_T} \tag{5-26}$$

式中，ET_A 为作物种植区的总耗水量；f_{veg} 为作物覆盖度，其表达式如下：

$$f_{veg} = \frac{EVI - EVI_{min}}{EVI_{max} - EVI_{min}} \tag{5-27}$$

式中，EVI 为监测区内作物的植被增强指数；EVI_{min} 为裸土，即叶面积指数为 0 时的植被增强指数；EVI_{max} 为稠密作物，叶面积为无穷大时植被增强指数，一般常设置 EVI_{min} 与 EVI_{max} 的值分别为 0.05 与 0.95。

相对灌溉效率为核算农田生态系统中降水与灌溉水整体的利用率提供了简单可行的计算方法，并可以用于追踪月，甚至更短时段内水的利用效率的变化。但就农田生态系统而言，其总的耗水量中一部分来自降水，另一部分来自灌溉供水量。相对灌溉效率没有对耗水中来自降水与来自灌溉水的部门进行进一步的区域，其与农田水利用中常用的灌溉水利用系数有一定的区别。此外，该方法的另一假设是假定水资源的有效利用量与植被覆盖度呈线性相关特性，该假设还需进一步验证。

遥感 ET 监测方法避免了灌溉排水重复利用尺度效应问题，可适用于任何尺度而不会产生歧义，同时克服了地面量水设备不足导致的数据缺失问题。但是，当前基于遥感 ET 监测的灌溉效率评价方法并没有区分 ET 的来源，而是通过简化的手段，回避 ET 分离的瓶颈问题。遥感 ET 监测结果是灌水量与有效降水量，作物蒸腾与土壤棵间蒸发的混合体，仅依靠遥感的方法很难区分 ET 的贡献来源，必须辅以适当的地面观测，如植被冠层与土壤净辐射观测（康绍忠和陈亚新，1995），棵间蒸发皿的土壤蒸发测量（刘昌明等，1998）或者同位素法测量蒸腾（Zhang，2011）。

参 考 文 献

崔远来，熊佳. 2009. 灌溉水利用效率指标研究进展. 水科学进展，20（04）：590~598.

崔远来，董斌，李远华，等. 2007. 农业灌溉节水评价指标与尺度问题. 农业工程学报，23（7）：1~7.

崔远来，谭芳，郑传举. 2010. 不同环节灌溉用水效率及节水潜力分析. 水科学进展，21（06）：788~794.

段爱旺，信乃诠，王立祥. 2002. 节水潜力的定义和确定方法. 灌溉排水，21（2）：25~35.

高传昌，张世宝，刘增进. 2001. 灌溉渠系水利用系数的分析与计算. 灌溉排水学报，20（1）：50~54.

蒋磊，杨雨亭，尚松浩. 2013. 基于遥感蒸发模型的干旱区灌区灌溉效率评价. 农业工程学报，29（20）：95~101.

康绍忠，陈亚新. 1995. 非充分灌溉原理. 沈阳：水力电力出版社.

雷波，刘钰，许迪. 2011. 灌区农业灌溉节水潜力估算理论与方法. 农业工程学报，27（1）：10~14.

李贺丽，罗毅，赵春江，等. 2013. 基于冠层光谱植被指数的冬小麦作物系数估算. 农业工程学报，29（20）：118~126.

李泽民. 2014. 基于 HJ-1A/1B 数据的内蒙古河套灌区真实节水潜力分析. 呼和浩特：内蒙古农业大学.

刘昌明，张喜英，由懋正. 1998. 大型蒸渗仪与小型棵间蒸发器结合测定冬小麦蒸散的研究. 水利学报，29（10）：36~39.

刘路广，崔远来，王建鹏. 2011. 基于水量平衡的农业节水潜力计算新方法. 水科学进展，22（5）：696~702.

刘钰，彭致功. 2009. 区域蒸散发监测与估算方法研究综述. 中国水利水电科学研究院学报，7（2）：96~104.

柳树福，熊隽，吴炳方. 2011. ETWatch 中不同尺度蒸散融合方法. 遥感学报，15（2）：255~269.

马林, 杨艳敏, 杨永辉, 等. 2011. 华北平原灌溉需水量时空分布及驱动因素. 遥感学报, 15 (2): 324~339.

彭致功, 刘钰, 许迪, 等. 2009. 基于 RS 数据和 GIS 方法估算区域作物节水潜力. 农业工程学报, 25 (7): 8~12.

彭致功, 毛德发, 王蕾, 刘钰, 张寄阳. 2011. 基于遥感 ET 数据的水平衡模型构建及现状分析. 遥感学报, 15 (02): 313~323.

彭致功, 张宝忠, 刘钰, 等. 2018. 基于灌溉制度优化和种植结构调整的用水总量控制. 农业工程学报, 34 (3): 103~109.

石俊杰, 龚道枝, 梅旭荣, 等. 2012. 稳定同位素法和涡度-微型蒸渗仪区分玉米田蒸散组分的比较. 农业工程学报, 28 (20): 114~120.

水利部科技司. 1997. 节水农业技术发展综述. 节水灌溉, (2): 31~34.

汪富贵. 1999. 大型灌区灌溉水利用系数的分析方法. 武汉水利电力大学学报, 06: 29~32.

吴炳方, 卢善龙. 2011. 流域遥感方法与实践. 遥感学报, 15 (2): 201~223.

吴路萌, 陆成汉. 2005. 粮食水分生产率分析计算与思考. 节水灌溉, (3): 36~37.

谢先红, 崔远来. 2010. 灌溉水利用效率随尺度变化规律分布式模拟. 水科学进展, 21 (5): 681~689.

徐凤英, 盖迎春, 徐中民. 2013. 作物水生产力评估方法研究. 冰川冻土, 35 (1): 156~163.

徐新刚. 2007. 农作物单产模型研究. 北京: 中国科学院.

杨永辉, 丁晋利, 武继承, 等. 2012. 不同水分条件下保水剂对土壤结构的影响. 土壤通报, 43 (5): 1065~1072.

赵丽雯, 赵文智, 吉喜斌. 2015. 西北黑河中游荒漠绿洲农田作物蒸腾与土壤蒸发区分及作物耗水规律. 生态学报, 35 (4): 1114~1123.

Aggarwal P K, Vries F W T P D. 1989. Potential and water-limited wheat yields in rice based cropping systems in Southeast Asia. Agricultural Systems, 30 (1): 49~69.

Ahmada M D, Turral H, Nazeer A. 2009. Diagnosing irrigation performance and water productivity through satellite remote sensing and secondary data in a large irrigation system of Pakistan. Agric. Water Manage, 96: 551~564.

Allen R G, Pereira L S, Raes D, et al. 1998. Crop evapotranspiration: Guidelines for computing crop water requirements. FAO Irrigation and Drainage paper No. 56. Food and Agriculture Organization of the United Nations, Rome, Italy, 15: 87~205.

Amor V M, Ashim D G, Rainer L. 2002. Application of GIS and crop growth models in estimating water productivity. Agricultural Water Management, 54 (3): 205~225.

De Wit C T. 1978. Simulation of Assimilation, Respiration and Transpiration of Crops. Wageningen: Simulation Monographs.

Gevaert C M, García-Haro F J. 2015. A comparison of STARFM and an unmixing based algorithm for Landsat and MODIS data fusion. Remote sensing of Environment, 156: 34~44.

Grafton R Q, Williams J, Perry C J, et al. 2018. The paradox of irrigation efficiency—higher efficiency rarely reduces water consumption. Science, 361 (6404): 748~750.

Hijmans R J, Guiking Lens I M, Van Diepen C A. 1994. User guide f or the WOFOS T6. 0 crop growth simulation model. Technical document, DLO Winand Staring Center, Wageningen, The Netherlands.

Huang C H, Zong L, Buonanno M, et al. 2012. Impact of saline water irrigation on yield and quality of melon (Cucumis melo cv. Huanghemi) in northwest China. European Journal of Agronomy, 43 (3): 68~76.

Immerzeel W. 2010. Historical trends and future predictions of climate variability in the Brahmaputra basin. International Journal of Climatology, 28 (2): 243~254.

Immerzeel W, Gaur A, Zwart S J. 2008. Integrating remote sensing and a process- based hydrological model to evaluate water use and productivity in a south Indian catchment. Agricultural Water Management, 95 (1): 11~24.

Israelsen O W, Peterson D F, Reeve R C. 1950. Effectiveness of gravity drains and experimental pumping for drainage, Delta area, Utah.

Jensen M. 2007. Beyond irrigation efficiency. Irrigation Science, 25: 233~245.

Keulen H V. 1982. Grain formation and assimilate partitioning in wheat, part III. A deterministic approach to modelling of organogenesis in wheat. Simulation of Plant Growth & Crop Production.

Liu J, Zehnder A J B, Yang H. 2008. Drops for crops: Modelling crop water productivity on a global scale. Global Nest Journal, 10 (3): 295~300.

Loeve R, Dong B, Molden D, et al. 2004. Issues of scale in water productivity in the Zhanghe irrigation system: implications for irrigation in the basin context. Paddy & Water Environment, 2 (4): 227~236.

Molden D, Murray-Rust H, Sakthivadivel R, et al. 2001. A water productivity frame work for understanding and action. Wadduwa: Workshop on Water Productivity.

Molden D, Oweis T, Steduto P, Bindraban P, Hanjra M A, Kijne J. 2010. Improving agricultural water productivity: Between optimism and caution. Agricultural Water Management, 97 (4): 528~535.

Penning de Vries D M, Jansen H F M, Ten B, Bakema A P. 1989. Simulation of ecophysiological processes of growth in several annual crops. Field Crops Research, 24 (1): 143~144.

Saxton K E, Rawls W J. 2006. Soil Water Characteristic Estimates by Texture and Organic Matter for Hydrologic Solutions. Soil Science Society of America Journal, 70 (5): 1569.

Törnqvist R, Jarsjö J. 2012. Water savings through improved irrigation techniques: basin- scale quantification in semiarid environments. Water Resources Management, 26 (4): 949~962.

Unkovich M J, Baldock J, Forbes M. 2010. Variability in harvest index of grain crops and potential significance for Carbon Accounting: examples from Australian Agriculture. Advances in Agronomy. V105. Burlington: Academic Press: 173~219.

Van Keulen H, De Vries F, Drees E M. 1982. A summary model for crop growth. In Simulation of plant growth and crop production, 87~97.

Vazifedoust M, van Dam JC, Feddes RA, et al. 2008. Increasing water productivity of irrigated crops under limited water supply at field scale. Agricultural Water Management, 95: 89~102.

Wu B, Jiang L, Yan N, et al. 2014. Basin-wide evapotranspiration management: Concept and practical application in Hai Basin, China. Agricultural Water Management, 145: 145~153.

Yan N, Wu B. 2014. Integrated spatial-temporal analysis of crop water productivity of winter wheat in Hai Basin. Agric. Water Manage, 133: 24~33.

Yan N, Wu B, Perry C, Zeng H. 2015. Assessing potential water savings in agriculture on the Hai Basin plain, China. Agricultural Water Management, 154: 11~19.

Yang Y, Yang Y, Liu D L, et al. 2014. Regional Water Balance Based on Remotely Sensed Evapotranspiration and Irrigation: An Assessment of the Haihe Plain, China. Remote Sensing, 6 (3): 2514~2533.

Yunusa A M, Walker R R, Loveys B R, et al. 2000. Determination of transpiration in irrigated grapevines: Comparison of the heat-pulse technique with gravimetric and micrometeorological methods. Irrigation Science, 20 (1): 1~8.

Zeggaf A T, Takeuchi S, Dehghanisanij H, et al. 2008. A bowen ratio technique for partitioning energy fluxes between maize transpiration and soil surface evaporation. Agronomy Journal, 100 (4): 988~996.

Zhang X Y, Xhen S Y, Sun H Y, et al. 2010. Water use efficiency and associated traits in winter wheat cultivars in North China Plain. Agri. Water Manage，97：1117~1125.

Zhang Y Q，Kendy E，Yu Q，et al. 2004. Effect of soil water deficit onevapotranspiration，crop yield，and water use efficiency in the North China Plain. Agric. Water Manage，64：107~122.

Zhang Y，Shen Y，Sun H，et al. 2011. Evapotranspiration and its partitioning in an irrigated winter wheat field：A combined isotopic and micrometeorologic approach. Journal of Hydrology，408（3-4）：203~211.

第六章 流域生态遥感

由于流域的划分是以水文过程作为依据，因此流域的生态遥感观测与研究的主要对象也是具有典型水文特征的生态功能（如水源涵养、水文调蓄等）以及伴随水文过程而发生的生态过程（如水土流失、面源污染过程等）。

Costanza 1997 年在《自然》杂志发表了"全球生态系统服务价值和自然资本"，首次提到将生态系统服务价值分为气体调节、气候调节、扰动调节、水调节、水供给、控制侵蚀和保持沉积物、土壤形成、养分循环、废物处理、传粉、生物控制、避难所、食物生产、原材料、基因资源、休闲、文化 17 种类型，谢高地等（2015）结合国内民众及管理者对生态服务功能的理解，将 17 种类型进行重新分类，共分为 9 大类型，包括食物生产、原材料生产、景观愉悦、气体调节、气候调节、水源涵养、土壤形成与保持、废物处理、生物多样性维持。

生态过程是生态系统中维持生命的物质循环和能量转换的过程，生态过程的研究是阐明生态系统的功能、结构、演化、生物多样性等的基础。生态过程包括生物过程与非生物过程，生物过程包括种群动态、群落演替、干扰传播等，非生物过程包括水循环、物质循环、能量转换流动等（苏常红和傅伯杰，2012）。

利用遥感监测的方式可以获取长时间流域尺度生态功能要素的分布，并依据要素可以开展流域生态功能评估以及变化分析，是流域生态研究中最重要的手段之一。在本章中，针对流域水源涵养、气候调节等功能，介绍了森林生物多样性的遥感监测，可以直观地反映流域生态功能；针对土壤形成和保持、养分循环以及水环境效应，分别从水土流失和面源污染的遥感快速评估方法方面进行了阐述，并对流域受纳水体水质遥感监测方法进行了解析；针对流域水调节，介绍了生态工程遥感监测方法。

第一节 土壤侵蚀遥感监测

土壤侵蚀是发生在陆地表面自然与人文交互耦合的复杂地理过程，在对土壤侵蚀影响因子定量分析和土壤侵蚀过程机理定量研究的基础上，长期以来人们就试图建立严格的数学方程来描述土壤侵蚀规律，来定性与定量地评价流域尺度的土壤侵蚀强度状况。

一、土壤侵蚀及影响因子

土壤侵蚀强度是指地壳表层土壤在自然营力（水力、风力、重力、及冻融等）和人类活动综合作用下，单位面积和单位时段内侵蚀并发位移的土壤侵蚀量，以土壤侵蚀模数表示，其单位为 t/km^2，采用单位时段内的土壤侵蚀厚度，其单位为 mm/a。土壤侵蚀遥感监测中常用的定性监测方法包括目视解译、指标综合、影像分类等；定量的预测预报模型主要有经验统计模型、物理过程模型、分布式模型；以及数字高程模型方法、神经网络方法等其他方法（张喜旺等，2010）。

在世界范围内最广泛使用的土壤侵蚀监测方法是 USLE 模型及其改进模型，它是一个基于美国东部的数据，评估长期片蚀和细沟侵蚀的经验模型。由于 USLE 全面考虑了影响土壤侵蚀的自然因素，并通过降雨侵蚀力、土壤可蚀性、坡度坡长、作物覆盖和水土保持措施五大因子进行定量计算，具有很强的实用性，因此 USLE 及其改进版本被应用在世界范围内的不同空间尺度、不同环境和不同大小的区域，已经被运行在不同大小的区域，如小至 $2.5km^2$ 的小流域，大到 $10000km^2$ 的大流域（Zhang et al.，2010）。

在没有足够数据支撑的条件下，计算土壤侵蚀模数是非常困难的，实际应用中主要通过植被覆盖度、植被结构、坡度、土壤质地、海拔、地貌类型等间接指标进行综合分析而实现。中华人民共和国水利部标准 [《土壤侵蚀分类分级标准》（SL 190—2007）] 对各种侵蚀给出了利用指标进行评判的标准，是我国水土保持部门最常用的一种计算土壤侵蚀风险的方法，其中，水利侵蚀的面蚀按照耕地与非耕地分别在坡度与覆盖度上的表现进行分级，从而划分土壤侵蚀等级。1999 ~ 2001 年，在此方法的基础上利用 TM 影像进行第二次全国土壤侵蚀遥感调查。该方法的优势在于省去了大量的人力和时间，结合遥感影像和 GIS 技术可以快速地进行土壤侵蚀的调查。

在土壤侵蚀监测中，遥感的作用在于：①可以直接反映土壤侵蚀信息，如基于野外调查，综合影像特征、专家知识以及辅助信息可以直接基于影像划分侵蚀等级；②遥感更多的作用在于为土壤侵蚀监测和模型提供数据支撑，如植被覆盖参数、土地覆盖参数、土壤信息、地形信息、降雨信息、植被和管理措施信息等；③侵蚀特征和侵蚀区域的监测，如利用高分辨率遥感影像对单个大中尺度冲沟的探测；④侵蚀结果的探测，如利用多时相的遥感影像估算水域的沉积量，利用水体表面对可见光和近红外的反射受悬浮沉积物的影响机理估算侵蚀影响下水域的水质。

二、土壤侵蚀遥感监测定量方法

（一）侵蚀模型法

土壤侵蚀定量监测必须依赖于描述抽象的客观世界土壤侵蚀规律和过程的定量模型。Cook（1936）、Zingg（1940）和 Smith（1940）对水蚀因子与土壤侵蚀流失量的分析和数学模型建立，标志着土壤侵蚀定量理论研究的开始（Renard et al.，1997）。一个多世纪以来，随着对土壤侵蚀机理过程和影响因子研究的深入，基于坡面、径流小区或小流域尺度建立了许多模型，其中以美国和欧洲为代表。

我国学者对国外模型进行讨论和总结的基础上认为，根据土壤侵蚀模型的建模手段和方法，土壤侵蚀模型可以分为经验统计模型和侵蚀机理过程模型（吕喜玺和史德明，1994；郭新波，2001；符素华和刘宝元，2002；张光辉，2002）。经验统计模型是以大量实测资料为基础，综合分析影响土壤侵蚀的因子，采用数理统计方法，拟合出土壤侵蚀量与侵蚀因子之间定量关系的模型，它没有解释或描述土壤侵蚀过程。物理成因模型以土壤侵蚀的机理过程为基础，运用水力学、土壤学、水文学和河流泥沙动力学等学科的基本原理，根据已知降雨、径流条件来描述土壤侵蚀产沙过程，从而预报在给定时段内的土壤侵蚀量。也有学者认为根据建模对象不同可以分为面向坡面模型和流域模型（符素华和刘宝元，2002）；也有学者将其中的物理成因模型分为物理过程模型和动力学模拟模型（李国瑞等，2003）；同时也有将物理过程模型分为次雨量坡面过程、次雨量流域过程模型、连续坡面过程和连续流域过程模型（郭新波，2001）；周正朝和上官周平（2004）把它们总结为经验统计模型、物理过程模型和分布式模型。

在总结已有模型文献基础上认为，模型归纳分类并没有严格的理论基础和界限标准，只是从建模手段和方法上进行划分，为了对已有模型特征有个总括归纳，便于对模型进行分析总结。所以从模型建立手段、方法上可以分为经验统计模型和物理过程模型。

1. 经验统计模型

大量的统计分析资料经数学表达转化成输出结果，而没有描述或解释有关过程所建立的模型为经验统计模型。在对土壤侵蚀机理缺乏认识之前，经验统计模型的建立对土壤侵蚀机理研究奠定了基础，并加深了对土壤侵蚀机理的认识。

1）USLE 模型

通用土壤流失方程（USLE）是美国农业部建立的经验统计模型，是当前应用最广泛的模型，而美国土壤侵蚀预测预报模型研究与应用也一直居于世界前列（李锐和徐传早，1998）。

1917 年美国 Miller 在密苏里农业试验站建立了长 27.6m、宽 1.83m 的径流小区，从而开创了水土保持经验模型研究的先河（Miller，1926）。20 世纪 20 年代，在美国农业部土壤专家 Bennett 的呼吁下，拉开了美国开展大规模水土保持研究的序幕（Bennet，1939）。1936 年 Cook 提出了影响土壤侵蚀的 3 个因子：土壤可蚀性、坡度坡长和植被覆盖对侵蚀地表的保护因子（Cook，1936）。1940 年 Zingg 首次建立了土壤侵蚀速率与坡度坡长的定量关系（Zingg，1940）。Smith 在 Zingg 建立的关系式的基础上，增加了作物因子和水土保持措施因子对土壤侵蚀的影响（Smith，1940）。Browning 等（1947）又研究了土壤可蚀性以及轮作和经营管理因子对土壤侵蚀的影响。Musgrave（1947）在总结上述方程应用的基础上，重新估价了方程中使用的变量，并增加了降雨因子，从而建立了 Musgrave 方程。1948 年，Smith 和 Whitt 提出一种"比值"式的土壤侵蚀估算方程（Smith and White，1948）。谢云认为，比值法的提出，实际已是后来通用土壤流失方程建立思想的雏形（谢云等，2003）。1954 年美国农业部在 Purdue 大学成立了国家径流与土壤侵蚀数据中心，负责收集美国境内所有小区降雨、径流和泥沙数据。Wischmeier 等利用国家水土流失中已收集到的资料进行统计分析，得到经验性的土壤流失通用方程 USLE，1965 年，通过土壤流失方程的详细介绍以农业手册 282 号形式正式出版，其基本形式为

$$A = R \times K \times L \times S \times C \times P \tag{6-1}$$

式中，A 为任一坡地在特定的降水、作物管理制度及所采用的水土保持措施下年平均土壤流失量（t/hm^2）；R 为降水和径流侵蚀因子（是单位降雨和径流侵蚀指标）；K 为土壤可侵蚀因子（标准小区上单位降雨侵蚀指标的土壤流失率）；LS 为地形因子，其中，L 为坡长因子，S 为坡度因子（等于其他条件相同时实际坡度与 9% 坡度相比土壤流失比值）；C

为植被覆盖和经营管理因子，等于其他条件相同时，特定植被和经营管理地块上的土壤流失与标准小区土壤流失之比；P 为水土保持措施因子，等于其他条件相同时实行等高耕作，等高带状种植或修地埂、梯田等水土保持措施后的土壤流失与标准小区上土壤流失之比。

随着对土壤侵蚀理论认识的深入，以及在 USLE 应用过程中所遇到的一些问题，从 20 世纪 80 年代开始对 USLE 进行修订。1997 年以农业手册 703 号正式出版了修订的通用土壤流失方程 RUSLE（revised universal soil equation）（Renard et al., 1997）。修订版通用土壤流失方程的突出特点为：建立了计算机模型，模型提供了一些主要参数和变量的数据库，供用户根据实际情况选择使用；二是根据已有研究成果，细化了各个因子的计算过程。

在实际应用中，USLE 或 RUSLE 模型对泥沙在搬运过程中的沉积与侵蚀随时间和空间变化无法解释，而且随着计算机和信息技术的开发应用，对土壤侵蚀机理的研究也进一步深入，这就为建立新一代的数字化的土壤侵蚀预测预报模型奠定了基础，基于侵蚀机理过程的 WEPP 模型也随之发展起来。

上述 USLE 模型是典型的经验模型，以统计为基础的经验模型需长期的降雨和土壤流失资料，此种模型一旦建立，即可提供一个简便而快速的流失预测方程。但是流失方程是根据试验区专门资料而产生的，是为美国的情况而设计，仅代表建立模型的地区，方程在原试验区推广和外延时具有很大的不确定性，而在其他区域应用时需要做适当的修改。因为不经过仔细的检验和校准，任何引入的变化产生的结果都是不可接受的。因此提出的修改必须经过对原来文献的研究和在研究区内进行典型试验研究的评价。在欧洲共同体 CORINE 计划土壤侵蚀风险评价方案中也提到，即使经过研究区域修订，这样建立起来的土壤侵蚀模型只能被看做一个初步的近似。

2）AGNPS 模型

农业非点源污染模型 AGNPS（agricultural nonpoint source）是由美国农业部建立的基于事件的分布式参数模型（Young et al, 1995）。以流域为研究对象，将流域离散化为土地利用、水文、土壤、植被等物理特性均质的网格，以解决空间异质性问题。该模型由水文、侵蚀、沉积物和化学物质迁移三大模块组成，其中土壤侵蚀模块采用 USLE 计算流域土壤侵蚀量，用曲线数法进行网格上径流量计算。模型需要输入 22 个参数，在每一个网格单元上输入所有的参数，输出结果主要有水文、沉积和化学物迁移。模型公式如下：

$$SL=(EI)\times K\times LS\times C\times P\times(SSF) \tag{6-2}$$

式中，SL 为土壤侵蚀量；EI 为暴雨产生的整个动能和最大 30 分钟雨强；K 为土壤可蚀性因子；LS 为地形因子；C 为作物覆盖和管理因子；P 为水土保持因子；SSF 为在一个单元内可调整的坡型因子。

该模型仍为经验统计模型，模拟过程以网格进行，要求在运算过程中输入所需的所有参数。

3）EPIC 模型

Williams 等 1984 发展了侵蚀 – 生产力评价模型 EPIC（erosion- productivity impact calculator）。EPIC 用来评价土壤侵蚀对生产力的影响，确定农业生产上管理因素的影响。

该模型第一次把土壤侵蚀和土壤生产力结合起来，主要包括水文气象、侵蚀与沉积、养分循环、植物生长、耕作、土壤温度、经济因子、土壤排灌以及施肥 9 个因子、36 个方程。EPIC 模式从作物产量的下降程度上，也显示出对侵蚀的敏感性。但模型复杂，考虑因子多，还未得到普遍应用。

2. 物理过程模型

1）WEPP 模型

由于 USLE 的限制和对土壤侵蚀机理研究的深入，1985 年，美国农业部组织农业局、林业局、水保局及土地管理局，进行了土壤侵蚀预报 WEPP（water erosion prediction project）的研究工作。于 1995 年发布了第一个官方版本。水力侵蚀预测模型（WEPP）是一个基于土壤侵蚀物理过程的、分布式参数、连续模拟的计算机模型。可以模拟出引起水土流失的重要自然过程，如气候、入渗、植物蒸腾、土壤蒸发、土壤结构变化、泥沙沉积等；同时可模拟不规则形的陡坡、土壤、耕作、作物及管理措施；可以计算土壤侵蚀随时间和空间变化；可预测泥沙在坡地和流域中的运移状态。WEPP 主要子模型包括气候模拟（CLIGEN）、地表水文、亚地表水文、水分平衡、土壤分离、泥沙运移和沉积、植物生长、残茬分解、地表水流、细沟侵蚀和细沟间侵蚀、沟底水流过程、沟蚀、汇流、积水条件等，该模型有坡面版、流域版和网络版 3 个版本，其中以坡面版最为完善。但模型参数过多，且有些参数不易获得，该模型仍在不断发展完善过程中，当前已发布模型版本 2004。

2）LISEM 模型

LISEM（limburg soil erosion model）最初建立是为了在荷兰 Limburg 省模拟植草措施或其他小尺度水保措施对土壤流失影响。该模型是一个基于物理过程和 GIS 的土壤流失和径流量预报模型（De Roo，1996）。模型模拟水文和沉积物传输在小流域的单次降雨事件后。模型考虑了降雨、截留、填洼、渗透、土壤分散、水分运动等主要过程。LISEM 在对土壤侵蚀过程的描述和模拟方面，不如 WEPP 那样深入和全面，但模型涉及图层全部是栅格形式，能与 GIS 完全集成并直接利用遥感数据，可更加清楚地反映土壤侵蚀机理和时空动态，在一定程度上代表了土壤侵蚀模型开发的新思路。但该模型许多参数不易获取，必须通过一系列野外观测试验才能获得，因此影响了模型的应用。

3）EUROSEM

英国的 Morgan 等根据欧洲土壤侵蚀学者的研究成果，开发了用于预报田间和流域的土壤侵蚀模型 EUROSEM（Morgan et al.，1998）。该模型是基于物理成因和次降雨分布式侵蚀模型。模型中将侵蚀分为细沟间侵蚀和细沟侵蚀两部分。考虑了植被截流对下渗和降雨动能的影响，并考虑了土壤表层岩石碎块覆盖对下渗、流速和溅蚀的影响。该模型适用于田间尺度和小流域，可作为选择水土保持措施的工具。

4）ANSWERS 模型

1980 年 Beasly 等开发了 ANSWERS（area nonpoint source watershed environment response simulation）模型（Beasly et al.，1980）。该模型用于研究土地管理对土壤侵蚀和沉积量的影响。模型将研究小流域划分成若干网格单元，每个网格上的土壤、植被覆盖、土地利用、作物等均匀分布，先模拟各个小块，一小块的输出结果将成为另几个小块的输入数据。ANSWERS 模型需要大量详细的数据，从输出的打印结果可获得流域特性、水文资料、泥沙含量和泥沙沉积。模型的缺陷是未考虑沟蚀，且无地下水引起的入流和出流。模型对土壤物理和渗透参数的错误非常敏感。ANSWERS 模型可模拟暴雨期间和雨后某流域的特性。

5）CREAMS 模型

Knisel（1980）建立了考虑作物养分和杀虫剂的农业管理系统水土流失及化学物流失预报模型 CREAMS（a field scale model for Chemical，Runoff，and Erosion from Agricultural Management Systems）。该模型包括径流、侵蚀产沙和化学污染物模拟 3 部分，用于预测田间尺度的多种耕作管理措施下径流量、侵蚀速度以及溶解和吸附的化学物质含量所引起的非点源污染（Knisel，1980）。

6）SWRRB 模型

Williams 等在 CREAMS 模型基础上建立了乡村流域水资源模型 SWRRB（simulator for water resources in rural basins），用于预报流域选定管理方案对水沙的影响（Williams et al.，1985；Arnold et al.，1990）。模型中考虑了气温、太阳辐射、大气蒸发和作物蒸腾作用等在水文循环中的影响。该模型以天为时间步长，可模拟流域水文和相关过程很少时期内的连续变化。然而，SWRRB 最多只能将流域划分为 10 个分支流域，而且该模型是以假定各分支流域的径流和沉积物都直接到达流域出口为前提的。ROTO 的开发克服了这些限制，但是要使用该模型，就必须首先运行 SWRRB。再将其数据转入 ROTO。为了克服这种缺陷，在 SWRRB 和 ROTO 基础上发展了 SWAT 模型（汪东川和卢玉东，2004）。

7）SWAT 模型

SWAT（soil and water assessment tool）是美国农业部（USDA）农业局（ARS）在综合已有模型基础上，由 Jeff Arnold 博士开发的流域尺度的水土评价工具（Neitsch et al.，2000）。该模型是直接由 SWRRB 模型基础上发展起来的一个长时段的流域分布式水文模型，并且 CREAMS、GLEAMS（groundwater loading effects on agricultural management systems）（Leonard et al.，1987）和 EPIC 模型对它的建立也有很大的贡献。它适应于具有不同的土壤类型、土地利用方式和管理条件下的大流域，并能在资料缺乏的地区建模，在加拿大和北美寒区有广泛的应用。SWAT 模型将流域分为若干子流域，在每一个网格单元（或子流域）上应用传统的概念性模型来推求净雨，再进行汇流演算，最后求得出口断面流量。用来预测较长时期土地管理措施对水、沉积物及农业化学物的影响。该模型基于物理过程，而不是建立输入和输出变量之间回归分析方程。

8）GUEST 模型

澳大利亚 Misra 等在 Hairsine 所提出的坡面水流侵蚀理论以及降雨侵蚀理论的基础上提出了次降雨侵蚀产沙土壤侵蚀物理模型——格里菲斯大学土壤侵蚀模型 GUEST（griffith university erosion system template）（Misra and Rose，1996）。模型中考虑了有细沟和无细沟两种情况下的土壤侵蚀。但是，该模型需已知坡面出口断面的径流过程，同时它主要适用于裸地径流小区，因此限制了模型在其他地区的使用。

模型总结见表 6-1 和表 6-2。

表6-1　经验统计模型总结

模型	名称	发布国家	参考文献	模型特点
USLE	通用土壤流域方程	美国		是应用最广的经验统计模型，包括降雨侵蚀力 R、土壤可蚀性 K、坡度坡长 SL、耕作措施管理措施 CP 六个因子
AGNPS	农业非点源污染模型		Young et al.，1989	以流域为研究对象，模型的基本部分包括水力、侵蚀、泥沙和化学物质的运输。模型公式为：$SL = (EI) \times K \times LS \times C \times P \times (SSF)$。
EPIC	侵蚀—生产力评价模型		Williams et al.，1983	EPIC 包括水文气象、侵蚀与沉积、养分循环、植物生长、耕作、土壤温度、经济因子、土壤排灌以及施肥 9 个因子、36 个方程。但模型复杂，考虑因子多，还未得到普遍应用

表6-2　物理过程模型总结

模型	名称	发布国家	参考文献	模型特点
WEPP	水蚀预报模型	美国	Laflen et al.，1991	基于土壤侵蚀物理过程的计算机模型，可以模拟出引起水土流失的重要自然过程，如气候、入渗、植物蒸腾、土壤蒸发、土壤结构变化、泥沙沉积等
LISEM	Limburg 土壤侵蚀模型		De Roo et al.，1996	基于 GIS 的流域物理过程模型。模型考虑了降雨、截留、填洼、渗透、土壤分散、水分运动等主要过程
EUROSEM	欧洲土壤侵蚀模型		Morgan et al.，1998	基于物理成因和次降雨分布式侵蚀模型，模型中将侵蚀分为细沟间侵蚀和细沟侵蚀两部分。适用于田间尺度和小流域，可作为选择水土保持措施的工具
ANSWERS	非点源流域环境响应模拟模型		Beasley et al.，1980	模型将研究小流域划分成若干网格单元，每个网格上的土壤、植被覆盖、土地利用、作物等均匀分布，先模拟各个小块，一小块的输出结果将成为另几个小块的输入数据
CREAMS	农业管理系统水土流失及化学物流失预报模型		Knisel，1980	该模型包括径流、侵蚀产沙和化学污染物模拟 3 部分，用于预测田间尺度的多种耕作管理措施下径流量、侵蚀速度以及溶解和吸附的化学物质含量所引起的非点源污染
SWRRB	乡村流域水资源模型			模型考虑了气温、太阳辐射、大气蒸发和作物蒸腾作用等在水文循环中的影响，以天为时间步长，可模拟流域水文和相关过程很少时期内的连续变化
SWAT	水土评价模型	美国	Arnold，1996	美国农业部（USDA）在综合已有模型基础上，直接由 SWRRB 和 ROTO 模型基础上发展起来的一个长时段的流域分布式水文模型

续表

模型	名称	发布国家	参考文献	模型特点
GUEST	格里菲斯大学土壤侵蚀模型	澳大利亚		次降雨侵蚀产沙土壤侵蚀物理模型

3. 模型评价

国际地圈生物圈计划–全球变化与陆地生态系统（IGBP-GCTE）土壤侵蚀网分别于1995年和1997年召开研讨会，以田块和流域两个尺度对土壤水蚀模型进行了评价和总结（Victor et al., 1999）。其中1995年基于田块尺度采用73个（试验点/年）数据评价了7个水蚀模型，试验田块范围为$0.01 \sim 10hm^2$；1997年会议以荷兰南部的一个$40hm^2$农业小流域检验评价了7个小流域尺度的水蚀模型。

IGBP-GCTE对目前主要模型的评价结果表明：

（1）在大多数情况下，在小流域尺度对模型检验结果表明，模型的相对结果比绝对结果（径流量、泥沙量）更可靠。

（2）模型对总径流量的预测结果优于峰值径流的预测结果，径流的预测结果好于泥沙量的预测结果。

（3）一般基于事件的流域模型对峰值径流的预测比连续模型预测结果要好。

（4）空间分辨率在该流域评价中没有表现出影响。

（5）即使基于流域对模型进行了校验，但也不能肯定在模型应用于校验事件之外的降雨事件预测时有可靠的结果。

（6）大部分模型在使用前应该校验（calibration），部分模型必须校验，否则无法使用。

4. 国内水土流失定量模型研究

我国土壤流失定量监测始于20世纪40年代，先后在天水等地建立水土保持试验站，对水土流失进行定位观测，而大规模的水土流失监测则是在20世纪50年代以后（李锐等，1999）。50年代初，黄秉维研究了陕甘黄土地区影响土壤侵蚀量的环境因素及方式（黄秉维，1953），其后，朱显谟对黄土区土壤侵蚀特征、空间分异规律、影响因素等进行了研究和分析（朱显谟，1960），从而为我国土壤侵蚀定量研究开拓了发展方向。

总结国内土壤侵蚀模型的发展，根据模型建立手段、方法和理论依据，目前模型主要有经验模型和物理机理模型两类。其中经验模型也有人称为因子分析模型（李国瑞等，2003）。相对于国外土壤侵蚀模型的发展与应用，我国定量模型起步较晚，1953年刘善建根据10年的径流小区观测资料，首次提出了计算年度坡面侵蚀量的公式，从而开启了我国土壤侵蚀定量模型研究的序幕。

早期土壤侵蚀定量研究侧重于野外径流小区的试验，观测相同下垫面条件下不同降雨的侵蚀，或者相同降雨条件下不同下垫面的侵蚀。后来逐渐发展到室内的试验研究，利用人工降雨开展单因素侵蚀相关研究，如降水、坡度、坡长、坡向、植被、土壤质地等单要素与侵蚀量的关系，并建立不同形式的土壤侵蚀预报方程，从而产生了土壤侵蚀定量经验模型的雏形。

20世纪70年代以后，我国开始土壤侵蚀经验模型的研究，研究了降雨特征、雨滴动能、溅蚀及降雨径流侵蚀力、植被盖度、植被截留、土壤可蚀性、微地貌形态等因素与侵蚀量的关系（李勉等，2002）。初步形成了以小流域为单元进行水土流失研究的格局，从而奠定了我国以小流域为单元进行水土保持治理的初期思路。

80年代美国通用土壤流失方程开始引进和应用于我国，对我国土壤侵蚀经验模型的研究产生重大影响。许多学者结合我国土壤侵蚀特点，基于地面径流小区实测资料，对模型因子进行了订正试验，其中付炜（1997）以晋西离石王家沟流域为试验区，分析了适用于黄土丘陵沟壑区的通用土壤流失方程（USLE）模型的构造原理和建立方法，并用灰色控制系统的理论和方法确定了模型中各参数值，建立了适合该区水土流失的USLE修正方程。随着计算机及GIS技术的发展，信息技术被应用于通过土壤流失方程中进行因子的修订和计算，使得土壤流失方程在土壤流失监测应用中有了很大的提高（卜兆宏等，1999；蔡崇法等，2000；史志华等，2002）。

在美国通用土壤流失方程的推动下，20世纪80年代开始，我国在基于坡面或径流小区等尺度单元对土壤侵蚀进行了大量研究，着重研究侵蚀量与其影响因子之间的定量关系，并建立了许多区域性（径流小区或小流域尺度）土壤侵蚀经验方程，其中，以江忠善等关于降雨特性与侵蚀量之间的关系的研究（汪忠善等，1996）、刘宝元对坡度坡长因子的研究具有较好的代表性（符素华和刘宝元，2002）。

在对各侵蚀因子的定量研究中，目前比较成熟的是对降雨因子和地形（坡度、坡长）因子的研究，对植被、水保措施因子也有一些研究。对土壤因子，一种方法是研究土壤可蚀性，另一种方法是研究土壤抗冲抗蚀性，由于概念上的差异和研究方法、指标等方面的不尽统一和不尽成熟，还难以运用于模型之中。比较系统全面、富有中国特色的工作是在黄土高原进行的，虽然已有比较大的进展，但在实用性方面还存在一系列问题（李锐等，1999）。

而以上经验模型的研究应用所面临的共同问题是，它们基本上是从坡面或径流小区为研究单元，以小流域尺度为应用单元，所建立或应用的模型能否在更大范围内推广是面临的共性问题。同时经验模型是一个经验统计方程，主要是从影响侵蚀产沙的因子出发，根据大量观测和实验数据，对土壤侵蚀影响因素进行分析，采用数理统计方法，拟合出侵蚀方程的参数，难以表达土壤侵蚀的机理过程，因此又被称为黑箱模型。

土壤侵蚀机理模型模拟了土壤侵蚀过程，从侵蚀机理角度来建立土壤侵蚀定量模型。黄秉维先生在总结前人成果的基础上认为，从水力侵蚀的机理出发，坡面水蚀可分为两个阶段：首先是土粒与土体的分离过程，其次是径流搬运已被分离的松散土粒过程（黄秉维，1988），也有部分学者认为还应包括第三个阶段，即沉积过程（扬子生，2001），同时就降雨侵蚀营力也进行了讨论。上述理论的建立，对近期土壤侵蚀营力的定量模型奠定了理论基础（张光辉，2002）。谢树楠等（1990）从泥沙运动力学的基本原理出发，将研究区域划分为若干坡面基本单元，建立了坡面产沙量与雨强、坡长、坡度、径流系数和泥沙中数粒径间的函数关系，建立了具有一定理论基础的流域侵蚀模型。汤立群（1996）从流域水沙产生、输移、沉积过程的基本原理出发，建立了适合于中小流域的包括径流模型和泥沙模型两部分的土壤侵蚀模型。蔡强国等（1998）以晋西羊道沟流域为研究单元，建立了具有一定物理基础的侵蚀—输移—产沙过程的小流域次降雨产沙模型。它由坡面、沟坡和沟道 3 个相互联系的子模型构成。

已有的土壤侵蚀预测预报物理模型，主要是考虑并计算坡面径流量、径流侵蚀力、溅蚀和沟蚀分散量、输沙能力等。在对黄土高原区域研究中通常根据黄土侵蚀地貌的特征，按梁坡、沟坡、沟道三个单元分别建立模型，沟坡模型基本上还是统计模型，认为沟坡侵蚀产沙量与沟坡径流和上部产沙量等有关，沟道模型则主要是用泥沙输移比来研究沟道冲淤变化规律，严格说还是半物理性质的（李锐等，1999）。

无论是经验统计模型还是物理过程模型，我国目前在定量研究方面还基本上是以小尺度研究单元为主，在区域外推方面具有很大的限制性，同时尚未形成主流趋势和系统性研究方法，从而使得研究零散分散。同时在土壤侵蚀的水动力学机理方面尚不明确，含沙量对土壤侵蚀的关系不确定。土壤侵蚀定量模型的研究，在很大程度上亟待研究方法的突破、创新和新技术的应用。遥感技术的快速发展，为土壤侵蚀的监测提供了新的技术和手段，同时计算机、地理信息系统等技术也被广泛应用于土壤侵蚀模型的研究中，为土壤侵蚀定量监测提供了技术支持和保证。

5. 土壤侵蚀模型总结

基于上述国内外土壤侵蚀模型研究及其应用进展分析，可以发现，无论是经验统计模型还是物理过程模型，其理论基础均为水文学、土壤学和河流泥沙动力学等。模型构建主要基于长时期的野外观测资料或室内侵蚀过程模拟，而遥感和地理信息系统技术在其中仅作为辅助手段，目前能集成 GIS 并直接利用遥感数据的也仅限于 LISEM，但与其他模型存在共性的问题是，模型参数多，且多需要以野外实测数据作为应用输入，这与研究主旨相悖，不能发挥遥感和 GIS 的优势。而土壤侵蚀模型的研究，是地理学、水文学、动力学和土壤学等领域学者的主要研究方向，而模型研究的突破也在于土壤侵蚀过程机理的研究与侵蚀因子关系研究之上，而不能仅靠手段的改进，因为遥感和 GIS 也只能提供实现的平台和技术手段。

鉴于以上分析土壤侵蚀监测中采用已有的经验统计模型中的 USLE 模型，获取土壤侵蚀量。

（二）数字高程模型方法

在侵蚀模型的应用中，DEM 的作用主要在于可以提取出各种地形参数，如坡度、坡向、坡长以及地表破碎度等，作为模型的输入内容进行土壤侵蚀计算。本节所提的方法指的是利用 DEM 直接进行量测，即通过对不同时期获取的 DEM 数据进行减法运算，获取土壤侵蚀量和沉积量。DEM 数据的获取可以是实地测量、立体像对、SAR 干涉测量以及三维激光扫描仪等。

实地测量主要指的是利用不同时相的实测高程数据分别建立数字高程模型，以计算两个时期间隔内的土壤侵蚀量。该方法理论成熟、测量精度较高，高程测量高，但为了能建立高精度的 DEM，样本点及样本数都有严格的要求，因此需要耗费大量的人力、物力和时间，所以该方法并不适合大区域作业。

利用不同时相的立体像对提取 DEM，以计算这一时段内的土壤侵蚀量和沉积量。Dymond 和 Hicks（1986）根据历史航空影像，利用传统的立体测图仪计算了流域所有侵蚀和沉积区域的高程变化，从而估算了新西兰山地整个 Waipawa 流域 1950～1981 年及期间平均每年土壤侵蚀量，认为这种方法适用于新西兰绝大部分地区，高程精度可控制在±0.5～±4m。Derose 等（1998）根据三期历史航空照片制作了高分辨率的序列 DEM，对 Waipawa 流域上游的 11 条沟谷的侵蚀变化进行了定量研究。Harley 和 Ronald（1999）则根据历史航空照片对同一个流域上游 26 个沟谷的侵蚀变化做了定量估算。

Smith 等于 2000 年研究证明，利用 SAR 相干测量法提取 DEM 可以估算侵蚀和沉积量，该方法适用大于 4m 净侵蚀的区域。

已有学者利用三维激光扫描仪定期进行观测，以获取不同时相的立体三维信息来计算区域的侵蚀量和沉积量。扫描仪测量精度可达到毫米级别，但此方法也只能适用于小区域操作，且植被的影响是这一研究需要重点考虑的。

利用多时相 DEM 进行土壤侵蚀研究的明显优点是能够快速、准确地获取土壤侵蚀和沉积量及其分布位置。然而也有其缺点，就目前遥感技术应用水平而言，此方法仅适用于对发生极端的侵蚀事件（如洪水、塌方等）进行监测或对长期土壤侵蚀的历史过程进行模拟（Hildenbrand et al.，2008）。

（三）其他方法

1. 经验统计模型

近年来，神经网络技术被广泛地应用于土壤侵蚀预报研究中。张科利等（1995）通过实体模型的计算及结果分析表明，作为一种方法，神经网络理论用来预报土壤流失是可行的。洪伟和吴承祯（1997）利用闽东南地区径流试验场观测资料，用三层 BP 人工神经网络算法，以 USLE 方程中的变量因子作为参数输入变量，计算径流场的土壤流失量。张小峰等（2001）应用 BP 神经网络模型的基本原理，以流域降水条件为基本因子，建立流域产流产沙 BP 网络预报模型，该模型能用于定量分析流域人类活动对产流产沙的影响。神经网络模型在土壤侵蚀中的应用，为侵蚀产沙预报提供了一种新思路，但由于模型自身的特点，很难考虑流域内空间变化对产沙的影响。

2. 地理信息系统（GIS）

GIS 在土壤侵蚀模型中的应用按照应用方法可分为 3 类。一是以 GIS 为工具，利用 GIS 提取模型所需因子，然后按照模型要求利用 GIS 的图形运算和地图代数运算，最后得到计算结果；二是将 GIS 与土壤侵蚀模型作为两个不同的系统，考虑结合方法的问题；三是利用 GIS 开发新的模型或改善已有模型。

胡良军等（2001）以 GIS 为工具，提取沟壑密度、汛期降水量、大于 0.25mm 风干土水稳性团粒含量、植被盖度和坡耕地面积比 5 个参数，建立了黄土高原区域水土流失评价模型；David 和 Darren（2000）利用 Avenue 将 AGNPS 与 ArcView 进行集成；De Roo（1996）在荷兰农业部和地方政府的资助下建立了 LISEM 模型，较详细地考虑了土壤侵蚀产沙的各个环节，能较好地模拟土壤侵蚀发生过程，并与 GIS 集成。

应用 GIS 可以方便地进行参数输入，也可将模型的计算结果描述土壤侵蚀空间分布差异，同时用户可用 GIS 模型中的数据分析工具，根据所需目的进行数据分析和查询。这些优点使得 GIS 与土壤侵蚀分布模型的结合，成为当前侵蚀模型研究发展的一个重要方向。

三、土壤侵蚀遥感监测定性方法

（一）目视判读

目视判读法（目视解译）主要是通过对遥感影像的判读，对一些主要的侵蚀控制因素进行目视解译后，根据经验对其进行综合，进而在叠加的遥感图像上直接勾绘图斑（侵蚀范围），标识图斑相对应的属性（侵蚀等级和类型）来实现的。目视解译是土壤侵蚀调查中基于专家的方法中最典型的应用。这一方法利用对区域情况了解和对水土流失规律有深刻认识的专家，使用遥感影像资料，结合其他专题信息，对区域土壤侵蚀状况进行判定或判别，从而制作相应的土壤侵蚀类型图或强度等级图，其实质是对计算机储存的遥感信息和人所掌握的关于土壤侵蚀的其他知识、经验，通过人脑和电脑的结合进行推理、判断的过程（杨胜天和朱启疆，2000）。

我国水土保持部门于 1985 年使用该方法，采用 MSS 影像在全国范围内进行第一次土壤侵蚀遥感调查（颉耀文等，2002）；印度使用 MSS 和 TM 以及 IRS-1A 的 LISS-Ⅱ 数据进行土壤侵蚀和耕地变化的解译调查（Dwivedi et al.，1997）；欧洲几位土壤侵蚀专家于 1989 年利用目视判读方法制作西欧地区的土壤侵蚀风险图（De Ploey，1989）；Hassan 等于 1999 年在 Sudan 的 Atbara 流域采用目视判读方法结合多期 TM 影像进行沟道侵蚀的调查研究（Hassan et al.，1999）。

该方法的优点在于可以将人的经验和知识与遥感技术结合起来，充分利用专家的先验知识和对土壤侵蚀影响因素的综合理解以及利用人脑对影像纹理结构的理解优势，避免了单纯的光谱分析可能带来的误差。缺点主要是：①主观性强。由于没有明确的标准（Yassoglou et al.，1998），且影响土壤侵蚀的各种要素组合和变化的复杂性以及调查人员认识的差异性，往往造成不同专家各抒己见，难得一致（蔡继清等，2002）。②成本高，效率低。由于这种方法需要投入大量的人力、资金和时间，使得其成本和时效不能兼顾。③可对比性差。由于方法的主观性使得其结果难以在空间区域和时间序列上进行对比。

（二）指标综合

这类方法的共同特征是综合应用单个或多个侵蚀因子，制定决策规则，与各侵蚀等级建立关联关系。侵蚀因子的选择以及决策规则的制定通常是基于专家的判断，或对区域侵蚀过程的深刻认识。最基本的方法是，根据侵蚀过程中各侵蚀因子的重要性，分别赋予不同的权重，通过因子的加权或加权平均结合已制定的决策规则确定侵蚀风险（Shrimali et al.，2001；Jain and Goel，2002；Vrieling et al.，2002）。

Hill 等于 1994 年应用 If-then 决策规则结合 Landsat TM 数据光谱分离得到的植被覆盖信息和土壤状态，并将结果关联到侵蚀等级上，进一步结合相同季节不同年份的结果进行对比给出最终的侵蚀风险评价结果（Hill et al., 1995）。Vrieling 等（2003）采用在专家打分基础上各因子综合的方法对哥伦比亚东部平原上侵蚀风险绘图法进行研究，根据地质、土壤、地貌、气候 4 个因子的平均值得出该点位的潜在侵蚀风险图，由上面 4 个因子结合管理（包括土地利用及植被因子等）等 5 个因子的平均值为该点位的真实风险图。张增祥等在对植被、坡度、坡向、沟谷密度和海拔高程等专题数据进行标准化后，对每一个栅格上的专题属性数据进行加权求和，计算综合侵蚀指数法来代表该空间位置的土壤侵蚀强度状况。

中华人民共和国水利部标准［《土壤侵蚀分类分级标准》（SL 190—2007）］是我国水土保持部门最常用的一种计算土壤侵蚀风险的方法，按照耕地与非耕地分别在坡度与覆盖度上的表现进行分级，从而划分土壤侵蚀等级。1999~2001 年，在此方法的基础上利用 TM 影像进行第二次全国土壤侵蚀遥感调查（曾大林和李智广，2000）。

该方法的优势在于省去了大量的人力和时间，结合遥感影像和 GIS 技术可以快速地进行土壤侵蚀的调查。但基于专家经验的侵蚀控制因子的分级、权重与判别规则对调查结果影响很大，需要深入研究。

(三) 影像分类

影像分类方法是直接利用遥感记录的地表光谱信息进行土壤侵蚀评价的方法，将常用的遥感影像分类方法引入到土壤侵蚀的研究中，以区分土壤侵蚀强度以及空间分布。Alice 和 Christian（2003）采用航空影像和 SPOT 卫星数据，来确定土壤侵蚀在时间和空间上的强度，结果表明 SPOT 影像分类结果可以区分 4 个不同的侵蚀等级，但使用 SPOT 数据不能区分裸露的灰盖和安山石。Metternicht 和 Zinck（1998）基于 ERDAS 软件进行影像分类，通过确定土地退化分类类别来进行土壤侵蚀状态制图。他们比较了只利用 TM 的波段信息进行分类和将 TM 与 JERS-1 SAR 融合后的影像进行监督分类这两种方法进行土壤侵蚀特征信息提取的效果，分析表明相对于单一的 Landsat TM 影像，融合后影像进行信息提取监测精度明显提高。李锐（1989）使用陆地资源卫星 Landsat MSS，通过多波段组合和非监督分类，在澳大利亚新南威尔士州巴伦加克（Buringjuck）流域对土地退化类型及其分布范围进行了研究。

由于土壤侵蚀本身并不是以特定的土地覆盖等地表特征出现，而且指示土壤侵蚀的土壤属性光谱信息往往被植被覆盖、田间管理和耕种方式等这样的土壤表层信息掩盖，理论上只利用遥感信息是难以提取土壤侵蚀状况的，影像分类法在土壤侵蚀研究中的应用往往局限在某些特定的半干旱地区，这些地区反映不同侵蚀状态的地表覆盖差异明显。

(四) 其他方法

2000 年、2004 年 Liu 等在西班牙半干旱地区，利用多时相 SAR 干涉解相干影像进行侵蚀调查，从 Landsat 影像中提取岩性和植被信息，从 SAR 干涉图中提取坡度信息，应用模糊逻辑和多标准评价方法进行侵蚀研究。1996 年 Metternicht 在玻利维亚半干旱区域，应用模糊逻辑确定特定像元对所考虑因子的隶属度，这些因子包括从 DEM、重力等势面和 TM 数据的光谱分离中提取的坡度、地形位置、植被覆盖、岩石碎裂度、土壤类型（微红壤、白壤）。成员函数从最低到最高被编译成五类以表达侵蚀风险，决策规则为不同的因子确定其综合范围。

第二节　水源涵养遥感监测

1974 年，"环境服务"（Service）首次出现在《人类对全球环境的影响》（*Man's Impact on the Global Environment*）一书中。1997 年，Constanza 指出生态系统服务包括生态系统直接或间接为人类所提供的商品（如食物）和服务（如空气的净化）（Marsh，1965）。同时，他进一步将生态系统服务分为传粉、土壤形成、养分循环、生物控制、气候调节、水调节、食物生产、水供给、控制侵蚀和保持沉积物等 17 个类型。其中的水供给服务即目前所述水源涵养功能。自此之后，水源涵养作为流域生态系统的一个重要功能在国外开始受到普遍关注，国内外对流域水源涵养的认识也不断得到提升。

水源涵养是自然生态系统主要服务功能之一，是水源涵养属于生态系统服务中的调节服务；随着全球水资源危机日益加剧，生态系统的水源涵养功能已成为生态学和水文学研究的热点和难点（陈龙等，2011）。生态系统的水源涵养功能就是通过截留降水、抑制蒸发，增加径流和净化水质等为生态系统和人类提供更多优质的水资源（邓坤枚等，2002；秦嘉励等，2009）。生态系统水源涵养功能具有滞洪和蓄洪作用，当大气降水时，生态系统的森林植被、枯叶土壤能对一定量的降水起到缓冲截留作用，并且可以将一定量的雨水储存起来，当生态系统处于枯水期时起到水源补偿功能，大气降水时生态系统涵养的水源下渗变为地下径流，在枯水期对河流进行水源补偿，增加径流量（刘兆芹，2013）。

稳定而又良好的水源涵养量是维持区域生态环境稳定、实现生态保护可持续发展的重要基础。目前国内开展水源涵养功能监测与评估主要涉及森林生态系统，一般认为水源涵养是指森林对河水流量（增或减）的影响（Knox，1976；Leopold，1989）。国内学者欧阳志云等于 1999 年在大量国内外生态学基础研究的基础上，将生态学及经济学方法结合，运用工程学方法分析与计算了我国生态系统的水源涵养的作用和经济价值（欧阳志云等，1999）。

一、森林生态系统水源涵养

森林生态系统的水源涵养是其生态功能的重要组成部分（刘璐璐等，2013），与其生态水文过程密不可分。森林生态系统的生态水文过程为：首先是大气云层将水汽凝结以降水（雨、雪、冰雹等）的形式降落在森林中，受到林冠层的截留——降水穿透冠层直接落到森林内部或被林冠层截留；其次是林下植被及枯枝落叶层的截持——被林冠层截留的部分降水同穿透降水一起到达林下植被及枯枝落叶层；再次是土壤层蓄水——被林冠层截留的部分降水通过树干流动到达土壤层，以及林下植被及枯枝落叶层中的水分饱和后又通过入渗到达土壤层；最后是径流流动——土壤层蓄水通过地表径流汇入到河川径流中，或通过土壤中流汇入地下径流再汇入到河川径流中，或直接下渗到地下水储蓄（地下水或又通过地下径流汇入到河川径流中）。同时，在整个过程中又发生着森林的蒸散发——林冠蒸发、植物蒸腾、林下蒸发和土壤蒸发，森林蒸散发通过水汽输送再返还给大气云层。森林通过林冠层的截留作用、林下植被及枯枝落叶层的截持作用以及土壤层的蓄积作用，来影响其生态水文过程，促进降水的再分配、缓和地表径流、增加土壤径流和地下径流等（Julian and Gardner，2014）。

由于对森林水文过程的不同理解，森林水源涵养包括森林对降水、径流、蒸散发及水质的影响等（Nelson et al.，2009；陈东立等，2005）；不同学者研究结果表明，森林水源涵养服务的关键影响因子主要是降水、蒸散发和土地利用（李文华，2008；张彪等，2009；李盈盈，2015；唐玉芝和邵全琴，2016；曾莉等，2018）。

目前，国内外学者对生态系统水源涵养功能的研究，特别是理论研究已比较成熟，计算生态系统水源涵养的方法一般有两种：植被区域水量平衡法与生态层的蓄水力计算法（降水存储存法、土壤蓄水能力法、综合蓄水能力法等）（李晶和任志远，2003）。聂忆黄（2010）利用地表能力平衡的原理计算陆地实际蒸散发量，结合遥感数据计算了祁连山水源涵养功能重要性的强弱并分析了其空间分布规律。王晓学等（2010）根据元胞自动机的基本原理，结合水源涵养效应的多尺度特征，提出了一个新的基于元胞自动机的水源涵养量计算模型。这种新模型将水源涵养由小尺度向流域、景观尺度上提供有效的定量研究途径，从而进一步推动水源涵养功能研究的深入。

近些年随着3S技术的发展，遥感技术、地理信息技术越来越多地应用于生态系统水源涵养功能计算与评价中。地理信息技术以其自身强大的空间分析能力、制图能力，遥感技术能为水源涵养提供理想的基础数据，因此遥感技术、地理信息技术越来越多为众多学者所采用，参与了我国众多区域的水源涵养功能评价与计算。如张堡宸等（2014）以Landsat-5 TM遥感影像为基础数据，提取相关因子，根据样地实测数据建立森林水源涵养遥感估测模型，利用模型进行了柳河县森林水源涵养量反演，得出柳河县森林水源涵养量，并从空间上分析了森林水源涵养能力与空间要素的关系。

二、森林生态系统水源涵养估算方法

目前，森林生态系统水源涵养量的计算方法有很多种，如水量平衡法、降水储存法、土壤蓄水能力法、综合蓄水能力法等（张彪等，2009；张海博，2012；李盈盈，2015）。

（一）水量平衡法

水量平衡法计算森林生态系统的水源涵养量是将降水量减去区域蒸散发量和其他损耗部分的差作为区域内水源的涵养量。

降水量与蒸散发量目前均可以通过遥感的方法，估算出流域或区域尺度的量值；该方法的计算结果理论上符合实际情况，且简单易操作，是目前计算森林生态系统水源涵养使用最为广泛的方法之一（李盈盈，2015）。但是，虽然森林生态系统的蒸散发与降水量可以通过遥感技术的手段来获得，但是森林生态系统的地表径流量计算较为困难，大多数研究者多是采用实测或设置样地来计算区域的地表径流量，因此这种方法一般用于小范围水源涵养量的计算。例如，张彪等（2009）、刘兆芹（2013）、韩瑞栋（2007）、李盈盈

（2015）等采用区域水量平衡法和土壤蓄水能力评估了北京市森林生态系统水源涵养功能，并计算了不同森林类型涵养水源功能的差异。

但是，另一些学者通过使用数学模型，实现了大范围森林生态系统径流的计算，使水量平衡法在较大的研究区范围内得到了使用（刘兆芹，2013）。例如，余新晓在 2012 年利用 In-Vest 模型通过计算北京山区森林区域的水源涵养量对北京山区森林的水源涵养能力进行了评估（余新晓，2012）；王纪伟等于 2014 年利用 In-Vest 模型计算了汉江上游区域森林水源涵养量，对汉江上游区域森林的水源涵养能力进行了评估（王纪伟等，2014），并在此基础上计算了不同林地类型的水源涵养量及其差异。

（二）降水储存法

降水储存法是一种森林生态系统的水源涵养量经验性的计算方法。该方法为：森林中降水量的 45% 被林冠层和树干通过蒸发或叶片蒸腾的方式蒸散掉，剩余的 55% 的林区降水量，即为林区的水源涵养量（李盈盈，2015；刘世荣等，2003）。林区的降水量又与区域的平均降水量和森林的覆盖率有关；而其中，不论是林区的降水量还是森林的覆盖度等信息，也均可以采用遥感的方法进行获得，所以采用该方法与遥感模型可以很快地估算林区的水源涵养量。

这种方法简单易行，但是忽略了森林地表蒸发量、地表径流量对水源涵养量的影响。

（三）土壤蓄水能力法

土壤蓄水能力法认为森林生态系统中的土壤层对整个生态系统的水源涵养量贡献最大、最为明显。例如，森林生态系统中土壤蓄水量占森林水源涵养量的 90% 以上，因此，可以用土壤层的蓄水量来代替森林的水源涵养量（李盈盈，2015；刘世荣等，2003）。土壤层蓄水量等于土壤厚度与非毛管孔隙度的乘积。

这种方法计算简便，但是没有考虑到植被冠层以及枯枝落叶层对降水的拦截作用，也没考虑土壤蓄水量与降水的时间分配有密切的关系，因此，利用土壤蓄水能力法计算水源涵养量和区域真实的水源涵养量存在较大的误差。

（四）综合蓄水能力法

综合蓄水能力法对森林水源涵养量的计算更加具体和完善。该方法考虑了土壤层的蓄水量，也考虑了森林冠层和枯枝落叶层对降水的截留（李盈盈，2015；郎奎建等，2000），使得计算结果更加接近真实的情况。方法较土壤蓄水能力法有明显的改进。但是该方法需要大量的实测数据，因为要测定林地冠层对降雨的截留、枯枝落叶的数量及其持水能力。因此，该方法也不能在区域大范围的水源涵养量计算中广泛使用。

三、森林生态系统水源涵养与植被承载力评估

森林生态系统的水源涵养建设的实质就是科学营造、管理和经营水源涵养林，以提高区域森林涵养水源、改善水质以及防止土壤侵蚀的能力（冯秀兰等，1998；高甲荣等，

2000）。特别是在我国北方干旱半干旱缺水地区，气候变化引起的水资源时空分布状况发生变化，气温升高、蒸发量增加、水资源减少、水分的高效利用越来越多地受到人们的关注。

土壤水资源承载植被的能力为土壤水分植被承载力，属水分制约型植被承载力，一般存在于干旱半干旱地区（郭忠升和邵明安，2003）。水源涵养林建设和植被承载力的矛盾，主要体现在两个方面，一是用于承载植物生长即对植物利用有效的水资源是有限的；二是不当造林以后流向下游的径流水资源数量减少，植被出现稳定性下降和森林服务功能退化。

植被可利用的土壤水分数量的减少是威胁森林植被稳定性的一个重要因素。学者普遍认为植被种类选择不当，或植株密度过高，会导致水分蒸散消耗过大，超过立地的供应能力，以致形成土壤干层。目前，确定有限土壤水分下植被的承载力主要是通过对典型群落中植物生理特性、植物蒸腾、蒸发以及土壤水分的遥感监测，探讨典型群落的植被耗水与土壤水分和降雨的关系，确定不同植物的森林群落盖度或郁闭度、最大叶面积指数和生产力等。

王彦辉等过黄土高原57个研究流域的统计分析和流域水量平衡计算，确定了林地和非林地的年均蒸散量和年径流量，定量评价黄土高原森林减少径流的作用（Wang et al.，2010）。黄土高原造林平均减少年径流深23mm，虽然这个数值不大，但却占非林地年径流深的58%，这说明大规模造林将会引起流域产流的大幅降低。研究还发现，黄土高原流域的森林覆盖率及年蒸散量主要受年降水量控制，流域潜在森林覆盖率的年降水量关键阈值是450mm，森林减少径流的幅度是随年降水量的降低而增大的。冯晓明与傅伯杰通过耦合地面观测、遥感和生态系统模型等多种研究手段，量化分析了黄土高原地区植被恢复的固碳、径流、蒸散发等生态效应（Feng et al.，2016），构建了自然-社会-经济水资源可持续利用耦合框架，建立了区域碳水耦合分析方法，提出黄土高原植被恢复应综合考虑区域的产水、耗水和用水的综合需求。研究揭示了黄土高原水资源植被承载力的阈值，并指出目前黄土高原植被恢复已接近这一阈值。

四、存在的问题与展望

通过对流域森林生态系统水源涵养功能进行定量评估，可以指导流域森林保护、水资源利用以及流域规划等。流域森林生态系统的水源涵养功能涉及地质地貌、气候、植被等多个因素之间的相互作用和影响，是一个极其复杂的综合体。从现状来看，森林生态系统水源涵养监测与评估研究仍存在一些问题，特别是流域森林地形效应，主要体现在地形对流域水文过程和遥感生态参数空间化两个方面的影响；一是地形影响水文过程进而影响水源涵养，二是地形对遥感生态参数空间化的影响。在山区，地形引起的局地垂直运动等，导致遥感监测的山区太阳辐射、温度和降水等气象要素的空间分布差异十分明显。在地形影响下，如何利用有限的站点气象数据对山区气候要素的空间化进行精确、精细的空间分布估算是目前参数空间化的一大难点。有效地解决地形效应带来的水文过程影响和参数空间化问题，将提高对森林生态系统水源涵养的监测。

由于在当前全球变化的背景下，气候、人类活动与生态系统之间的相互影响作用，森林生态系统具有多种过程复杂特性，如植被演替过程、蒸散发过程、人类影响过程以及植被对大气的反馈作用等，选用多要素理论模型的监测（InVEST 模型等）是未来森林生态系统水源涵养监测与评估模型的主流研究方向。同时加强不同环境条件下不同植被类型生理生态参数的遥感监测，加强与气候的结合，进一步研究森林生态系统与大气间的相互作用，从而获得更完善的环境反馈机制，以及通过多时相、多传感器的遥感数据及其产品，也是森林生态系统水源涵养监测的重要趋势之一。

第三节　水质遥感监测

水环境质量评估可以从污染物来源、污染物迁移过程、受纳水体自净化能力、受纳水体水质等角度开展。污染物迁移过程和受纳水体自净化能力涉及微观的物理化学生物过程，用遥感的手段直接开展观测尚存在一定的困难，而污染物来源与受纳水体水质在一定时间范围内相对较为稳定，遥感手段可以充分体现在大尺度空间范围内开展观测的优势。

非点源污染是指溶解性固体污染物在大面积降水和径流冲刷作用下汇入受纳水体而引起的水体污染（Novotny and Olem，1994）。相比于点源污染，非点源污染机理更加复杂，涉及包括气象、水文过程、水力过程、土壤侵蚀、化学物质形态相互转换等多个过程。污染来源及产生过程可以通过调查、现场观测等手段开展工作，但需要消耗巨大的人力和财力。通过遥感监测手段开展观测，既能获取大尺度空间面上数据，也能节约大量人力、财力成本，尤其是对应急观测和人力难以抵达的区域观测，相比传统的监测方式具有巨大的优势。

传统的受纳水体水质监测通过人工采集水样进行实验室分析，采用单一参数评价法或多参数的综合评价法进行水质评价。传统方法可以精确获得众多水质指标，但需要开展大量野外观测，耗费大量人力和物力，而且分析成本较高。为获得高精度的水质评价，往往需要连续观测以获得一定区域内水质参数的动态变化，传统观测方法显得力不从心。随着分析仪器的发展，部分水域陆续建立无人值守观测站，实现了长期、连续、自动观测，但这类观测站多分布于少部分水域，观测结果仅能反映观测站周围小区域内的水质情况，对于流域内大面积水体的总体水质信息，传统的观测方法显然无法满足要求。遥感技术的快速发展，给内陆水体水质监测和评价提供了新的思路。水质遥感监测可以反映水质在空间和时间上的分布和变化规律，弥补了常规水质监测的不足，具有监测范围广、速度快、成本低以及便于进行长期动态监测的优势，因而可以为内陆水体水质监测与管理提供及时、全面的信息。

一、非点源污染

非点源污染形成机理的复杂性决定了其影响因素众多，其中主要包括土壤类型和性质、植被类型和性质、气象特征、水文泥沙特征、土地利用、地形等。非点源污染模型从模型构建基础与形式的角度，可以分为机理模型与经验模型两种。

（一）非点源污染经验模型

经验模型基于常年实测数据进行统计模拟，属于黑箱模型，该类型的模型以输出系数法为代表，主要是利用土地利用方式等资料进行分类，经过多年实验观测或统计回归分析，决定各种土地利用类型的输出系数。Johnes 等（1996）运用输出系数法对两个具有截然不同的水文状况以及土地利用类型的流域的 TN、TP 负荷量进行模拟，得到较高的准确度，并指出，运用输出系数法可以反映土地利用变化以及环境管理措施对营养物负荷量的影响（Johnes et al.，1996）。Soranno 等（1996）在用输出系数法预测和评价流域非点源污染磷负荷时，考虑了营养物质源与受纳水体之间的距离，并在美国威斯康星州 Mendota 湖流域得到了很好的应用。蔡明等（2004）在 Jones 的基础上，考虑到降雨以及流域损失等对输出系数法的影响，做了进一步改进，对甘肃临潼流域进行总氮负荷的模拟，并得到了较好的结果。

输出系数法对不同的土地利用和不同的牲畜采用不同的输出系数，模型方程为（Johnes et al.，1996）

$$L = \sum_{i=1}^{n} E_i \times A_i \times I_i + P \tag{6-3}$$

式中，L 为营养物的输出量；E_i 为第 i 种营养源的输出系数；A_i 为第 i 类土地利用类型的面积或第 i 种牲畜的数量；I_i 为第 i 种营养物输入量；n 为污染源类型数目；P 为降雨输入的营养物数量。

输出系数法的主要参数是研究区土地利用方式与牲畜调查，在大尺度流域非点源污染估算中，相比机理模型，所需参数少、建模费用低、操作简便，且能保证一定的精度，更利于实际应用，而通过遥感监测手段配合地面调查，可以快速地得到流域非点源污染负荷变化状况。

1. 研究区

三峡水库是指长江流域因三峡水电站修建从而受到淹没影响的湖北、重庆所辖 20 个行政区县（夷陵区、秭归县、兴山县、巴东县、巫山县、巫溪县、奉节县、云阳县、开州区、万州区、忠县、涪陵区、丰都县、石柱县、武隆县长寿区、渝北区、巴南区、江津区及重庆核心城区）。本书所选研究区为库首地区吒溪河流域（图 6-1），流域整体处于三峡库区秭归县、兴山县范围内，位于长江北岸，流域起源地介于神农溪和香溪河流域（神农溪、香溪河流域均起源于神农架地区，位于三峡库区范围外）之间。

吒溪河流域集水面积约为 395.38km²，回水区长度约为 10km，回水区尾端在秭归县水田坝乡上游。

2. 输出系数及参数

本书中，土地利用方式按照输出系数法需要分为城镇用地、旱地、园地、水田、草地、林地、未利用土地、水域 8 类，牲畜的输出系数法则根据秭归县、兴山县统计的牲畜牛、猪、羊进行计算，由于统计数据是以秭归县、兴山县的行政区域进行统计，为便于计算，采用县单位面积牲畜数赋予流域各个栅格单元，最后累积计算获得。表 6-3 为本书选择的土地利用类型和牲畜输出系数法参考值。

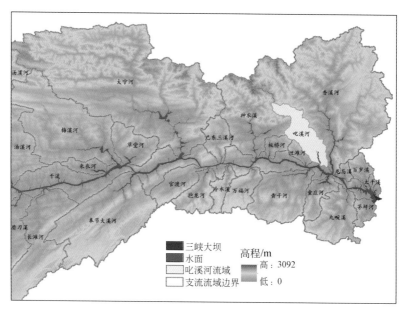

图 6-1　叱溪河流域位置

表 6-3　叱溪河流域输出系数参考值

营养负荷 /(kg/hm²)	城镇用地	旱地	园地	水田	草地	林地	未利用地	水体	猪	牛	羊
总氮	13	15	15	15	6	2.5	11	15	0.587	16.266	0.388
总磷	1.8	2.3	2.3	2.3	0.8	0.15	0.2	0.36	0.041	0.443	0.014

3. 非点源污染负荷计算

以 2002 年、2007 年、2012 年为时间节点，通过土地利用数据的遥感解译和牲畜数据的收集，得到叱溪河流域非点源污染 N、P 负荷（表 6-4）。

表 6-4　叱溪河流域非点源 N、P 负荷变化　　　　　　　　（单位：t）

年份	2002	2007	2012
N 负荷−土地利用	220.85	225.78	211.86
N 负荷−牲畜	25.44	37.65	50.61
N 负荷	246.28	263.43	262.47
P 负荷−土地利用	26.42	26.78	24.08
P 负荷−牲畜	1.62	2.46	3.27
P 负荷	28.04	29.24	27.35

由表 6-4 可以看到，叱溪河流域中，牲畜排泄的非点源污染负荷相比不同土地利用方式非点源污染负荷较小，虽然来自于牲畜排泄的非点源污染负荷呈现递增的趋势，但 N、P 总负荷方面，2007 年最高，而 2012 年的 P 负荷甚至低于 2002 年。

（二）非点源污染机理模型

由于非点源污染主要是随着地表及地下径流经过复杂的迁移和转化过程而对受纳水体产生污染，与水文循环以及气象条件密切相关。因此，大部分的非点源污染机理模型都以水文模型为基础，与元素形态转移转换等过程进行集成，得到综合性的机理模型。在我国，应用最为广泛的非点源污染机理模型包括以降雨事件为主的 AGNPS（agriculture nonpoint source pollution）/ANNAGNPS 模型（Young et al., 1989）和以较长时间尺度非点源污染分布式模型 SWAT（soil and water assessment tool）模型（Arnold and Fohrer, 2005）。

针对机制复杂的非点源污染过程构建的非点源污染机理模型所需模型参数众多，从数据来源和应用上分，可以将输入参数分为：①气象数据（降雨、气温等）；②地形数据（数字高程模型）；③土地利用数据（土地利用方式）；④土壤数据（土壤质地、水分、养分等）；⑤农业生产资料（化肥农药施用时间、数量）等，除了农业生产资料一般通过收集资料或现场调查的方式获取外，其余主要的输入参数均可以通过遥感观测的手段获取。

1. 降雨数据

对于大区域尺度降雨数据，利用遥感技术估算的基本原理是利用微波波段估算降水，根据降水层的冰晶层对于微波辐射的散射效应直接反演降水信息，如 TRMM 卫星等（嵇涛等，2014）。

2. 地形数据

对于较大尺度地形数据，利用多角度遥感观测（ASTERGDEM 数据，精度为30m）或微波雷达技术（SRTM 数据，精度为90m）可以得到全球的数字高程模型数据（杜小平等，2013）。

3. 土地利用数据

土地利用/土地覆盖（LUCC）是遥感技术最为成熟的监测内容之一，使用的分析方法也从定性分析发展到多源信息融合、人工神经网络分类等多源多时相分析方法，利用现有的遥感多传感器、多时相特点，进行土地利用信息的提取（史泽鹏等，2012）。

4. 土壤数据

在土壤相关参数方面，可建立以土壤含水量为目标的多光谱影像反演模型（陈书林等，2012），如 Landsat TM 影像，精度为30m，也可建立以土壤有机质为目标的高光谱反演模型（刘磊等，2011），如 AVIRIS 影像，精度为20m。

在非点源污染模型研究中，遥感监测方法可以为模型所需的地形、土地利用、降雨、土壤性状等提供大空间尺度数据，随着较高光谱分辨率、高空间分辨率、高重访周期、高数据质量、高定标精度的星载和航空遥感器综合对地观测系统的建立，非点源污染模型的使用效果也将进一步加强。

二、水质遥感观测

水质遥感反演是指通过研究水体反射光谱特征与水质指标浓度之间的关系，进而建立水质指标反演模型的一种方法。随着在线监测等方式的投入，地面监测手段与之前相比，在时间分辨率上得到了极大的提升，对关键断面的水质观测也达到了实时响应的效果。而与传统的地面观测手段相比，水质遥感观测具有的最大优势为空间幅度大，相对成本较低，但现阶段具有高光谱分辨率、时间分辨率的遥感数据主要来源于面对海洋环境的水色传感器数据，空间分辨率普遍不高，也影响了遥感观测方式在内陆水体水质观测中的应用，因此现阶段，内陆水体水质监测仍以地面观测为主。

1972 年 NASA 发射了第一颗陆地资源技术卫星 Landsat-1，虽然旨在监测陆地范围内的资源环境及应用研究，但也引发了光学卫星遥感技术在水环境监测中的首次应用。但从传感器的角度，水质遥感源于海洋遥感，从 20 世纪 70 年代开始，一系列针对海洋水色的传感器用于海洋水质遥感，如 CZCS（1978～1986 年）、SeaWiFS（1997 年至今）、MODIS（1999 年至今）、MERIS（2002 年至今）、GLI 以及我国 HY-1 A/B 上的 COCTS（2002 年至今）等（马荣华等，2009）。但由于海洋传感器空间分辨率的不足，其在内陆水体水质遥感反演应用上受到了极大限制。近些年，我国也陆续发射了针对陆域的资源环境卫星，尤其是环境与灾害监测卫星，具有高时间分辨率（2 天）、高空间分辨率（30m）的特征，但光谱分辨率较低（4 波段），而其同时搭载的超光谱成像仪（HSI）对应的超光谱数据具有高时间分辨率（4 天）和光谱分辨率（115 个波谱通道），其空间分辨率相比之前应用较多的高光谱 MODIS 数据 250m，也得到了提高，达到了 100m。

为应对内陆水体污染事件的突发性、延续性以及内陆水体特征的复杂性，相关专家也提出建造和发射内陆水体水色遥感卫星的建议，并提出相应的卫星应具有宽广的遥感波段、特殊需求的遥感探测谱段、快速的重访周期、较为精细的空间分辨率、较宽的景幅等指标。

（一）常见水质反演模型

水质遥感监测的方法是伴随着星载影像的发展而逐步发展起来的。水质遥感监测的关键是反演，在影像源使用方面，水质遥感反演常用的数据为海洋遥感数据、内陆遥感多光谱数据、高光谱数据以及部分的航空遥感数据。

从遥感光学原理方面看，水质定量遥感观测的指标主要为叶绿素、悬浮物、黄色物质（溶解性有机物 CDOM），以及与其相关的藻蓝素、透明度等。其他指标如总氮、总磷、溶解氧、化学需氧量等，有通过这些指标与叶绿素、悬浮物、黄色物质具有一定的相关性，从而根据指标之间的经验共识间接获得，也有通过实测水质数据与光谱数据之间的经验公式获得，但均由于缺少其光学原理基础，反演模型具有区域和时段的局限性，难以大尺度时空范围推广。

水质反演模型是指水质参数与光谱信息之间的数学关系，从模型构建的角度，可以将水质与光谱之间的分析方法分为经验方法、半经验方法、分析方法以及综合法等。

1. 经验方法

经验方法是通过建立实测水质参数值与光谱特征波段之间的统计关系进行相应水质参数的反演，该方法是一种简单、易用的模型，但需要大量的实时采样数据作为基础，模型缺乏可推广性。经验方法主要针对光谱分辨率较低的多光谱数据，如 Landsat TM、HJ1A/

B 等，也有部分针对高时间分辨率的高光谱数据，如 MODIS 等，所选用的数学构造方法主要包括单波段法、组合波段法、指数法等，由于模型构建简单，除了应用到常有的叶绿素 a、悬浮物和黄色物质外，也应用到了总氮、总磷、化学需氧量、生物需氧量、藻华区域、水质综合指标等反演上（Vignoloa et al.，2006；陈云和戴锦芳，2008；刘瑶和江辉，2013；薛云等，2014），如 Vignoloa 等（2006）根据 Landsat-7 TM 影像构建了不同波段与水质综合指标之间的关联，通过反演得到了区域水质质量分布状况；陈云和戴锦芳（2008）根据 CBERS02 星 CCD 数据构建 NDVI 与蓝藻水华发生区域之间的关联，从而提取区域蓝藻水华；安如等（2013）以太湖、巢湖为研究区，以 Hyperion 和 HJ-1A 卫星 HSI 高光谱数据以及实测水质浓度数据为实验数据，引入归一化叶绿素指数（NDCI），对类水体的高光谱叶绿素 a 浓度估算进行分析研究。

经验方法虽然简单，但在具备足够多的地面观测数据时，可用于区域水质综合评价以及水华区域识别，因此，该方法仍可用于匹配有水质地面观测的区域。

2. 半经验方法

半经验方法则是在水质参数光谱特征分析的基础上，利用遥感数据的特征波段或波段组合与同步水质参数之间建立统计关系（疏小舟等，2000）。

半经验方法的基础是光谱和水质的同步观测，因此该方法主要用到的卫星遥感数据为高光谱数据，但也有部分将观测光谱进行积分，从而得到多光谱波段与水质之间的关联。与经验法相同，半经验法的关键也是建立波段或波段组合与水质指标之间的关联，因此，该方法也可应用于多种水质指标的反演。如马荣华和戴锦芳（2005）利用太湖梅梁湾附近水体的实测光谱和实测水质参数，分析得到叶绿素 a 浓度与 706nm 附近反射峰的位置是指示叶绿素 a 浓度最敏感的变量，并建立了反射峰位置与叶绿素浓度的指数关系；李云亮等（2009）根据太湖地面实测高光谱数据以及同步水质参数数据，对比分析了三波段模型、两波段模型、反射峰位置法、一阶微分法 4 种方法用于估算太湖叶绿素 a 浓度的精度，并最终将反演模型应用到 Meris 影像反演叶绿素 a 上，得到了较好的效果。

与经验方法相似，半经验方法简单，对特定水体通常可以获得较好的模拟精度，但这两种方法也存在明显的缺点：最优波段或波段组合的选择是基于统计分析的结果，具有一定的随机性，所构建的模型无法进行完善的理论解释；同时模型对地面实测数据的质量较为敏感，实测数据的准确性和代表性很大程度上影响了模型的精度及应用；模型的外推能力较弱，对较大面积水体进行经验/半经验模型空间外推，或进行相同水体不同时间段水质参数的变化分析时，经验和半经验方法往往难以获得合理的结果（黄耀欢等，2010）。

3. 分析方法

分析方法是基于生物光学模型，即以光在水体中的辐射传输过程为基础，通过水中辐射传输模型来确定水体中各组分与水体反射率光谱之间的关系，然后通过反射关系由水体反射率光谱计算水体各组分的含量（Dekker and Peters，1993）。内陆水体常用的生物光学模型如式（6-4）所示（Dekker and Peters，1993）。

$$R(0,\lambda)=f\frac{b_b(\lambda)}{a(\lambda)+b_b(\lambda)} \tag{6-4}$$

式中，$R(0, \lambda)$ 为水表面在波长为 λ 时的向上辐照度与向下辐照度的比值；$a(\lambda)$ 为波长为 λ 时的吸收系数，是水体中各组分（包括纯水、浮游植物、非色素悬浮物和溶解性有机质）在 λ 处吸收系数之和，其值可以在实验室内利用分光光度计测量得到；$b_b(\lambda)$ 为波长为 λ 时的后向散射系数，可以通过仪器现场测量或对水样进行实验室分析测量其散射相函数，进而计算散射系数（Mueller et al., 2003）；f 为与光照条件有关的参数，其取值在 0.12 ~ 0.56，也可根据经验模型计算（李俊生等，2007）。

由于海洋水体开阔，影响光学特性的物质组成简单，因此，国内外目前针对海洋 SeaWiFS 的表观光学量和固有光学量的观测和分析比较成熟（Mueller et al., 2003）。而内陆水体由于物质组成较为复杂，限制了生物光学模型方法在内陆水体中的应用，虽然国内外研究者投入了大量精力建立针对内陆湖泊的生物光学模型，也在不同地区获得了结果，如俄罗斯的贝加尔湖（Balkanov et al., 2003）、美国的安大略湖（Bukata et al., 1991）、中国的太湖（Ma et al., 2006）、青海湖（周虹丽等，2005）等。如李素菊等（2002），李素菊和王学军（2013）在巢湖利用矩阵反演方法从 450nm、560nm、679nm、706nm 四个波段的辐照度比结合湖泊水体的表观光学参量和固有光学参量测量结果，对巢湖水体叶绿素 a 浓度进行估算，精度达到 0.96。张兵等（2009）在太湖开展地面实验建立了太湖水体固有光学参量数据库，利用代数法、矩阵反演法和非线性优化法建立了太湖水体水质参数反演分析方法，并将其应用于航天高光谱遥感器 CHRIS 图像，获得了较好的水质参数反演结果。

相比经验和半经验方法，分析方法由于有相对明确的理论基础，对水质参数的光谱吸收特征解释性强，对实地观测数据的依赖较弱，因而有更高的稳定性和外推性。目前分析方法应用还不广泛，主要原因在于其机理的复杂性，在水体辐照度反演以及水质参数特征光谱获取方面存在比较大的难度（黄耀欢等，2010）。

4. 综合法

综合法是指针对水体水质的时空异质性，针对不同时段和区域水体采用不同的分析方法构建水质反演模型（Shi et al., 2013），这类方法具有明确的针对性，可以比较好地应用到水体水质变异较大的区域，但同样由于针对性太强，难以在缺少地面观测数据的基础上选择对应的反演模型，如何根据水质进行分时段分区同样对遥感观测结果产生重大影响，因此，综合法适用于有明显水质分区区域。

综合法考虑了多种水质反演模型在同一内陆水体上的应用，也有助于减少使用单一模型造成的模拟误差风险（李渊等，2014）。

（二）水质遥感监测主要产品

现阶段，尚缺乏针对流域内陆水体的水质遥感监测产品，主要的水质遥感监测如水色、叶绿素 a 浓度等参量产品还集中在海洋水域，如日本国家航天局关于 ADEOS 卫星、海洋水色算法和数据产品以及 MODIS 和 SeaWiFS 水色遥感研究的产品，网址为 http://kuroshio. eorc. jaxa. jp/Ocean/db_j/db_j. html。

（三）内陆水质遥感监测存在的问题及展望

目前国内外利用遥感技术进行水质参数反演的方法仍以经验和半经验方法为主，所建立的水质参数浓度值与遥感波段反射率值之间的统计关系在各个研究区均得到了较好的应用，但由于经验和半经验方法缺乏对水体光学参数对光在水体中辐射传输过程的解释，模型的稳健性较差，加上 MODIS 数据空间分辨率较低以及 TM 数据重访周期较长等限制，经验与半经验方法往往不适合进行空间和时间尺度上的外推；CASI、ALI、AISA 等航空高光谱遥感数据在水质监测中得到应用，其更高的光谱分辨率可以捕捉水体精细的光学特性，从而可以进行更高精度的水质参数反演，同时也有利于基于地面实测光谱数据所建立反演算法的空间外推，但已有研究多是小区域内的实验性研究，影像覆盖范围较小，在实际应用中并不广泛。

内陆水体水质遥感监测在实际应用方面主要还是受限于遥感影像的时间分辨率较低、水质反演模型的精度和可拓展较差有关，因此，水质遥感监测的下一步发展方向既需要从卫星传感器角度开发专用的内陆水色传感器，也需要从遥感反演机理模型着手，更深入地了解各种水质指标的光学特性。总之，在水质遥感监测取得的既有成果基础上，针对目前遥感水质监测存在的不足，面向流域水质遥感监测服务和管理，水质遥感监测需要从遥感数据的处理方法、新型高光谱和高分辨率遥感数据的应用、水体光学特性的机理、水质参数精细化反演分析方法、水质参数多时相遥感监测与地面站网人工监测数据结合方法以及结合数据传输系统结合建立快速评价与响应等方面进行深入研究，以促成遥感技术在这一领域的推广与应用。

第四节　生物多样性遥感监测

生物多样性的监测是国际生物多样性科学项目 DIVERSITA 的核心内容，也是生物多样性研究和管理的基础（贺金生等，1998）。流域生态系统提供的生物多样性保护服务能够满足人类的物质和非物质需求，它不仅为人类提供丰富的食物和药物资源，而且在维持生态平衡、生态过程以及生态服务等方面起着不可替代的作用。

然而，生物多样性正在经受着前所未有的快速变化，而这些变化又具有长期、复杂、后果滞后和难以预测的特点，从而增加了对生物多样性认知的复杂性。生物多样性变化对生态系统功能和服务产生十分重要的直接影响。但 2005 年由 95 个国家 1300 多名科学家历时 4 年完成的《千年生态系统评估报告》研究表明，人类赖以生存的生态系统有 60% 正退化或者不可持续利用状态。由于人为导致的森林砍伐、土地利用变化，气候变化和其他物种的入侵给流域生态系统带来的干扰日益强烈，流域生态系统不断破坏的同时也给生物多样性造成严重威胁。因此，需要加强对生物多样性动态监测，这不仅有助于科研人员认知生物多样性变化的驱动因子并对其进行量化研究，而且有助于认识生物多样性变化的主导过程及其对生态系统功能和人类的影响。

由于森林在维持全球碳循环及生物多样性方面发挥着重要作用，目前生物多样性的监测主要集中在对各类森林的生物多样性动态监测。森林生物多样性作为生物多样性的重要组成部分，是森林生态系统演替的外部反映，在维持生态平衡，生态过程以及生态服务中发挥着重要的作用（张煜星等，2007）。传统的森林生物多样性数据调查，根据研究对象的大小，通常采用的研究方法有编目法、指示种法（徐文婷，2004）。编目法是生物多样性研究的基础工作，主要是指对基因、个体、种群、物种、生境、群落、生态系统、景观或它们的组成成分等实体进行调查、分类、排序、数量化和制图，并对这些信息进行分析或综合的过程。指示种法是根据经验和分析研究，选择某个或某些具有指示性意义的品种、物种或生态系统，用来表示研究地区内生物多样性丰富或贫乏和受到保护或损害的程度。指示种法简单而且可以迅速地对研究地区内生物多样性进行测试，但不如编目法准确、详细。然而上述方法主要是利用野外抽样调查、室内试验和各地调查数据的手工汇集等方式获得（Kerr and Ostrovsky，2003），虽然精度高，但耗时，劳动强度大且对热、高、寒等人力难以到达的区域难以获得实地调查数据。

随着遥感技术的发展，遥感在时间、空间具有独一无二的优势，非常适用于不同时间与空间尺度的森林生物多样性遥感监测。生物多样性的遥感监测总体发展出两种基本方法：一是利用机载或高分辨率星载传感器基于光谱变异假说 SVH 直接进行生物多样性遥感监测；二是利用遥感反演的环境参数（如温度、土壤湿度、海拔等）、栖息地面积以及植被指数（如 NDVI、EVI 等）间接进行生物多样性预测和估算（Turner et al.，2003）。间接法是过去 20 年主流的生物多样性遥感监测方法。间接法主要是利用中等或低等分辨率（≥30m，<10 个波段）的遥感数据实现区域尺度的森林冠层物种多样性成图。然而，由于低的空间分辨率和波谱分辨率难以充分捕获森林物种的生物物理和生物化学信息，间接法反演森林冠层物种多样性存在明显的不确定性。例如，许多研究证实了 NDVI 标准差可以解释区域内 30% ~ 87% 的物种丰富度或多样性变化（Fairbanks and McGwire，2004；Cayuela et al.，2006）；但也有研究认为，NDVI 标准差与物种多样性关系甚微（Rocchini et al.，2004），难以表征森林冠层物种多样性。近年来，随着 Geoeye-1、WorldView 1/2 和国产高分 1 号/2 号等高分辨卫星的出现，尤其是机载成像光谱仪和激光雷达的发展，为遥感直接进行森林冠层物种多样性监测提供了可能。

高光谱遥感具有窄波段、多通道、图谱合一的优点，它以纳米级的超高光谱分辨率和几十或几百波段同时对地物成像，从而获得地物的连续光谱信息。然而森林物种受冠层结构、传感器和传感器几何角度等影响会出现"同物异谱"和"异物同谱"现象，从而增加高光谱监测森林生物多样性的困难。LiDAR 在提取森林冠层信息方面有着独一无二的优势。LiDAR 是从 20 世纪 90 年代兴起、在近十年得到广泛应用的主动光学遥感技术。LiDAR 的工作原理是通过激光扫描器发射能够穿透植被冠层间隙的高频脉冲，通过数字化记录仪对整个回波信号进行采样，获取发射脉冲与目标相互作用后的信号在时间轴上的振幅信息，从而提供植被冠层的三维结构信息。国内外已有许多研究结果证明基于高光谱和 LiDAR 数据协同监测森林生物多样性将成为新的发展趋势（Carlson et al.，2007；Cho et al.，2012；Féret and Asner，2013；Colgan et al.，2012；Naidoo et al.，2012；Ghosh et al.，2014；Higgins et al.，2014；董文雪等，2018）。

一、森林冠层物种多样性分类技术与方法

经过 30 多年的积累，国内外学者已发展了一系列面向高光谱数据的森林物种分类技术与方法，初步可以归纳为三种：①基于光谱特征的光谱微分技术；②基于光谱匹配的光

谱角度匹配（spectral angle mapper，SAM）技术；③参数和非参数的分类方法，如最大似然分类法、随机森林法 RF（random forest）、小波变换法 WT（wavelet transform）、线性判别分析 LDA（linear discriminant analysis）、人工神经网络法、支持向量机法等。基于机载高光谱与 LiDAR 协同监测森林冠层物种多样性分类技术与方法基本是采用上述所述的高光谱分类技术与方法，不同的是，协同监测分类技术与方法将 LiDAR 获取的树高信息共同参与分类，以提高分类精度。如 Féret 和 Asner（2013）基于高光谱和 LiDAR 提取的树高，强度变量共同参与基于聚类核的半监督支持向量机分类，以识别夏威夷岛低地热带森林特定的 9 个目标树种。结果表明，基于聚类核的半监督支持向量机分类优于支持向量机监督分类；Colgan 等（2012）也基于机载高光谱和 LiDAR 数据但利用 BRDF 校正的支持向量机分类方法开展了非洲热带草原树种识别，总体预测精度达到了 76%；除此之外，Naidoo 等（2012）同样基于机载高光谱和 LiDAR 数据但利用自动随机森林模型方法开展了非洲热带草原树种识别研究，结果表明，结合树高、NDVI、叶绿素 b 波长（466nm），以及原始波段，连续移除的转换波段和波谱角度匹配的选择波段数据集共同参与随机模型分类，能够得到最优结果，总体精度可以达到 87.68%；Cho 等（2012）为了验证 Worldview2 传感器在识别树种的潜力，基于高光谱模拟的 Worldview2 数据结合 LiDAR 提取的树高数据利用最大似然分类法同样对热带森林草原树种进行了识别，分类精度达到了 79%。然而，Ghosh 等（2014）同时基于高光谱和 LiDAR 提取的树高数据利用支持向量机和随机森林法从三个不同的分辨率尺度（4m，8m，30m）对森林物种进行分类，发现当空间分辨率为 8m 时，分类总体精度最高（Kappa 值大于 0.83），但树高变量对结果影响不大。

二、森林冠层物种多样性的叶面生化组分分类方法

叶片生化组分是植物生理和生物地球化学循环的关键决定因子，不仅能预测森林物种的功能性，也可能确定每一森林物种在生态系统层次对土地利用和气候变化响应所起到的作用。森林冠层叶片生化组分，如氮 N、磷 P、叶绿素、水分和比叶面积 SLA 等，与光捕获、植被生长、发育、维持、防御和新陈代谢有关，对森林冠层和整个生态系统功能作用甚大（Reich et al.，1997）。N 和 P 对森林生物地球化学循环有很好的指示作用；多数叶绿素（如叶绿素 a 和叶绿素 b）能够决定光的捕获，保护叶片免受高辐射的影响，调控光合作用（Bjorkman and Demmig-Adams，1995；Smith et al.，2010）；叶片水分是冠层热量调控和水分胁迫的重要指示器（Williamson et al.，2000；Ceccato et al.，2001；Nepstad et al.，2002）。比叶面积 SLA 是叶片的重要结构属性，与叶片总生化含量和叶片光合过程相联系（Wright et al.，2004；Niinemets and Sack，2006）；二次代谢产物如木质素、纤维素有助于叶片的防御和生存。叶片中 C，N，P 含量和微量元素（如 Ca，K，Mg）与生态系统营养循环和分解率紧密相连。尽管气候、土壤和其他环境因子的局部变化赋予了叶片特征的变化（Vitousek and Sanford，1986），但物种组成是森林冠层化学组分差异的重要决定因子，物种保持独一无二的化学特征，从而在土壤和其他生物化学部分留下该物种的独特痕迹，反之亦然（Townsend et al.，2008）。

为了从内部机理上解释森林生物多样性，Asner 等提出结合叶片化学及光谱特征进行冠层物种多样性绘图，在夏威夷岛热带森林采集并分析不同森林树种叶片叶绿素、花青素、N、P、水分、纤维素、木质素等生物化学组分含量，然后基于机载高光谱遥感波谱数据利用偏最小二乘法定量反演叶片化学组分含量，并分析其与森林物种的关系中发现：几乎每一物种都占有唯一的化学脚印，且化学组分的组合（如 N+P）会增加其复杂性及唯一性，另外波谱特征相关于化学脚印，因此，可通过建立化学组分与物种的相关关系，利用波谱特性反演的化学组分来识别物种这一推论来反演森林冠层物种多样性（Asner and Martin，2008，2009）（Asner et al.，2009）。

基于叶面生化组分方法监测森林物种多样性过程中需要解决以下 6 个问题：

（1）土壤、水分，温度等环境因子对生化组分差异的影响。

（2）森林物种内和物种间生化组分的差异大小。

（3）确定森林冠层物种是否有独一无二的化学特征，如果是，这些化学特征是否以属、科或区域聚合。

（4）叶片波谱特征是否响应于叶片生化组分特征。

（5）波谱多样性和叶片生化多样性是否会响应物种多样性。

（6）叶片反射率波谱到冠层反射率波谱的尺度扩展。尺度效应主要考虑以下两点：①LAI、叶倾角分布等冠层结构对冠层波谱反射率的影响；②新叶，枯叶和附生植物对冠层波谱反射率的影响。

基于以上问题 Asner 研究团队在澳大利亚热带雨林做了相关研究与验证。为解释叶片反射率到冠层反射率的尺度效应，利用冠层辐射传输模型和实地测量的不同物种的叶片波谱，并基于不同的叶面积指数 LAI、叶倾角分布、树高、茎密度等冠层结构属性模拟森林物种的冠层反射率，以测试不同冠层结构条件下冠层反射率和叶片生化属性间的关系程度，分析结果表明从叶片层次到冠层层次差别很大，不能直接将叶片层次上得到的回归关系式直接扩展到冠层层次，当 LAI 和冠层结构固定时，冠层层次的 PLS 回归分析等价甚至更稳健于叶片层次（Asner and Martin，2008）。为研究高程、气温、降水等环境因素对叶化学组分的影响，Asner 等（2009）在澳大利亚热带森林分析了不同高程、气温、降水等基底梯度的冠层叶化学特征的物种内变化与物种间变化，结果表明叶片 N，P，总叶绿素、水分含量以及比叶面积 SLA 在不同高度和气候梯度物种内变化很小，远远小于不同物种间叶片生化组分差异。

鉴于上述的高光谱叶面生化组分方法中由于不能直接将叶片层次上得到的回归关系式直接扩展到冠层层次，需要借助尺度转换模型实现叶片到冠层或冠层到叶片的尺度转换，但在树种识别层次上实现模型反演，需要借助小尺度的 LAI、树高、枝下高、冠层半径等结构参数。LiDAR 可以提供森林冠层的三维结构信息，能够实现树高、枝下高、冠幅半径等森林结构参数以及任意尺度 LAI 的提取。通过耦合机载高光谱和激光雷达数据，既可以利用高光谱数据监测物种波谱细小差异的优势，又可以通过 LiDAR 数据获得的树高、LAI 等结构信息去除阴影以及灌丛对森林冠层物种分类的影响，实现单木树冠分割并协助实现叶片到冠层层次或冠层到叶片层次的尺度转化。

研究人员基于机载高光谱和 LiDAR 数据，结合地面调查，从光谱变异的物理和生物化学基础出发，探讨森林物种多样性、叶片生化多样性和光谱多样性三者间的关联性，确定了用于森林物种多样性遥感监测的最优叶片生化组分组合；并引入 LiDAR 结构特征，从叶片到冠层尺度分析叶片生化组分监测方法和结构多样性方法的可行性，建立森林冠层物种多样性遥感监测模型，实现了龙门河森林自然保护区（中科院神农架生物多样性定位研究站）的森林冠层物种多样性区域成图。

三、存在问题和展望

现代遥感技术的发展为森林生物多样性监测提供了快速、有效的监测手段。随着成像光谱仪（高光谱传感器）、高分辨率卫星以及 LiDAR 等新型传感器的出现，遥感监测森林生物多样性不再仅仅局限于区域尺度上生物多样性指数，如 Simpson 指数、Shannon-Wiener 指数的间接估算解释森林生物多样性，精细尺度的森林树种识别已成为可能，从而能够提供更精确的森林生物多样性本底数据，成为监测森林生物多样性的新型手段。

目前，森林生物多样性监测主要是依赖机载高光谱和 LiDAR 数据。基于机载高光谱数据监测森林冠层物种多样性方法主要分为两大类：一是利用光谱角度匹配 SAM、支持向量机、线性判别分析等分类方法；二是利用叶面生化组分方法。前者算法成熟，较为简便，但精度受训练样本约束；后者阐明机理，精度较高，但叶片到冠层层次的尺度转换是个难点。基于机载 LiDAR 数据监测森林物种多样性主要依据不同森林树种的结构差异性进行树种分类。但主要对针叶林和阔叶林这两类形状特征差距明显的分类精度较高，当树种类型较多时（如大于 6 类时），还难以获得理想的分类结果。因此，基于机载高光谱和 LiDAR 协同监测森林物种多样性，既可以利用高光谱识别树种间微小波谱差异的优势，又可以利用 LiDAR 数据提取的树高、冠幅大小等结构变量与高光谱数据共同参与分类，或用于分割单木树冠和去除低矮灌丛、草地及阴影对森林冠层物种识别的影响以提高分类精度，或结合叶面生化组分方法，实现叶片尺度到冠层尺度的尺度转换。

虽然协同机载高光谱和 LiDAR 数据监测森林物种多样性已经表现出了相当大的潜力，但由于两者数据的高昂性、数据处理的相对复杂性以及两者几何配准的困难性，现在大多数研究还仅限于冠层较为稀疏的低郁闭森林，而对于树冠间相互遮挡且分层现象严重的高郁闭度森林由于单木分离的困难研究还较少。随着技术的进步和森林生物多样性保护政策的需要，基于机载高光谱和 LiDAR 数据协同监测森林物种多样性将是未来的发展趋势。

第五节　生态工程遥感监测

随着世界人口的不断增加、生产力水平的提高和社会经济的不断发展，人类活动遍布地球每个角落，特别是中国城市化水平不断提高，环境问题日益严重，生态系统的功能不断遭到破坏，全球性的生态危机不断激化。美国生态学家 H. T. Odum 和我国生态学家马世骏先生于 20 世纪 60 年代分别提出"生态工程"概念（金云峰等，2015），对已被破坏的生态环境进行修复和重建，从而促进人类社会和自然环境的和谐发展。20 世纪 80 年代，生态工程获得国际普遍认同并迅速发展（Mitsch and Jørgensen，2003）。

为解决以流域水土流失、土地沙漠化、沙尘暴等自然灾害为代表的流域生态退化问题，我国先后开展了一系列生态建设工程（吴炳方等，2005）。2013 年 12 月 18 日，李克强总理主持召开国务院常务会议，部署推进四个重大生态工程，突出生态环境保护，强化科学治理。而近年来，遥感技术空间分辨率、光谱分辨率、辐射分辨率和时间分辨率的大幅提高为进行流域生态治理工程的监测提供了强有力的手段。

流域水土流失综合治理模式是我国在长期水土保持工作中总结出来的宝贵经验，是水土保持生态建设的基础和核心，经历几十年的实践，已成为水土保持工作中最为成功的技术路线（余新晓，2012）。小流域生态工程的监测通常分为前期、中期和后期。前期监测通常是搜集小流域综合治理的规划设计资料，以及有关的地形图、土地利用、自然气象、社会经济等本底资料，制定监测计划；中期监测通常利用地面观测和调查，以及遥感影像数据，监测生态工程开展的进度，有条件开展效果监测；后期监测通常为项目竣工后监测生态工程实施的质量，以及实施后的效果。

水土保持措施是根据水土流失产生的原因，水土流失的类型、方式和流失过程以及水土保持的目标所设计的防治土壤侵蚀的工程。水土保持措施类型很多，大体上可以概括为植被措施、耕作措施和工程措施。

由于水土保持措施类型繁多，且形态各异，利用遥感进行信息的自动提取非常困难。因此，通常以治理规划图或竣工图为基础，结合野外采样的数据，进行影像人工解译、勾绘，重点关注颜色比较单一、边界比较规则的几何类型、线状地物等。所用的影像数据应该为高分辨率的卫星影像或航片。解译的水保措施数据类型可以根据研究的目的分为三类：面状、线状、点状。

常见水土保持措施解译方法：①水土保持林措施解译。一般分为灌林纯林、乔木纯林和混交林，大多数水土保持林为混交林，一般分株间混交、行间混交和带状混交，在影像上可以识别光谱特征的不均一性、条带状纹理。②种草措施解译。由于大面积种草措施通常采用飞机播种，这样的人工草地与自然植被差异不大，因此影像上很难识别，主要依据工程规划图或竣工图来判断。③封禁措施解译。通常实施单位会在封禁的地区用铁丝网等圈起来，不让人或牲畜进入。因此在实地调查过程中很容易识别哪些是封禁。解译主要依据竣工资料或采样资料。④梯田。梯田的特点比较明显，若在影像上出现环形线性地物，并与坡度图吻合，同时与土地利用图进行对比分析，确保地类在"耕地"地类中。⑤农田防护林网。空间格局为棋盘式，防护林显深红色至鲜红色。通常防护林与公路、水渠平行建设。公路在中央，防护林在两旁，水渠在外侧。⑥经果林措施解译。植被覆盖度不会太高，边界比较规则，有自然边界过渡突变现象，一般离水源和公路较近，便于种植与运输。⑦保土耕作措施解译。影像上很难识别，但在高分辨率的影像上可以结合采样数据，并通过纹理识别。主要还是需要依据竣工资料。⑧小型工程治理措施解译。小型工程治理措施一般为规则的几何形态。解译时，沿沟壑两边进行搜索，重点解译沟头、高坡度的区域，将坡度图和土地利用图作为辅助图进行解译。⑨治沟骨干工程措施解译。治沟骨干工程措施工程量大，影像容易分辨，多分布在沟头、坡降高的地区，影像上有高亮度、纹理清晰的特征，在边界勾绘时，大坝上游要按最高集水范围的面积勾绘，下游勾绘至防洪堤的部位即可。⑩道路工程措施解译。作为线性地物处理，道路工程的一端一般通向另一水土保持工程建设用地。

具体工作中需要结合大量辅助数据，并在空间位置经过严格配准，通过大量野外调查，真正解译出治理区的水土保持措施。另外，治理措施的质量反映治理措施实施的效果和进度。通过遥感影像信息提取与小流域治理规划、小流域治理竣工资料进行对比，对治理的生物措施和工程进行评价，可以生成治理区环境措施质量效果图。

以"官厅密云水库上游水土保持监测系统二期工程"项目为例，该项目是水利部海河水利委员会与中国科学院遥感应用研究所合作，以 2004 年 SPOT5 2.5m 遥感影像为基础，对官厅密云水库上游的生态治理工程进行监测的重点项目，监测内部包括土地利用、植被覆盖、土壤侵蚀、小流域治理措施。土地利用解译涉及 8 个一级类、27 个二级类，结合野外调查资料，利用面向对象分类方法，进行人机交互解译；植被覆盖度以像元二分模型为基础，利用野外测量的覆盖度结果进行校正；土壤侵蚀监测采用指标综合方法，以水利部标准为基础，结合外业调查和专家经验进行修正；小流域治理措施以遥感影像为基础，结合小流域综合治理规划设计资料，辅以地形图、土地利用图等数据，进行判读。在流域生态工程遥感监测的基础上，对前期流域生态治理工程的建设、质量和效果进行评价，从而衡量以前的工作，并为未来的治理提供决策依据。

参 考 文 献

安如，刘影影，曲春梅，等. 2013. NDCI 法Ⅱ类水体叶绿素 a 浓度高光谱遥感数据估算. 湖泊科学，25（3）：437~444.

毕华兴，李笑吟，李俊，等. 2007. 黄土区基于土壤水平衡的林草覆被率研究. 林业科学，43（4）：17~23.

卜兆宏，卜宇行，陈炳贵，等. 1999. 用定量遥感方法监测 UNDP 试区小流域水土流失研究. 水科学进展，10（1）：31~36.

蔡崇法，丁树文，史志华，等. 2000. 应用 USLE 模型与地理信息系统 IDRISI 预测小流域土壤侵蚀量的研究. 水土保持学报，14（2）：19~24.

蔡继清，任志勇，李迎春. 2002. 土壤侵蚀遥感快速调查中有关技术问题的商榷. 水土保持通报，22（6）：45~47.

蔡明，李怀恩，庄咏涛，等. 2004. 改进的输出系数法在流域非点源污染负荷估算中的应用. 水利学报，（7）：40~45.

蔡强国. 1998. 黄土高原小流域侵蚀产沙过程与模拟. 北京：科学出版社.

陈东立，余新晓，廖邦洪. 2005. 中国森林生态系统水源涵养功能分析. 世界林业研究，1：49~54.

陈龙，谢高地，张昌顺. 2011. 澜沧江流域生态系统水源涵养功能研究. 资源与生态学报，2（4）：322~327.

陈书林，刘元波，温作民. 2012. 卫星遥感反演土壤水分研究综述. 地球科学进展，27（11）：1192~1203.

陈云，戴锦芳. 2008. 基于遥感数据的太湖蓝藻水华信息识别方法. 湖泊科学，20（2）：179~183.

崔远来，熊佳. 2009. 灌溉水利用效率指标研究进展. 水科学进展，20（04）：590~598.

邓坤枚，石培礼，谢高地. 2002. 长江上游森林生态系统水源涵养量与价值的研究. 资源科学，6：68~73.

董文雪，曾源，赵玉金，等. 2018. 机载激光雷达及高光谱的森林乔木物种多样性遥感监测. 遥感学报，22（5）：833~847.

杜小平，郭华东，范湘涛，等. 2013. 基于 ICESat/GLAS 数据的中国典型区域 SRTM 与 ASTER GDEM 高程精度评价. 地球科学（中国地质大学学报），38（4）：887~897.

冯秀兰，张洪江，王礼先，等. 1998. 密云水库上游水源保护林水土保持效益的定量研究. 北京林业大学学报，20（6）：71~77.

符素华，刘宝元. 2002. 土壤侵蚀量预报模型研究进展. 地球科学进展，17（1）：78~84.

付炜. 1997. 黄土地区通用土壤流失方程模型研究. 中国环境科学，17（2）：118~122.

高甲荣，刘德高，吴家兵，等. 2000. 密云水库北庄示范区水源保护林林种配置研究. 水土保持学报，14（1）：12~17.

高琼，董学军，梁宁. 1996. 基于土壤水分平衡的沙地草地最优植被覆盖率的研究. 生态学报，16（1）：33~39.

郭新波. 2001. 红壤小流域土壤侵蚀规律与模型研究. 杭州：浙江大学.

郭忠升，邵明安. 1999. 生态环境治理中的林草植被建设. 西北林学院学报，5（5）：72~75.

郭忠升，邵明安. 2003. 半干旱区人工林草地土壤旱化与土壤水分植被承载力. 生态学报，23（8）：1644~1647.

韩瑞栋. 2007. 煤矿三维可视化系统关键技术研究与实现. 青岛：山东科技大学.

韩瑞栋，于志民，王礼先. 1999. 水源涵养林效益研究. 北京：中国林业出版社.

贺金生，刘灿然，马克平. 1998. 森林生物多样性监测规范和方法. 面向21世界的生物多样性保护，21：331~347.

洪伟，吴承祯. 1997. 闽东南土壤流失人工神经网络预报研究. 土壤侵蚀与水土保持学报，03：53~58.

胡良军，李锐，杨勤科. 2001. 基于GIS的区域水土流失评价研究. 土壤学报，38（2）：167~175.

黄秉维. 1953. 陕甘黄土地区土壤侵蚀的因素与方式. 科学通报，（9）：47~41.

黄秉维. 1988. 谈黄河中游水土保持问题. 中国水土保持，（1）：12~15.

黄明斌，刘贤赵. 2002. 黄土高原森林植被对流域径流的调节作用. 应用生态学报，13（9）：1057~1060.

黄耀欢，王浩，肖伟华，等. 2010. 内陆水体环境遥感监测研究评述. 地理科学进展，29（5）：549~556.

嵇涛，杨华，刘睿，等. 2014. TRMM卫星降雨数据在川渝地区的适用性分析. 地理科学进展，33（10）：1375~1386.

颉耀文，陈怀录，徐克斌. 2002. 数字遥感影像判读法在土壤侵蚀调查中的应用. 兰州大学学报（自然科学版），38（2）：157~162.

金云峰，杜伊，陈光. 2015. 生态工程综述——基于"风景园林工程与技术"二级学科的视角. 中国园林，（2）：89~93.

郎奎建，李长胜，殷有，等. 2000. 林业生态工程10种森林生态效益计量理论和方法. 东北林业大学学报，28（1）：1~7.

李国瑞，王贵平，冯九梁，等. 2003. 土壤侵蚀模型研究的现状与发展趋势. 太原理工大学学报，34（1）：99~101.

李晶，任志远. 2003. 秦巴山区植被涵养水源价值测评研究. 水土保持学报，17（4）：132~134.

李俊生，张兵，申茜，等. 2007. 航天成像光谱仪CHRIS在内陆水质监测中的应用. 遥感技术与应用，22（5）：593~597.

李勉，李古斌，刘普灵. 2002. 中国土壤侵蚀定量研究进展. 水土保持研究，9（3）：243~248.

李勉，杨剑锋，侯建才. 2006. 王茂沟淤地坝坝系建设的生态环境效益分析. 水土保持研究，13（5）：145~147.

李锐，徐传早. 1998. 美国水土流失预测预报与动态监测. 水土保持研究，5（2）：119~123.

李锐，杨勤科，赵永安，等. 1999. 水土流失动态监测与评价研究现状与问题. 中国水土保持SWCC，（11）：31~33.

李锐. 1989. 遥感技术与土地退化评价. 水土保持学报, 3 (2): 65~71.

李素菊, 王学军. 2013. 巢湖水体悬浮物含量与光谱反射率的关系. 城市环境与城市生态, 16 (6): 66~68

李素菊, 吴情, 王学军. 2002. 巢湖浮游植物叶绿素含量与反射光谱特征的关系. 湖泊科学, 14 (3): 228~234.

李文华. 2008. 生态系统服务功能价值评估的理论、方法与应用. 北京: 中国人民大学出版社.

李盈盈. 2015. 陕西省北洛河流域水源涵养生态服务功能及其价值估算. 西安: 西北大学.

李盈盈, 刘康, 胡胜, 等. 2015. 陕西省子午岭生态功能区水源涵养能力研究. 干旱区地理, 38 (3): 636~642.

李渊, 李云梅, 吕恒, 等. 2014. 基于数据同化的太湖叶绿素多模型协同反演. 环境科学, 35 (9): 3389~3396.

李云亮, 张运林, 李俊生, 等. 2009. 不同方法估算太湖叶绿素a浓度对比研究. 环境科学, 30 (3): 680~686.

刘宝元. 2002. 中国土壤侵蚀预报模型研究. 北京: 第12届国际水土保持大会.

刘昌明, 钟骏襄. 1978. 黄土高原森林对年径流影响的初步分析. 地理学报, 33 (2): 112~127.

刘建立, 王彦辉, 于澎涛, 等. 2009. 六盘山叠叠沟小流域典型坡面土壤水分的植被承载力. 植物生态学报, 33 (6): 1101~1111.

刘磊, 沈润平, 丁国香. 2011. 基于高光谱的土壤有机质含量估算研究. 光谱学与光谱分析, 31 (3): 762~766.

刘璐璐, 邵全琴, 刘纪远, 等. 2013. 琼江河流域森林生态系统水源涵养能力估算. 生态环境学报, 3: 451~457.

刘世荣, 温远光, 王兵, 等. 1996. 中国森林生态系统水文生态功能规律. 北京: 中国林业出版社.

刘世荣, 孙鹏森, 温远光. 2003. 中国主要森林生态系统水文功能的比较研究（英文）. 植物生态报, 1: 16~22.

刘贤赵, 黄明斌. 2003. 黄土丘陵沟壑区森林土壤水文行为及其对河川径流的影响. 干旱地区农业研究, 21 (2): 72~75.

刘瑶, 江辉. 2013. 鄱阳湖表层水体总磷含量遥感反演及其时空特征分析. 自然资源学报, 28 (12): 2169~2177.

刘兆芹. 2013. 水源涵养功能重要性评价—以湖北省为例. 武汉: 武汉理工大学.

吕喜玺, 史德明. 1994. 土壤侵蚀模型研究进展. 土壤学进展, 22 (2): 9~14.

马荣华, 戴锦芳. 20005. 应用实测光谱估测太湖梅梁湾附近水体叶绿素浓度. 遥感学报, 9 (1): 78~86.

马荣华, 唐军武, 段洪涛, 等. 2009. 湖泊水色遥感研究进展. 湖泊科学, 21 (2): 143~158.

聂忆黄. 2010. 基于地表能量平衡与Scs模型的祁连山水源涵养能力研究. 地学前缘, 3: 269~275.

欧阳志云, 王如松, 赵景柱. 1999. 生态系统服务功能及其生态经济价值评价. 应用生态学报, (5): 635~640.

彭致功, 毛德发, 王蕾, 刘钰, 张寄阳. 2011. 基于遥感ET数据的水平衡模型构建及现状分析. 遥感学报, 15 (02): 313~323.

秦嘉励, 杨万勤, 张健. 2009. 岷江上游典型生态系统水源涵养量及价值评估. 应用与环境生物学报, 15 (4): 453~458.

史泽鹏, 马友华, 王玉佳, 等. 2012. 遥感影像土地利用/覆盖分类方法研究进展. 中国农学通报, 28 (12): 273~278.

史志华, 蔡崇去, 丁树文, 等. 2002. 基于GIS和RUSLE的小流域农地水土保持规划研究. 农业工程学报，18（4）：172～175.

疏小舟，尹球，匡定波.2000.内陆水体藻类叶绿素浓度与反射光谱特征的关系.遥感学报，4（1）：41～45.

苏常红，傅伯杰.2012.景观格局与生态过程的关系及其对生态系统服务的影响.自然杂志，34（5）：277～283.

孙林，熊伟，管伟，等.2001.华北落叶松树体储水利用及其对土壤水分和潜在蒸散的响应：基于模型模拟的分析.植物生态学报，35（4）：411～421.

汤立群.1996.流域产沙模型的研究.水科学进展，7（1）：47～53.

唐玉芝，邵全琴.2016.乌江上游地区森林生态系统水源涵养功能评估及其空间差异探究.地球信息科学学报，7：987～799.

汪东川，卢玉东.2004.国外土壤侵蚀模型发展概述.中国水土保持科学，2（2）：35～40.

汪富贵.大型灌区灌溉水利用系数的分析方法.武汉水利电力大学学报，1999（06）：29～32.

汪忠善，王志强，刘志.1996.应用地理信息系统评价黄土丘陵区小流域土壤侵蚀的研究.水土保持研究，3（2）：84～97.

王纪伟，刘康，翁耐义.2014.基于 In-VEST 模型的汉江上游森林生态系统水源涵养服务功能研究.水土保持通报，10：213～217.

王晓学，李叙勇，莫菲，江燕.2010.基于元胞自动机的森林水源涵养量模型新方法——概念与理论框架.生态学报.30（20）：5491～5500.

王彦辉，熊伟，于澎涛，等.2006.干旱缺水地区森林植被蒸散耗水研究.中国水土保持科学，4（4）：19～25.

吴炳方，卢善龙.2011.流域遥感方法与实践.遥感学报，15（2）：201～223.

吴炳方，黄进良，沈良标.2000.湿地的防洪功能分析评价——以东洞庭湖为例.地理研究，19（2）：189～193.

吴炳方，李苗苗，颜长珍，等.2005.生态环境典型治理区 5 年期遥感动态监测.遥感学报，9（1）：32～38.

谢高地，张彩霞，张雷明，等.2015.基于单位面积价值当量因子的生态系统服务价值化方法改进.自然资源学报，30（8）：1243～1254.

谢树楠，张仁，王孟楼.1990.黄河中游黄土丘陵沟壑区暴雨产沙模型研究.黄河水沙变化研究论文集（第5卷）：238～274.

谢云，林燕，张岩.2003.通用土壤流失方程的发展与应用.地理科学进展，22（3）：279～287.

徐文婷.2004.三峡库区森林植被生物多样性遥感定量监测方法研究.北京：中国科学院.

薛云，赵运林，张维，等.2014.基于环境一号卫星 CCD 数据的洞庭湖夏季富营养状态评价.环境科学学报，34（10）：2534～2539.

扬子生.2001.论水土流失与土壤侵蚀及其有关概念的界定.山地学报，19（5）：436～445.

杨海军，孙立达，余新晓.1994.晋西黄土区森林流域水量平衡研究.水土保持通报，14（2）：26～31.

杨胜天，朱启疆.2000.人机交互式解译在大尺度土壤侵蚀遥感调查中的作用.水土保持学报，14（3）：88～91.

余新晓.2012.小流域综合治理的几个理论问题探讨.中国水土保持科学，10（4）：22～29.

曾大林，李智广.2000.第二次全国土壤侵蚀遥感调查工作的做法与思考.中国水土保持，1：28～31.

曾莉，李晶，李婷，等.2018.基于贝叶斯网络的水源涵养服务空间格局优化.地理学报，73（9）：1809～1822.

张堡宸，胡建荣，李新军，等.2014.基于遥感数据的森林水源涵养估测研究.中国农学通报，30（1）：98～102.

张彪，李文华，谢高地，等.2009.森林生态系统的水源涵养功能及其计量方法.生态学杂志，28（3）：529～534.

张兵，申茜，李俊生，等. 2009. 太湖水体 3 种典型水质参数的高光谱遥感反演. 湖泊科学，21（2）：182~192.

张光辉. 2002. 土壤侵蚀模型研究现状与展望. 水科学进展，13（3）：389~396.

张海博. 2012. 基于 SEBS 与 SCS 模型的区域水源涵养量估算研究——以北京北部山区为例. 北京：中国环境科学院，39~43.

张健，宫渊波，陈林武，等. 1996. 最佳防护效益森林覆盖率定量探讨. 林业科学，32（4）：317~324.

张科利，曹其新，细山田健三，等. 1995. 神经网络模型在土壤侵蚀预报中应用的探讨. 土壤侵蚀与水土保持学报，1（1）：58~63.

张喜旺，周月敏，李晓松，等. 2010. 土壤侵蚀评价遥感研究进展. 土壤通报，41（4）：1010~1017.

张小峰，许全喜，裴莹. 2001. 流域产流产沙 BP 网络预报模型的初步研究. 水科学进展，12（1）：17~22.

张煜星，王祝雄，武红敢，等. 2007. 遥感技术在森林资源清查中应用研究. 北京：中国林业出版社.

周虹丽，朱建华，李铜基，等. 2005. 青海湖水色要素吸收光谱特性分析——黄色物质、非色素颗粒和浮游植物色素. 海洋技术，24（2）：55~58.

周正朝，上官周平. 2004. 土壤侵蚀模型研究综述. 中国水土保持科学，2（1）：52~56.

朱金兆，魏天兴，张学培. 2002. 基于水分平衡的黄土区小流域防护林体系高效空间配置. 北京林业大学学报，24（5）：5~13.

朱显谟. 1960. 黄土地区植被因素对水土流失的影响. 土壤学报，8（2）：110~121.

Alice S, Christian P. 2003. Erosion extension of indurated volcanic soils of Mexico by aerial photographs and remote sensing analysis. Geoderma, 117：367~375.

Arnold J A. 1996. The SWAT Model. US Department of Agriculture, Agricultural Research Service.

Arnold J G, Fohrer N. 2005. SWAT 2000: Current capabilities and research opportunities in applied watershed modeling. Hydrological Processes, 19（3）：563~572.

Arnold J G, Williams J R, Nicks A D, et al. 1990. SWRRB: A basin scale simulation model for soil and water resources management. Texas: Texas A&M Univ Press.

Asner G P. 2008. Hyperspectral remote sensing of canopy chemistry, physiology and biodiversity in tropical rainforests. Hyperspectral remote sensing of tropical and sub-tropical forests, 261~296.

Asner G P, Martin R E. 2008. Spectral and chemical analysis of tropical forests: Scaling from leaf to canopy levels. Remote Sensing of Environment, 112：3958~3970.

Asner G P, Martin R E. 2009. Airborne spectranomics: Mapping canopy chemical and taxonomic diversity in tropical forests. Frontiers in Ecology and the Environment, 7（5）：269~276.

Asner G P, Martin R E, Ford A J, et al. 2009. Leaf chemical and spectral diversity in australian tropical forests. Ecological Applications, 19：236~253.

Balkanov V, Belolaptikov I, Bezrukov L, et al. 2003. Simultaneous measurements of water optical properties by AC9 transmissometer and ASP-15 inherent optical properties meter in Lake Baikal. Nuclear Instruments and Methods in Physics Research, 498：231~239.

Beasly D B, Huggins L F, Monke E J. 1980. ANSWERS: A model for watershed planning. Transactions of the ASAE, 23：938~944.

Bennet H H. 1939. Soil Conservation. New York: McCraw Hill.

Bjorkman O, Demmig-Adams B. 1995. Regulation of photosynthesis light energy capture, conversion and dissipation in leaves of higher plants//Schulze E D, Caldwell M M（eds）. Ecophysiology of Photosynthesis. Berlin: Heidelberg; New York: Springer-Verlag: 17~47.

Browning G M, Parish C L, Glass J A. 1947. A method for determining the use and limitation of rotation and conservation practices in control of soil erosion in lowa. Journal of the American Society of Agronomy, 39: 65~73.

Bukata R P, Jerome J H, Kondratyev K Y, et al. 1991. Estimation of organic and inorganic matter in inland waters: optical cross sections of Lakes Ontario and Ladoga. Journal of Great Lakes Research, 17: 461~469.

Carlson K M, Asner G P, Hughes R F, et al. 2007. Hyperspectral remote sensing of canopy biodiversity in hawaiian lowland rainforests. Ecosystems, 10: 536~549.

Cayuela L, Benayas J M R, Justel A, et al. 2006. Modelling tree diversity in a highly fragmented tropical montane landscape. Global Ecology and Biogeography, 15: 602~613.

Ceccato P, Flasse S, Tarantola S, et al. 2001. Detecting vegetation leaf water content using reflectance in the optical domain. Remote Sensing of Environment, 77: 22~33.

Cho M A, Mathieu R, Asner G P, et al. 2012. Mapping tree species composition in south african savannas using an integrated airborne spectral and lidar system. Remote Sensing of Environment, 125: 214~226.

Colgan M S, Baldeck C A, Feret J B, et al. 2012. Mapping savanna tree species at ecosystem scales using support vector machine classification and brdf correction on airborne hyperspectral and lidar data. Remote Sensing of Environment, 4: 3462~3480.

Cook H L. 1936. The nature and controling variables of the water erosion processs. Soil Sci Soc Am Proceedings, 1: 60~64.

Costanza R. 1997. The value of the world ecosystem services and natural capital. Nature, 389: 253~260.

David P, Darren S. 2000. Towards integrating GIS and catchment models. Environmental Modelling & Software, 15: 451~459.

De Coursey D G. 1985. Jour. Of soil and water cons., 40 (5): 409~413.

De Ploey J. 1989. A Soil Erosion Map for Western Europe. Catena Verlag.

De Roo A P J. 1996. The LISEM Project: An introduction. Hydrological Processes, 10: 1021~1025.

De Roo A P J, Wesseling C G, Jetten V G, et al. 1996. LISEM: A physically-based hydrological and soil erosion model incorporated in a GIS. IAHS Publication, 235: 395~403.

Dekker A G, Peters S W M. 1993. The use of thematic mapper for the analysis of eutrophic lake: a case study in the Netherlands. International Journal of Remote Sensing, 14: 788~821.

Derose R C, Gomez B, Marden M, et al. 1998. Gully erosion in Mangatu Forest, New Zealand, estimated from digital elevation models. Earth Surface Processes and Landforms, 23: 1045~1053.

Dwivedi R S, Sankar T R, Venkataratnam L, et al. 1997. The inventory and monitoring of eroded lands using remote sensing data. International Journal of Remote Sensing, 18 (1): 107~119.

Dymond J R, Hicks D L. 1986. Steepland erosion measured from historical aerial photograghs. Journal of Soil and Water Conservation, July-Auguest: 252~255.

Fairbanks D H, McGwire K C. 2004. Patterns of floristic richness in vegetation communities of california: Regional scale analysis with multi-temporal ndvi. Global Ecology and Biogeography, 13: 221~235.

Feng X M, Fu B J, Piao S L, et al. 2016. Revegetation in China's Loess Plateau is approaching sustainable water resource limits. Nature Climate Change, 6: 1019~1022.

Féret J, Asner G P. 2013. Tree species discrimination in tropical forests using airborne imaging spectroscopy. IEEE Transactions on Geoscience and Remote Sensing, 51 (1): 73~84.

Ghosh A, Fassnacht F E, Joshi P K, et al. 2014. A framework for mapping tree species combining hyperspectral and lidar data: Role of selected classifiers and sensor across three spatial scales. International Journal of Applied Earth Observation and Geoinformation, 26: 49~63.

Harley D B, Ronald C D. 1999. Digital elevation models as a tool for monitoring and measuring gully erosion. International Journal. Applied Earth Observation and Geoinformation, 1 (2): 191 ~ 101.

Hassan M F, Ahmed A S, Imad eldin A A, et al. 1999. Use of remote sensing to map gully erosion along the Atbara River. International Journal of Applied Earth Observation and Geoinformation. 1 (3/4): 175 ~ 180.

Higgins M A, Asner G P, Martin R E, et al. 2014. Linking imaging spectroscopy and lidar with floristic composition and forest structure in panama. Remote Sensing of Environment, 154: 358 ~ 367.

Hildenbrand A, Gillot P, Marlin C. 2008. Geomorphological study of long-term erosion on a tropical volcanic ocean island: Tahiti-Nui (French Polynesia). Geomorphology, 93 (3 ~ 4): 460 ~ 481.

Hill J, Mehl W, Smith M O, et al. 1994. Mediterranean ecosystem monitoring with earth observation satellites. // Vaughan R (ed). Remote Sensing-from Research to Operational Applications in the New Europe: Proceedings of the 13th EARSeL Symposium. Budapest: Springer-Verlag: 131 ~ 141.

Hill J, Sommer S, Mehl W, et al. 1995. Towards a satelliteobservatory for mapping and monitoring the degradation of Mediterranean ecosystems//Askne J (ed). Sensors and Environmental Application of Remote Sensing. Rotterdam: Balkema: 53 ~ 61.

Immerzeel W W, Gaur A, Zwart S J. 2008. Integrating remote sensing and a process-based hydrological model to evaluate water use and productivity in a south Indian catchment. Agricultural Water Management, 95 (1): 11 ~ 24.

Jain S K, Goel M K. 2002. Assessing the vulnerability to soil erosion of the Ukai Dam catchments using remote sensing and GIS. Hydrological Sciences Journal, 47 (1): 31 ~ 40.

Johnes P B, Moss, Phillips G. 1996. The determination of total nitrogen and total phosphorous concentrations in freshwaters from land use, stock headage and population data: testing a model for use in conservation and watert quality management. Freshwater Biology, 36: 451 ~ 473.

Julian J P, Gardner R H. 2014. Land cover effects on runoff patterns in eastern Piedmont (USA) watersheds. Hydrological Processes, 28 (3): 1525 ~ 1238.

Kerr J T, Ostrovsky M. 2003. From space to species: Ecological applications for remote sensing. Trends in Ecology and Evolution, 18 (6): 299 ~ 305.

Knisel W G. 1980. CREAMS: A Field Scale Model for Chemicals, Runoff and Erosions from Agricultural Management Systems. USDA Conservation Research Report No 26 US Department of Ariculture.

Knox J B. 1976. Man's impact on his global environment. California Univ, Livermore (USA). Lawrence Livermore Lab.

Laflen J M, Lane L J, Foster G R. 1991. WEPP: A new generation of erosion prediction technology. Journal of soil and water conservation, 46 (1): 34 ~ 38.

Leonard R A, Knisel W G, Still D A. 1987. GLEAMS: Groundwater loading effects of agricultural management systems. Trans ASAE, 30: 1403 ~ 1418.

Leopold A. 1989. A Sand County Almanac, and Sketches Here and There. Oxford: Oxford University Press.

Ma R, Tang J, Dai J, et al. 2006. Absorption and scattering properties of water body in Taihu Lake, China: absorption. International Journal of Remote Sensing, 27 (19): 4277 ~ 4304.

Marsh G P. 1965. Man and Nature. Washington: University of Washington Press.

Metternicht G I, Zinck J A. 1998. Evaluating the information content of JERS-1 SAR and Landsat TM data for discrimination of soil erosion features. Isprs J Photogramm, 53: 143 ~ 153.

Miller M F. 1926. Waste through soil erosion. Journal Am Soc Agron, 18: 153 ~ 160.

Misra R K, Rose C W. 1996. Application and sensitivity analysis of process-based erosion model-GUEST. European

Journal Soil Science, 10: 593~604.

Mitsch W J, Jørgensen S E. 2003. Ecological engineering: A field whose time has come. Ecological Engineering, 20 (5): 363~377.

Morgan R P C, Quinton J N, Smith R E, et al. 1998. The European soil erosion model (EUROSEM): A dynamic approach for predicting sediment transport and landforms. Earth Surface Processes and Landforms, 23: 527~544.

Mueller J L, Fargion G S, McClain C R. 2003. Ocean optics protocols for satellite ocean color sensor validation, Revision 4, Volume1-5, Greenbelt, Maryland.

Musgrave G W. 1947. The quantitative evaluateon of factors in water erosion—a first approximation. Journal Soil and Water Cons, 2: 133~138.

Naidoo L, Cho M A, Mathieu R, et al. 2012. Classification of savanna tree species, in the greater kruger national park region, by integrating hyperspectral and lidar data in a random forest data mining environment. Isprs Journal of Photogrammetry and Remote Sensing, 69: 167~179.

Neitsch S L, Arnold J G, Kiniry J R, et al. 2000. Assessment tool theoretical documentations Version 2000. http://www. brc. tamus. edu/swat/downloads/doc/swat2000 theory pdf.

Nelson E, Mendoza G, RegetzJ, et al. 2009. Modeling multiple ecosystem services, biodiversity conservation, commodity production, and tradeoffs at landscape scales. Frontiers in Ecology and the Environment, 7 (1): 4~11.

Nepstad D, Moutinho P, Dias- Filho M, et al. 2002. The effects of partial throughfall exclusion on canopy processes, aboveground production, and biogeochemistry of an amazon forest. Journal of Geophysical Research, 107 (D20): LBA53-1~LBA53-18.

Niinemets Ü, Sack L. 2006. Structural determinants of leaf light-harvesting capacity and photosynthetic potentials// Esser K, Lüttge U, Beyschlag W, et al. Progress in botany. Berlin: Springer Berlin Heidelberg: 385~419.

Novotny V, Olem H. 1994. Water Quality: Prevention Identification and Management of Diffuse Pollution. New York: Van Nostrad Reinhold Company.

Reich P B, Walters M B, Ellsworth D S. 1997. From tropics to tundra: Global convergence in plantfunctioning. Proceedings of the National Academy of Sciences, 94: 13730~13734.

Renard K G, Foster G R, Weesies G A, et al. 1997. Predicting soil erosion by walter: a guide to conservation planning with the revised univesal soil loss equation (RUSLE). National Technical Information Service, United States Department of Agricultrue (USDA).

Rocchini D, Chiarucci A, Loiselle S A. 2004. Testing the spectral variation hypothesis by using satellite multispectral images. Acta Oecologica, 26: 117~120.

Shi K, Li Y, Li L, et al. 2013. Remote chlorophyll-a estimates for inland waters based on a cluster-based classification. Science of the Total Environment, 444: 1~15.

Shrimali S S, Aggarwal S P, Samra J S. 2001. Prioritizing erosion- prone areas in hills using remote sensing and GIS- a case study of the Sukhna Lake catchment. Northern India. International Journal of Applied Earth Observation and Geoinformation, 3 (1): 54~60.

Smith D D. 1940. Interpretation of soil conservation data for field use. Agricultural Engineering, 21: 59~64.

Smith D D, White D M. 1948. Evaluating soil losses from field areas. Agricultural Engineering, 29: 394~396.

Smith L C, Alsdorf D E, Magilligan F J, et al. 2000. Estimation of erosion, deposition, and net volumetric change caused by the 1996 Skeiðara' rsandur jo kulhlaup, Iceland, from synthetic aperture radar interferometry. Water Resources Research, 36 (6): 1583~1594.

Smith W K, Vogelmann T C, Critchley C. 2010. Photosynthetic adaptation: Chloroplast to landscape. Springer Science & Business Media, 178.

Soranno P A, Hubler S L, Carpenter S R. 1996. Phosphorus loads to surface waters: a simply model to account for spatial pattern of land use. Ecological Applications, 6 (3): 865 ~ 878.

Townsend A R, Asner G P, Cleveland C C. 2008. The biogeochemical heterogeneity of tropical forests. Trends in Ecology and Evolution, 23: 424 ~ 431.

Turner W, Spector S, Gardiner N, et al. 2003. Remote sensing for biodiversity science and conservation. Trends in Ecology and Evolution, 18 (6): 306 ~ 314.

Victor Jetten, Ad de Roo, David Favis-Mortlock. 1999. Evaluation of field-scale and catchment-scale soil erosion models. Catena, 37: 521 ~ 541.

Vignoloa A, Pochettinoa A, Cicerone D. 2006. Water quality assessment using remote sensing techniques: Medrano Creek, Argentina. Journal of Environmental Management, 81: 429 ~ 433.

Vitousek P M, Sanford R. 1986. Nutrient cycling in moist tropical forest. Annual Review of Ecology and Systematics, 17: 137 ~ 167.

Vrieling A, Sterk G, Beaulieu N. 2002. Erosion risk mapping: a methodological case study in the Colombian Eastern Plains. Journal of Soil and Water Conservation, 57 (3): 158 ~ 163.

Vrieling A, Sterk G, Beaulieu N. 2003. Regional erosion assessment: an example of using local knowledge. Years of Assessment of Erosion: 277 ~ 284.

Wang Y H, Yu P T, Xiong W, et al. 2008. Water yield reduction after affor-estation and related processes in the semiarid Liupan mountains, North-west China. Journal of the American Water Resources Association, 44 (5): 1086 ~ 1097.

Wang Y H, Yu P T, Xiong W. 2010. Annual runoff and evapotranspiration of forestlands and non-forestlands in selected basins of the Loess Plateau of China. Ecohydrology, 4 (2): 277 ~ 287.

Williams J R, Renard K G, Dyke P T. 1983. EPIC: A new method for assessing erosion's effect on soil productivity. Journal of Soil and water Conservation, 38 (5): 381 ~ 383.

Williams J R, Jones C A, Dyke P T. 1984. A modeling approach to determining the relationship between erosion and soil productivity. Transactions of the. ASAE, 27 (1): 129 ~ 144.

Williams J R, Nicks A D, Arnold J G. 1985. Simulator for water resources in rural basins. Journal of Hydraulic Engineering, 111 (6): 970 ~ 986.

Williamson G B, Laurance W F, Oliveira A A, et al. 2000. Amazonian tree mortality during the 1997 el nino drought. Conservation Biology, 14: 1538 ~ 1542.

Wright I J, Reich P B, Westoby M, et al. 2004. The worldwide leaf economics spectrum. Nature, 428: 821 ~ 827.

Xia Y Q, Shao M A. 2008. Soil water carrying capacity for vegetation: Ahydrologic and biogeochemical process model solution. Ecological Modelling, 214: 112 ~ 124.

Yassoglou N, Montanarella L, Govers G, et al. 1998. Soil Erosion in Europe. European Soil Bureau.

Young R A, Onstad C A, Bosch D D, et al. 1989. AGNPS: A nonpoint-source pollution model for evaluating agricultural watersheds. Journal of Soil and Water Conservation, 44 (2): 168 ~ 173.

Young R A, Onstad C A, Bosch D D. 1995. AGNPS: an agricultural non-point source model. Computer models of watershed hydrology. Water Resources Publications, WI53705: 1001 ~ 1020.

Zhang X W, Wu B F, Ling F, et al. 2010. Identification of priority areas for controlling soil erosion. Catena, 83: 76 ~ 86.

Zhang Y, Shen Y, Sun H, et al. 2011. Evapotranspiration and its partitioning in an irrigated winter wheat field: A combined isotopic and micrometeorologic approach. Journal of Hydrology, 408 (3-4): 203 ~ 211.

Zingg A W. 1940. Degree and length of land slope as it affects soil loss in runoff. Agricultural Engineering, 21: 59 ~ 64.

第七章　流域灾害遥感

洪水和干旱是流域尺度上的主要灾害。利用遥感技术，发挥其空间数据优势，监测灾害发生时间、范围、趋势和变化，为流域管理、流域防灾减灾决策提供数据和技术支持。洪水和干旱灾害（简称水旱灾害）是在一定的自然地理、气候、资源和社会经济条件下发生、发展的，由天气气候变化引起的降雨时空分布不均引起；同时与流域的水系特征、自然地理环境条件互相制约，它们直接或间接地影响降雨时空分布，最终影响流域水旱灾害的类型、强度和变化。

本章主要介绍流域内遥感新技术在洪水监测中发挥的方法和作用，客观把握洪水灾害情况，以及洪水动态变化模拟技术；介绍旱灾特点，遥感监测最新方法与技术。

第一节　洪　　水

一、洪水灾害概况

洪水的形成和特征主要取决于所在流域的气候与下垫面情况等自然地理条件，此外人类活动对洪水的形成过程也有一定的影响，同理洪水灾害的形成也是受气候、下垫面等自然因素与人类活动因素的影响。洪水按其成因和地理位置的不同，常分为暴雨洪水、融雪洪水、冰凌洪水、山洪、溃坝洪水和海岸洪水（如风暴潮、海啸等）。中国大部分地区在大陆性季风气候影响下，降雨时间集中，强度很大，因此暴雨洪水是洪水灾害的最主要来源。洪涝灾害因其范围广、频度高、突发性强、损失大等特点，常对国民经济和人民生命财产安全带来严重威胁。

我国洪水灾害的地域分布范围很广，除荒无人烟的高寒山区和戈壁沙漠外，全国各地都存在不同程度的洪水灾害。从洪涝灾害的发生机制来看，洪水灾害具有明显的季节性、区域性和可重复性，我国的洪水灾害主要发生在 4~9 月，根据降雨与地形的特点洪水灾害分布特征为东部多，西部少；沿海地区多，内陆地区少；平原地区多，高原和山地少。山地丘陵区洪灾，由于洪水来势凶猛，历时短暂，破坏力很大，常常导致建筑物被毁，人畜伤亡，但受灾范围一般不大；平原地区洪灾，主要是漫溢或堤防溃决所造成，积涝时间长，灾区范围广。东部地区为我国主要江河的中下游地区，受西风带、热带气旋等气象因素影响，暴风雨频繁，且强度大，常发生大面积洪涝灾害，因此灾害发生的频率远大于西部地区。

洪水是河湖在较短时间内发生的流量急剧增加、水位明显上升的一种水流自然现象，因此洪水灾害是突发性的自然灾害，通常分布在并往往分布在人口稠密、江河湖泊集中、降雨充沛的地方，如北半球暖温带、亚热带。

　　由于特殊的地理位置、地形特征和气候系统，洪水发生频繁，加上巨大的人口压力及洪水高风险区的高度开发利用，中国成为世界上洪涝灾害出现频次最高的国家之一。据史料记载，近 2000 年来中国主要洪水灾害共发生 2397 次，特别是 16 世纪以来，洪水发生渐趋频繁。20 世纪以来，七大江河共发生特大水灾 31 次，大水灾 55 次，一般性水灾 127 次。1950~2000 年全国因洪涝灾害累计受灾 47800 万 hm²，倒塌房屋 1.1 亿间，死亡 26.3 万人。据民政部门统计，近十年来我国平均每年因洪涝灾害造成的粮食损失约 200 亿 kg，经济损失近 2000 亿元。据水利部长江水利委员会的统计，1998 年长江流域特大洪水灾害造成中下游五省共溃口分洪 1705 个围垸，淹没耕地 295 万亩[①]，受灾人口 230 万。2006 年全国 30 个省（区、市）发生不同程度的洪水灾害，造成直接损失 1333 亿元，受灾人口约 1.4 亿人。

　　洪水灾害也是世界上危害最严重的自然灾害之一，在全球所有自然灾害造成的损失中占 40%，并往往分布在人口稠密、农业垦殖度高、江河湖泊集中、降雨充沛的地方，如北半球暖温带、亚热带。中国、孟加拉国是世界上洪水灾害最频繁的地方，美国、日本、印度和欧洲各国的洪水灾害也较严重。如表 7-1 所示，1950~2004 年全球重大洪水灾害记录次数为 2606 次，涉及 172 个国家及地区，累计受灾人口达 27.5 亿，受灾损失 3472.35 亿美元（蒋卫国等，2006；李香颜等，2009）。

表 7-1　全球重大洪水灾害分析（蒋卫国等，2006）

时间段	发生次数	受灾人口/百万人	经济损失/亿美元	占总次数的比例/%	占总受灾人口比例/%	占总经济损失比例/%
1950~1959 年	81	13.00	17.79	3.11	0.47	0.51
1960~1969 年	157	41.17	49.95	6.02	1.50	1.44
1970~1979 年	265	207.89	84.23	10.17	7.56	2.43
1980~1989 年	537	497.59	460.14	20.61	18.08	13.25
1990~1999 年	795	1438.61	2075.21	30.50	52.30	59.76
2000~2004 年	771	552.52	785.03	29.59	20.09	22.61
合计	2606	2750.78	3472.35	100	100	100

　　科学有效地进行洪水灾害监测以及评估是防洪救灾的基础，有助于相关政府部门做好宏观决策，制定更有效的防灾、减灾对策，集中人力、物力进行抗灾、减灾，并指导区域灾害管理。因此，根据洪水灾害的特征及规律，应用先进的技术开展洪水灾害的及时监测与灾情评估研究，越来越为各个国家的流域机构、气象、水利以及防灾减灾部门所重视。

二、洪水遥感监测方法

　　在流域尺度上，由于降雨时空分布不均匀，气候变化等常引起洪水暴发。如何快速、

①　1 亩≈666.67m²。

准确地监测洪水淹埋面积、洪水水深以及洪水持续时间等主要特征是防洪抗灾的关键。常规的方法是通过地面上水文实测站点获取的水文数据分析流域的汛情状况，这些数据都是点信息，并非完整的流域面上信息，很难及时、准确、全面地掌握洪涝灾害的状况和损失程度。卫星遥感以其快速、视野广、时效性强等特点成为洪水监测与评估工作中研究和应用的热点。利用遥感技术获取洪水整体状况信息，为洪水灾害的实时监测与预测等提供了新的手段。地理信息系统与遥感技术集成应用，集监测、空间数据处理、管理、查询、分析、模拟等功能于一体，为灾情的快速评估与分析统计在提供丰富数据的同时，也提供了更加精确有效的信息。

洪水遥感监测是利用不同波段探测器获取洪水的电磁波信息来监测洪水状态。根据波段的不同其监测方式主要是光学遥感和微波遥感。光学遥感监测洪涝灾害的基本原理为：水体在 $0.4 \sim 2.5 \mu m$ 范围内电磁波的吸收率较高，在 $0.54 \sim 0.7 \mu m$ 光谱反射率最高，随着波长增加反射率呈下降趋势。而且水体在 $1.0 \sim 1.06 \mu m$ 处有一个强烈的吸收峰，此范围的植被等地物具有高反射率特性。因此，基于水体的光谱特征可以进行洪水水体的识别和提取。目前用于洪水监测的遥感资料主要有美国的陆地资源卫星 LandsatTM 与 ETM+、法国的资源卫星 SPOT、美国的极轨气象业务卫星 NOAA/AVHRR 资料、中国的极轨气象卫星 FY-1 和 FY-3、美国的对地观测系统卫星 EOS/MODIS、新一代观测系统 NPP/VIIRS，中国的环境与灾害小卫星 HJ/CCD 以及资源三号卫星和高分系列卫星。微波遥感监测洪涝灾害的基本原理为通过星载或机载主动微波合成孔径雷达向地物发射脉冲微波信号，接收地物反射回来的回波信号信息，而与其他地物相比，水体反射回来的信号较弱，因此可以较好地区分和识别洪水与周围地物。

无论对抗洪救灾决策还是洪水灾害的损失评估来说，洪水灾害淹没范围都是最基本而且最重要的信息。水位数据是计算洪水淹没程度的另一个重要参量，利用遥感和其他技术可以提取水位信息。借助于三维模拟以及虚拟现实等技术进行灾情可视化模拟，为灾情评估、救灾辅助决策、灾后重建等工作提供可靠依据。洪水发生时，所淹没的范围一般比较大，从地面上无法确定，遥感技术的优势就是从地面上空获取很大区域的洪水淹没信息，基于此发展了一系列洪涝灾害的淹没范围、水位提取、动态模拟等方法。

（一）基于可见光/红外的洪水淹没范围提取

水体与植被、土壤等在不同波段范围内的光谱反射存在差异，因此发展了一系列基于多个波段的水体指数的方法用于水体的提取。

1. 植被指数

植被指数是基于不同地物光谱曲线的特征构建：植被近红外反射率明显大于红色波段反射率，水体红光波段反射率大于近红外波段反射率的特点。应用最广的是归一化植被指数（NDVI），以 NOAA AVHRR 为例，计算式为

$$NDVI = (\rho_2 - \rho_1) / (\rho_1 + \rho_2) \tag{7-1}$$

式中，ρ_1 为第一波段（红波段）的反射率；ρ_2 为第二波段（近红外波段）的反射率。一般植被的 NDVI 值大于 0，而水体的 NDVI 值均小于 0。Barton 和 Bathols（1989）利用来 AVHRR 影像识别水体并对洪水进行了昼夜监测。盛永伟等利用 AVHRR 数据的通道 2 与

通道 1 之比值图像，有效识别了薄云覆盖下的水体。

2. 归一化水体差异指数（NDWI）

NDWI 是基于短波红外（SWIR）与近红外（NIR）的归一化比值指数（Gao，1996），计算公式如下：

$$\text{NDWI} = \left[\rho(0.86\mu m) - \rho(1.24\mu m)\right] / \left[\rho(0.86\mu m) + \rho(1.24\mu m)\right] \qquad (7\text{-}2)$$

式中，$\rho(0.86\mu m)$ 为近红外波段的反射率；$\rho(1.24\mu m)$ 为短波红外的反射率。两个通道均位于植被的高反射区域，但是近红外植被水分的吸收可以忽略，而在短波红外却存在。因此该指数也被用于植被冠层水的监测。Cao 和 Li（2008）利用 TM 数据，基于改进的 NDWI 指数提取了密云水库 1984～2005 年的水体区域，分析了其变化过程。

3. 波段组合与阈值法

利用可见光、近红外、短波红外，不同地物地物光谱特征的分析，确定水体敏感波段和阈值，建立不同的水体识别模型。杨存建和许美（1998）发现 TM 影像中，只有水体具有波段 2 加波段 3 大于波段 4 加波段 5 的特征，据此将水体单一提取出来；汪金花等（2004）发现居民地也具有该波谱特征，因此在此模型的基础上，通过波段 2 设定阈值（反射率<0.88）改进了水面识别精度，改进后的模型可以清楚地将水体与居民地区分开来。吴赛和张秋文（2005）根据 MODIS 遥感数据的特点以及水体的波谱特性，发现 MODIS 第 1，2，4 和 6 波段宽度较窄，能够将极其复杂的地物区分开。陆家驹等分别利用阈值法、色度判别法、比率测算法从 TM 影像中识别水体。周成虎等（1996）提出基于光谱知识的 AVHRR 影像水体自动提取识别的水体描述模型，并应用于太湖、淮河和渤海等地区。

4. 决策树法

决策树作为数据挖掘的一种方法，具有灵活、直观、运算效率高等特点，其基本思想是通过一些判断条件对原始数据集逐步进行二分和细化。该方法在遥感影像分类和专题信息提取中已有广泛应用，它不需要依赖任何先验的统计假设条件，可以方便地利用各种水体指数优势，以及其他经验知识来建立决策树。都金康等（2001）利用决策树方法从 SPOT4 影像中提取了水体信息，并有效地去除了阴影。邓劲松等（2005）利用决策树方法从 SPOT5 卫星影像中提取了浙江省桐乡市的水体分布。

（二）基于微波的洪水淹没范围提取

1. 被动微波辐射法

被动微波辐射计描述了地表的热辐射特性。传感器获得的亮度温度与地表温度和反射率是成比例的。通常水平和垂直极化的温度差（37GHz 频率）用来消除大气水汽含量和温度对亮度温度的影响，而且在水体尤其是开阔的水面有着明显的较大温度差。随着植被覆盖度和地表粗糙度的增加极化温度差减少，而湿地和淹没的土壤区域极化温度差增加。基于此原理，被动微波辐射的极化温度差用于水体范围的识别。基于 SMMR 反演的极化温度差已经被用于提取洪水范围，以及季节性洪水模式的研究。（Giddings and Choudhury，1989；Choudhury，1991；Lowry et al.，1981）。由于被动微波辐射数据 10～25km 的空间分辨率使其在洪水遥感监测的研究较少，更多的方法研究集中在主动微波遥感方面。

2. 主动微波辐射法

主动微波遥感由于电磁波可以穿透云层，因此可以全天候、全天时监测地表。主动式微波遥感（雷达）反映了地物的后向散射特性，主要与物体的复介电常数有关，最敏感的因素是水分的含量及水的状态，还与地物的几何形态有关，如连续表面的粗糙程度等。早期，X，L 波段机载的雷达用于洪水淹没范围的制图（Lowry 等，1981；Sipple et al.，1992）。由于水体特殊的反射，水体雷达回波通常都比较低，这一特征使得洪水淹没区域很容易被识别出来。X，C 波段信号被植被叶片，小分枝散射，而 L 波段信号被树干，大的分枝散射，因此在洪水淹没的森林区域 L 波段的后向散射信号通常会增强。航空雷达的研究表明在森林冠层下的洪水可以通过同极化方式（非交叉极化）很好地检测出来（Hess et al.，1995）。国内学者在利用 FY-2 卫星监测洪水方面也做了大量工作，如延雪花和李毓富（2007）通过 FY-2C 云图结合 713c 雷达回波分析，对 2005 年 7 月连续两次发生在山西南部、河南省的暴雨洪水进行了有效识别等。最近的研究着重利用全极化方式的雷达遥感信息划分洪水淹没的不同土地利用类型。Hess 等（1995）采用决策树模型对 Negro 和 Amazon 河流区域获取的 SIR-C 的后向散射信息进行分类。可见 L 和 C 波段都被用来区分水面、漂浮的植被和淹没的森林。总之在洪水水体提取方面，可以针对不同的地形和条件选用合适的卫星遥感资料和水体提取方法。微波不同频率、不同极化方式提供了丰富的地表信息。

（三）基于遥感的水位提取

1. 雷达高度计

雷达高度计向地面发射短的脉冲信号，通过测量发射脉冲和接收脉冲之间的时间延迟来进行高度测量。卫星雷达高度计主要用来精确测定海面高度，进而研究全球海面地形、海洋重力场以及海洋动力环境参数等，根据"海面高度"观测原理，卫星雷达高度计可对内陆湖泊和河流进行水位及其变化进行监测，因此雷达高度计的出现无疑成为直接测量大型河流水位的一种具有潜力的方法。Koblinsky 等（1993）采用这种方法和 Geosat 的波形数据估算了 Amazon 河流沿线四个站点的水位。Birkett（1994）通过分析 Geosat 高度计波形的相似分析获得了湖面的水位变化信息，高度计可以用来测量 10cm 内的湖泊水位相对变化。平均高度是高度计的一个标准产品，代表高度计足迹范围内的平均水位。Morris 和 Gill（1994）利用 Geosat 的平均高度估算了美国五个河流的水位，均方根误差平均为 11.1cm。姜卫平等（2008）利用 ENVISAT 测高数据监测青海湖水位变化。褚永海等（2005）利用 Jason-1 高度计数据监测呼伦湖水位变化，以地处长江中游的南洞庭湖区为监测实例。李景刚等（2010）对 Jason-2 卫星测高数据在陆地水域水位变化监测中的应用进行了试验研究。

2. 遥感和地形综合法

河流水位可以通过遥感影像与地形数据结合的方法估算。这种方法要求高分辨率的遥感影像和地形数据。Gupta 和 Banerji（1985）利用 Landsat 和地形数据获得了印度一个大型水库的水面高程信息。Brakenridge 等（1994）利用 ERS-1 SAR 影像和 1∶24 000 的地形数据制作了密西西比河 1993 年特大洪水的水面高程信息。易永红等（2005）结合遥感和 GIS 技术，利用 DEM 数据，探讨了一种适合于较大范围的可近似为静态水体的水深分布算法，该方法除要求高精度的 DEM 外，而且由于湖泊、河流、水库的大小，以及地形、地势等的关系，在估算淹没水深的时候需要分类计算，洪水水深的算法有待进一步探讨。

（四）洪水动态模拟

洪水是一个动态过程，动态模拟其变化过程，把握洪水程度，为防灾减灾提供实时信息。利用三维模拟以及虚拟现实等技术进行灾情可视化模拟，在显示终端上动态表现灾害发生发展过程及其对周围环境所产生的影响，对一些在真实地理空间难以观察的结果通过渲染方式予以表达，为灾情评估、救灾辅助决策、灾后重建等工作提供可靠依据（胡卓玮，2007）。

数字水文模型中的径流过程模拟需要根据流域的地形地貌特征和水文特征，分别针对山丘区和圩区分别建立汇流模型。地表径流部分，需要水流流向图、网格坡度和粗糙度，计算逐网格的汇流速度，从而求出出口断面（汇入河网处）的地表径流过程。

在分布式水文模型的产、汇流模拟过程中，转变传统的计算方法，还充分利用了地理信息系统和遥感技术，将土壤类型图、DEM 数据、降雨数据通过遥感影像获取，同样地物高度信息可以采用雷达数据反演，最后形成更简单的模型，需要率定的参数很少，但同样可以反映径流过程。尤其适用于无资料地区的水文预报，模型便于应用与推广（谢华等，2006）。

水文模型在模拟预测洪水事件时，一直面临流体水力学粗糙度如何确定的难题，这一参数影响水体摩擦力、水体流速等关键参数。随着航空激光雷达遥感技术的发展，为水文模型模拟提供了精细的地物高度信息，该信息的引入对于提高水文模型模拟预测的精度起到了至关重要的作用（David et al.，2003）。Lidar Altimeter Measurements 对景观表面粗糙度的测量有助力于计算田间和景观尺度上粗糙度对于蒸发、土壤水分、径流和土壤侵蚀的影响（Zobeck and Onstad，1987）。沟谷和河道的粗糙度可以通过 Airborne Lidar 确定出来，见图 7-1。

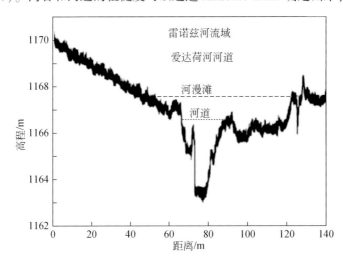

图 7-1　Airborne Lidar 测量的河道横断面（Zobeck and Onstad，1987）

David 等利用机载 LiDAR 获取 1998 年 10 月英国塞文河边的精细河床地物高度图像，将其作为水力学粗糙度高度参数输入到二维有限元水文模型 TELEMAC-2D 中，用于确定水流摩擦力，并利用 1998 年 10 月 30 日 18：00 获取的 RADARSAT 雷达图像提取洪水范围，将该结果作为真值用于验证水文模型模拟预测的结果，具体结果如图 7-2 所示。

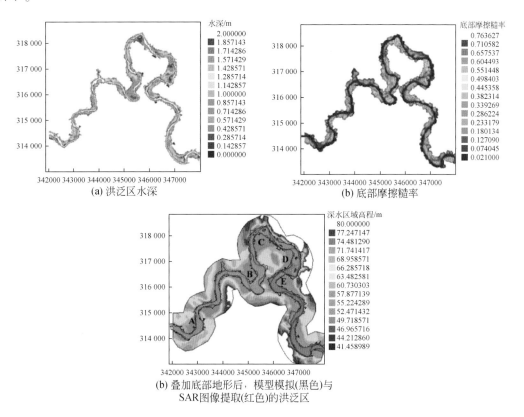

(a) 洪泛区水深　　　　　　　　(b) 底部摩擦糙率

(b) 叠加底部地形后，模型模拟(黑色)与
SAR图像提取(红色)的洪泛区

图 7-2　输入流量为 308m³/s 时的变量摩擦模型输出

三、数据产品

1998 年，长江流域、嫩江-松花江流域爆发了历史上罕见的特大洪水灾害（魏成阶等，2000）。基于 AVHRR、Radarsat 以及机载 SAR 数据、Landsat 和 SPOT 等数据，利用"基于网络的洪涝灾害遥感速报系统"，开展了时间序列洪水监测，获得区域洪水产品。监测结果为：1998 年长江洪水灾害主要发生在长江中游的赣、鄂、湘三省沿江及鄱阳湖、洞庭湖周围地区（魏成阶等，2000）。其中淹没面积最大、损失最严重的洪涝灾害，江西鄱阳湖地区发生在 7 月 26 日，淹没总面积 4041 万亩；湖北沿江地区发生在 8 月 9 日，淹没总面积 2.888 万亩；湖南洞庭湖地区发生在 7 月 31 日，淹没总面积 25.08 万亩；嫩江-松花江流域发生在 8 月 22 日，淹没总面积 108 万亩，涉及黑龙江、吉林、内蒙古等省（区）。

1957 年, 柬埔寨、老挝、泰国和越南为了加强区域合作, 对湄公河下游流域进行调查和协调, 经联合国批准后成立了湄公河委员会 (mekong river comminite, MRC)。湄公河委员会是一个水资源外交和区域合作的平台 (http://ffw. mrcmekong. org/ffg. php); 也是水资源管理的区域知识中心, 有助于根据科学证据为决策过程提供信息。MRC 为成员国提供建议和意见, 旨在促进政府、私营部门和民间社会之间的对话。MRC 可以帮助其成员国如何抵御和面对严重洪水, 以及应对气候变化引起的持续干旱和海平面上升情况。由MRC 开发的洪水预报系统 (MRCFFGS) 实现对湄公河流域洪水进行逐小时连续监测和预报, 服务于湄公河流域洪水管理与实践。

基于 Google Earth Engine 平台和机器学习算法的洪水产品。通过该平台可以获取覆盖研究区的多卫星的不同遥感数据, 如可以得到过去 40 年的 LANDSAT 系列数据 (Jacobson et al., 2015), 利用基于谷歌云计算平台的变化检测和机器学习算法进行分类和监测, 开发和应用算法可以得到洪水分布产品 (Gorelick et al., 2017)。PRADHAN 等基于LANDSAT 和 TerraSAR-X 多源遥感数据, 综合利用多分类方法生成了马来西亚 Terengganu地区的洪水产品 (Pradhan et al., 2016)。

Andrew 等 (2015) 充分利用多源遥感数据发展了洪水监测模型, 进行尼日尔三角洲洪水动态监测和淹没范围提取。基于 MODIS 数据计算 MNDWI 和 NDMI 等水体识别指数, 分别利用长时间序列 (2001~2011 年, 526 景影像) 数据计算, 利用 MNDWI 和 NDMI 综合法提取洪水范围信息。遥感数据经过云判识以及平滑处理, 利用 2008 年 10 月和 2009年 4 月两景 LANDSAT 影像进行均值分类, 验证结果显示基于 MODIS 数据的洪水监测产品精度较好 (图 7-3), 可以用于洪灾范围监测。

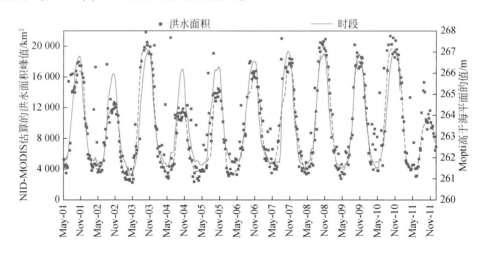

图 7-3　2001~2011 年尼日尔内三角洲洪水淹面积与 Mopti 高于海平面的值 (Andrew et al., 2015)

利用洪水前期、洪水高峰期、洪水下降期和洪水结束期多个时相的 FY-3A/MERSI 数据, 可建立水体识别模型, 监测洪水水情变化, 并提取和统计洪水面积 (图 7-4)。结果表明, 该产品能及时、准确地监测洪水水情变化, 可为洪水监测业务服务 (郭立峰等, 2015)。

利用灾中和灾前多期雷达遥感影像 (COSMO-SkyMed SAR 和 SPOT-5), 采用面向对象

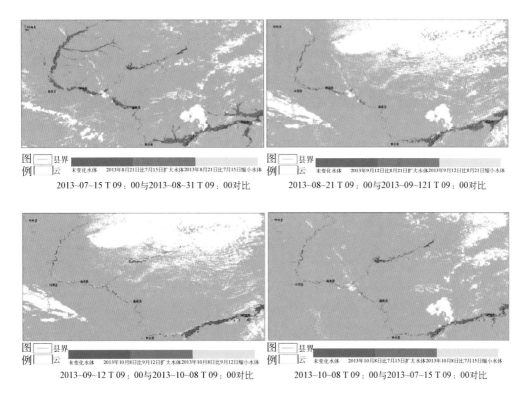

2013~07~15 T 09：00与2013~08~31 T 09：00对比

2013~08~21 T 09：00与2013~09~121 T 09：00对比

2013~09~12 T 09：00与2013~10~08 T 09：00对比

2013~10~08 T 09：00与2013~07~15 T 09：00对比

图7-4　基于 FY-3A/MERSI 数据的洪水监测产品示例（郭立峰等，2015）

的方法多光谱影像波段运算和决策树分类算法提取出洪水发生前和发生中的水域范围，生成洪水产品。利用洪水当天拍摄的无人机遥感影像对结果进行精度评价，发现该模型能够快速获取淹没范围空间信息，并且精度超过90%。图7-5 为用于2013年浙江余姚洪水灾害分布图。

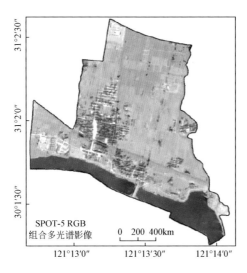

图7-5　基于 COSMO-SkyMed SAR 和 SPOT-5 数据的洪水监测产品示例（王嘉芃等，2016）

此外，针对洪水灾害特点，中国水利部建立了全国水雨情信息网，对大江大河水情、重点水库水情、重点站雨情等进行实时监测，并结合气象部门提供的 FY-2E 气象卫星和日本 MTSAT 静止卫星的红外云图、水汽云图和可见光云图数据，生成洪水实时监测预测产品（http://wangc81164.qiyegongqiu.net/），对洪水进行实时预测和评估。

四、小结与展望

近年来，利用遥感监测洪水灾害有了较大的发展。但是由于遥感数据时间和空间尺度上不能同时满足洪水监测的应用需求，因此还不能更好地为减灾防灾预警和评估提供决策服务，无法发挥其最大作用。

不同遥感数据有各自优缺点，只依靠一种遥感数据无法得到理想的洪水监测结果。对光学传感器来讲，响应波段以可见光至热红外波段区为主，这些波段不能穿透云层，无法获取到地面信息，而洪水灾害发生时，又往往是多云笼罩，很难得到清晰有用的光学图像。星载 SAR 具有空间分辨率高、全天候工作的特点，基本不受天气条件及黑夜限制，但是即使在编程接收情况下，星载 SAR 也存在过境周期的问题。高空间分辨率的遥感数据无法满足洪水灾害监测的时效性，而低空间分辨率的遥感数据尽管可以提高无云观测的可能性，但其空间分辨率相当低，提取的洪水淹没范围对更高要求的灾害评估和抗灾救灾决策来说是不够理想的。

因此，综合利用多源遥感数据，发挥各个遥感数据的优势，开展基于多源遥感的洪水监测方法研究，在时间和空间尺度上同时满足洪水灾害监测的需求，能快速、大范围地获取洪水灾情信息，及时指导抗洪救灾是未来研究和应用的主要方向。

在洪水淹没面积的计算方面，在应急工作中且范围不大时，往往是用卫星图像上的洪水像元个数乘以单个像元面积进行粗略估算。目前较精确的算法主要有逐像元计算法、种子蔓延法等，但计算相对较复杂。随着 GIS 技术的发展，利用 GIS 软件可以对洪水面积进行更加科学、有效的计算；在洪水淹没水深的获取技术上，由于卫星遥感难以直接穿透水体测得水深，因而，目前较常用的方法仍是通过水面高程和地面高程之差得到。而且因为洪水的水面是流动的且是一个曲面，所以在数据计算上误差较大，技术上仍不太成熟，通过 GIS 和高分辨率的遥感资料来获取高精度的 DEM 数据，仍然是将来科学计算洪水水深的方向。

洪水动态模拟是一个热点方向，随着计算机数据处理技术飞速发展，利用三维模拟以及虚拟现实等技术进行灾情可视化模拟；航空激光雷达遥感技术的发展，为水文模型模拟提供了精细的地物高度信息，考虑水力学粗糙度对洪水动态模拟的影响，该信息的引入对于提高水文模型模拟预测的精度起到至关重要的作用。但如何将三维模拟以及虚拟现实技术、雷达遥感信息融入水文模型中，准确表达各个因素的影响程度，如何提高洪水动态模拟和预测精度仍需要大量的研究。

第二节　干　　旱

一、旱灾概况

干旱是一种因长期无降水和少降水或降水异常偏少而造成干燥，土壤缺水的一种现象，与前期降水情况、土壤底墒、浇灌长期条件、作物品种和作物生长发育时期的抗旱能力以及工业和城乡用水情况等因素有关。干旱没有一个准确的定义，国内外文献中对干旱的定义有 150 多种（Wilhite，2002；McVicar and Jupp，1998）。尽管如此，一般干旱通常可以划分为气象、水文、农业和社会经济四类。

气象干旱指某一时期的降水比多年平均值偏少而导致地区经济活动（尤其是农业生产）和人类生活受到影响或危害（宫德吉等，1999；李克让和陈育峰，1997）。通常采用的评价指标有降水量指数、降水距平指数、标准降水指数（SPI）、降水百分位指数、大气干旱指数、Z 指数、RAI 指数和湿润指数等（Palmer，1965；Palmer，1968；Wilhite，2002；Hayes et al.，2004；Guttman，1999）。

水文干旱指降水量、地表径流或地下水收支不平衡造成的水分短缺现象。水文干旱通常表现为径流量、地下水位、水库库容比多年的平均水分偏少，并依此建立水文干旱评价指标，如作物水分供水指数（YMI）和地表供水指数（SWSI）等（Palmer，1968；Crafts，1968；Shafer and Dezman，1982；Heim，2000；Wilhite，2002）。

农业干旱指地表土壤供水与作物需水收支不平衡的现象。农业干旱将气象或水文干旱的特征与农业的影响关联，如降水不足、实际蒸散与潜在蒸散的差异、土壤水分缺乏、地下水位和水库水位下降等。植被水分需求依赖于天气条件、植被生物学特性、植被生长阶段、土壤物理和生物学特性。通常采用的农业干旱指标有基于作物需水机能的作物产量水分指数和作物水分亏缺指数、作物需水与可供水的比值、基于水分供应的帕尔默水分亏缺（PDSI）指数、基于土壤水分的土壤相对湿度指标等（Palmer，1965，1968；Karl，1986；李克让和陈育峰，1997）。

社会经济干旱指自然干旱不仅影响到农作物的生产，同时也对工业生产、交通运输、城镇居民生活用水等有影响，从而对社会经济产生重大影响。通常利用自然水资源与社会需水作为评价的标准，如经济气候指数、水分供需指数等指标进行社会经济干旱的评价（Olhlsson，2000；McVicar and Jupp，1998）。

干旱是一种对经济、社会、环境带来巨大影响的自然现象。干旱受全球气流控制，其带来的影响不但具有地区性还具有全球性，干旱引起的灾害已成为世界上最大的自然灾害之一，越来越引起世界各国政府、科学家和公众的重视。近年来每年干旱造成的损失达百亿美元，如美国联邦紧急管理局（FEMA）估计干旱造成每年 60 亿～80 亿美元的损失，1988 年大范围的干旱造成 390 亿美元的损失，而农业生产损失达 150 亿美元，2002 年在美国 Nebraska、Colorado、Kansas 和 South Dakota 造成 10 亿美元的损失（Hayes et al.，2004）。2004～2005 年吉布提、埃塞俄比亚、肯尼亚、和索马里等东非国家两个雨季的降水量都大大少于往年，大旱威胁着约 800 万人的生命安全，索马里 60% 的牛死亡。波兰 20 世纪干旱发生 19 次，1992 年在农业用地占全国面积 41% 的泰国，几乎每年都会发生干旱，在 1987～1997 年，干旱影响 544 万 hm² 的农田，造成了 14 亿美元的损失。

在我国，典型的季风气候使得降水时空分布不均，大范围的干旱频繁发生。与其他灾害相比，其出现次数多、持续时间长、影响范围大，对农业生产、人们生活用水以及工业生产造成重大损失。据 1950～2001 年的干旱统计资料，近 50 年来，因干旱我国每年平均受灾面积达 2173 万 hm²，损失粮食 1413 万 t，占全国粮食总产量的 4.68%，且受旱粮食损失达到 2000 万 t 以上的有 12 年（成福云，2002）。2000 年发生中华人民共和国成立以来最为严重的干旱灾害，旱灾波及 20 多个省（区、市），农作物受灾面积为 3740 万 hm²，作物绝收 870 万 hm²，损失粮食达 594 亿 kg，经济作物损失 506 亿元。2004～2007 年，干旱平均每年使全国 16% 的农民受灾，导致农业收入平均减少 20%（尤茂庭，2009）。2009 年初，在华北、西北和淮北地区，由于 2008 年 10 月以来长达 80 天的连续无降雨日，全国作物受旱面积达 0.103×10⁸hm²，使得该生长季的冬小麦生长受到影响。受旱面积之大、持续时间之长、影响程度之重，直接威胁着我国的经济发展和粮食安全。灾情发生后，国家防总启动了 I 级响应，紧急拨付 4 亿元资金用于支持 15 个省（市）的抗旱工作，提前发放农资综合补贴和粮食直补资金 867 亿元；而 2010 年我国西南地区也发生春旱，2 月以来旱情影响范围不断扩大，等级不断升高，云南、贵州耕地受旱面积高达 70% 以上，小麦、油菜等作物生长受旱影响严重，据资料表明今年财政部、民政部拨付救灾资金达 10 亿元以上。因此缺水干旱已经不仅是困扰我国农业生产的主要因素，而且已成为制约我国经济发展和社会进步的重要因素之一。

因此迫切需要应用先进的技术以解决大范围旱情的实时监视和预测问题，提高对旱情发展变化的快速反应能力，为地区或流域抗旱措施制订和抗旱经费使用提供及时准确的旱情信息，在国家防治干旱灾害、提高流域水资源利用率的工作中发挥重要作用。

二、旱灾遥感监测方法

旱灾的传统监测方法主要是利用地面观测点的降水量、土壤墒情和其他气象资料判断旱情，受观测站点分布、下垫面观测要素不完善等的影响，数据代表性差、时效性不足。如山区站点分布稀少、平原密集；农业气象观测站点多以小麦和玉米区为主，其他作物的观测点布设几乎没有；土壤湿度观测除自动站外，每旬测量一次。相对于传统的方法，遥感技术可以在时间和空间上快速获取大面积的地物光谱信息，如 NOAA 系列卫星上的 AVHRR 传感器每天覆盖同一地区两次，其时效性和空间代表性非常规站网监测能达到。随着植被、温度和水分等信息遥感反演方法的成熟，遥感技术更多地在农业干旱监测上发挥其显著成效，成功应用的遥感数据包括 NOAA、AVHRR、Terra/MODIS 和 SPOT/VGT 等（Kogan，1990，1995a；McVicar and Jupp，1998；Boken et al.，2005；Bayarjargal et al.，2006；Rhee and Carbone，2010；张蓓等，2004；齐述华等，2003；齐述华，2004）。因此利用遥感数据进行旱情监测在数据获取、数据代表性、费用以及方法的适应性方面比常规方法更有优势。

最近几十年，干旱遥感监测主要是利用可见光、近红外、热红外和微波等信息通过植被、温度和土壤水信息的变化发展了若干干旱指数，根据光谱信息的不同可以划分为四种方法：植被指数法、地表热特征法、微波法和综合监测法。

（一）植被指数法

1. 归一化植被指数

归一化植被指数 NDVI 是迄今为止应用最广泛的一个植被指数。很多卫星遥感数据都提供了计算这个指数所需的通道信息，以 NOAA AVHRR 为例，计算式为

$$NDVI = (\rho_2 - \rho_1)/(\rho_1 + \rho_2) \tag{7-3}$$

式中，ρ_1 为第一波段（红波段）的反射率；ρ_2 为第二波段（近红外波段）的反射率。地表植被的变化能反映极端的气象变化，Gutman 等（1996）利用 NOAA / AVHRR 全球 1988 ~ 1991 年月 NDVI 序列数据对全球进行监测，发现 NDVI 的月变化可以对极端的天气如旱灾与洪涝进行监测。Lozana-Garcia 等（1995）利用 NDVI 对美国印第安纳州 1988 年的重旱进行分析监测，表明 NDVI 能对极旱有较好的反映。Ji 和 Peters（2003）对得克萨斯州草场与耕地中 NDVI 和 SPI 分析发现其平均相关性在 0.76 和 0.82，但是在生长期的前期与后期其相关较低，而在植被的生长期 NDVI 与 SPI 和降水量有很高的正相关性。Gonzalez-Alonso 等（2003）对西班牙 1987 ~ 2001 年的 NDVI 旬最大值的变异、NDVI 多年平均值以及 NDVI 的变化斜率分析，结果表明 NDVI 最大值的变异能更好地对旱情的变化、范围、强度作监测，并成功地分析出 1988 ~ 1992 年西班牙大面积的旱灾。

2. 距平植被指数

距平植被指数指某一年某一特定时期 NDVI 与多年该时期 NDVI 平均值的差值。计算式如下：

$$ANDVI_j = NDVI_j - \overline{NDVI_j} \tag{7-4}$$

式中，$ANDVI_j$ 为某年内 j 时的 NDVI 距平指数；$NDVI_j$ 为某年内 j 时的 NDVI；$\overline{NDVI_j}$ 为多年内 j 时的 NDVI 平均值。可以用这个差值来反映偏旱的程度。多年平均值可以近似反映土壤供水的平均状况。因此，NDVI 资料的时间序列越长，计算得到的平均值代表性才会越好。居为民等（1996）利用 NOAA/AVHRR，采用距平植被指数与 NDVI 均值比值进行江苏省干旱监测，其研究结果表明能在一定程度上反映旱情。

3. 植被状态指数

在不同地区，因为不同区域作物生长季处于不同阶段，需水情况不同，旱不旱不能通过 NDVI 值的大小来说明，而 NDVI 与历史平均值的偏差，又弱化了天气的影响。NDVI 的变化受天气的影响，尤其是类似严重干旱的极端天气现象时，会远远超过正常年际间的 NDVI 变化，有可能造成某一特定时期内不同像素间监测结果的可比性变差。为了反映天气极端变化情况，消除 NDVI 空间变化的部分，使不同地区之间有可比性，Kogan（1990）提出了植被状态指数 VCI。定义如下：

$$VCI_j = [(NDVI_j - NDVI_{min})/(NDVI_{max} - NDVI_{min})] \times 100\% \tag{7-5}$$

式中，VCI_j 为 j 时的植被状态指数；$NDVI_j$ 为 j 时的 NDVI 值；$NDVI_{max}$ 为所有图像中最大的 NDVI 值；$NDVI_{min}$ 为所有图像中最小的 NDVI 值；VCI_j 为 NDVI 在 j 时的相对于最大 NDVI 的百分比。Kogan（1995a）假设植被 NDVI 最大值在最佳的天气中得到（考虑到土壤营养的吸收，天气条件可以刺激生态系统资源的利用），最小值在非有利的情况下得到，如干旱和热，通过生态系统资源的减少（干旱年缺水减少了土壤营养的吸收），直接抑制了植被的生长。这样，如果有足够长时间的 NDVI 序列数据，就可以从中提取出 $NDVI_{max}$ 和 $NDVI_{min}$，反映出极端气候状况，计算的 VCI 结果在不同地区的比较更为合理。VCI 是基于 NDVI 反演得到的，因此对植被的监测效果比较好，作物播种或收割后的时间，监测效果比较差。2004 年，冯强等对 NDVI、VCI 在中国区的时空变化进行研究，结果表明，VCI 的变化季节性明显，呈冬春高、夏秋低，与 NDVI 变化呈相反趋势。VCI 计算的关键是 NDVI 最值参数的提取，闫娜娜（2005）提出了基于日序列的 VCI 指数参数构建方法，利用 1991～2000 年的逐日 NDVI 标准化产品提取了植被指数的最大值和最小值参数，利用山西省 2003～2004 年 60 个观测站点的土壤墒情数据与 VCI 建立统计关系模型开展旱情监测，通过山西省 2003 年太古实验站独立的土壤湿度地面观测数据分析表明，模型反演结果与实测数据相关性达 73%。

4. The Bhalme and Mooley 植被状态指数

Domenikiots 等（2003）将 BMDI（bhalme-mooley drought index）方法应用到 VCI，得到了 BMVCI。定义如下：

$$BMVCI_k = 4 \sum_{i=1}^{k} \frac{M_i}{a + bk} \tag{7-6}$$

$M = 100 \times \dfrac{VCI - \overline{VCI}}{s}$，$a$，$b$ 系数由 $\sum_{i=1}^{k} M_i = a + bk$ 满足最小二次方时得到。

式中，k，$\overline{VCI}$ 为长时期内平均的月 VCI 值；s 为标准偏差。BMDI 是一个基于降水的气象干旱指数，定义如下：

$$BMDI_k = \frac{1}{k} \sum_{i=1}^{k} i_k \tag{7-7}$$

i_k 由 $i_k = c_1 i_{k-1} + c_0 P_k$ 计算得到。当 $k = 0$ 时，$i_o = 0$。P_k 为第 k 月标准化降雨量。P_k 由 $P_k = (p_k - m_k)/dk$ 计算得到。其中，P_k 为第 k 月的降雨量，m_k 为第 k 月长期的平均值，dk 为标准偏差。当 BMDI = -4 表示极端的历史干旱情况，系数 c_1 和 c_0 给定一个值；当 BMDI = 0，也给出一个适当的值，表示正常情况。这样，由两个方程可以计算出两个系数。

用遥感数据反演的 VCI 代替降水量，应用计算 BMSI 的原理可以重构一个新的指数，即 BMVCI。这个方法可以对整个生长季累积的气象因素进行量化，可以估算气象因素对植被生长的影响，因此可以进行干旱的监测和产量的预测。

5. 垂直干旱指数

Richardson 和 Wiegand（1977）提出基于 Nir-Red 特征的垂直植被指数（PVI），该指数可以反映植被的覆盖状况。詹志明等（2006）发现该特征空间同样可用于反映地表的干旱情况，提出垂直干旱指数 PDI。

$$PDI = \frac{1}{\sqrt{M^2+1}}(R_{Red}+MR_{NIR}) \tag{7-8}$$

式中，M 为土壤线斜率；R_{Red} 和 R_{NIR} 分别为红光和近红外通道的反射率。秦其明等应用该指数进行了宁夏地区的旱情监测，表明该指数与 20cm 的土壤湿度观测数据有很好的一致性 $R^2=0.48$。该指数建立依赖于土壤线的确定，通常土壤线假设为一条直线（近红外和红光反射率的关系表达式），而土壤线的形状和性质与土壤类型和土壤的施肥状况有关，并非一条简单的直线，土壤线的简单概化引起的误差还有待研究。

（二）地表热特征法

1. 热惯量法

热惯量是土壤阻止温度变化的一个度量，是物质热特性的一种综合量度，反映了物质与周围环境能量交换的能力。由于土壤密度、热传导率和比热等特性的变化在一定条件下主要取决于土壤水分含量的变化，因而土壤热惯量与土壤含水量之间存在一定的相关性。计算式如下：

$$P = \sqrt{\lambda\rho c} \times 100\% \tag{7-9}$$

式中，P 为热惯量；λ 为热导率；ρ 为土壤密度；c 为比热。式中三个参数无法直接利用遥感数据。

Price（1977，1985）等通过系统的研究，阐述了热惯量的遥感成像原理，提出了表观热惯量（ATI）的概念，计算式如式（7-10），从而使采用卫星提供的可见光近红外反射率和热红外辐射温度差计算热惯量并估算出土壤水分成为可能。

$$ATI = (1-A)/(T_日 - T_夜) \tag{7-10}$$

式中，A 为全波段反照率；$T_日$ 为白天的最高温度；$T_夜$ 为夜晚的最低温度。通过遥感可以获取地表的有关信息，以 NOAA AVHRR 为例，采用 1、2、4 和 5 通道的数据反演得到地表温度、反射率、大气透过率等，这样可以求算出土壤表层热惯量值，然后建立热惯量与土壤水分含量之间的模型，反演得到土壤水分，从而达到监测土壤水分状况和干旱发生、发展趋势的目的。这种方法较适宜于裸土和低植被覆盖的情况。对于高植被覆盖的地区和农作物田块，其测量精度会显著下降。

刘良民和李德仁（1999）对热惯量方法与土壤水分之间关系的指数、对数、线性模型分别进行了分析讨论。余涛和田国良（1997）研究了地表能量平衡方程的一种新的简化方法，进而能从遥感图像上直接得到真实热惯量和土壤水分含量分布。土壤的空间结构对热惯量有影响，但难以客观地确定。热惯量法适用于冬季和早春，即裸土情况。在有植被时则由于植被会改变土壤的热传导，因而不太适用。

2. 温度条件指数法

热红外反演的地表温度与植被有密切的关系。植物冠层温度升高是植物受到水分胁迫和干旱发生的最初指示，这一变化甚至在植物为绿色时就可能发生。由于植物叶片气孔的关闭可以降低由于蒸腾所造成的水分损失，进而造成地表潜热通量的降低，根据能量平衡原理，地表感热通量就会增加。感热通量的增加又可以导致冠层温度的升高。基于这个原理，Kogan（1995b）提出了基于 NOAA/AVHRR 数据的温度条件指数 TCI 定义如下：

$$TCI_j = (T_{max} - Ts_j) / (T_{max} - T_{min}) \tag{7-11}$$

式中，TCI_j 为日期 j 的温度条件指数；Ts_j 为日期 j 的地表亮度（CH_4）；T_{max} 为数据集中所有图像中本像元最大地表亮度；T_{min} 为数据集中所有图像中本像元最小地表亮度。TCI 强调温度与植物生长的关系，即高温对植物生长不利。当水分缺乏伴随着高温出现时，就可以确定由于热效应导致植被健康的微小变化。因为 TCI 是由地表温度计算得到，因此不受作物生长季的限制，在作物播种或收割期间也可以监测，这一点可以弥补 VCI 的缺点。波兰 Dabrowska-Zielinska 等（2002）分别对 1992 年、1994 年以及 1998 年 TCI 指数与土壤水分的分析发现，在春季生长季开始时叶面温度越高，TCI 越小，土壤植被条件越好，TCI 越高气温越寒冷，土壤湿热条件越差；而在夏季作物的生长旺季，TCI 越小，土壤的水分越好，TCI 越大，土壤水分条件越差。TCI 计算的关键是地表温度最值参数的提取，闫娜娜（2005）提出了基于日序列的 TCI 指数参数提取方法，利用 1991～2000 年的逐日地表温度标准化产品，DEM 和温度极值数据提取了地表温度的最大值和最小值参数。利用山西省 2003～2004 年 60 个观测站点的土壤墒情数据与 TCI 建立统计关系模型开展旱情监测，通过山西省 2003 年太古实验站独立的土壤湿度地面观测数据分析表明，模型反演结果与实测数据相关性达 74%。

（三）微波法

与其他波段相比，微波具有穿透力强、全天候、全天时的特点。可见光、近红外和热红外只能获得土壤表面信息，微波可以不受天气的影响，且穿透土壤到达一定深度，这样利用微波技术监测旱情的发展前景是不可忽视的。

土壤的介电常数与土壤含水量有十分密切的关系，随土壤湿度变化而变化。不同的极化方式的信息可以反映地表粗糙度和土壤含水量的变化。被动微波遥感在土壤湿度估算中具有广泛的应用，自 20 世纪 70 年代以来先后有 SMMR、SMM/I、TMI、AMSR、AMSR-E、FY3 等被动微波传感器。Bindlish 等（2003）采用 TMI 估测美国南部大平原的土壤湿度，结果发现估测值和实测值吻合良好（标准误差为 2.5%）。Njoku 和 Li（1982）和 Entekhabi（1996）利用 AMSR，发展了土壤湿度的反演方法。Tien 等（2004）利用微波辐射计观测了棉田生长季的土壤湿度、蒸散发和植被特性等，研究表明亮温在水平极化（H-pol）下比垂直极化（V-pol）下对土壤湿度敏感。Zhao 等（2006）在中国东部采用 ERS 散射仪获得的土壤水分指数（soil water index，SWI）和气象站的土壤湿度观测值来反演土壤水分。

在主动微波遥感领域，利用 SAR 反演土壤湿度的研究越来越受重视。Tansey 等（1999）利用 IEM 模型反演土壤湿度。Moran（2000）利用干湿季的雷达后向散射系数的变化反演土壤湿度，发现该法与土壤湿度有很高的相关性，R^2 高达 0.93。Romshoo（2004）利用 SAR 数据监测泰国 Sukhothai 地区的土壤湿度，并用地统计学方法分析，结果表明后向散射系数和土壤湿度实测值高度相关。D'Urso 和 Minacapilli（2006）在没有地表先验知识的情况下反演土壤湿度，结果精度高达 80%。施建成等（2002）利用目标分解技术和重轨极化雷达数据对植被覆盖下的土壤水分反演。熊文成和邵芸（2006）根据 SAR 影像，基于 IEM 模型采用干湿季的 $\sigma°$ 差值反演土壤湿度。

（四）综合监测法

植被状况、地表温度、土壤含水量都能不同程度地反映作物受水分胁迫的状况，然而干旱是一个缓慢的过程，为了快速、及时地反映和跟踪干旱的发展过程，单纯地依靠某一类指标很容易得到片面的结论，因此越来越多的干旱遥感监测研究倾向于多源遥感信息的综合方法研究。以下介绍几种常用的综合监测方法。

1. 植被供水指数

Carlson 等（1990）利用植被供水指数（TS/NDVI），建立 Ts/NDVI 斜率与气孔阻力及蒸散间的联系，认为植被蒸腾状态与土壤水分之间的关系可以通过 Ts/NDVI 的变化坡度来表达。对植被覆盖区的土壤旱情进行研究分析，表明本方法在作物覆盖度很高时比较有效，而在作物生长前期，由于 NDVI 值可变化范围很小，此法往往会夸大植被的作用。

$$VSWI = T_s / NDVI \tag{7-12}$$

在利用 VSWI 指数进行旱情监测时，植被受到干旱影响，T_s 有增大的趋势，NDVI 有减小的趋势，VSWI 有增大的趋势，反之当植被有充足的水分供给时，叶面温度 Ts 降低，NDVI 增加，VSWI 有减小的趋势。因此植被供水指数越大，旱情越严重，植被供水指数越小，表明旱情较弱或无旱情发生。刘丽等（1998）利用植被供水指数法建立贵州省干旱模型，确定了遥感图像干旱指标和干旱面积，并与地面干旱指数确定的旱情作了比较，结果表明供水指数法能较好地对植被覆盖度高的地区进行旱情监测。

由于当旱情发生时，植被受到水分胁迫，植被状态变差，地表温度相对正常时期上升，因此 Carlson 等（1990）对地表温度与 NDVI 分布进行进一步的研究发现当研究区域植被覆盖度较大时，Ts-NDVI 的特征空间是一个梯形或三角形，并基于 Ts-NDVI 特征空间，提出了 TVDI 指数，结果表明该指数能对植被好的地区进行较好的监测，而对半干旱区的地表覆盖类型不敏感，对旱情监测精度较差。王鹏新等（2003）在 Carlson、Moran、Boegh 提出的基于 NDVI 和 LST 的散点图是三角形（特征空间）的基础上提出条件温度植被指数，假设研究区域内土壤表层含水量应从凋萎系数到田间持水量的基础上进行干旱监测，适用于研究某一特定年内某一时期这一区域的干旱程度。

2. 植被健康指数

Unganai 和 Kogan（1998）利用 VCI 与 TCI 指数对南非进行旱情监测评价，结果表明与降雨有很强的正相关性。在非洲津巴布韦的研究证明，在旱与过湿的情况下 VCI 值较低，在常年 VCI 与 TCI 与降水呈正相关，相关系数可达 70%~90%（Unganai and Kogan，1998）。欧洲航空应用研究所的 Vogt（2002）利用 NOAA / AVHRR 数据计算出来的 VCI、TCI、蒸散发比指数以及 SPI 指数对西班牙南部的 Andalusia 地区以及意大利南部的 Sicily（西西里）地区的地中海气候条件下的旱情监测进行了分析对比，其结果表明在旱地 VCI 与 SPI 以及总的降水量有很好的一致性；而对植被条件较好的地区，VCI、TCI 以及 SPI 都较好地反映了与降水的相关性，同时对比 TCI 与 SPI 指数，VCI 更能反映该地区的降水变化；另外对植被类型较为混杂地区的 VCI、TCI 以及 SPI 数据分析，表明 VCI 比 TCI 对降水更为敏感。

由于 VCI、TCI 指数对植被的反映在时空上存在不同的差异，Kogan 和 Unganai（1998）通过旱情对植被生长环境的研究，利用 TCI 和 VCI 复合而成的植被健康指数 VHI 可以很好地对旱情进行监测。

$$VHI = a \times VCI + (1-a) \times TCI \tag{7-13}$$

式中，a 为 VCI 的权重；$(1-a)$ 为 TCI 的权重，权重是由 VCI、TCI 对 VHI 的贡献来确定。由于权重在不同地区与时间，土壤植被对 VCI、TCI 的影响不一样，很难确定 VCI、TCI 对 VHI 指数的贡献，在一般不能明确 a 的情况下默认 a 为 0.5。Kogan（1998）利用植被健康指数监测旱情的尺度从区域范围扩大到全球。

牟伶俐（2006）利用山西省 70 个国家和地方站点的土壤相对湿度和指数数据，分析了不同时间段 VCI、TCI 与土壤湿度间的关系，经相关性分析提出了以各指数与土壤湿度相关系数作为权重区域权重参数的获取方法，重建了适合于农作物的 VHI 指数，通过山西土壤墒情站实测数据的结果分析与评价表明：与 VCI、TCI 相比，不论是天还是旬 VHI 与土壤湿度相关性高于两个指数，且与实际情况和基于站点的 NCC 指数相比，空间分布规律一致。计算公式如下：

$$VHI = a \times VCI + b \times TCI \tag{7-14}$$
$$a = R_{vci}^2 / (R_{vci}^2 + R_{tci}^2) \tag{7-15}$$
$$b = R_{tci}^2 / (R_{vci}^2 + R_{tci}^2) \tag{7-16}$$

式中，R_{vci}^2 为 VCI 与土壤湿度的相关系数；R_{tci}^2 为 TCI 与土壤湿度的相关系数。李强子等（2010）利用 HJ 星数据基于该方法开展了 2010 年西南地区 3 月旱情的监测，分析了干旱对水资源与农作物产量的影响。

3. 基于地表蒸散的干旱指数

由于蒸散作用与能量和土壤水分含量关系密切，当能量较高，土壤水分供给充足时，蒸散作用较强，冠层温度处于较低状态；反之，土壤水分亏缺时，蒸散作用较弱，冠层温度较高。Seguin 等（1991）利用 NOAA / AVHRR 热红外通道数据计算实际蒸散量并利用气象数据计算潜在蒸散的方法对法国 Sahelian 萨赫勒地区进行水分胁迫监测，取得良好的效果（1985 ~ 1987 年）。Idol 和 West（1991）等以能量平衡原理为基础提出了作物缺水指数（crop water stress index，CWSI），该指数反映植物蒸腾与最大可能蒸腾的比值。在较均一的环境条件下可以把作物缺水指数与平均日蒸发量联系起来，作为植物根层土壤水分状况的估算指标。因此，作物缺水指数（CWSI）为

$$CWSI = 1 - ET / ET_0 \tag{7-17}$$

式中，ET 为实际蒸散；ET_0 为潜在蒸散。由式（7-17）可知，ET 越小，CWSI 越大，反映供水能力越差，即土地越干旱。由于热红外温度与日蒸散量有简单的线性关系，因此可利用热红外温度来计算日平均温度，进而计算出蒸散发能力 ET_0，从而作出旱情分级。但是 CWSI 将植被与土壤看作一个整体层，仅适合于植被覆盖度高的地区，Jackson 等（1981，1988）用冠层能量平衡的单层模型（将植被与土壤看为一个整体层面的模型）对 Idso 提出的冠气温差上限方程和下限方程进行了理论解释，并基于能量平衡的阻抗模式提出了涉及诸多气象因素的理论模式。由于 Jackson 单层模型只适应于完全植被覆盖条件，而对部分植被覆盖条件下利用上述模型，会造成很大的误差（隋洪智等，1997）。Jupp

（1990）提出农田蒸散的双层模型，模型把地表覆盖分为植被层和土壤层，并引入植被覆盖度变量，实现对部分植被覆盖地区旱情的监测。由于 CWSI 需要考虑的因素复杂，含有许多气象因子，在时间与空间尺度上很难满足实际精度要求。

作物缺水指数法在国内也得到了广泛的应用。1997 年，田国良等建立了 CWSI 与土壤水分之间的线性作物缺水指数（CWSI），并得到了广泛的应用。武晓波等选用作物缺水指数和热惯量法结合地面气象资料及卫星资料对旱情进行监测。赵听奕等采用改进的植被缺水指数，引入了阶段作物系数的概念，使指数更能直接反映作物状态以及土壤水分状况，实现了对黄淮海平原冬小麦旱情的监测。

申广荣和田国良（1998）用遥感图像、图形、数据为一体的模型监测黄淮海平原旱情。在有植被覆盖的条件下，作物缺水指数法精度要高于热惯量法，但其计算复杂，一些要素依赖地面气象台站，实时性不能保证。蔡焕杰等（1994）在地面完全覆盖条件下将冠气温差、净辐射、风速、相对湿度作为土壤含水量的因变量进行了线性回归运算，并认为净辐射、相对湿度和风速在很大程度上可由冠气温差（$T_c - T_a$）来反映。

Su 等（2003）等利用 NOAA／AVHRR 和地表能量平衡模型（SEBS）对中国华北地区实际蒸腾蒸散与潜在蒸腾蒸散进行监测，所测得的实际蒸腾蒸散和潜在蒸腾蒸散的比值（REF）与土壤湿度呈正相关，相关性较高，但对长时间序列数据的对比发现在雨季由于过多的降水，REF 与土壤湿度相关性较差。由于 REF 主要反映作物根部以上土壤的湿度信息，通过对不同土层湿度与 REF 相关性的分析，表明与 260cm 处的土壤湿度相关性达到最大。为了证明 REF 在空间与时间上的变化趋势，Su 等以中国山西为例，在不同时间对山西北部、南部、中部以及整个研究区进行了 REF 对旱情监测的适应性分析。另外还对本地区的实验作了不确定因素分析，如 NOAA／AVHRR 数据不能在空间上详细地表达 REF 的分布特征，实测数据与 NOAA／AVHRR 数据在时间上存在不一致，以及云污染导致的 REF 指数在 10 天中的代表性等不确定性问题。

Su 等（2003）等根据作物缺水指数的原理，定义了 DSI（drought severity index），定义式如下：

$$DSI = (H - H_{wet}) / (H_{dry} - H_{wet}) \tag{7-18}$$

$$(H - H_{wet}) / (H_{dry} - H_{wet}) = (\lambda E_{wet} - \lambda E) / \lambda E_{wet} \tag{7-19}$$

式中，H 为实际的感热通量；H_{dry} 为在干旱限制下的感热通量，可以认为潜热通量接近于 0；H_{wet} 为在最大蒸发率下的感热通量，感热通量达到最小值。NOAA/AVHRR 与气象数据采用 SEBS 方法可以反演相对蒸散发，按照式（7-18）DSI 值可以通过相对蒸散发反演得到。DSI 高时，土壤水含量低，反之亦然。通过这个公式，可以将土壤水分亏缺定量化。将 DSI 与土壤的水分特征、作物物候建立关系模型来决定地区土壤水分亏缺，可以在某一特定时间特定位置对某一类土壤，定量估计作物受极端干旱影响的程度。

4. 基于微波和植被指数的农业干旱指数

农业旱情主要是环境供水与植被需水之间的不平衡所造成。为了反映供需平衡状态，只需将环境所能供给植物利用的水分数量与植被所需的水分数量进行比较即可。用遥感方法获取与农业旱情有关的环境供水指标和作物需水指标，将两者结合得到构建新的农业旱情指数（agricultural drought index，ADI），公式如下：

$$ADI = RR + (RSM-30) - RVWI \tag{7-20}$$

$$RR = (R/R_{max}) \times 100\% \tag{7-21}$$

$$RVWI = \left[\frac{(NDWI_{max} - NDWI)}{(NDWI_{max} - NDWI_{min}^E)} \right] \times 100；\quad NDWI_{min}^E = NDWI_{min} < -20 \tag{7-22}$$

$$RSM-30 = (SM - SM_{min})/(SM_{max} - SM_{min}) \tag{7-23}$$

式中，RR 为相对降水量，R 为某一时段的降水量；R_{max} 为这一时段在多年中降水量的最大值；RVWI 为相对植被水分指数，反映当前冠层含水量与最大冠层含水量之间差距的相对值；NDWI 为当前的 NDWI 值；$NDWI_{max}$，$NDWI_{min}$ 分别为多年 NDWI 在某一时段中的最大值和最小值；$NDWI_{max}$ 为某一时段中植被所能持有的最大冠层含水量；$NDWI_{min}^E$ 为 $NDWI_{min}$ 与 NDWI 的经验值-20 比较后的较小值，代表植被干枯或无植被状态下的冠层含水量；RSM 为土壤相对含水量，反映土壤中的水分供应能力；SM 为当前的土壤含水量；SM_{max} 和 SM_{min} 为土壤含水量最大值和最小值，两者的差值是田间持水量，即土壤中所能保持的毛管悬着水的最大含水量。30 是作为萎蔫系数的经验值，为植物可利用土壤湿度的下限 [《气象干旱等级》（2006）标准]。

RR 和（RSM-30）是环境所能供给的水分指数，RVWI 是植被所需水分的指数。三者均为归一化处理，消除了各个指数量纲不同的影响，因此 RR、（RSM-30）和 RVWI 三者在不同的时间和不同的地区间具有可比性。ADI 值越大表示环境供水越充足，农业旱情越轻；相反，ADI 值越小表示植被水分越缺乏，农业旱情越严重。

三、数据产品

随着遥感技术应用的发展，国际组织和各国都开始建设旱情遥感监测系统，也发布相关产品，如表 7-2 所示。从各种旱情遥感产品中发现，旱情遥感产品数据源和旱情遥感指数多样，数据源有极轨气象卫星和静止气象卫星，旱情遥感指数使用的有光学、热红外以及雷达等不同传感器，因此发布的产品时空分辨率不一。全球尺度空间分辨率一般集中在 4km 甚至更粗，区域尺度空间分辨率可达 1km。从应用角度和产品发布来看，基于植被指数或地表温度构建的干旱遥感指数是应用最广的旱情遥感指数。近些年来，逐渐开始出现较为复杂的指数，如蒸散胁迫指数，或者是遥感与模型耦合形成的产品，这些产品大都应用在国家尺度，有一定的区域适用性，产品的应用有待进一步论证和评价。

表 7-2　全球或区域干旱遥感产品

产品名称	来源	时空分辨率	范围和起止时间	产品网址
Agricultural Stress Index	FAO	10 天 1km/16km	1984 年至今	http://www.fao.org/giews/earth-observation/index.jsp?lang=en
Global Vegetation Health Products（VHP）	NOAA Center for Satellite Applications and Research（STAR）	周 4km/16km	全球 1981 年至今	https://www.star.nesdis.noaa.gov/smcd/emb/vci/VH/vh_browse.php

续表

产品名称	来源	时空分辨率	范围和起止时间	产品网址
GOES Evapotranspiration and Drought （GET-D）	NOAA Office of Satellite and Product Operations	2 周-12 周 4km	美国 2016 年至今	http://www.ospo.noaa.gov/Products/land/getd/index.html
Groundwater and Soil Moisture Conditions from GRACE Data Assimilation	NASA's Gravity Recovery and Climate Experiment （GRACE）	周 25km	美国 1948 年至今	http://nasagrace.unl.edu/Default.aspx
Vegetation Drought Response Index （VegDRI）	National Drought Mitigation Center （NDMC）/U.S. Geological Survey High Plains Regional Climate Center	2 周 1km	美国 2009 年至今	http://vegdri.unl.edu/Home.aspx
European Drought Observatory	JRC Joint Research Centre	周 5km	泛欧洲和加泰罗尼亚	http://edo.jrc.ec.europa.eu/edov2/php/index.php?id=-404
DroughtWatch	中国科学院遥感与数字地球研究所	旬/季 1km	中国，2006 年至今	http://cloud.cropwatch.com.cn/

美国国家海洋和大气管理局（NOAA）卫星应用和研究中心（STAR）发布了全球干旱遥感指数产品，该产品包含了 Kogan 提出的 VCI、TCI 和 VHI 三个指数，基于这些指数生成干旱监测分布图。另外一个全球发布产品是 ASI 指数，由粮农组织全球粮食和农业信息及预警系统（GIEWS）和粮农组织气候与环境司（CBC）联合开发了农业干旱胁迫指数（ASI）是，该指数是在时间和空间两个维度整合植被健康指数（VHI）后得出的一项指数，能够早期识别可能受到旱情或旱灾（极端情况下）影响的农业地区。1984～2006 年使用的是 NOAA-AVHRR16km 的植被数据集，2007 年以后的卫星数据为来自 METOP-AVHRR 遥感卫星分辨率为 1km 的十日植被数据。

中国科学院遥感与数字地球研究所于 2006 年建设了 DroughtWatch 全国旱情遥感监测系统，实现了从遥感数据预处理、旱情遥感指数计算到旱情遥感监测与统计一体化的功能。旱情遥感指数同样是使用的 VHI，但是根据中国农业区的特点对该模型进行了改进，参数进行了区域标定。基于该系统，自 2006 年以来定期发布全国耕地旱情监测旬产品。以 2013 年 8 月为例，利用 MODIS 卫星遥感数据开展我国耕地 8 月上中下旬的旱情遥感监测。监测结果表明，8 月上旬全国约有 6.7% 的耕地发生旱情，以中轻旱为主，旱情主要发生在贵州大部、湖南大部、重庆南部、湖北中南部、江西西部和中北部、浙江中西部、安徽中南部及江苏少部分地区。8 月中旬旱情稍有减缓，全国约有 5.3% 的耕地发生旱情，以轻中旱为主，旱情发生区域集中在贵州中东部、湖南中北部、湖北中南部、安徽中南部、江西中北部和重庆部分地区等。到了 8 月下旬，旱情进一步减缓，全国仅有 1.9% 的耕地发生旱情，之前干旱发生区域有明显的减缓或缓解。

四、小结与展望

目前旱灾遥感监测利用最多的是可见光与红外的数据，但是光学数据的缺点是容易受到天气的影响，使得干旱监测的时效性受到影响。微波数据的全天候全天时的特点可以解决该问题，被动微波辐射和雷达数据对土壤水分比较敏感，越来越多的研究关注基于微波的土壤含水量反演，尽管机理的复杂性使其应用受到限制，但是联合可见光、红外和微波信息的旱情遥感监测是解决目前干旱监测时效性的一个有效手段。

不同数据源信息使得基于遥感的旱情监测存在尺度上的差异。采用低分辨率、中低分辨率数据进行全球或全国大范围旱情监测，在作物种植较单一的平原地区，遥感旱情指数可以很好地反映农田受旱的状况。在地形复杂或种植制度复杂的区域，其监测结果受到遥感数据空间尺度的影响，这对于抗旱救灾决策支持至关重要，发展不同尺度立体化的干旱遥感指数研究是实现不同旱情监测结果精度需求的一个重要方向。

农业干旱的发生是外界环境和作物本身共同作用的结果，涉及农业、气象、水文、植物生理等众多学科；同时农业又是一个自然与人工结合的过程，人类对农业耕作采取的各种管理措施很大程度上影响着农业旱情的发展，这使得农业干旱的监测面临着较多的不确定因素。现有的遥感技术只是对地表的参量进行监测，还不能对产生旱情的机理进行监测，并且不能对所有的旱情特征进行获取。由于地域差异，环境影响以及作物本身的抗旱特性，有些光谱特性并不一定正确反映旱情的程度，甚至可能成为噪声。因此现有的旱情遥感监测指标还需要增加光谱信息（或其他的信息）来对旱情特征进行限定。随着农业旱情机理研究的完善，多种遥感传感器的应用，以及相关的地学、气象学、生态学以及农学的发展，利用遥感技术进行农业旱情遥感监测从现在以至未来都将有一个广阔的应用前景。

参 考 文 献

阿布都瓦斯提·吾拉木 . 2006. 基于 n 维光谱特征空间的农田干旱遥感监测 . 北京：北京大学 .

蔡焕杰，熊运章，李培德 . 1994. 遥感红外温度估算农田土壤水分状况研究 . 西北农林科技大学学报（自然科学版），1：113~118.

成福云 . 2002. 干旱灾害对 21 世纪初我国农业发展的影响探讨 . 水利发展研究，2（10）：31~33.

褚永海，李建成，姜卫平 . 2005. 利用 JASON 1 数据监测呼伦湖水位及变化 . 大地测量学与地球动力学，25（4）：11~18.

邓劲松，王珂，李君 . 2005. 决策树方法从 SPOT-5 卫星影像中自动提取水体信息研究 . 浙江大学学报（农业与生命科学版），31（2）：171~174.

都金康，黄永胜，冯学智，等 . 2001. SPOT 卫星影像的水体提取方法及分类研究 . 遥感学报，5（3）：214~219.

宫德吉，郝慕玲，侯琼 . 1999. 旱灾成灾综合指数的研究—中国农业灾害风险风险与对策 . 北京：气象出版社 .

郭立峰，殷世平，许佳琦，于敏，孙天一 . 2015. 基于 FY-3A/MERSI 的 2013 年夏秋间松花江和黑龙江干流洪水遥感监测分析 . 2015，24：75~82.

胡卓玮.2007. 洪涝灾害应急响应应决策支持业务系统关键技术研究. 北京：首都师范大学.

姜卫平，褚永海，李建成，等.2008. 利用 ENVISAT 测高数据监测青海湖水位变化. 武汉大学学报（信息科学版），33（1）：64~67.

蒋卫国，李京，王琳.2006. 全球 1950-2004 年重大洪水灾害综合分析. 北京师范大学学报（自然科学版），42（5）：530~533.

居为民，孙涵，汤志成.1996. 气象卫星遥感在干旱监测中的应用. 灾害学，11（4）：25~29.

李景刚，李纪人，阮宏勋.2010.Jason-2 卫星测高数据在陆地水域水位变化监测中的应用——以南洞庭湖为例. 自然资源学报，25（3）：502~510.

李克让，陈育峰.1997. 中国全球气候变化影响研究方法的进展. 地理研究，1997，18（2）：214~219.

李强子，闫娜娜，张飞飞，等.2010.2010 年春季西南地区干旱遥感监测及其影响评估. 地理学报，65（7）：771~780.

李香颜，陈怀亮，李有.2009. 洪水灾害卫星遥感监测与评估研究综述. 中国农业气象，（1）：102~108.

刘丽，周颖，杨凤，等.1998. 利用遥感植被指数监测贵州干旱. 贵州气象，22（4）：50~54.

刘良明，李德仁.1999. 基于辅助数据的遥感干旱分析. 武汉大学学报・信息科学版，24（4）：300~305.

牟伶俐.2006. 基于遥感指数的旱情监测方法研究. 北京：中国科学院.

齐述华，王长耀，牛铮.2003. 利用温度植被旱情指数（TVDI）进行全国旱情监测研究. 遥感学报，7（5）：40~44.

齐述华.2004. 干旱监测遥感模型和中国干旱时空分析. 北京：中国科学院.

申广荣，田国良.1998. 基于 GIS 的黄淮海平原旱情监测研究. 自然灾害学报，7（2）：17~21.

施建成，李震，李新武.2002. 目标分解技术在植被覆盖条件下土壤水分计算中的应用. 遥感学报，（6）：412~416.

隋洪智，田国良，李付琴.1997. 农田蒸散双层模型及其在干旱遥感监测中的应用. 遥感学报，1（3）：220~224.

汪金花，张永彬，孔改红.2004. 谱间关系法在水体特征提取中的应用. 矿山测量，（4）：30~32.

王嘉芃，刘婷，俞志强，等.2016. 基于 COSMO-SkyMed 和 SPOT-5 的城镇洪水淹没信息快速提取研究. 遥感技术与应用，31（3）：564~571.

王鹏新，龚健雅，李小文，等.2003. 基于植被指数和土地表面温度的干旱监测模型. 地球科学进展，18（8）：527~533.

魏成阶，王世新，阎守邕，等.2000.1998 年全国洪涝灾害遥感监测评估的主要成果——基于网络的洪涝灾情遥感速报系统的应用. 自然灾害学报，9（2）：16~25.

吴赛，张秋文.2005. 基于 MODIS 遥感数据的水体提取方法及模型研究. 计算机与数字工程，33（7）：1~4.

谢华，都金康，胡裕军，等.2006. 流域洪水模拟的分布式时变汇流方法及应用. 水土保持通报，26（5）：65~70.

熊文成，劭芸.2006. 基于 IEM 模拟的干旱区多时相数据含水量含盐量反演模型及分析. 遥感学报，10（1）：111~117.

延雪花，李毓富.2007.FY-2C 云图产品在 2005 年两次暴雨中的应用. 科技情报开发与经济，17（15）：197~198.

闫娜娜.2005. 基于遥感指数的旱情监测方法研究. 北京：中国科学院.

杨存建，许美.1998. 遥感信息机理的水体提取方法的探讨. 地理研究，17：86~89.

易永红，陈秀万，吴欢.2005. 基于遥感信息的淹没水深算法研究. 地理与地理信息科学，21（3）：

26 ~ 29.

尤茂庭 . 2009. 应借保险转移干旱损失 . http://finance. ifeng. com/money/insurance/hydt/ 20091128/ 1518883. Shtml.

余涛，田国良 . 1997. 热惯量法在监测土壤表层水分变化中的研究 . 遥感学报，1（1）：24 ~ 31.

詹志明，秦其明，阿布都瓦斯提·吾拉木，等 . 2006. 基于 NIR-Red 光谱特征空间的土壤水分监测新方法术 . 中国科学（D 辑），36（11）：1020 ~ 1026.

张蓓，王世新，周艺，等 . 2004. 利用 modis 数据进行植被水监测的应用研究 . 遥感信息，1：19 ~ 23.

周成虎，杜云艳，骆剑承 . 1996. 基于知识的 Avhrr 影像水体自动识别方法与模型 . 自然灾害学报，5（3）：100 ~ 108.

Andrew O, Gilles B, Carole D, et al. 2015. Decadal monitoring of the Niger Inner Delta flood dynamics using MODIS optical data. Journal of Hydrology, 523：368 ~ 383.

Barton I J, Bathols J M. 1989. Monitoring floods with AVHRR, Remote Sens. Environ, 30：89 ~ 94.

Bayarjargal Y, Karnieli A, Bayasgalan M, et al. 2006. A comparative study of NOAA-AVHRR derived drought indices using change vector analysis. Remote Sensing of Environment, 105（1）：9 ~ 22.

Bindlish R, Jackson T J, Wood E, et al. 2003. Soil moisture estimates from TRMM microwave imager observations over the Southern United States. Remote Sensing Environment, 85：507 ~ 515.

Birkett C M. 1994. Radar altimetry：a new concept in monitoring lake level changes. EOS Trans. AGU, 75（24）：273 ~ 275.

Boken V K, Cracknell A P, Heathcote A R L. 2005. Monitoring and Predicting Agricultural Drought. Oxford University Press, （4）：1293.

Brakenridge G R, Knox J C, Paylor E D, et al. 1994. Radar remote sensing aids study of the great flood of 1993. EOS Trans. AGU, 75（45）：521 ~ 527.

Cao R L, Li C J. 2008. Extracting Miyun reservoir's water area and monitoring its change based on a revised normalized different water index. Science of Surveying and Mapping, 33（2）：158 ~ 160.

Carlson T N, Perry E M, Schmugge T J. 1990. Remote estimation of soil moisture availability and fractional vegetation cover for agricultural fields. Agricultural and Forest Meteorology, 52：45 ~ 69.

Choudhury B J. 1989. Monitoring global land surface using Nimbus-7 37 GHz data：theory and examples'. International Journal of Remote Sensing, 10（10）：1579 ~ 1605.

Choudhury B J. 1991. Passive microwave remote sensing contribution to hydrological variables. Surveys in Geophysics 12, 63 ~ 84.

Crafts A S. 1968. Water deficits and physiological processes//Kozlowski T T（ed）. Water deficits and plant growth. Plant Water Consumptionand Response, New York：Academic Press, 2：85 ~ 133.

Dabrowska-Zielinska K, Gruszczynska M, Kowalik W, et al. 2002. Application of multi-sensor data for evaluation of soil moisture. Advances in Space Research, 29（1）：45 ~ 50.

David C M, David M C, Matthew S H, et al. 2003. Floodplain friction parameterization in two-dimensional river flood models using vegetation heights derived from airborne scanning laser altimetry. Hydrological Process, 17：1711 ~ 1732.

David C M, Mark T, Garcia-Pintado J, et al. 2016. Improving the TanDEM-X Digital Elevation Model for flood modeling using flood extents from Synthetic Aperture Radar images. Remote Sensing of Environment, 173：15 ~ 28.

Domenikiotis C, Spiliotopoulos M, Tsiros E, et al. 2003. Cotton production estimation based on the combination of NOAA/AVHRR data and Bhalme and Mooley Drought index methodology in Thessaly Greece. International

Journal of Remote Sensing, 25 (23): 5373 ~ 5388.

D'Urso G, Minacapilli M. 2006. A semi-empirical approach for surface soil water content estimation from radar data without a-prior information on surface roughness. Journal of Hydrology, 321: 297 ~ 310.

Gao B C. 1996. NDWI- A normalized difference water index for remote sensing of vegetation liquid water from space. Remote Sensing of Environment, 58: 257 ~ 266.

Giddings L, Choudhury B J. 1989. Observation of hydrological feature with Nimbus-7 37 GHz data applied to South America. Int J Remote Sens 10: 1673 ~ 1686.

Gonzalez-Alonso F, Cuevas J M, Casanova A, et al. 2003. Drought monitoring in spain during the period 1987-2001, using NOAA-AVHRR images//Benes (ed). Geo information for European-wide Integration.

Gorelick N, Hancher M, Dixon M, et al. 2017. Google Earth Engine: Planetary-scale geospatial analysis for everyone. Remote Sensing of Environment, 202: 18 ~ 27.

Gupta R P, Banerji S. 1985. Monitoring of reservoir volume using Landsat data. Journal of Hydrology, 77: 159 ~ 170.

Gutman G, Ignatov A, Olson S. 1996. Global land monitoring using AVHRR time series. Advances in Space Research, 17 (1): 51 ~ 54.

Guttman N B. 1999. Accepting the standardized precipitation index: A calculation algorithm. Journal of the American Water Resources Association, 35: 311 ~ 322.

Hamilton S K, Sipple S J, Melack J M. 1996. Inundation patterns in the Pantanal wetland of South America determined from passive microwave remote sensing. Archiv far Hydrobiologie, 137: 115 ~ 141.

Hayes M J, Svoboda M D, Wilhite D A, et al. 1999. Monitoring the 1996 drought using the standardized precipitation index. Bulletin of the American Meteorological Society, 80 (3): 429 ~ 438.

Hayes M J, Svoboda M D, Knutson C L, Wilhite D A. 2004. Estimating the economic impacts of drought. 84th AMS Annual Meeting, Proc. the 14th Conference on Applied Climatology, Seattle, Washington, USA. January. 10 ~ 16.

Heim Jr R R. 2000. Drought indices: A review//Wilhite D A (ed). Drought. A Global Assessment. London: Routledge: 159 ~ 167.

Hess L L, Melack J M. 1994. Mapping wetland hydrology and vegetation with synthetic aperture radar. International Journal of Ecology and Environmental Sciences, 20: 197 ~ 205.

Hess L L, Melack J M, Davis F W. 1995. Mapping of floodplain inundation with multi-frequency polarimetric SAR: use of a tree-based model. Proceedings of the 1994, International Geosciences and Remote Sensing Symposium (IGARSS 94), 1072 ~ 1073.

Idol L, West J F. 1991. Educational collaboration: A catalyst for effective schooling. Intervention in School and Clinic, 27 (2): 70 ~ 78.

Idso S B, Jackson R D, Pinter P J, et al. 1981. Normalizing the stress degree day for environmental variability. Agricultural Meteorology, 24: 45 ~ 55.

Jackson R D, Idso S B, Reginato R J. 1981. Canopy temperature as a crop water stress indicator. Water Resources Research, 17 (4): 1133 ~ 1138.

Jackson R D, Kustas W P, Choudhury B J. 1988. A re-examination of the crop water stress index. Irrigation Science, 9: 309 ~ 317.

Jacobson A, Dhanota J, Godfrey J, et al. 2015. A novel approach to mapping land conversion using Google Earth with an application to East Africa. Environmental Modelling and Software, 72: 1 ~ 9.

Ji L, Peters A J. 2003. Assessing vegetation response to drought in the northern Great Plains using vegetation and drought indices. Remote Sensing of Environment, (6): 85～98.

Jupp D L B. 1990. Constrained two layer models for estimating evapotranspiration. Proceedings of 11th Asia conference on Remote sensing. Guang Zhou: Zhongshan University: 180～186.

Karl T R. 1986. The sensitivity of the Palmer Drought Severity Index and Palmer's Z- index to their Calibration coefficients including potential evapotranspiration. Journal of Applied Meteorology, 25: 77～86.

Koblinsky C J, Clarke R T, Brenner A C, et al. 1993. Measurement of river level variations with satellite altimetry. Water Resource Research, 29 (6): 1839～1848.

Kogan F N. 1990. Remote Sensing of Weather Impacts on Vegetation in Non-homogenous Area. International Journal of Remote Sensing, 11: 1405～1419.

Kogan F N. 1995a. Application of Vegetation Index and Brightness Temperature for Drought Detection. Advances in Space Research, 15: 91～100.

Kogan F N. 1995b. Droughts of the late 1980s in the United States as derived from NOAA polar orbiting satellite data. Bulletin of the American Meteorological Society, 76: 655～668.

Kogan F N. 1998, A typical pattern of vegetation conditions in southern Africa during El Nino years detected from AVHRR data using three- channel numerical index. International Journal of Remote Sensing, 19 (18): 3688～3694.

Lowry R T, Langham E J, Mudry N. 1981. A preliminary analysis of SAR mapping of the Manitoba Flood, May 1979. Satellite Hydrology. American Water Resource Association. 316～323.

Lozana-Garcia D F, Fernandez R N, Gallo K P, et al. 1995. Monitoring the 1988 severe drought in Indiana USA using AVHRR data. International Journal of Remote Sensing, 27: 1～10.

McVicar T R, Jupp D L B. 1998. The current and potential operational uses of remote sensing to aid decisions on Drought Exceptional Circumstances in Australia: A Review. Agricultural Systems, 57 (3): 399～468.

Moran B D. 2000. Servo Hydraulic Control of a Continuously Variable Transmission. University of California, Davis: 488～497

Moran M S, Vidal A, Troufleau D, et al. 1997. Combining multi- frequency microwave and optical data for farm management. Remote sensing of Eviroment, 61: 96～109.

Moran M S, Hymer D C, Qi J, et al. 2000. Soil moisture evaluation using multi- temporal Synthetic Aperture Radar (SAR) in Semiarid Rangeland. Agricultural and Forest Meteorology, 105 (1-3): 69～80.

Morris C S, Gill S K. 1994. Variation of Great Lakes water levels derived from Geosat altimetry. Water Resource Research, 30 (4): 1009～1017.

Njoku E G, Li L. 1982. Retrieval of Land Surface Parameters Using passive microwave measurements at 6- 18GHz. IEEE Trans Geosci Remote Sensing, 20 (4): 468～475.

Njoku E G, Entekhabi D. 1996. Passive microwave remote sensing of soil moisture. Journal of hydrology, 184: 101～129.

Olhlsson. 2000. Water conflilct and social resource scarcity. Physics and Chemistry of The Earth, 25 (3): 213～220.

Palmer W C. 1965. Meteorological Drought Weather Bureau. Research Paper, No 45 U S Dept of Commerce, Washington. D C: 256～261

Palmer W C. 1968. Keeping track of crop moisture conditions, nationwide: The new crop moisture index. Weatherwise, 21: 156～161.

Pradhan B, Tehrany M S, Jebur M N. 2016. A new semiautomated detection mapping of flood extent from terraSAR-X satellite image using rule-based classification and taguchi optimization techniques. IEEE Transactions on Geoscience and Remote Sensing, 54 (7): 4331～4342.

Price J C. 1977. Thermal inertia mapping: a new view of the earth. Journal of Geophysical Research Atmospheres, 82 (18): 2582~2590.

Price J C. 1985. On the analysis of thermal infrared imagery: the limited utility of apparent thermal inertia. Remote Sensing of Environment, 18 (1): 59~73.

Rhee J, Im J, Carbone G J. 2010. Monitoring agricultural drought for arid and humid regions using multi-sensor remote sensing data. Remote Sensing of Environment, 114 (12): 2875~2887.

Richardson A J, Wiegand C L. 1977. Distinguishing vegetation from soil background information. Photogrammetric Engineering and Remote Sensing, 43 (12): 1541~1552.

Romshoo S A. 2004. Geostatistical analysis of soil moisture measurements and remotely sensed data at different spatial scales. Enviroment Geology, 339~349.

Sandholt I, Rasmussen K, Anderson J. 2002. A simple interpretation of the surface temperature/vegetation index space for assessment of the surface moisture status. Remote Sens. Environ, 79: 213~224.

Seguin B, Lagouarde J D, Savane M. 1991. The assessment of regional crop water conditions from meteorological satellite thermal infrared data. Remote Sensing of Environment, 35 (2-3): 141~148.

Shafer B A, Dezman L E. 1982. Development of a Surface Water Supply Index (SWSI) to assess the severity of drought conditions in snowpack runoff areas. Proceedings of the Western Snow Conference, Colorado State University, Fort Collins CO, 164~175.

Sipple S J, Hamilton S K, Melack J M. 1992. Inundation area and morphometry of lakes on the Amazon River floodplain, Brazil. Arch. Hydrobiol, 123 (4): 385~400.

Su Z, Yacob A, Wen J, Roerink G, et al. 2003. Assessing relative soil moisture with remote sensing data: theory, experimental validation, and application to drought monitoring over the North China Plain. Physics and Chemistry of the Earth, 28: 89~101.

Tansey K J, Millington A C, Battikhi A M, et al. 1999. Monitoring soil moisture dynamics using satellite image radar in northeastern Jordan. Applied Geography, 19: 325~344.

Tien K J C, Judge J, Jacobs J M. 2004. Passive microwave remote sensing of soil moisture, evapotranspiration and vegetation properties during a growing season of cotton. Geoscience and Remote Sensing Symposium, IGARSS'04. 4: 2795~2798.

Unganai L S, Kogan F N. 1998. Drought monitoring and corn yield estimation in Southern Africa from AVHRR data [J]. Remote Sensing of Environment, 63 (3): 219~232.

Vogt H. 2002. Efficient object identification with passive RFID tags. International Conference on Pervasive Computing. Berlin, Heidelberg: Springer, 98~113.

Wilhite D A. 2002. Preparing for drought: a methodology//Wilhite D A (Ed.). Drought: A Global Assessment, Hazardsand Disaster Series. New York: Routledge: 89~104.

Zhao D M, Su B K, Zhao M. 2006. Soil moisture retrieval from satellite images and its application to heavy rainfall simulation in eastern China. Advances in Atmospheric Sciences, 23 (2): 299~316.

Zobeck T M, Onstad C A. 1987. Tillage and rainfall effects on random roughness: A review. Soil & Tillage Research, 9 (1): 1~20.

第八章　流域水利工程遥感

遥感可以对流域水利工程的位置、工程质量进行动态监测。本章第一节主要内容包括防洪工程、集水工程、灌溉和排水工程、农田灌溉设施、淤地坝、橡胶坝等的遥感监测，第二节为针对流域水利工程沉降与位移、大堤的鼠洞等的遥感监测。

第一节　工程位置监测

利用遥感可对防洪工程、集水工程、灌溉和排水工程、农田灌溉设施、淤地坝、橡胶坝等各类型水利工程的数量、位置、布局与面积等进行及时监测，建立水利工程专题数据库，形成一体化管理网络，更好地服务各级水利部门的工程维护和管理，掌握水利工程运行的最新情况，确保水利工程的安全。

一、防洪工程

防洪工程通常是指为了控制、防御洪水、减免洪涝灾害所导致的损失所修建的水利工程，具备挡水、泄洪、拦蓄（滞）等功能。图 8-1 为水利部利用国产高分一号（GF-1）卫星数据对南水北调京石段供水的重要水源地岗南水库蓄水量进行持续监测的示例，通过该监测，形成了对岗南水库水位–面积、水位–库容关系曲线等关键信息进行持续监测、更新，为南水北调工程的顺利实施提供了重要信息支撑。

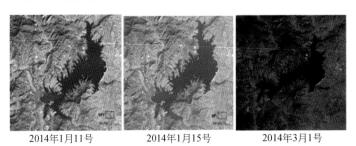

| 2014年1月11号 | 2014年1月15号 | 2014年3月1号 |

图 8-1　岗南水库蓄水量遥感监测图①

岗南水库位于河北省平山县岗南镇附近的滹沱河流域，是海河流域子牙河的重要支流，滹沱河中下游重要的大兴水利枢纽工程，功能以灌溉、供水和防洪为主，兼顾发现，总库容 15.71 亿 m³，控制上游流域面积 1.59 万 km²，与下游 28km 处的黄壁庄水库串联，可实现水库联合运用，控制流域面积 2.34 万 km²。水库建于 1958 年，至今已运行 50 多

---

① 图片来自 http://www.gissky.net/Article/3229.htm.

年，于 2010 年开始作为南水北调北京—石家庄应急调水段工程水源地，与黄壁庄水库、西大洋水库、王快水库联合向北京调水，目前已累计供水超 10 亿 m³，岗南水库是南水北调京石段供水的重要水源保障（朱鹤，2013）。

GF-1 号卫星是我国高分辨率对地观测系统的首发星，突破了高空间分辨率、多光谱与宽覆盖相结合等光学遥感关键技术，GF-1 卫星搭载了 2m/8m 相机和 16m 多光谱相机，2m/8m 相机的幅宽为 70km，16m 相机的幅宽为 800km，其大幅宽、宽视角、覆盖周期短的优势使其具备重大的应用价值（李艳华等，2015）。

图 8-2 为民政部国家减灾中心利用我国 GF-1 号卫星开展的针对河北省石家庄市岗南水库水体面积变化的遥感监测预警示例，通过监测发现从 2014 年 5 月 17 日至 2015 年 5 月 18 日，岗南水库的水体面积从 36.62km² 缩减为 19.75km²，较 2014 年同期减少 46%，退缩十分严重，需要引起当地水利、农业、气象相关部门的高度重视。

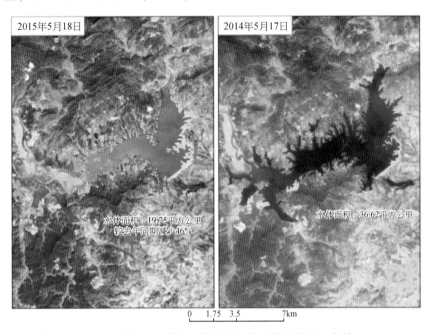

图 8-2　河北省石家庄市岗南水库面积变化遥感监测图（朱鹤，2013）

二、集水工程

集水工程是解决干旱少雨地区或降雨季节分布不均匀区域生产生活用水的有效途径。从工程类型来看，包括水窖（或水池）、梯田（或水平沟）、谷坊坝和鱼鳞坑等。其中，水窖是依山修建的隧道式蓄水工程，可将山涧小溪、雨季地表径流有效地拦蓄起来，然后利用山地落差对作物进行自压灌溉（李战，2009）。它是满足华北山地区域果园开发生产用水需求的主要工程措施（张树军，2010），也是满足平原区园林绿化用水需求的有效手段（张丹，2011）。梯田能尽量接纳降水，使其就地入渗，存于土壤水库中，半干旱地区有一个相对的丰水季节，可以在水分利用上以丰补歉，发展雨养农业。接纳天然降水的能力梯田优于坡耕地。另外，梯田改变了地表形态，由坡地变成了平地，划小了田块，很大程度上改变了农田的性质，从而具有耕地和拦泥蓄水两大作用（王继全和向阳，2007）。谷坊坝是水土流失严重区域保水滞沙的主要工程措施，在泥石流易发区，多修建成透水型谷坊坝，主要目的是防止大量泥沙流出，又不至于大量蓄水而溃坝（代素云，2010）。鱼鳞坑是坡面水土保持的一项工程治理措施，同时又是一种坡面植树造林的整地方法。在拦蓄地表径流、保持水土、促进林木生长等方面作用比较显著，得到广泛应用（王晶等，2011）。

　　近年来，随着卫星遥感影像空间分辨率逐步提高，部分水利行业管理部门开始利用卫星遥感宏观、直观和高效的特点，开展集雨工程制图。如水利部海河水利委员会2007～2009年组织实施的"官厅密云水库上游水土保持监测系统二期工程——水土保持遥感监测工程"项目，利用2004年2.5 m空间分辨率为基础数据源，结合利用野外调查资料，对官厅密云水库上游水土保持典型区集雨工程进行了遥感监测。

三、灌溉和排水工程

　　灌溉和排水工程主要是指用于调节农田水分状况和地区水情、消除水旱灾害、利用水资源、发展农业生产而兴建的农田水利工程。通过兴修为农田服务的水利设施，包括灌溉、排水、除涝和防治盐、渍灾害等，建设旱涝保收、高产稳产的基本农田。利用遥感技术可以监测水利灌溉工程的运行，灌溉区域的农作物长势，评价水利工程布设盲区、有灌溉相比无灌溉的效益、评估农田水利工程的工程效益，及时掌握农田利用情况，实现对农田水土流失治理效果的动态监测，服务防汛抗旱。应该大力推动遥感技术在农田水利建设中的应用力度，实现遥感技术应用的网络化、集成化、模型化、标准化、一体化（迟燕，2012）。

　　图8-3为利用遥感技术提取农田水利灌溉工程的案例，图8-4为水利部利用GF-1号卫星数据对内蒙古河套灌区进行了灌溉面积遥感监测，为农业生产提供重要信息支持。图8-5为利用遥感技术开展三峡工程蓄水前后变化的情况。

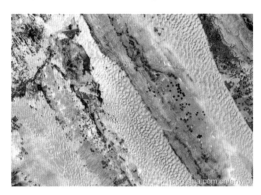

图8-3　农田水利灌溉工程监测[①]

①　图片来自 http://blog. sina. com. cn/s/blog_764b1e9d0100rtgg. html

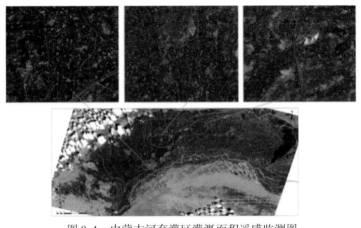

图 8-4　内蒙古河套灌区灌溉面积遥感监测图

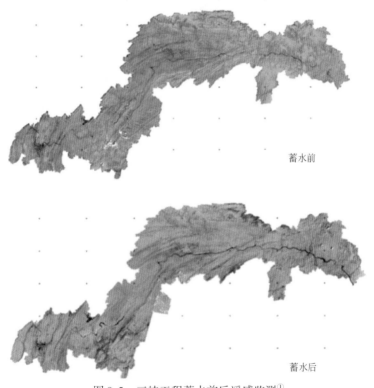

蓄水前

蓄水后

图 8-5　三峡工程蓄水前后遥感监测[1]

四、农田灌溉设施

　　利用高分辨率遥感影像监测农田灌溉设施具有得天独厚的优势，一方面，高分辨率遥

① 图片来自 http://blog. sina. com. cn/s/blog_764b1e9d0100rtgg. html

感数据源已非常丰富，另一方面，面向对象、遥感信息提取等技术的迅速发展，为从遥感影像提取农田灌溉设施提供了有力工具。

　　图8-6列举了采用WorldView-Ⅱ 0.5m高空间分辨率的全色波段和1.8m分辨率的多光谱影像进行融合，分别采用最大似然分类和面向对象分类技术，提取江苏省扬州市邗江区农田灌溉系统的案例，为确定耕地级别、监测农田现状地物设施提供了有效的科学技术支持（乔贤哲等，2012）。

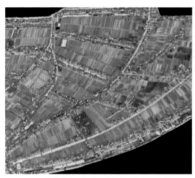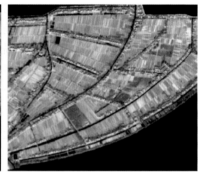

(a) 最大似然分类提取沟渠结果图　　　　　　(b) 面向对象分类提取沟渠结果图

图8-6　农田灌溉系统遥感信息提取（乔贤哲等，2012）

　　利用KOMPSAT-2高分辨率遥感影像数据，使用主成分变换将1m分辨率的全色波段和4个4m分辨率的多光谱波段进行了融合，得到了1m分辨率的多光谱遥感影像。以吉林省西部土地整理大安项目区为试验区，采用面向对象分类方法对土地整理区的农田灌排系统进行了自动化识别提取，通过实地调研开展了农田灌溉系统的实地采样，经验证，总体精度达到89.64%。图8-7为面向对象分类法的识别结果与实地测量的沟渠分布图的对比（吴健生等，2012）。

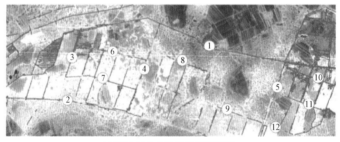

(a) 面向对象分类法的识别结果

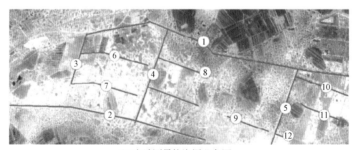

(b) 实地测量的沟渠分布图

图8-7　面向对象分类法与实地测量结果对比（吴健生等，2012）

五、淤地坝

淤地坝是黄土高原地区人民在长期同水土流失斗争实践中创造的一种行之有效的，既能拦截泥沙、保持水土，又能淤地造田、增产粮食的水土保持工程措施，具有几百年的发展历史（喻权刚和马安利，2015）。据调查统计，黄土高原地区现有淤地坝11余万座，淤地面积3000km^2，可拦蓄泥沙2.1×10^{10}m^3（李勉等，2005）。准确获取淤地坝的数目、水面面积、控制面积及空间分布信息是评价现有工程效益和未来建设规划的基础。传统的监测方法多是地面观测和社会调查，这种人工统计的方法由于主观和客观的原因，存在效率低下且真实性和准确性受质疑的问题。遥感的大面积同步观测和时效性强的特点使其成为淤地坝监测的重要研究方向（弥智娟等，2015）。

目前的遥感监测方法中，一方面监测淤地坝的数量、位置、坝系布局、淤地面积等（Ratnam et al.，2005；Huang et al.，2009），包括对骨干坝、中型淤地坝和小型淤地坝等各种淤地坝。利用中分辨率遥感影像，辅以地形图对淤地坝图版边界进行矢量化跟踪，通过红、中红外、近红外波段的组合来解译水体和裸地（Ran and Lu，2012）；当水体絮流变化较大时，根据淤地坝明显的形态纹理进行提取（Moller，1990）；针对流域内河道的裁弯改道及淤地坝改良为耕地的复杂情况，依据实地调查结果进行修正，实现人机交互解译；高分辨率遥感影像上可以直接根据淤地坝的坝体边缘形态在GIS中进行矢量化跟踪提取。另一方面将遥感影像应用于水土保持监测中，对拦沙蓄水、水土流失状况及淤地坝等水土保持措施的效益分析（赵帮元等，2012）。利用遥感结合实地调查和设计资料，分析评价拦沙效益、蓄水效益；结合监测到的坝地上的农作物面积及农作物单产，分析坝地利用及增产效益；通过对淤地坝工程建设初期和项目结束后的遥感影像解译，分析坝系的水土保持效果。

六、橡胶坝

橡胶坝，又称橡胶水闸，是用高强度合成纤维织物做受力骨架，内外涂敷橡胶做保护层，加工成胶布，再将其锚固于底板上成封闭状的坝袋，通过充排管路用水（气）将其充胀形成的袋式挡水坝。坝顶可以溢流，并可根据需要调节坝高，控制上游水位，以发挥灌溉、发电、航运、防洪、挡潮等效益。

小埠东拦河橡胶坝位于山东临沂市沂河城区段，橡胶坝水利枢纽工程在发挥水利工程作用的同时，拦蓄1.6万亩景观水面形成沂蒙湖，与橡胶坝这道亮丽的风景线，成为临沂市民休闲娱乐观光的好去处。山东临沂小埠东拦河橡胶坝入选第四届吉尼斯世界纪录十五个项目之一，是目前世界上最长的橡胶坝。图8-8与图8-9为利用中国GF-1号数据对临沂橡胶坝进行监测的案例。

图 8-8　临沂橡胶坝实地照片①

图 8-9　临沂橡胶坝遥感影像

第二节　工程质量监测

　　利用遥感可以对包括工程沉降、位移、垮塌、溃决在内的水利工程质量进行动态监测，在突发情况下，及时发布工程运行状态预警分析，评估工程损失严重情况，形成水利工程质量一体化监测系统，便于各级水利工程管理部门科学有效地进行管理，及时有效处理突发情况，有利于在工程质量出现问题初期就通过多种预警信息来对工程进行加固、修复，确保水利工程长治久安。

---

　　①　图片来自 http://linyi.iqilu.com/lyminsheng/2019/0810/4328815.shtml.

一、工程沉降与位移

大坝作为水利工程中的控制性工程，是流域水利枢纽的最重要组成部分。它是人类战胜自然的象征，它在蓄水、防洪、供水、灌溉、发电、航运等方面对人类社会发展起了重要保障作用。尤其是现代社会水资源的矛盾十分突出，大坝的建设是解决流域水资源问题的重要途径。

采用 GPS 或北斗定位系统，在地面布置地基接收系统，对于大坝主体进行定位，通常采用相对定位，即两台接收机分别安装在基线的两侧，同步观测同一个定位卫星，确定基线端点在协议地球坐标系中的相对位置或基线相量。武汉大学测绘学院于 1992 年 2~7 月在三峡库区布设过 60 个 GPS 监测点，进行三峡库区滑坡监测试验，随着中国北斗导航定位系统的日趋完善，采用中国自己的定位卫星开展大坝沉降监测已成为现实（何金平等，2004）。

1998 年，我国湖北清江的隔河岩大坝外部变形首次采用 GPS 自动化系统，对坝体表面的各观测点进行变形监测，如图 8-10 所示。该系统主要由 5 个坝体监测点和两岸 2 个基准点组成，GPS 自动化监测系统几年的运行，证明了其稳定可靠的效果：用 6 小时观测数据得到的平面和垂直位移精度优于±1.0mm，2 小时观测资料得到的平面和垂直位移精度优于±1.5mm，系统响应速度小于 10min（徐绍铨，2001）。在 1998 年长江流域特大洪水期间，让水库超量拦洪蓄水，减轻了中下游的防汛抗洪压力以及避免了荆江分洪，产生了巨大的经济效益和社会效益。

图 8-10　隔河岩大坝监测（徐绍铨，2001）

差分干涉测量（differential SAR interferometry，D-InSAR）通过同一地区不同时相的两幅干涉纹图进行差分组合或采取外部 DEM 模拟，消除地形影响，探测大坝形变信息（李德仁等，2000）。D-InSAR 对动态变化具有高灵敏度、高空间分辨率及覆盖范围广的特性，且具有很高的形变观测精度。永久散射体（permanent scatter，PS）技术为实现地表微小形变监测提供了突破口，它通过时间序列 SAR 数据获取具有稳定散射特征的 PS 点（李德仁等，2004），图 8-11 为武汉大学利用 ENVISAT 卫星 2003 年 8 月至 2008 年 4 月获取的 40 景 ASAR 数据获得的三峡库区年平均沉降量。

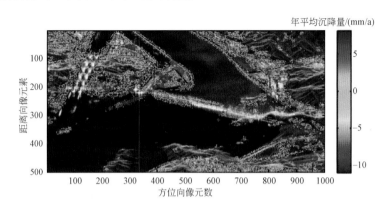

图 8-11　采用永久散射体技术得到的三峡大坝年平均沉降量（王腾等，2011）

随着社会的发展，流域尺度范围内水利水电工程将不断增多，同时期规模也不断扩大，在水利工程的建设和维护过程中，对大坝出现的变形进行及时维护就显得尤为重要，从而才能够为延长大坝的使用寿命和确保大坝周边居民生命财产安全奠定基础。

在大坝变形监测技术中，GPS 技术以具有速度快、全天候、高精度、自动化等诸多优点，目前广泛地运用到水利水电工程等变形监测中，同时由于自身的高密物体覆盖区信号差、垂直位移监测精度低、噪声干扰等问题的局限性，促使了 GPS 与 RS、GIS 等技术相互结合、优势互补，实现实时动态高精度变形监测。随着 3S 技术与现代网络信息化技术的快速发展，变形监测精度要求越来越高，目前采用的变形监测技术已不能完全满足现在及未来的发展需求。基于 3S 技术、Web 动态监测、三维可视化监测、移动终端监测是未来 GPS 大坝变形监测的主流发展方向。

但受观测环境影响大，如在山区峡谷，GPS 卫星的几何强度差，定位精度低，有些地方则多路径影响大，定位结果存在不可靠性；合成孔径雷达干涉技术可全天时、全天候、高精度地进行大面积变形监测，是大坝变形监测的前沿技术和研究热点。但其工程化应用中还存在以下问题：①时空失相干降低了干涉图的质量，影响大坝变形监测的可靠性和可行性；②受可获取影像数量和空间分辨率的限制，变形监测的时空分辨率难以满足实际工程需要，特别是难以实现单个建（构）筑物的变形监测。因此地基合成孔径雷达干涉（ground based InSAR，GBInSAR）技术基于微波探测主动成像方式获取监测区域二维影像，通过合成孔径技术和步进频率技术实现雷达影像方位向和距离向的高空间分辨率，克服了星载 SAR 影像受时空失相干严重和时空分辨率低的缺点，通过干涉技术可实现优于毫米级微变形监测，它是一种极具潜力的变形监测新技术。但是地基合成孔径雷达干涉技术设备费用较高，实际工程应用还有待进一步推广。

二、大堤鼠洞

鼠洞作为一种灾害，对于水利工程、草场等资源具有破坏作用，高分辨率卫星遥感技术的发展，使得对鼠洞的监测成为可能。然而，目前对于鼠洞监测的遥感案例很少，利用无人机遥感对草原鼠洞进行监测颇具典型。

在内蒙古呼伦贝尔大草原利用无人机搭载索尼 QX4100 高清数码相机开展鼢鼠灾害调查，如图 8-12 所示。无人机平台飞行高度为 100m，分辨率高达 2cm，获取了 8.2 万 m^2 的影像，通过对影像进行正射校正、镶嵌、彩色区域分割、灰度处理、噪声去除和中值滤波等处理，用 Sobel 算子提取图像边缘，根据连通分量的连通性统计鼠洞个数，通过对比实地调查的鼠洞和遥感提取结果，发现遥感提取鼠洞精度达到了 93.6%，图 8-13 为其中一处提取结果。该案例表明，采用无人机搭载高分辨率数码相机的遥感手段能有效地监测鼠洞，有利于有效监测鼠害的发生。

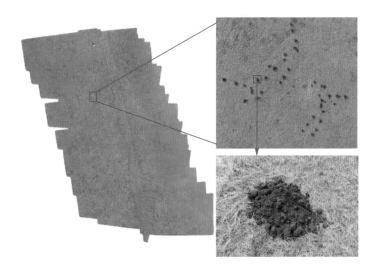

图 8-12　利用无人机遥感监测鼠洞

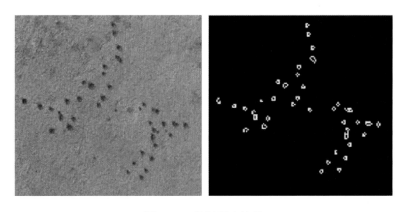

图 8-13　鼠洞提取结果

第三节 展 望

当前的流域水利工程遥感监测中，真正高精度实用的、基于遥感的解译和信息提取工作，多数还是以人工交互解译为主；随着自动分类和解译所需要的地面训练样本的不断增加，以及人工智能、深度学习与大数据技术的不断发展，更加智能的、基于大数据与深度学习的遥感解译和信息提取方法是未来的一大发展趋势。

受遥感空间分辨率的限制，解译结果与实际值之间存在差异，在实际应用中需要根据研究目的选择合适的空间分辨率，并与实际值之间建立校正关系，以便能得到更加准确的监测结果。

遥感监测中，大部分研究对象与周围地物之间，在光谱、纹理、图形等解译标志上存在一定的差异，但差异的大小随时间发生变化，因此在遥感监测中，需要根据研究对象的特征选择合适时相的遥感影像，才能得到更加准确的监测结果。

参 考 文 献

迟燕，2012. 遥感技术在农田水利资源中的应用. 软件导刊，11（5）：47~48.

代素云 . 2010. 透水型谷坊坝拦截泥石流形态数学模拟. 水土保持应用技术，2：7~9.

何金平，施玉群，廖文来，等 . 2004. 基于 GPS 技术的大坝位移监测系统. 仪器仪表学报，25（4）：438~440.

李德仁，周月琴，马洪超 . 2000. 卫星雷达干涉测量原理与应用. 测绘科学，25（1）：9~12.

李德仁，廖明生，王艳 . 2004. 永久散射体雷达干涉测量技术. 武汉大学学报（信息科学版），29（8）：664~668.

李勉，姚文艺，史学建 . 2005. 淤地坝拦沙减蚀作用与泥沙沉积特征研究. 水土保持研究，12（5）：107~111.

李艳华，丁建丽，闫人华 . 2015. 基于国产 GF-1 遥感影像的山区细小水体提取方法研究. 资源科学，37（2）：408~416.

李战 . 2009. 一种值得推广的集雨节灌工程——水窖. 黑龙江水利，（3）：33.

弥智娟，穆兴民，赵广举 . 2015. 基于多源数据的皇甫川淤地坝信息提取. 干旱区地理，38（1）：52~59.

乔贤哲，张超，杨建宇，等 . 2012, 高分辨率遥感影像中农田灌溉设施的提取. 测绘通报，（增刊）：372~374.

王继全，向阳 . 2007. 三峡库区农田水利建设模式探讨. 中国农村水利水电，（1）：81~83.

王晶，朱清科，云雷，等 . 2011. 黄土高原不同规格鱼鳞坑土壤水分状况研究. 水土保持通报，31（6）：76~80.

王腾，Daniele P，Fabio R，等 . 2011. 基于时间序列 SAR 影像分析方法的三峡大坝稳定性监测. 中国科学（地球科学），41（1）：110~123.

吴健生，刘建政，黄秀兰，等 . 2012. 基于面向对象分类的土地整理区农田灌排系统自动化识别. 农业工程学报，28（8）：25~31.

徐绍铨 . 2001. 隔河岩大坝 GPS 自动化监测系统. 铁路航测，4：42~44.

喻权刚，马安利 . 2015. 黄土高原小流域淤地坝监测. 水土保持通报，35（1）：118~123.

张丹 . 2011. 集雨水窖在园林绿化中的应用. 天津农业科学，17（4）：139~141.

张树军 . 2010. 遵化市集雨水窖的建设与发展. 河北水利，（5）：28~28.

赵帮元，马宁，杨娟，等 . 2012. 基于不同分辨率遥感影像提取的水土保持措施精度分析 . 水土保持通报，32（4）：154~157.

朱鹤 . 2013. 遥感技术在地表水源地水体监测中的应用研究 . 北京：中国水利水电科学研究院 .

Huang M，Gong J，Shi Z，et al. 2009. River bed identification for check-dam engineering using SPOT-5 image in the Hongshimao watershed of the Loess Plateau，China. International Journal of Remote Sensing，30（8）：1853~1865.

Moller J L. 1990. Knowledge-based classification of an urban area using texture and context information in landsat-TM imagery. Photogrammetric Engineering and Remote Sensing，56：899~904.

Ran L S，Lu X X. 2012. Delineation of reservoirs using remote sensing and their storage estimate：an example of the Yellow River basin，China. Hydrological Processes，26（8）：1215~1229.

Ratnam K N，Srivastava Y K，Rao V V，et al. 2005. Check dam positioning by prioritization of micro-watersheds using SYI model and morphometric analysis-remote sensing and GIS perspective. Journal of the Indian Society of Remote Sensing，33（1）：25~38.